高等学校教材

MATLAB 与计算机仿真

主　编　高　扬

副主编　卢健康

参　编　赵　姣　陈希琼

　　　　邹　丹　王　斐

机械工业出版社

本书内容包括 MATLAB 软件使用与计算机仿真两大部分，结合 MAT-LAB、Simulink 的学习体系，引导读者学习如何利用 MATLAB 进行计算机仿真。为满足交通、物流、机械等专业对优化、预测、机器学习等领域的需求，本书单设两章介绍 MATLAB 优化工具箱和智能算法工具箱，并设应用案例一章，讲解典型应用。为适应现代仿真技术的发展，本书从连续系统、离散系统、混合系统的角度介绍了计算机仿真、建模的相关知识，以及基于 Simulink 的计算机仿真。

本书可作为高等学校交通、物流、机械等专业的本科生或研究生教材，亦可供相关科技工作者参考。

图书在版编目（CIP）数据

MATLAB 与计算机仿真/高扬主编. —北京：机械工业出版社，2020.9（2025.1 重印）

高等学校教材

ISBN 978-7-111-66601-1

Ⅰ.①M⋯　Ⅱ.①高⋯　Ⅲ.①计算机仿真 – Matlab 软件 – 高等学校 – 教材　Ⅳ.①TP391.9

中国版本图书馆 CIP 数据核字（2020）第 185392 号

机械工业出版社（北京市百万庄大街22 号　邮政编码100037）
策划编辑：尹法欣　责任编辑：尹法欣
责任校对：陈　越　封面设计：王　旭
责任印制：郜　敏
中煤（北京）印务有限公司印刷
2025 年 1 月第 1 版第 3 次印刷
184mm×260mm · 24 印张 · 594 千字
标准书号：ISBN 978-7-111-66601-1
定价：65.00 元

电话服务　　　　　　　　　网络服务
客服电话：010-88361066　机 工 官 网：www.cmpbook.com
　　　　　010-88379833　机 工 官 博：weibo.com/cmp1952
　　　　　010-68326294　金 书 网：www.golden-book.com
封底无防伪标均为盗版　机工教育服务网：www.cmpedu.com

前　言

教育、科技、人才是全面建设社会主义现代化国家的基础性、战略性支撑。MATLAB是一种可用于算法开发、数据分析及计算机仿真的高级编程语言，也是一种交互式计算软件，拥有强大的计算能力、简明的语法和丰富的工具箱，被广泛应用于自动控制、机械工程、电气工程、人工智能、流体力学和数理统计等诸多专业领域。计算机仿真是建立在计算机仿真理论、控制理论、相似理论、信息处理技术和计算技术等基础之上的，以计算机系统、其他物理设备及仿真设备为工具，针对研究目标特性，利用仿真系统，对研究对象进行动态研究的一门多学科的综合性技术。

利用 MATLAB 的强大能力进行计算机仿真，在计算机上快速完成模型设计、算法验证、仿真试验、结果分析，可以极大地节约时间，提高工作效率，降低产品开发成本。因此，以MATLAB 为基础的计算机仿真技术不仅是高等院校进行教学和学习的重要手段和工具，也在工程实践及开发中发挥着重要的作用，更有利于开辟新领域新赛道，不断塑造发展新动能新优势。

在实际的课程教学中，编者发现目前用于"MATLAB 与计算机仿真"课程的教材有以下三类问题：第一类，偏重于介绍 MATLAB，对 MATLAB 基础知识的讲解较为系统，但缺少将 MATLAB 与计算机仿真技术结合的知识，部分内容顺序安排不合理，不利于学生学习理解；第二类，将 MATLAB 与计算机仿真结合得比较好，但是适应面较窄，主要针对电子信息类课程，缺少对交通运输、机械等非电类课程的内容；第三类，将优化问题与 MATLAB相结合，并介绍了大量优化算法，但缺少对 MATLAB 基础知识与 Simulink 知识的讲解，对学生的理论知识要求较高。因此，本书在结合交通、物流、机械专业学生的专业背景，以及对仿真应用要求的基础上，综合编者多年来在"MATLAB 与计算机仿真"课程上的教学及实践经验编写而成。

全书共 16 章，适用 32~64 学时。

第 1 章讲解了系统建模与仿真的基本理论；第 2 章介绍了 MATLAB 的基础知识；第 3章为 MATLAB 中的基本操作（如数据类型、矩阵运算等）；第 4~9 章分别介绍了 MATLAB的基础指令、编程方法与 GUI 设计等知识；第 10 章介绍了优化工具箱的使用方法；第 11 章介绍了智能优化算法（遗传算法、神经网络），并介绍了相关工具箱的使用方法；第 12~15章分别介绍了 Simulink 入门与实例演示、Simulink 模型的创建方法、Simulink 模块库，以及 Simulink 模型的仿真运行等知识。在最后第 16 章结合车货匹配、选址等具体案例，讲解了如何应用本书知识解决实际问题。

本书由长安大学高扬、赵姣、陈希琼，西北工业大学卢健康，西安明德理工学院邹丹，中国人民解放军第五七一五工厂王斐共同编写。具体分工为：高扬编写了第 11~14 章及第

16 章部分内容并负责统稿；赵姣编写了第 3 ~ 5 章及第 16 章部分内容；陈希琼编写了第 6 ~ 10 章及第 16 章部分内容；邹丹编写了第 1 章、第 2 章；卢健康编写了第 15 章部分内容，并负责修改和审校全文；王斐编写了第 15 章部分内容，并提供了书中所用案例。此外，长安大学徐永贵、王晨、王兴奔、张传玺参与了本书的整理与内容审校等工作。

本书在编写过程中参考了很多国内外文献，在此对其作者一并表示感谢。

受编者水平和条件所限，书中难免有不足、错漏之处，欢迎广大读者批评指正。

编　者

目 录

第1章

仿真技术概述

　　仿真（Simulation）是对系统进行研究的一种技术或方法，也称为系统仿真。它要求首先建立待研究系统的数学或者物理模型，然后对模型进行试验研究。具体地讲，所谓系统仿真，是以计算机为主要工具，通过在计算机（或其他形式的物理模型）上运行模型来再现系统的运动过程，从而认识系统规律的一种研究方法。

　　系统仿真以计算机为主要工具，系统仿真的主要内容是如何在计算机上建模与仿真，因此系统仿真技术通常也称作计算机仿真技术。它是以计算机科学、系统科学、控制理论和应用领域有关的专业技术为基础，以计算机为工具，利用系统模型对实际的或设想的系统进行分析、研究与试验的一门新兴技术。现代计算机仿真技术综合集成了计算机、网络、图形图像、多媒体、软件工程、信息处理、自动控制等多个高新技术领域的知识，是对系统进行分析与研究的重要手段。计算机仿真技术具有良好的可控性、无破坏性、安全、可靠、不受外界条件（如气象条件和场地空域）的限制、可多次重复、高效和经济等特点，因而近年来发展非常迅速，已经成为当今众多领域技术进步所依托的一种基本手段。

　　计算机仿真在各种工程领域和非工程领域中已经有很多成功应用的范例，其成效十分显著，影响很大。例如，在宇航工业中，有著名的"阿波罗"登月仿真系统。该系统包括混合计算机、运动仿真器、月球仿真器、驾驶舱、视景系统等，可实现在计算机上预先对登月计划进行分析、设计与检验，同时还可对宇航员进行仿真操作训练，从而大大降低了实际登月的风险。

　　在非工程领域，著名的例子有罗马俱乐部建立的"世界模型"仿真系统。该系统选择五个能影响世界未来发展的重要因素，即人口增长、工业发展、环境污染、资源消耗和食品供应，来预测世界未来发展的趋势并据此提出了"零增长方案"。尽管该模型仿真的最后结果引起了世界范围的广泛争论，但其研究方法却具有开创性。我国科学家建立的中国人口模型仿真系统也获得了很大的成功，在国内外学术界颇有影响。该仿真系统预测了我国人口发展的趋势，为制定科学的人口政策提供了理论依据。

　　系统仿真方法的成功应用，迅速提高了这一方法在科学研究和技术开发中的地位，引起科学界和工业界的广泛关注与重视。人们逐步认识到，系统仿真已成为继理论分析和实物试验（或演习）之后，认识客观世界规律性的又一强有力的手段。它可以把复杂系统的运行过程放在试验室中进行或者在计算机上模拟，在辅助决策、最优设计、计划优化、管理调度、方案比较、规划制订、军事训练、人员培训、投资风险分析、辅助设计以及谈判策略确定等许多方面都有巨大的应用前景。

　　计算机仿真是系统仿真学科的主要分支。本章首先简要介绍系统仿真涉及的基本概念和系统仿真的分类，在此基础上重点分析计算机仿真的定义、特点、作用与步骤，最后介绍系统仿真技术的应用及其发展历程和趋势。

1.1　系统、模型与仿真的含义

对"仿真"一词的含义，人们有不同的理解。一般认为仿真就是对系统模型的试验研究。对计算机仿真而言，就是仿真程序的运行。该程序表示对一个实际系统进行某种抽象后得出的模型，用该模型来研究这一系统所具有的一些特征。

系统、模型和仿真是系统仿真学科的三个基本概念。

1.1.1　系统

仿真技术应用的对象是系统。系统通常定义为具有一定功能，按某种规律相互联系又相互作用着的对象之间的有机组合。仿真所关注的系统是广义的，它泛指人类社会和自然界的一切存在、现象与过程。

系统可分为生命与非生命系统、工程与非工程系统等。如电气、机械、化工、热力、光学等属于工程系统；经济、社会、交通、天气等属于非工程系统。

一般认为，系统是真实世界的一部分，是几个相互作用的分系统的集合。在这个描述中，隐含了递归的概念：一个系统由若干个分系统组成，而每一个分系统又是更低一层分系统的集合，如此直至无穷。若用分解的观点来看待系统，则集合论是研究系统的最好工具。系统的定义符合建立抽象集合结构的要求。这个集合结构总是可以用若干个同类结构的集合来替换，从而不断地使其具体化。

任何系统的研究都需要关注三个方面的内容，即实体、属性和活动。

1）实体——组成系统的具体对象。

2）属性——实体所具有的每一项有效特性（状态和参数）。

3）活动——系统内对象随时间推移而发生的状态变化。

由于组成系统的实体之间相互作用而引起的实体属性变化，通常用"状态"的概念来描述。研究系统，主要就是研究系统状态的改变，即系统的进展或演化。

任何系统都具有一定的结构，没有无结构的系统。结构作为系统论的一个基本范畴，指的是系统内部各组成实体之间在空间（包括数量比例）或时间方面的有机联系与相互作用的方式或顺序。系统有序性越高，结构越严密。所以，任何系统所具有的整体性，都是在一定结构基础上的整体性，仅有实体，还不能组成系统，必须在实体的基础上，以某种方式和关系相互作用，才能形成系统结构。

系统与外部环境相互联系和作用过程的秩序和能力称为系统的功能。系统功能体现了一个系统与外部环境之间的物质、能量和信息的输入与输出的变换关系。系统的结构与功能是一对不可分割的范畴，系统的结构是完成系统功能的基础。结构与功能分别说明了系统的内部作用和外部作用。功能是一个过程，它反映了系统对外界作用的能力，是由系统的结构所决定，由系统整体的运动表现出来的。

对于一个飞机自动驾驶系统，如图 1-1 所示，系统的实体是机体、陀螺仪及控制器；它的属性是航向、速度、陀螺仪及控制器特性等；它的活动则是机体对控制器的响应等。对于一个工厂系统,如图 1-2 所示,系统的实体是部门、原料、订单、产品;它的属性是原料类型、订单数量、各部门的设备数量;它的活动则是各个部门的生产过程。

图 1-1　飞机自动驾驶系统

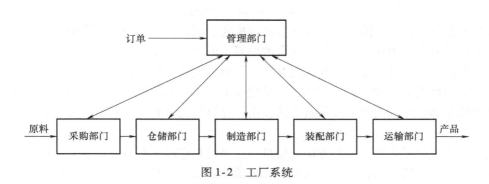

图 1-2　工厂系统

　　研究系统不仅需要研究系统的实体、属性和它的活动,还需要研究系统的环境。环境是指对系统的活动结果产生影响的外界因素。自然界的一切事物都存在着相互联系和相互影响,而系统是在外界因素不断变化的环境中产生活动的,因此,环境因素是必须予以考虑的。需要说明的是,一次具体的研究不需要也不可能关注一个实际系统的所有实体、属性、活动及环境,而只需要关注与研究的目的有关的部分。

1.1.2　模型

　　"模型"的概念与"原型"对应。"模型"在科学方法论中被定义为人们为了特定的研究目的而对认识对象所做的简化描述。原型则是与模型相应的被认识对象。就模型与原型的关系而言,可以把模型看作是原型物质的或观念上的类似物。据此可以把模型分为实物模型和抽象模型两大类。实物模型是以某种程度上相似的实物去再现原型。它既可以是人工构造的,也可以是从自然界获取的,比如地球仪、船模、动植物标本等。抽象模型则是原型客体在人们思想中理想化、纯化的抽象性再现,如理想气体模型、原子的行星模型、分子的空间结构模型等。

　　模型方法是通过研究模型来揭示原型的形态、特征和本质的方法。在当代科学研究中,模型方法的重要性越来越为人们所认知,被看作是科学研究方法的核心。

　　要进行仿真,首先要寻找一个实际系统的"替身",这个"替身"就是模型。它不是原型的复现,而是按研究的侧重面或实际需要进行了简化提炼,以利于研究者抓住问题的本质或主要矛盾。这种研究对预测问题,以及因种种原因不可能在原型系统上进行试验的问题尤为重要。

1. 模型的建立

科学研究的绝大部分工作就是建立形式化的模型。科学家企图通过观察和试验,建立抽象的表示方法和定律。这些方法和定律是对现实世界中已被证明的假设进行形式化。这些"形式化"模型，只有在概括了实际系统的基本性质时才有可能被用来进行推论、分析、设计，从而在某种意义上给人们提供控制能力。

人与外部世界的相互作用，一般是由认识世界和利用与改造世界两个不同的步骤组成的。第一步，人们通过建立一种抽象的表示方法，来获得对自然的充分理解，产生一个现实世界的模型。这一步是认识和建立"形式化"模型的阶段，这个阶段是面向科学的。科学研究的目的是按照人类的意志，对现实世界进行控制、利用与改造。这就是第二步，即分析和利用"形式化"模型的阶段。第二步显然具有工程的特点。

人具有抽象思维的功能，从而有能力进行模式识别，进行综合、计算和记忆等。人所用的建模方法是各种能力在特定条件下结合的结果。但是，对于建模活动，人的自身能力是有限的。人的能力局限性对建模研究的发展产生影响，这就促使人们有必要去探求一些有益于弥补这些局限性的方法和工具。例如，测量仪器可以扩展人的感知能力。特别是计算机，它可在模型建立和模型利用方面发挥重要的作用。计算机仿真就是计算机在这方面作用的重要表现。

模型集中反映了系统的某些方面的信息。它是对相应的真实对象和真实关系中那些有用的和令人感兴趣的特性的抽象化。因此，模型描述可视为是对真实世界中的物体或过程相关的信息进行形式化的结果。模型是对系统某些本质方面的描述，可采用各种可用的形式提供被研究系统的信息。模型在所研究系统的某一侧面具有与系统相似的数学描述或物理描述。尤其要注意的是，模型是按研究目的的实际需要和侧重面，寻找一个便于进行系统研究的"替身"。因此，在较复杂的情况下，对于由许多实体组成的系统，由于研究目的的不同，对同一个系统可以产生相应于不同层次或不同侧面的多种模型，这就是系统模型的多样性。例如，一些模型反映了整个实际系统的部分属性，而另一些模型则提供了系统更全面的描述；一些模型包括了实际系统的全部组成实体，另一些模型则是强调了系统的某些侧面，而忽略了另外一些方面，从而只包括实际系统的部分组成实体。这些现象表明，根据系统研究的实际需要，可对模型进行粗化（简化）或精化（详细化），也可以对模型进行分解或组合。

模型作为系统的原型在研究时的"替身"，在选择模型时，要以便于达到研究的目的为前提。所以，对模型的描述通常应该注意以下六条原则：

（1）相似性　模型与所研究系统在属性上应具有相似的特性和变化规律，亦即"原型"与"替身"之间具有相似的物理属性或数学描述。

（2）切题性　模型只应该针对与研究目的有关的方面，而非系统的所有方面。亦即一个系统的模型不是唯一的，模型结构的选择应针对研究目的。

（3）吻合性　选择的模型结构，应尽可能对所利用的数据进行合理的描述。通常，其试验数据应尽可能由模型来解释。

（4）可辨识性　模型结构必须选择可辨识的形式。若一个结构具有无法估计的参数，则此结构就没有实用价值。

（5）简单化　从实用的观点来看，由于在模型的建立过程中，需要忽略一些次要因素和某些不可测变量的影响，因此，模型实际上是一个简化了的近似模型。一般而言，在实用的前提下，模型越简单越好。

（6）综合精度　它是模型框架、结构和参数集合等各项精度的一种综合指标。若有限的信息限制了模型的精度，最有效的模型就应是各方面精度的平衡和折中。

2. 模型描述的三种层次

可以在不同的抽象层次上来描述一个系统，一般来讲，存在着以下三种层次的描述。

（1）行为层次 在这个层次上描述系统，是将它看成一个黑盒，并且对它施加一个输入信号，然后对它的输出信号进行测量与记录。为此，至少需要一个"时间基"，它一般是一个实数的区间（连续时间），或者是一个整数的区间（离散时间）。一个基本的描述单位是"轨迹"，它是从一个时间基的区间到表示可能的观测结果的某个集合上的映射。一个"行为描述"是由这样一组轨迹的集合所组成。这种描述也可称为系统的"行为"。通常，在仿真概念上，加到黑盒上的以箭头表示的某个变量被看作是输入，它不受盒子本身的控制；而另一个变量是输出，它用指向黑盒边界以外的环境的箭头表示。

因为对实际过程的试验是处于行为层次上，所以在这个层次的描述是十分重要的。同时，这个层次上的描述比起下面所要介绍的结构描述要简单一些。

（2）状态结构层次 在这个层次上描述的系统，是将它看成一个已了解内部工作情况的机构。这种描述通过在时间上的递推足以产生一种轨迹，即行为。能产生这种递推的基本单位是"状态集"以及"状态转移函数"，前者表示任意时刻所有可能的结果，而后者则提供从当前给定状态计算未来状态的规则。在状态结构层次上的描述比在行为层次上的描述更具有完整性，状态集将足以计算出系统的行为。

（3）分解结构层次 在这个层次上描述系统，是将它看作由许多基本的黑盒互相连接起来而构成的一个整体。这种描述也可称为网络描述，其中的基本黑盒称为成分，它给出了一个系统在状态结构水平上的描述。另外，每个成分必须标明"输入变量"和"输出变量"，还必须给出一种"耦合描述"，它确定了这些成分之间的内部连接及输入与输出变量之间的界面。人们可以进一步分解系统，从而获得更深一层的描述。

3. 数学模型及其作用

计算机仿真中采用的模型都是数学模型。"数学模型"是根据物理概念、变化规律、测试结果和经验总结，用数学表达式、逻辑表达式、特性曲线、试验数据等来描述某一系统的表现形式。数学模型的本质，是关于现实世界一小部分和几个方面抽象的数学"映像"。这种系统观允许对现实世界中的过程在不同的详尽程度上进行数学描述（编码）。这样，便可将各种不同的模型彼此联系起来，并将它们相互之间的关系隐含于数学之中。

数学模型是用符号和数学方程式来表示一个系统。其中，系统的属性用变量（符号）表示，而系统的活动则用相互关联的变量间的数学函数关系式来描述。也就是说，一个系统的数学模型，是由某种形式语言对该系统的描述。由于任何数学描述都不可能是全面的和完全精确的，所以系统的数学模型不可能对系统进行完全真实的描述，而只能根据研究目的对它做某种近似简化的描述。

在以物理为基础的科学中，数学模型方法的实质是：首先对所研究的实体进行观察（特别重要的是试验观察），充分地占有观察材料，分析观察材料的各种发展形式，探讨这些形式的内在联系，利用研究者的知识、经验和见识，演绎出以假说形式提出的说明实体规律的理论；用数学语言陈述这个理论，建立实体的数学模型。大多数数学模型是数学方程组（微分方程、积分方程或代数方程），它的解提供了实体运动规律的说明；通过新的观察来证实、修改或否定这种假说；经过证实的假说就成为严格的科学理论，它能普遍地、正确地说明实体的运动变化规律。在这类科学研究中，试验观察条件是极为严格的。由于观察过程以纯粹形态进行，因此，观察过程和观察结果具有可重复性。如果试验观察结果与数学模型的解是一致的，那么数学模型的唯一性和正确性就得到了证实。

1.1.3　仿真

系统仿真是建立系统的模型（数学的、物理效应的或数学-物理效应的模型），并在模型上进行试验。例如，将按一定比例缩小的飞行器模型置于风洞中吹风，测出飞行器的升力、阻力、力矩等特性；要建一个大水电站，先建一个规模较小的小水电站来取得建设水电站的经验及其运行规律；指挥员利用沙盘来指挥一个战役或一场战斗等，都是在模型上进行试验的例证。

系统仿真技术实质上就是建立仿真模型和进行仿真试验的技术。"仿真"的含义有不同的理解和解释。通常认为，系统仿真是用能代表所研究系统的模型，结合环境（实际的或模拟的）条件进行研究、分析和试验的方法。它作为一种研究方法和试验技术，直接应用于系统研究，是一种利用相似和类比的关系间接研究事物的方法。

1. 系统仿真三要素与三个基本活动

系统仿真的过程可通过图 1-3 所示的三个要素间的三个基本活动来描述。

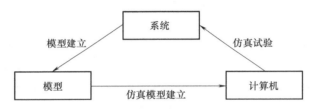

图 1-3　系统仿真三要素和三个基本活动

所谓"模型建立"，是通过对实际系统的观测或检测，在忽略次要因素及不可检测变量的基础上，用物理或数学的方法进行描述，从而获得实际系统的简化近似模型。这里应该注意模型的试验性质，即模型同实际系统的功能与参数之间应具有某种相似性和对应性，这一点应尽可能不被数学演算过程所掩盖。否则，仿真研究就成为一种数值求解方法。

仿真模型反映了系统模型（简化模型）同仿真器或计算机之间的关系，它应能为仿真器或计算机所接受，并能够运行。例如，计算机仿真模型，就是对系统的数学模型进行一定的算法处理，使其在变成合适的形式（如将数值积分变为迭代运算模型）之后，能在计算机上进行数字仿真的"可计算模型"。显然，由于采用的算法引进了一定的误差，所以仿真模型对实际系统来讲是一个二次简化模型，故"仿真模型建立"有"二次建模"之称。

"仿真试验"是指对模型的运行。例如，计算机仿真，就是将系统的仿真模型置于计算机上运行的过程。仿真是通过试验研究实际系统的一种技术，通过仿真活动可以弄清系统内在结构变量和环境条件的影响。因此，为了使模型能够运行，需要设计一个合理的、方便的、服务于系统研究的试验步骤和软件。

2. 系统仿真的依据——相似性原理

系统仿真最基本的依据是相似性原理。人们在认识世界的长期实践中发现：许多不同事物的行为与特性之间都存在着相似性现象。按照唯物辩证法来讲，任何现实存在的事物都是共性和个性的统一，矛盾的普遍性与特殊性的统一。共性寓于个性之中，特殊性当中存在着普遍性。相似性正是这一唯物辩证法基本原理的反映。众多科学家的发明或发现都应用到相似性原理。从 1638 年伽利略论述的"威尼斯人在造船中应用几何相似原理"、1686 年牛顿在其名著《自然哲学的数学原理》中讨论的"两个固体运动过程中的相似法则"，到 1848 年柯西从弹性物体的运动方程导出了几何相似物体中的声学现象与规律，再到 1920 年左右 M. B. 基尔比切夫在其"弹性现象中的相似性定理"问题研究中使"相似性原理"得以逐步完善。可以说"相似性原理"是科技创新与应用的桥梁。

系统仿真中主要关注如下的相似关系：

（1）几何相似　在几何学中，相似性具有多种"等比"特性。按比例缩小的飞行器模型、一个战场的沙盘即属于几何比例相似。在"风洞试验"与"水池船舶试验"等问题的研究中也广泛应用着几何相似原理。同理，在试验科学研究中还常常应用"时间相似""速度相似""动力学相似"等原理。

（2）环境相似　在有人参与的仿真试验系统（如虚拟现实）中，往往追求眼、耳、鼻甚至还有触觉器官的真实性。因此，"环境相似"就成为相似方式的重要环节。它可使仿真系统更为逼真。另外，"气象试验室""冻土工程试验室"显然也是应用了环境相似原理。环境相似已经成为现代仿真技术之一的"虚拟现实"的基本要素之一。

（3）性能相似　性能相似又称为"数学相似"，指的是不同的事物可以用相同的数学模型来描述其动态过程。如两个系统，一个是弹簧系统（属机械系统），另一个是 RLC 网络（属电气系统），其运动的物理本质完全不一样，但运动所遵循的微分方程形式上却是相似的。正如恩格斯所指出的："自然界的统一性，显示在关于各种现象领域的微分方程的'惊人类似'之中"。图 1-4 所示为几种不同物理过程的性能相似实例。性能相似原理是计算机仿真所遵循的基本原则。

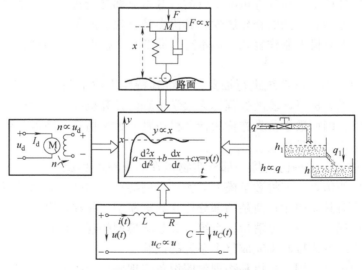

图 1-4　几种不同物理过程的性能相似实例

（4）思维相似　人的思维方式包括逻辑思维和形象思维，在模拟人的行为和仿真试验中，应遵循思维相似的原则。逻辑思维相似主要是应用数理逻辑、模糊逻辑等理论，通过对问题的程序化，应用计算机来仿真人的某些行为，如专家系统、知识库、企业管理 ERP 等。形象思维相似主要是应用神经网络等理论来模拟人脑所固有的大规模并行分布处理能力，以模拟人能够瞬时完成对大量外界信息的感知与控制的能力。

（5）生理相似　为了有效地对人体本身进行模拟，以推进现代医学、生物学、解剖学等的发展，生理相似理论已有长足的发展（如人体生理系统数学模型 Human），但是，由于人体生理系统是一个十分复杂的系统，甚至还有许多机理至今尚未搞清楚，所以生理相似理论还不完善，这也是当今仿真技术中一个重要的交叉学科。

3. 系统仿真的含义

70 多年来，随着系统仿真技术的飞速发展，系统仿真的概念已大大拓展。中国系统仿真学会对系统仿真的定义为："建立系统模型（数学模型、物理模型或数学-物理模型），在模型上进行试验称为系统仿真"。我国著名系统仿真专家黄柯棣教授给出了更为广义的定义："系统仿真是建立系统、过程、现象和环境的模型（物理模型、数学模型或其他逻辑模型），在一段时间内对模型进行操作，应用于系统的测试、分析或训练。系统可以是真实系统或由模型实现的真实和概念系统"。系统仿真正在逐步形成一门交叉性学科。

1.2　系统仿真的分类

本节介绍系统仿真的常用分类方法。

1.2.1　按照模型的种类划分

按照模型种类的不同，系统仿真可分为以下三种：

（1）物理仿真　按照真实系统的物理性质构造系统的物理模型，并在物理模型上进行试验的过程称为物理仿真。在计算机问世以前，基本上都是物理仿真，也称为"模拟"。物理仿真要求模型与原型有相同的物理属性，其优点是直观、形象、模型能更真实全面地体现原系统的特性；缺点是模型制作复杂、成本高、周期长、模型改变困难，试验限制多，投资较大。

（2）数学仿真　对实际系统进行抽象，并将其特性用数学关系加以描述而得到系统的数学模型，对数学模型进行试验的过程称为数学仿真。计算机技术的发展使得数学仿真变得方便、灵活、经济，因而数学仿真亦称为计算机仿真。数学仿真的缺点是受限于系统建模技术，即系统的数学模型不易建立。

（3）半实物仿真　这种仿真将一部分实物接在仿真试验回路中，用计算机和物理效应设备实现系统模型的仿真，即将数学模型与物理模型甚至实物联合起来进行试验。对系统中比较简单的部分或对其规律比较清楚的部分建立数学模型，并在计算机上加以实现；而对比较复杂的部分或对规律尚不十分清楚的系统，其数学模型的建立比较困难，则采用物理模型或实物。仿真时将两者连接起来完成整个系统的试验。

人在回路中的仿真是用计算机和物理效应设备实现操作或决策人员在回路内的仿真。

1.2.2　按照仿真时钟与实际时钟的相对快慢划分

计算机上或试验室里展示天文时间的时钟称为实际时钟，而系统仿真时模型所采用的时钟称为仿真时钟。根据仿真时钟与实际时钟推进的相对快慢关系，可将系统仿真分类如下：

（1）实时仿真　即仿真时钟与实际时钟完全一致，也就是仿真中模型推算的速度与实际系统运行的速度相同。在被仿真的系统中存在物理模型或实物时，必须进行实时仿真，如各种训练仿真器就是这样，有时也称为在线仿真。

（2）亚实时仿真　即仿真时钟慢于实际时钟，也就是仿真中模型推算的速度慢于实际系统运行的速度。在对仿真速度要求不苛刻的情况下可以采用亚实时仿真，大多数系统的离线仿真研究与分析就是如此，有时也称为离线仿真。

（3）超实时仿真　即仿真时钟快于实际时钟，也就是仿真中模型推算的速度快于实际系统运行的速度。如大气环流的仿真、交通系统的仿真和动态过程较慢的化工系统的仿真，等等。

1.2.3　按照系统模型的特性划分

仿真基于模型，模型的特性直接影响着仿真实现。从仿真实现的角度来看，系统模型特性可分为三大类，一类称为连续系统，另一类称为离散时间系统，第三类称为离散事件系统。由于这三类系统固有运动规律的不同，因而描述其运动规律的形式就有很大的差别，相应地，系统仿真也基于其模型特性分为连续系统仿真、离散时间系统仿真、离散事件系统仿真和混合系统仿真。

（1）连续系统仿真　连续系统是指系统状态随时间连续变化的系统。连续系统的模型按其数学描述可分为：

1）集中参数系统模型，一般用常微分方程（组）描述，如各种电路系统、机械动力学系统、生态系统等。

2）分布参数系统模型，一般用偏微分方程（组）描述，如各种物理和工程领域内的"场"问题。

（2）离散时间系统仿真　离散时间系统是指系统的输入与输出状态仅在离散的时间点上取值，而且这些离散的时间点具有固定不变的时间间隔，即所有这些时间点的值构成一个等差数列。其"等差"值即是这个时间间隔。这种系统有时也称为采样系统，固定的时间间隔一般称为系统的"采样周期"。以数字计算机作为控制器的系统一般都是采样系统。离散时间系统模型一般用差分方程（组）来描述。

需要说明的是，有些专家学者把描述离散时间系统的差分模型也归为连续系统仿真范畴。其理由是，当用数字仿真技术对连续系统仿真时，其原有的连续形式的模型必须进行离散化处理，并最终也变成了差分模型。

（3）离散事件系统仿真　离散事件是指系统状态在某些随机时间点上发生离散变化的系统。它与连续系统和离散时间系统的主要区别在于：状态变化发生在随机时间点上。这种引起状态变化的行为称为"事件"，因而这类系统是由事件驱动的。而且"事件"往往发生在随机时间点，亦称为随机事件，因而离散事件系统一般都具有随机特性，系统的状态变量往往是离散变化的。例如，电话交换台系统，顾客呼号状态可以用"到达"或"无到达"描述，交换台状态则要么处于"忙"状态，要么处于"闲"状态；又如，排队系统中队列长度是随顾客到达与顾客离开等随机事件而离散变化的。系统的动态特性很难用人们熟悉的数学方程形式（如微分方程或差分方程等）加以描述，而一般只能借助于状态流图或流程图，这样，无法得到系统动态过程的解析表达。对这类系统的研究与分析的主要目标是系统行为的统计性能，而不是行为的点的轨迹。

（4）混合系统仿真　混合系统是指系统中既包含连续系统，又包含离散时间系统或离散事件系统。为了对其进行仿真，所建立的模型中既包含部分连续系统模型，又包含部分离散时间系统模型或离散事件系统模型。因此，在混合系统仿真中，既要用到连续系统仿真的技术，也要用到离散时间系统仿真或离散事件仿真的技术，还要考虑对两种或三种不同模型连接处如何仿真的问题。

1.3　计算机仿真

计算机仿真是一种在计算机上"复现"真实系统的活动。它依赖间接相似原则，将系统模型通过一定的算法，建立能为计算机所接受和能够在计算机上运行的仿真模型。为了达到某个研究目的，这个仿真模型可以在计算机上方便地修改和反复运行。计算机仿真系统不同于普通数值计算，具有专门配置的软件系统，具有模型研究者参与活动的良好的人机界面，能为系统的研究和最优方案的搜索创造良好的条件。

利用现代计算机仿真技术，可以在通用的计算机环境下，对物理属性截然不同的各种系统模型进行准确、可靠、灵活的研究，使仿真试验进入新的应用水平。因而有人将这种在计算机上建立的仿真模型称为"活的数学模型"。

1.3.1　计算机仿真定义的分析

为了进一步了解计算机仿真，需要对计算机仿真的概念进行深入的分析。为此，可以从计算机仿真的定义入手，因为这些定义总结了各领域仿真专家对计算机仿真的认识，从这些认识中可以归纳出仿真活动应进行的工作，从而得出仿真活动对仿真系统的要求。

1961 年，G. W. Morgenthater 首次对"仿真"进行了技术性定义，即"仿真是指在实际系统尚不存在的情况下对于系统或活动本质的实现"。另一个典型的对仿真进行技术性定义的是 Kom。他在 1978 年的著作《连续系统仿真》中将仿真定义为"用能代表所研究的系统的模型做试验"。1982 年，Spriet 进一步将仿真的内涵加以扩充，定义为"所有支持模型建立与模型分析的活动即为仿真活动"。Oren 在 1984 年在给出了仿真的基本概念框架"建模—试验—分析"的基础上，提出了"仿真是一种基于模型的活动"的定义，这被认为是现代仿真技术的一个重要概念。随后无论哪种定义，仿真基于模型这一基本观点都是共同的。

"计算机仿真"，顾名思义，它是仿真的一种，但限定了仿真所用工具为计算机，仿真所基于的模型必须是计算机上能够运行的数学模型，有代表性的定义是雷诺于 1966 年给出的，计算机仿真"是在数字计算机上进行试验的数字化技术……"。实际上，随着科学技术的进步，特别是信息技术的迅速发展，"计算机仿真"的技术含义不断地得以发展和完善。1979 年，A. Alan 和 B. Pritsker 撰写了《仿真定义汇编》一文，文中汇编了 23 条仿真学者关于计算机仿真的定义，时间跨度为 1961 年到 1979 年，包括了许多国际著名仿真专家当时的观点。这些定义从各种角度对仿真的含义进行了阐述。针对数字计算机仿真，这些定义从以下一些方面描述了"仿真"的概念。

对象：仿真针对的对象是系统，包括客观存在的系统与设计中的系统。有的定义将过程与系统并列为仿真的对象。但实际上过程总是属于系统的过程，因此系统可以概括被仿真的对象。这表明系统是仿真活动的出发点。

目的：获得系统的动态行为是仿真的直接目的。而分析系统、设计系统或进行决策是仿真活动的间接目的。早期仿真更关注的是仿真的直接目的，而后则逐渐转向间接目的。实现间接目的需要对仿真获得的行为进行分析，以友好的方式提交给用户。

方法：通过展开系统的模型来获得系统的行为或特性。使用模型是仿真活动的一个重要特征，它表明获得系统的行为不是直接对系统进行操作，而是对系统的模型进行操作。为此首先要建立系统的模型。

方法的实现：应用数值计算的方法来展开模型，获得模型在一定输入下的输出，这是仿真与其他基于模型分析方法的主要区别。

设施：计算机。数值计算是在数字计算机上进行的。

方式：一些定义提到使用模型来获得系统的行为是通过试验的方式来进行的。这类定义强调了仿真的试验特征。仿真试验是一系列有目的、有计划的数值计算。也就是说，展开模型是在一定的方案控制下进行的。

综合起来，可以归纳为：计算机（数字）仿真是在计算机上，建立形式化的数学模型，然后按一定的试验方案，通过数值计算的方法展开系统的模型来获得系统的（动态）行为，从而研究系统的过程。

综上所述可以看出：早期对计算机仿真的认识是将其视为一种研究系统的活动过程，这种活动与被研究的对象——系统的性质密切相关，因而仿真研究的注意力集中在对系统性质的研究上。系统的特性的研究主要是由各学科的知识支撑的，所以早期的仿真研究多依附于各个学科。后来计算机仿真在所研究对象的规模和复杂性、模型的描述方式和运行的软硬件平台上都有了很大的发展，但有关计算机仿真的定义基本上保持了上述的特点。

从上述定义可看出，计算机仿真要涉及两步重要的工作：

1）必须建立系统的模型。

2）要在计算机上对模型进行数值计算。

如加以区分，前者称为建模，而后者可以称为展模。

随着仿真应用的日益扩展，计算机仿真的外延也在延伸。如现代的各种仿真训练器：飞行器、船舶、轮机仿真训练器等，尽管在景观、声响、操纵和监控系统等方面大量地采用物理仿真，但其核心部分仍然是对系统及其各组成元件的实时计算机数学仿真。广义地来讲，这些仿真也可纳入计算机仿真的范围。

1.3.2　计算机仿真方法的特点

由前述对计算机仿真方法的有关论述，可以看出它有如下显著的特点：

（1）模型参数可任意调整　模型参数可根据要求通过计算机程序随时进行调整、修改或补充，使人们能得到各种可能的仿真结果，为进一步完善研究方案提供了极大的方便。这正是计算机仿真被称为"计算机试验"的原因。这种"试验"与通常的实物试验比，具有运行费用低、无风险以及方便灵活等优点。

（2）系统模型快速求解　借助于先进的计算机系统，人们在较短时间内就能知道仿真运算的结果（数据或图像），从而为人类的实践活动提供强有力的指导。这是通常的数学模型方法所无法实现的。

（3）运算结果准确可靠　只要系统模型、仿真模型和仿真程序是科学合理的，那么计算机的运算结果一定准确无误（除非机器有故障）。因此，人们可毫无顾虑地应用计算机仿真的结果。

（4）仿真的结果形象直观　计算机仿真的结果易于通过图形图像来形象直观地表现。把仿真模型、计算机系统和物理模型及实物联结在一起的实物仿真（有些还同时是实时仿真），形象十分直观，状态也很逼真。

正因为有上述显著的优点，计算机仿真在一些工程技术领域（如宇宙航行、核电站控制等）发挥了独特的作用。

1.3.3　计算机仿真方法的作用

计算机仿真方法的独特作用主要表现为以下四个方面：

（1）优化系统设计　对于复杂系统的研究，一般要求达到最优化，为此必须对系统的结构和参数反复进行修改和调整。这只有借助计算机仿真方法才能方便、快捷地实现。

（2）降低试验成本　对于复杂的工程系统，如果直接进行实物试验，则费用会很高。而用计算机仿真手段就可大大降低相关费用。以航空航天工业为例，一般单次实飞的成本为1万至1亿美元（依不同机型而定）。若用仿真手段，费用仅为上述成本的 $1/10 \sim 1/5$，且设备可重复使用。

（3）减少失败风险　对于一些难度高、危险大的复杂工程系统，如载人宇宙飞行，若直接试验，一旦失败则无论在经济上还是在政治上都是难以承受的。为了减少风险，必须先进行计算机仿真试验，以提高成功率。

（4）提高预测能力　对于各种非工程复杂系统，如经济、军事、社会、生态等系统，几乎不可能进行直接试验研究，因而也很难准确预测其发展趋势。但计算机仿真试验却可以在给定的边界条件下，推演出此类系统的变化趋势，从而为人们制订对策提供可靠的依据。

可以预见，计算机仿真方法将在未来的科学研究和技术开发中发挥越来越大的作用。

1.3.4　计算机仿真的步骤

既然仿真是基于模型的活动，那么首先要针对实际系统建立其模型。建模要完成的任务是：根据研究和分析的目的，先确定模型的边界（因为任何一个模型都只能反映实际系统的某一部分或某一方面，也就是说，一个模型只是实际系统的有限映像）。另一方面，为了使模型具有可信性，必须具备对系统的先验知识及必要的试验数据，再按照客观规律建立模型。特别是，还必须对模型进行形式化处理，以得到计算机仿真所要求的数学描述。模型可信性检验是建模阶段的最后一步，也是必不可少的一步。只有可信的模型才能作为仿真的基础。

在上述可信的模型建立好以后，下一步要进行仿真建模。仿真建模的主要任务是：根据系统的特点和仿真的要求选择合适的算法，当采用该算法建立仿真模型时，其计算的稳定性、计算精度、计算速度应能满足仿真的需要。

接下来的工作就是程序设计，即将仿真模型用计算机能执行的程序来描述。程序中还要包括仿真试验的要求，如仿真运行参数、控制参数、输出要求等。早期的仿真往往采用高级语言编程，随着仿真技术的发展，一大批适用不同需要的仿真语言和仿真软件被研制出来，大大减轻了程序设计的工作量。程序检验一般是不可缺少的。一方面是程序调试，更重要的是要检验所选仿真算法的合理性。

有了正确的仿真程序，就可以对模型进行试验，这是实实在在的仿真活动。它根据仿真的目的对模型进行多方面的试验，相应地得到模型的输出。

最后，要对仿真输出进行分析。以往输出分析的方法未能引起人们的足够重视。实际上，输出分析在仿真活动中占有十分重要的地位，特别是对离散事件系统来说，其输出分析甚至决定着仿真的有效性。输出分析既是模型数据的处理（以便对系统性能做出评价），同时也是对模型的可信性再次进行检验。

在实际仿真时，上述每一个步骤往往需要多次反复和迭代。

综上所述，计算机仿真研究的具体步骤包括：

（1）问题描述　决策者与分析者提供对问题性质的清晰描述。

（2）设置目标　它是指仿真需要解决的问题。完整的项目计划包括：系统方案的说明、方案的准则、研究计划的约束（人员、经费、各阶段的要求和时间等）。

（3）建模活动　通常建模中技艺成分高于科学成分，一般没有严格的规则，仅是一些原则。这个阶段要求有一定的抽象能力，选择和修正系统基本特征的假定，在满足目标的前提下搜索合适的模型描述。

（4）数据收集　它与建模活动是紧密相连、相互影响的。研究目标往往决定收集数据的类型。

（5）编程　通常从实际系统导出的模型需要大量的数据存储和计算。模型研究者可以考虑采用通用的或专用的计算机语言编制计算机程序，若使用仿真语言或仿真软件，会更便于编程和进行仿真研究。

（6）验证　检验输入模型的参数和模型的逻辑结构是否表达正确。

（7）确认　是指模型能否正确作为真实系统的"替身"，通过迭代过程，检验、修正模型和反复搜索，直至模型的精度达到可接受的要求为止。

（8）试验设计　设计仿真运行方案，如确定需要做的决策、初始化、运行时间长度、运行的重复次数等。

（9）运行和分析　实际运行并对仿真运行的结果进行性能的评估、分析。

（10）重复运行　根据分析，确定是否需要修改试验设计，若需要则相应修改并重新运行。

（11）文件清单　它是了解运行情况和进一步修改研究的重要资料。

上面介绍的计算机仿真步骤，可归纳为四个方面的活动：

（1）面向问题　包括阐述问题、建立目标与总体设计。

（2）模型建立和数据收集　包括仿真模型搜索修改的全过程。

（3）运行模型　从试验设计到重复修改。

（4）实现　取得仿真研究结果。

可见，计算机仿真方法中的仿真程序，不同于一般的科学计算程序（仅完成简单的数值计算），而是在人的参与下反复修改和运行的一个搜索过程。因此，计算机仿真要求具有友好的人机界面，这个支持仿真研究的计算机环境对计算机的硬件体系和软件系统都有它特殊的要求。

1.4 仿真技术的应用

认识或研发一个系统一般可以通过理论推演或实物试验两种办法进行。但对于一些大的、复杂的系统，如飞行器制导与控制系统，无法得到其数学模型的解析解，有的分系统甚至无法得到可信的数学模型，同时由于受到很多条件的限制，无法做实物试验或做起来困难很大，这样就只能借助仿真手段来认识和研制一个系统。在下面几种情况下应考虑用系统仿真而不用实物试验。

1）系统还处于设计阶段，尚没有真正建立起来，因此不可能在真实系统上进行全系统的试验。

2）在真实系统上做试验会破坏系统的运行或无法复原。例如，在一个化工系统中随意改变一个系统参数，可能导致整炉成品报废；又如在经济活动中随意实施某个决策，可能会引起经济混乱。

3）如果人是系统的一部分时，由于他知道自己是试验的一部分，行动往往会与平常不同，因此会影响试验的效果。这时最好将人也建立数学模型，用仿真的方法来进行试验。

4）在实际系统上做多次试验时，很难保证每次的操作条件都相同，因而无法对试验结果做出正确的判断。

5）试验时间太长或费用太大或有危险。

如前所述，计算机仿真是系统仿真的一种主要方式，在下述某一种情况时，应当考虑采用计算机仿真的方法：

1）不存在完整的数学公式，或者还没有一套解答数学模型公式的方法。离散事件系统中的许多排队模型就属于这种情况。

2）虽然有解析法方法，但数学过程太复杂，仿真可以提供比较简单的求解方法。

3）解析解存在而且有可能求解出来，但超出了个人的数学能力。因而应该估计一下：建立模型、检查并且运行仿真模型的费用比起向外求助以获得解析解，哪种更为合算。

4）希望在一段较短的时间内能观测到过程的全部历史以及估计某些参数对系统行为的影响。

5）难于在实际的环境中进行试验观测，只能采用仿真。如对在行星间的运载工具的研究。

6）需要对系统或过程进行长期运行的比较，而计算机仿真则可以随意控制时间，使它加快或减慢。

仿真技术在工程设计和制造，各种训练教学，以及在医药卫生、商业、生产管理、社会经济、生态发展等方面都可以发挥重要作用。而随着计算机技术的快速发展，计算机仿真技术得到越来越多的应用与重视，数字仿真软件成为计算机仿真领域研究开发的热点，人们总是以最大限度地满足使用者（特别是工程技术人员）方便、快捷、精确的需求为目的，不断地使数字仿真软件推陈出新。

1. 数字仿真软件的发展历史

数字仿真软件经历了以下四个阶段：

（1）程序编制阶段 在人们利用数字计算机进行仿真试验的初级阶段，所有问题（如微分方程求解、矩阵运算、绘图等）都是仿真试验者用高级算法语言（如 BASIC、FORTRAN、C 等）来编写。往往是几百条语句的程序仅能解决一个"矩阵求逆"一类的基础问题，人们大量的精力不是放在研究"系统问题"如何，而是过多地研究软件如何编制、其数值稳定性如何保证等问题，其结果使得仿真工作效率低下，数字仿真技术难以广泛应用。

（2）程序软件包阶段 针对"程序编制阶段"所存在的问题，许多系统仿真技术的研究人员将他们编制的数值计算与分析程序以"子程序"的形式集中起来形成了"应用子程序库"，又称为"应用软件包"（以便仿真试验者在程序编制时调用）。这一阶段的许多成果为数字仿真技术的应用奠定了基础，但还是存在着使用不便、调用繁琐、专业性要求过强、可信度低等问题。这时人们已开始认识到，建立具有专业化与规格化的高效率的"仿真语言"是十分必要的，这样才能使数字仿真技术真正成为一种实用化的工具。

（3）交互式语言阶段 从方便人机信息交换的角度出发，将数字仿真涉及的问题上升到"语言"的高度所进行的软件集成，就产生了交互式的"仿真语言"。仿真语言与普通高级算法语言（如 C、FORTRAN 等）的关系就如同 C 语言与汇编语言的关系一样，人们在用 C 语言进行乘（除）法运算时，不必去深入考虑乘法是如何实现的（已有专业人员周密处理了）；同样，仿真语言可用一条指令实现"系统特征值的求取"，而不必考虑是用什么算法以及如何实现等低级问题。

比较有代表性的仿真语言有：PYTHON，SIMNON、CSMP、ACSL、TSIM、GPSS、SIMSCRIPT、ESL、MATLAB 等。其中 MATLAB 已成为通用仿真领域最为普及与流行的应用软件。

（4）模型化图形组态阶段 尽管仿真语言将人机界面提高到"语言"的高度，但是对于从事控制系统设计的专业技术人员来讲还是有许多不便，他们似乎对基于模型的图形化（如框图）描述方法更亲切。随着 Windows 软件环境的普及，基于模型化图形组态的控制系统数字仿真软件应运而生，它使控制系统 CAD（Computer Aided Design，计算机辅助设计）进入到一个崭新的阶段。目前，最具代表性的模型化图形组态软件当数美国 MathWorks 软件公司 1992 年推出的 Simulink，它与该公司著名的 MATLAB 软件集成在一起，成为当今最具影响力的控制系统 CAD 软件。

2. MATLAB 简介

20 世纪 70 年代后期，时任美国新墨西哥大学计算机科学系主任的 Cleve Moler 教授（数值分析与数值线性代数领域著名学者）在教学与研究工作中充分认识到当时的科学分析与数值计算软件编制工作的困难所在，出于减轻学生编程负担的动机，为学生设计了一组调用 LINPACK 和 EISPACK 子程序库的"通俗易用"的接口，起名为 Matrix Laboratory（矩阵试验室），它是集命令翻译、科学计算于一体的交互式软件系统，有效地提高了科学计算软件编制工作的效率，经过几年的校际流传，迅速成为人们广泛应用的软件工具。此即用 FORTRAN 编写的萌芽状态的 MATLAB。20 世纪 80 年代初，Moler 教授访问斯坦福大学，与工程师 Jonh Litte 等人合作，用 C 语言开发了 MATLAB 第二代，而且除原有的数值计算功能以外，还新增了较强的数据可视化（即图形）功能。在 Little 的推动下，由 Little、Moler、Steve Bangert 合作，于 1984 年成立了 MathWorks 公司，MATLAB 作为原名 Matrix Laboratory 的缩写成为 MathWorks 公司软件产品的品牌，正式推向市场。

MATLAB 的主要优势在于：它高度封装后带来了优雅、灵活的语法，使用户能够通过编写寥寥几行程序即能够实现复杂的操作；它具备强大的数值计算能力与高度灵活的编程要求，使得用户能够非常简便而高效地实现各种复杂的数值计算；诸多专家与学者开发的各种实用工具箱涵盖了数学、统计、仿真、电子、生物信息学、金融、测试等各个领域，为用户提供了快速算法验证与从事相关研究的基础。因此，随着软件版本不断更新，以 MATLAB 为基础开发的专业性应用软件和硬件也大量涌现，MATLAB 应用日趋广泛，已成为科研和学术领域应用最为广泛的仿真软件，并在商业应用中逐渐得到推广。

3. Simulink

Simulink 是 MathWorks 软件公司为其 MATLAB 提供的基于模型化图形组态的控制系统仿真软件，其命名直观地表明了该软件所具有的 simu（仿真）与 link（连接）两大功能，它使得一个复杂的控制系统的数字仿真问题变得十分直观而且相当容易。例如，对于图 1-5 所示的高阶 PID 控制系统，采用 Simulink 实现的仿真过程如图 1-6 所示。

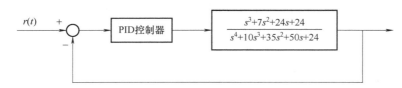

图 1-5　PID 控制系统结构图

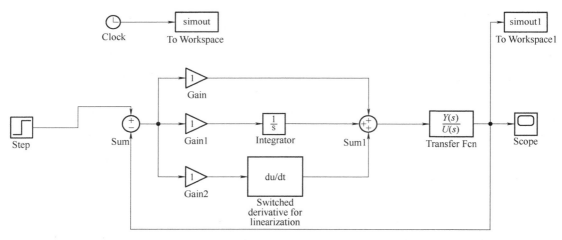

图 1-6　PID 控制系统的 Simulink 实现

图 1-6 所示的仿真实现过程全部是在鼠标下完成的，从模型生成、参数设定到仿真结果的产生不过几分钟的时间，即使再复杂一些的系统仿真问题所需的时间也不会太多。Simulink 使得控制系统数字仿真与 CAD 技术进入到人们期盼已久的崭新阶段。

有关 MATLAB 与 Simulink 进一步的内容，本书将在后续章节中做更详尽的介绍。

4. 基于虚拟样机的联合仿真技术

近年来，多学科联合仿真是整个 CAE（Computer-Aided Engineering，计算机辅助工程）行业发展的方向。因为单个解决方案虽然可以进行多学科分析，但不能考虑多学科之间的交互作用；只有对关键学科之间复杂交互作用的准确表述，才能保证真实地模拟物理现象。如何通过使用一个模型实现不同学科之间的交互作用和耦合，优化不确定因素并利用高性能处理器提高计算速度，是目前仿真领域亟待解决的问题。

基于多领域协同建模与协同仿真的虚拟样机技术很好地解决了这个问题。各专业领域的工程师在设计过程中可以共享同一个产品的虚拟样机，无须制作物理样机就能够随时对虚拟样机的整体特性进行反复的仿真测试，直到获得满意的设计结果。联合仿真技术的典型应用有：多体动力学与控制系统（如车辆控制）、结构与气动载荷（如飞行动力学分析）等。

目前较为通用和流行的实现多领域协同仿真的方式主要有以下三种：

（1）联合仿真式（Co-Simulation）　不同仿真软件在各自运行前进行数据耦合关系定义和建立连接，仿真开始后，耦合的仿真数据通过进程间通信（IPC）或者网络通信的方式实现双向交换和调用。

（2）模型转换式（Model Transfer）　其主要原理是将一个仿真软件的模型转化为另一个仿真软件支持的包含模型信息的数据文件或者动态链接库文件，实现模型级别的协同仿真。

（3）求解器集成式（Solver Convergence）　其基本原理是实现两个不同仿真软件之间的求解器集成，在其中一个仿真软件中可以调用另一个仿真软件的求解器，从而完成协同仿真。

有些仿真软件综合应用了以上三种协同方式，比如 ADAMS 和 Simulink 之间支持联合仿真和模型转换的协同仿真方法，而 ADAMS 和 ANSYS 之间则全部支持以上三种方法。联合仿真式现今较为通用，它能够使这些软件同步运行，随时可以观察仿真结果的变化，具有良好的交互性，其中应用最为广泛就是 ADAMS/MATLAB 联合仿真技术。

1.5　仿真技术的发展与展望

1.5.1　仿真技术的发展历程

仿真技术可以追溯到两千多年以前人类在建筑、造船等行业中对系统比例模型的应用，这种方法直至今天在许多工业系统试验研究中仍屡见不鲜。但仿真技术形成学科却是在 20 世纪 40 年代出现电子计算机以后，在此之前仿真归属不同技术领域或学科。如今，它已经逐渐发展成为一门新兴的学科——仿真科学与技术。

仿真科学与技术是工业化社会向信息化社会前进中产生的新的科学技术学科。社会与经济发展的需求牵引和各门类科学与技术的发展，有力推动了仿真科学与技术的发展。半个多世纪以来，仿真科学与技术在系统科学、控制科学、计算机科学、管理科学等学科中孕育、交叉、综合和发展，并在各学科、各行业的实际应用中成长，逐渐突破孕育本学科的原学科范畴，成为一门新兴的学科，并已具有相对独立的理论体系、知识基础和稳定的研究对象。它的发展经历了如下几个阶段。

1. 仿真技术的初级阶段

在第二次世界大战后期，火炮控制与飞行控制动力学系统的研究孕育了仿真技术的发展。20 世纪 40 年代，计算机的出现为仿真技术的发展开辟了道路，数学模拟开始在美国的一些大学和科研机构逐步开展起来。在 20 世纪 50 年代，数字计算机的程序编制还处于汇编语言阶段，仿真程序编制的困难限制了数字仿真技术的广泛应用；而此时，应用模拟计算机对自动控制理论的仿真研究却取得了长足的进步。直到 20 世纪 60 年代，相继研制成功了通用电子模拟计算机和混合模拟计算机。在导弹和宇宙飞船姿态及轨道动力学研究、阿波罗登月计划及核电站设计中，仿真技术都得到了应用。由于采用的工具是通用电子模拟计算机和混合模拟计算机，因而该阶段被称为模拟阶段。

2. 仿真技术的发展阶段

20 世纪 70 年代，以 FORTRAN 为代表的高级语言与多种专用的仿真语言（如 MIMIC、DSL/90、CSSL、CSMP 等）为数字仿真技术的应用奠定了基础。随着数字仿真机的诞生，仿真技术在军事领域得到迅速发展。例如，1978 年，美国推出的 AD10 数字/模拟混合计算机使仿真技术得以进入军事、武器装备等领域的深层应用。

进入 20 世纪 80 年代，随着"冷战"的加剧与军事工业的需求，仿真技术得以快速发展。1983 年，美国国防高级研究计划局与陆军共同制定了仿真组网（SIMNET）计划。它可将分散在各地的仿真器同计算机网络连接起来，以进行各种复杂作战任务的训练模拟；1984 年，William Gibon 提出了"虚拟现实"的概念，为仿真技术的应用指出了新的发展方向；1985 年，美国推出性能更加强大的 AD100 数字/模拟混合计算机（可用于洲际导弹/多目标飞行器的实时仿真）。

在这一时期，仿真技术的应用也扩展到了许多工业领域，如培训飞行员的飞机训练仿真器、电站操作人员的仿真系统、汽车驾驶模拟器，以及复杂工业过程的仿真系统等，同时相继出现了一些从事仿真设备和仿真系统生产的专业化公司，使仿真技术进入了数字仿真阶段。

3. 仿真技术的成熟阶段

1992 年，美国政府提出的 22 项国家关键技术中，仿真技术被列为第 16 项；在 21 项国防关键技术中，仿真技术被列为第 6 项。1996 年，美国学者 Macredie 系统阐述了虚拟现实、仿真环境、面向对象的建模机制等重要概念与理论，对虚拟现实仿真技术在环境模拟与人员培训方面的广泛应用起到了很大的促进作用。

这一阶段几乎贯穿整个 20 世纪 90 年代。其主要特点是：被仿真的系统日益复杂，规模越来越大，在需求牵引和计算机科学与技术的推动下，为了更好地实现信息与仿真资源共享，促进仿真系统的可操作和重用，以美国为代表的发达国家在聚合级仿真、分布式交互仿真、先进的并行交互仿真的基础上，使仿真技术开始向高层体系结构（HLA）方向发展，进入了实现多种类型仿真系统之间相互操作、仿真模型组件重用的成熟阶段。

4. 复杂系统仿真的新阶段

20 世纪末和 21 世纪初，对广泛领域的复杂性问题进行科学研究的需求进一步推动了仿真技术的发展。仿真软件开始由二维动画向三维动画转变，提供虚拟现实的仿真建模与运行环境。此外，智能化建模技术、基于 Web 的仿真、智能化结果分析与优化技术也成为新型仿真软件的重要功能。仿真技术在计算机技术、网络技术、图形图像技术、多媒体技术、软件工程、信息处理、控制论及系统工程等技术的发展和支持下，逐渐发展形成了具有广泛应用领域的新兴的交叉学科——仿真科学与技术学科。

1.5.2 仿真技术的发展趋势与应用需求

仿真技术始终在沿高逼真度、高实时性、高扩展性、低成本、可重复性、人机交互便利性等方向发展。近年来仿真技术更在以下几个方面呈现出较为明显的发展趋势：

1）在硬件方面，基于多 CPU 并行处理、GPU 并行加速技术的全数字仿真系统将有效提高仿真系统的速度，从而使仿真系统的实时性得以加强。

2）随着网络技术的不断完善与提高，分布式数字仿真系统将为人们广泛采用，从而达到"投资少，效果好"的目的。

3）去中心化的区块链技术与虚拟仿真技术融合大大增强了信息的安全性，云计算、边缘计算与虚拟仿真技术的融合将减少虚拟仿真技术受本地资源的限制。

4）在应用软件方面，直接面向用户的高效能的数字仿真软件将不断推陈出新，各种专家系统与智能化技术将更深入地应用于仿真软件开发中，使得在人机界面、结果输出、综合评判等方面达到更理想的境界。

5）虚拟现实技术的不断完善，为控制系统数字仿真与 CAD 开辟了一个新时代。例如，在飞行器驾驶人员培训模拟仿真系统中，采用虚拟现实技术，使被培训人员置身于模拟系统中就犹如身在真实环境里一样，使得培训效果达到最佳。

6）随着管理科学、柔性制造系统（FMS）、计算机集成制造系统（CIMS）的不断应用与发展，离散事件系统越来越多地为仿真领域所重视。离散事件仿真从理论到实现给我们带来许多新的问题，离散事件系统仿真问题将越来越显示出它的重要性。

应用需求始终都是仿真技术发展的原动力，仿真技术的进一步发展需要新的需求牵引。进入新世纪以来，应用需求的形势如何说法不一。主要有如下几种观点：

1）当前计算机仿真的六大挑战性课题，包括核聚变反应、宇宙起源、生物基因工程、结构材料、社会经济、作战模拟等。

2）当前较为突出又活跃的计算机建模与仿真主要有分布式交互仿真技术、综合自然环境的建模与仿真技术、智能系统建模及智能仿真技术、复杂系统或开放复杂巨系统的建模与仿真技术、虚拟仿真技术等。

3）21 世纪的科学与工程、社会科学、管理科学、生命科学和军事等五大领域的发展，迫切需要数字仿真技术发挥其独特的作用。

4）进入 21 世纪以来，基于仿真的系统研究（SBSS）又面临新的挑战，诸如计算机网络、虚拟样机、智能控制系统研发和复杂系统研究，以及国防现代化，迫切要求发展网络仿真、虚拟仿真、智能仿真和复杂系统仿真，以及当代军事仿真。

5）在核爆炸、大脑研究、地球环境、物种遗传、物质合成等重大研究方向上，仿真科学与技术不仅是手段和工具，更甚至是主要工具。

除了以上，更有专家认为：自然科学、农业科学、医药科学、工程与技术科学、人文与社会科学这五个门类都需要仿真技术这一强大的科学试验工具来推动它们的快速和深入的发展。

习　　题

1-1　试结合本专业举例说明离散事件系统仿真有哪些。

1-2　进行计算机仿真的步骤一般有哪些？

1-3　搜索 Simulink 并在页面下端点开 Examples 页面，运行其中任一例子。

第 2 章

MATLAB 基础

本章介绍 MATLAB 基础，并逐步引入系统仿真相关知识。本章为从未学过 MATLAB 的读者提供较为宏观的介绍。

2.1 MATLAB 产品体系

MATLAB 产品由若干个模块组成，不同的模块完成不同的功能。由这些模块构成的 MATLAB 产品体系结构如图 2-1 所示。

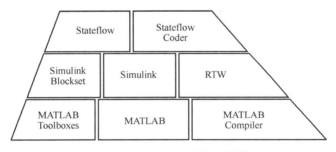

图 2-1　MATLAB 产品体系结构

图中的 MATLAB（或称为 MATLAB 主包）是 MATLAB 产品家族的基础，它提供了基本的数学算法，如数组和矩阵运算、数值分析算法，MATLAB 集成的图形功能可以完成相应数据可视化的工作，并且提供了一种交互式的高级编程语言——M 语言，利用 M 语言可以通过编写脚本或者函数文件实现用户自己的算法。

MATLAB Compiler 是一种编译工具，它能够将那些利用 M 语言编写的函数文件编译生成标准的 C/C++语言源文件，而生成的标准 C/C++源代码可以被任何一种 C/C++编译器生成函数库或者可执行文件，这样就可以扩展 MATLAB 功能，使 MATLAB 能够同其他高级编程语言（如 C/C++语言）混合使用，取长补短，以提高程序的运行效率，丰富程序开发的手段。MATLAB 除了能够和 C/C++语言集成开发以外，还提供了和 Java 等语言的接口，并且它还支持 COM 标准，能够和任何一种支持 COM 标准的软件协同工作。

还利用 M 语言开发了各种 MATLAB Toolboxes，这些专业工具箱应用的算法是开放的、可扩展的，用户不仅可以查看其中的算法，还可以针对一些算法进行修改，甚至开发自己的算法以便扩充工具箱的功能。MATLAB 产品的工具箱体系是 MATLAB 软件的重要优势，目前已达几十种，涉及许多专业领域。用户可以直接使用工具箱学习、应用和评估不同的方法而不需要自己编写程序代码。目前，MATLAB 已经把工具箱延伸到了科学研究和工程应用的诸多领域，如数据采集、数据库接口、概率统计、样条拟合、优化算法、偏微分方程求解、神经网络、小波分析、信号处理、图像处理、系统辨识、控制系统设计、LMI 控制、鲁棒控制、模型预测、模糊逻辑、金融分析、地图工具、非线性控制设计、实时快速原型及半物理仿真、嵌入式系统开发、定点仿真、DSP 与通信、电力系统仿真等。

Simulink 是一个交互式动态系统建模、仿真和分析工具。Simulink Blockset 提供了丰富的专业模块库，广泛地用于控制、DSP、通信、电力等系统仿真领域。Stateflow 是一种利用有限状态机理论建模和仿真离散事件系统的可视化设计工具，适合用于描述复杂的开关控制逻辑、状态转移图以及流程图等。RTW（Real-Time Workshop，实时工作空间）能够从 Simulink 模型中生成可定制的代码并编译成独立的可执行程序，应用于各类硬件或实时系统，实现实时控制或实时信号处理等功能。Stateflow Coder 能够自动生成状态图的代码，并且能够自动地结合到 RTW 生成的代码中。图 2-1 也反映了 Simulink 与 MATLAB 的层次结构关系。

在 MATLAB 安装过程中，读者可选择"Custom"方式自定义安装内容。值得指出的是，对采用 Simulink 做系统建模与仿真及分析的使用者来说，除了 MATLAB 主包和 Simulink 系列以外，一般应该选择安装 Control System Toolbox（控制系统工具箱）和 Signal Processing Toolbox（信号处理工具箱），Optimization Toolbox（优化工具箱），其他工具箱可根据需要选择（图 2-2）。但应特别注意工具箱间存在相互依赖关系，若所选工具箱依赖未被选择的工具箱，软件会发出相应警告。

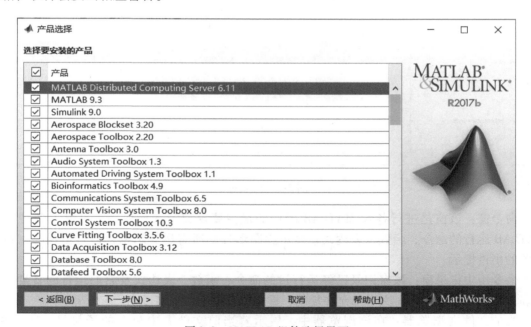

图 2-2　MATLAB 组件选择界面

安装完 MATLAB 后，通常会生成两个目录。一个是 MATLAB 软件所在的目录，该目录的位置与目录名是用户在安装过程中指定的。该目录包含 MATLAB 运作所需的所有文件，如启动文件、各种工具包等。另一个是安装 MATLAB 时自动生成的供用户使用的工作目录，专供用户存放运行 MATLAB 中产生的中间文件。该目录名称是 MATLAB，它通常位于 C 盘（系统盘）的"我的文档"文件夹中。由于该目录被自动记录在 MATLAB 的搜索路径中，所以其中的文件都能被 MATLAB 搜索到。

2.2　MATLAB 的操作界面

MATLAB R2017 版的 Desktop（桌面），是一个高度集成的 MATLAB 工作界面，如图 2-3 所示。该桌面中包括四个最常用的界面：命令行窗口（Command Window，简称命令窗）、当前文件夹（Current Directory）浏览器、MATLAB 工作区（Workspace）浏览器、命令历史记录（Command History）窗。其中，默认状态下只有前三个窗口，命令历史记录窗需用户从"布局"中单击"命令历史记录"并勾选"停靠"调出。

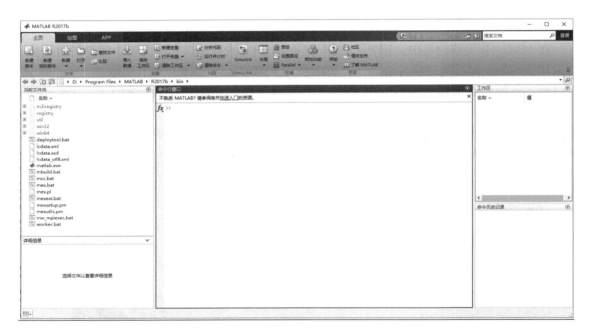

图 2-3　Desktop

命令窗：该窗是进行各种 MATLAB 操作的最主要窗口。在该窗内，可输入各种送给 MATLAB 运行的命令、函数、表达式；显示除图形外的所有运算结果；运行错误时，给出相关的出错提示。

命令历史记录窗：该窗记录已经运行过的命令、函数、表达式及它们运行的日期、时间。该窗中的所有命令、文字都允许复制、重运行及用于产生 M 文件。

当前文件夹浏览器：在该浏览器中，展示着当前文件夹中包含的子目录、M 文件、MAT 文件和 MDL 文件等。对该界面上的 M 文件，可直接进行复制、编辑和运行；界面上的 MAT 数据文件，可直接送入 MATLAB 工作内存。此外，对该界面上的子目录，可进行 Windows 平台的各种标准操作。

工作区浏览器：该浏览器默认位于当前文件夹浏览器的后台。该窗罗列出 MATLAB 工作区中所有变量的名称、大小及所占字节数；在该窗中，可对变量进行观察、图示、编辑、提取和保存。

2.2.1 命令窗的操作要点

MATLAB 命令窗默认位于 MATLAB 桌面的右方（图 2-3）。用户如果想得到脱离操作桌面的几何独立命令窗，只要单击该命令窗右上角的 ⊙ 键下的"取消停靠"命令即可；相反，如果要把几何独立的命令窗再"镶嵌"进 Desktop 中去，只需再单击独立命令窗右上角的 ⊙ 下的"停靠"命令即可，Desktop 中其余窗口均可照此操作。

最简单的计算器使用法如例 2-1 所示。

【例 2-1】 求 $[12 + 2 \times (7 - 4)] \div 3^2$ 的算术运算结果。

操作方法：用键盘在 MATLAB 命令窗中输入以下内容：

```
>> (12 +2 * (7 -4))/3^2
```

然后按〈Enter〉键，该命令被执行，并在命令窗中显示结果如图 2-4 所示。

命令行开头的" >>"是"命令输入提示符"，它是自动生成的（为了叙述简洁，本书此后的叙述中输入命令前将不再标出此提示符）。

MATLAB 的运算符都是各种计算程序中常见的习惯符号。一条命令输入结束后，必须按〈Enter〉键，该命令才会被执行。由于本例输入命令是"不含赋值号的表达式"，所以计算结果被赋给 MATLAB 的一个默认变量"ans"。它是英文"answer"的缩写。

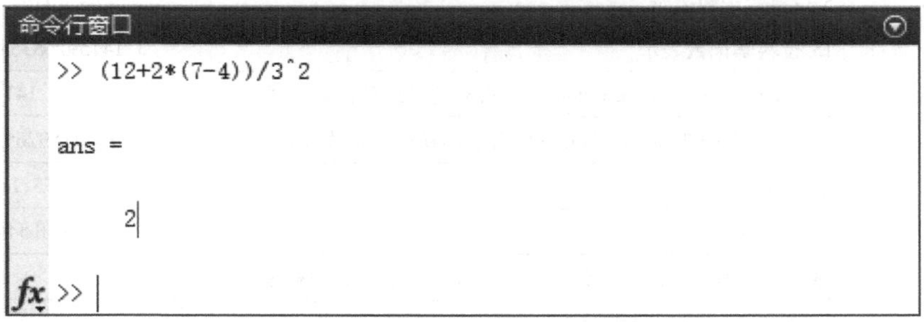

```
命令行窗口                                        ⊙

>> (12+2*(7-4))/3^2

ans =

    2

fx >> |
```

图 2-4　例 2-1 结果

【例 2-2】 命令"续行输入"法的演示。

```
S =1 -1/2 +1/3 -1/4 + ...
1/5 -1/6 +1/7 -1/8
S =
0.6345
```

MATLAB 命令的"续行输入"法如下：如果由于命令太长，或出于某种需要，一条输入命令必须分成多行书写时，必须在本行（一条命令在该行尚未输入完需要换行）的末尾用英文输入状态下的 3 个或 3 个以上的连续黑点表示"续行"，即表示下一行开始输入的内容是本行尚未输入完的命令的继续。

上例中"续行输入"输入的命令执行后，变量 S 被保存在 MATLAB 的工作区（Workspace）中，以备后用。如果用户不用 clear 命令清除它，或对它重新赋值，那么该变量会一直保存在工作区中，直到 MATLAB 被关闭为止。

1. 命令窗的显示方式

（1）默认的输入显示方式　MATLAB R2017 命令窗中的字符、数值等采用更为醒目的分类显示：对于输入命令中的 if、for、end 等控制数据流的 MATLAB 关键词自动地采用蓝色字体显示；而对于输入命令中的非控制命令、数值，都自动地采用黑色字体显示；输入的字符串则自动呈现为紫色字体。

（2）运算结果的显示　在命令窗中显示的输出有：命令执行后，数值结果采用黑色字体输出；而运行过程中的警告信息和出错信息则用红色字体显示。

运行中，屏幕上最常见到的数字输出结果由 5 位数字构成。这是"双精度"数据的默认输出格式。实际上，MATLAB 的数值数据通常占用 64 位（Bit）内存，以 16 位有效数字的"双精度"进行运算和输出。MATLAB 为了比较简洁、紧凑地显示数值输出，才默认地采用 format short 格式显示出 5 位有效数字。MATLAB 数值计算结果显示格式的类型见表 2-1。

表 2-1　数据显示格式的控制命令

指　　令	含　　义	举例说明
format format short	通常保证小数点后 4 位有效，最多不超过 7 位；对于大于 1000 的实数，用 5 位有效数字的科学记数形式显示	314.159 被显示为 314.1590 3141.59 被显示为 3.1416e+003
format long	小数点后 15 位数字表示	3.141592653589793
format short e	5 位科学记数表示	3.1416e+00
format long e	15 位科学记数表示	3.14159265358979e+00
format short g	从 format short 和 format short e 中自动选择最佳记数方式	3.1416
format long g	从 format long 和 format long e 中自动选择最佳记数方式	3.14159265358979
format rat	近似有理数表示	355/113
format hex	十六进制表示	400921fb54442d18
format +	显示大矩阵用。正数、负数、零分别用 +，-，空格表示	+
format bank	（金融）元、角、分表示	3.14
format compact	显示变量之间没有空行	
format loose	在显示变量之间有空行	

注：1. Format short 显示格式是默认的显示格式。
　　2. 该表中实现的所有格式设置仅在 MATLAB 的当前执行过程中有效。

（3）显示方式的永久设置　用户根据需要，可以对命令窗的字体风格、大小、颜色和数值计算结果显示格式进行设置。设置方法是：选中预设下拉菜单项，引出一个参数设置对话框；在此弹出对话框的左栏选中"颜色"或者"字体"，对话框的右边就出现相应的选择内容；用户根据需要和对话框提示对数据显示格式或字体等进行选择；最后，单击"确定"命令，完成设置。注意：该设置立即生效，并且这种设置将被永久保留，即这种设置不因 MATLAB 关闭和开启而改变，除非用户进行重新设置。

2. 命令行中的标点符号

标点在 MATLAB 中的地位极其重要。各标点的作用见表 2-2。

表 2-2　MATLAB 常用标点的作用

名　　称	标　点	作　　用
空格		（为机器辨认）用作输入量与输入量之间的分隔符；数组元素分隔符
逗号	,	用作要显示计算结果的命令与其后命令之间的分隔；用作输入量与输入量之间的分隔符；用作数组元素分隔符号
黑点	.	数值表示中，用作小数点；用于运算符号前，构成"数组"运算符
分号	;	用于命令的"结尾"，抑制计算结果的显示；用作不显示计算结果命令与其后命令的分隔；用作数组的行间分隔符
冒号	:	用以生成一维数值数组；用做单下标援引时，表示全部元素构成的长列；用做多下标援引时，表示那一维上的全部元素
注释号	%	由它"启首"的所有物理行部分被看作非执行的注释
单引号对	' '	字符串记述符
圆括号	( )	改变运算次序；在数组援引时用；函数命令输入变量列表时用
方括号	[ ]	输入数组时用；函数命令输出变量列表时用
花括号	{ }	单元数组记述符；图形中被控特殊字符括号
下连符	_	（为使人易读）用作一个变量、函数或文件名中的连字符；图形中被控下角标前导符

注：为确保命令正确执行，以上符号一定要在英文状态下输入。

3. 命令窗的常用控制命令

命令窗常用操作指令及其含义解释见表 2-3。

表 2-3　常见的通用操作命令及含义

命　令	含　　义	命　令	含　　义
cd	设置当前工作目录	exit	关闭/退出 MATLAB
clf	清除图形窗	quit	关闭/退出 MATLAB
clc	清除命令窗中显示内容	more	使其后的显示内容分页进行
clear	清除 MATLAB 工作区中保存的变量	return	返回到上层调用程序；结束键盘模式
dir	列出指定目录下的文件和子目录清单	type	显示指定 M 文件的内容
edit	打开 M 文件编辑/调试器	which	指出其后文件所在的目录

4. 命令窗中命令行的编辑

为了操作方便，MATLAB 不但允许用户在命令窗中对输入的命令行进行各种编辑（只能对命令输入提示符"＞＞"所在的行进行编辑修改）和运行，而且允许用户对过去已经输入的命令行进行回调、编辑和重运行。具体的操作方式见表 2-4。

表 2-4　MATLAB 命令窗中实施命令行编辑的常用操作键

键　　名	作　　用	键　　名	作　　用
↑	前寻式调回已输入过的命令行	Home	使光标移到当前行的首端
↓	后寻式调回已输入过的命令行	End	使光标移到当前行的尾端

（续）

键　　名	作　　用	键　　名	作　　用
←	在当前行中左移光标	Delete	删去光标右边的字符
→	在当前行中右移光标	Backspace	删去光标左边的字符
PageUp	前寻式翻阅当前窗中的内容	Esc	清除当前行的全部内容
PageDown	后寻式翻阅当前窗中的内容		

【例2-3】　命令行操作过程示例。

1）若用户想计算 $y_1 = \dfrac{2\sin(0.3\pi)}{1+\sqrt{5}}$ 的值，那么用户应依次输入以下字符：

```
y1 = 2 * sin (0.3 * pi) / (1 + sqrt (5))
```

2）按〈Enter〉键后该命令便被执行，并给出以下结果：

```
y1 =
    0.5000
```

3）通过反复按键盘的箭头键，可实现命令回调和编辑，进行新的计算。

若又想计算 $y_2 = \dfrac{2\cos(0.3\pi)}{1+\sqrt{5}}$，用户当然可以像前一个算例那样，通过键盘把相应字符一个一个"敲入"。但也可以较方便地用操作键获得该命令，具体办法是：先用"↑"键调回已输入过的命令 y1 = 2 * sin(0.3 * pi)/(1 + sqrt(5))；然后移动光标，把 y1 改成 y2；把 sin 改成 cos；再按〈Enter〉键，就可得到计算结果：

```
y2 = 2 * cos (0.3 * pi) / (1 + sqrt (5))
y2 =
    0.3633
```

2.2.2　命令历史记录窗的功能与操作

命令历史记录窗记录着每次开启 MATLAB 的时间及开启 MATLAB 后在命令窗中运行过的所有命令行。该窗不但能清楚地显示命令窗中运行过的所有命令行，而且所有这些被记录的命令行都能被复制或再运行。其功能见表2-5。

表2-5　命令历史记录窗主要功能及操作方法

应　用　功　能	操　作　方　法
单行或多行命令的复制	选中单行或多行命令；按鼠标右键引出现场菜单；选中"复制"菜单项，即可用复合键〈Ctrl + V〉把它"粘贴"到任何地方（包括命令窗）
单行命令的运行	鼠标左键双击单行命令
多行命令的运行	选中多行命令；按鼠标右键引出现场菜单；选中"执行所选内容"菜单项，即可在命令窗中运行，并见到相应结果
把多行命令写成 M 文件	选中多行命令；按鼠标右键引出快捷菜单；选中"创建脚本"菜单项，就引出书写着这些命令的 M 文件编辑调试器；再进行相应操作，即可得所需 M 文件

【例 2-4】 演示如何再运行此前输入的例 2-3 中计算 y1 的值。

操作过程：先利用组合操作〈Ctrl + 鼠标左键〉选中如图 2-5 所示命令历史记录窗（这里假设读者已输入过）中的 "y1 = 2 * sin(0.3 * pi)/(1 + sqrt(5))" 命令；当鼠标光标在选中区时，单击右键，弹出快捷菜单；选中快捷菜单项"执行所选内容"，计算结果就出现在命令窗中。

图 2-5　历史命令再次运行的演示

2.2.3　当前文件夹浏览器和文件管理

1. 当前文件夹浏览器简介

如图 2-6 所示的当前文件夹浏览器（Current Directory）界面上，自上而下分别是当前文件夹，工具条，文件、文件夹列表等。此外，MATLAB 还为当前文件夹窗设计了一个专门的操作菜单。借助该菜单可方便地打开或运行 M 文件、装载 MAT 文件数据等，详见表 2-6。

图 2-6　当前文件夹浏览器和适配的弹出菜单

2. 用户文件夹和当前文件夹设置

从 MATLAB R2008a 起，在安装过程中，会自动生成一个文件夹 C:\Documents and Settings\user\My Documents\MATLAB。该文件夹专供存放用户自己的各类 MATLAB 文件。

表 2-6　当前文件夹适配菜单的应用

应 用 功 能	操 作 方 法
运行 M 文件	选中待运行文件；按鼠标右键引出快捷菜单；选中 {Run} 菜单项，即可使该 M 文件运行
编辑 M 文件	鼠标左键双击 M 文件
把 MAT 文件全部数据输入内存	鼠标左键双击 MAT 文件
把 MAT 文件部分数据输入内存	选中待装载数据文件；按鼠标右键引出快捷菜单；选中"导入数据"菜单项，引出数据预览选择对话框"导入向导"；在此框中"勾选"待装数据变量名，单击"完成"按钮，完成操作

在 MATLAB 环境中，如果不特别指明存放数据和文件的文件夹，那么 MATLAB 总默认地将它们存放在当前文件夹上。因此，建议在 MATLAB 开始工作的时候，就把用户自己的"用户文件夹"设置成当前文件夹。设置方法如下：

在当前文件夹浏览器上方，都有一个当前文件夹设置区。它包括："文件夹设置栏"和"浏览键"。用户或在"设置栏"中直接填写待设置的目录名，或借助"浏览键"和鼠标选择待设置目录。

2.2.4　工作区浏览器和变量编辑器

1. 工作区浏览器

在默认状态下，工作区浏览器（Workspace）位于 MATLAB 操作桌面的左上侧后台，如图 2-7 所示。该浏览器的功能与操作方法见表 2-7。

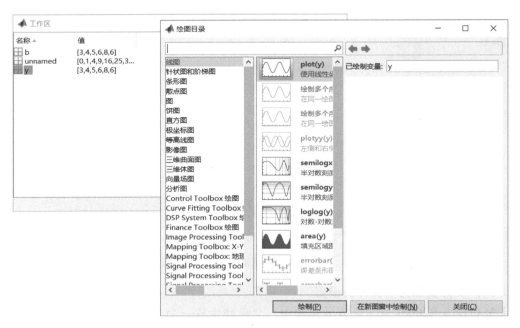

图 2-7　工作区浏览器及"绘图目录"选项的展开

表 2-7　工作区浏览器主要功能与操作方法

功　能	操　作　方　法
创建新变量	在上方变量菜单中单击 ⊞ 图标，在工作区中生成一个 "unnamed" 的新变量；双击该新变量图标，引出 Variable Editor（变量编辑器）（图2-9）；在变量编辑器中，向各元素输入数据；最后，对该变量进行重命名
显示变量内容	用鼠标左键双击变量
图示变量	选中变量，选中弹出菜单中的绘图目录选项，就可以适当地绘出选中变量的图形
用文件保存变量	选择待保存到文件的（一个或多个）变量，或单击图标 ⊞，或选中弹出菜单中的 "工作区另存为" 项，便可把那些变量保存到 MAT 数据文件
从文件向内存装载变量	在上方变量菜单中单击图标 ⬇；选择 MAT 数据文件；再单击那个文件，引出 "导入向导" 界面，它展示文件所包含的变量列表；再从列表中，选择待装载变量即可

【例 2-5】　画出衰减振荡曲线 $y = e^{-\frac{t}{3}}\sin 3t$，$t$ 的取值范围是 $[0, 4\pi]$（图 2-8）。

操作方法：用键盘在 MATLAB 命令窗中逐行输入以下内容：

```
t=0:pi/50:4*pi;           %定义自变量t的取值数组
y=exp(-t/3).*sin(3*t);%计算与自变量相应的y数组。注意:乘法符号前面的小黑点。
    plot(t,y,'-r','LineWidth',2)    %绘制曲线
    axis([0,4*pi,-1,1])
    xlabel('t'),ylabel('y')
```

在 "工作区浏览器" 中，用鼠标选中所需图示的变量 y；再选中 "图标菜单" 的 {plot(y)}，也可得到类似图 2-8 所示的图形，但此时横坐标范围会有变化，因为它是以 y 数组元素的序号而非 t 为自变量。

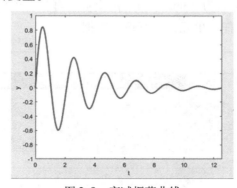

图 2-8　衰减振荡曲线

2. 管理工作区的常用命令

（1）查询命令 who 及 whos

【例 2-6】　在命令窗中运用 who，whos 查阅 MATLAB 内存变量。

who，whos 在命令窗中运行后的显示结果如下：

```
who
Your variables are:
```

```
ans   t     y

whos
  Name        Size              Bytes   Class

  ans         1x1                   8   double array
  t           1x201              1608   double array
  y           1x201              1608   double array

Grand total is 403 elements using 3224 bytes
```

说明：

1）本例两个命令的差别仅在于获取内存变量信息的详细程度不同。

2）图中内容因输入指令时工作区中的具体内容不同，可能结果不同。

（2）从工作区中删除变量和函数的命令 clear　最常用的两种格式：

```
clear                       清除工作区中的所有变量
clear name1 name2           清除工作区中名为 name1 和 name2 的变量、脚本、函数或 MEX 函数。
```

注意：在后一种调用格式中，clear 后面的变量名和函数名之间一定要采用"空格"分隔。

3. 变量编辑器

双击工作区浏览器中的变量图标，将弹出如图 2-9 所示的变量编辑器（Variable Editor）。该编辑器可用来查看、编辑数组元素；对数组中指定的行或列进行图示。

单击图标 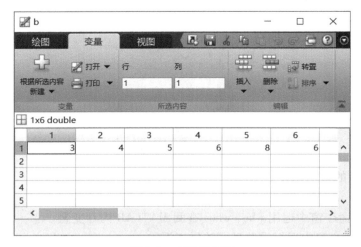，创建一个名为"unnamed"的变量；再双击该变量引出一个与图 2-9 类似的界面。在这个界面中双击任一单元，即可输入数据。

图 2-9　变量编辑器

4. 数据文件和变量的存取

（1）借助工作区浏览器产生保存变量的 MAT 文件　从工作区浏览器中按住〈Ctrl〉键

点选需保存到文件的（一个或多个）变量；再单击"保存"按钮（图标 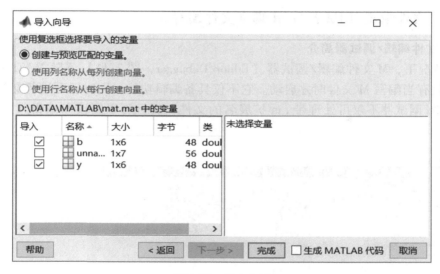），或选中弹出菜单中的"另存为"项；就可把那些变量保存到由用户自己命名（如 mydata. mat）的数据文件。该数据文件默认存放在"当前文件夹"中。

（2）借助输入向导（Import Wizard）向工作区装载变量 单击主页菜单栏中"导入数据"按钮（图标），在用户希望的目录上选中 MAT 数据文件（如"当前文件夹"中的 mat. mat）；再双击那个文件，弹出如图 2-10 所示的"导入向导"界面，它展示出文件所包含的变量列表；再从列表中，通过"勾选"，选择待装载变量（如图中的 b 和 y）；再单击"完成"按钮，变量 b 和 y 就被装载到工作区。

图 2-10 导入向导

（3）存取数据的操作命令 save 和 load 利用 save，load 命令实现数据文件存取是 MATLAB 各版本的基本操作方法。它的具体使用格式如下：

save	以默认的文件名 matlab. mat 保存全部内存变量
save FileName	把全部内存变量保存为 FileName. mat 文件
save FileName v1 v2	把变量 v1,v2 保存为 FileName. mat 文件
save FileName v1 v2 -append	把变量 v1,v2 添加到 FileName. mat 文件中
save FileName v1 v2 -ascii	把变量 v1,v2 保存为 FileName 8 位 ASCII 文件
save FileName v1 v2 -ascii -double	把变量 v1,v2 保存为 FileName 16 位 ASCII 文件
load FileName	把 FileName. mat 文件中的全部变量装入内存

```
load FileName v1 v2              把 FileName.mat 文件中的 v1,v2 变
                                 量装入内存
load FileName v1 v2 -ascii       把 FileName ASCII 文件中的 v1,v2
                                 变量装入内存
```

说明:

1) 变量名与变量名之间必须以空格相分隔。

2) 如果命令后没有-ascii 选项,那么数据以二进制格式处理。生成的数据文件一定带 mat 扩展名。

2.2.5 M 文件编辑/调试器与 M 脚本文件编写

1. M 文件编辑/调试器简介

默认情况下,M 文件编辑/调试器(Editor/Debugger,图 2-11)不随 MATLAB 的启动而启动,只有当编写 M 文件时才启动。它不仅具备编辑功能,同时还可进行交互式调试;M 文件编辑/调试器不仅可处理带 .m 扩展名的文件,而且可以阅读和编辑其他 ASCII 码文件。

图 2-11　M 文件编辑/调试器

2. 编写 M 脚本文件

所谓 M 脚本文件是指:

1) 该文件中的命令形式和前后位置,与解决同一个问题时在命令窗中输入的那一组命令没有任何区别。

2) MATLAB 在运行这个脚本时,只是简单地从文件中读取那一条条命令,送到 MAT-LAB 中去执行。

3) 与在命令窗中直接运行命令一样,脚本文件运行产生的变量都是驻留在 MATLAB 基本工作区中。

4) 文件扩展名是“.m”。

【例 2-7】 编写解算例 2-5 的 M 脚本文件并运行。

操作步骤：在命令历史记录窗中，找到算例 2-5 的运行命令并选中它们，然后单击鼠标右键，选中弹出的快捷菜单中的"创建脚本"，便弹出如图 2-11 所示的 M 文件编辑/调试器。再以某个文件名将其保存在"当前文件夹"上，在命令窗中运行该文件就可以得到与例 2-5 中同样的结果。

2.2.6 MATLAB 的路径搜索机制

在默认状态下，MATLAB 按固定顺序搜索特定路径，以识别用户通过命令窗或 M 文件输入的内容。例如，若用户输入"sin"，则 MATLAB 搜索顺序如下：

1）在 MATLAB 内存中进行检查，检查用户输入内容（"sin"）是否为工作空间的变量或特殊变量。

2）检查用户输入内容（"sin"）是否为 MATLAB 的内部函数。

3）在当前目录上，检查是否有名为用户输入内容（"sin"）的 . m 或 . mex 文件存在。

4）在"MATLAB 搜索路径"所列的目录中，由上至下依次检查是否有名为用户输入内容（"sin"）的 . m 或 . mex 的文件存在。

5）如果都不是，则 MATLAB 发出错误信息。

当 MATLAB 按以上顺序在任一步成功搜索到用户输入的内容时，即跳出搜索过程，因此假如内存中没有名为"sin"的变量，则它会被识别为 MATLAB 的内部函数。由 MATLAB 搜索机制可知，当用户需要引入外部函数或自定义函数时，可以通过两种途径实现：将需要被识别的函数放入"当前文件夹"；将该函数所在目录加入"MATLAB 搜索路径"。如图 2-12 所示，用户可通过单击"添加文件夹"按钮添加目标文件夹，并通过单击"上移""下移"等按钮改变该文件夹在"MATLAB 搜索路径"中的优先顺序。

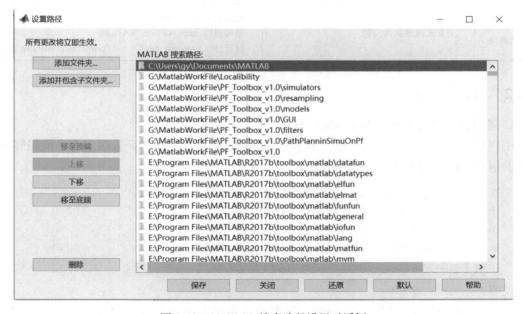

图 2-12　MATLAB 搜索路径设置对话框

2.3   MATLAB 帮助系统用法简介

MATLAB 软件具有功能强大、使用便捷且体系完备的帮助系统，能够满足各类用户的不同需求，随 MATLAB 版本的重大升级，其帮助系统的完备性和友善性都会有较大的进步。因此，不管是老用户还是初学者，都应尽快了解和学会使用 MATLAB 的帮助系统，掌握各种获取帮助信息的方法，以便更好地利用 MATLAB 资源，高效地独立解决好面临的各种问题。

2.3.1   帮助系统的体系结构

MATLAB 的帮助系统由五大子系统构成，其名称、特点与所提供的资源见表 2-8。

表 2-8   MATLAB 的帮助系统

子系统名称	特　　　点	资　　　源
命令窗帮助子系统	文本形式；最可信、最原始；不适于系统阅读	直接从命令窗中通过 help 命令获得所有包含在 M 文件之中的帮助注释内容
帮助导航系统	HTML 形式；系统地介绍 MATLAB 规则与一般用法；适于系统地阅读和交叉查阅；是最重要的帮助形式	位于 matlab\help 目录下；HTML 和 XML 文件，物理上独立于 M 文件
视频演示系统	Flash 形式；视听兼备，直观形象；内容限于版本新特点	通过帮助系统直接链接到 MathWorks 公司网站上
PDF 文件帮助系统	系统的标准打印文件；便于长时间系统阅读	下载网站：https://www.mathworks.com/help/helpdesk.html
Web 网上帮助系统	交互式讨论具体问题	制造商网站：http://www.mathworks.com 新闻组　comp. soft- sys. MATLAB 讨论站　www. mit. edu / ~ pwb/cssm/MATLAB-faq. html

2.3.2   常用帮助命令

1. 函数搜索命令 help（help win）与 doc

用户如果知道具体的函数名称，但不知道该函数的用法，运用函数搜索命令能很好地获得帮助信息。函数搜索命令的调用方法如下：

```
help                列出所有函数分组名(Topic Name)
help TopicName      列出指定名称函数组中的所有函数
help FunName        给出指定名称函数的使用方法
doc ToolboxName     列出指定名称工具包中的所有函数名
doc FunName         给出指定名称函数的使用方法
```

说明：

1）如果用 helpwin 代替 help 命令，搜索出的资源的显示形式不再是简单的文本形式，而被自动转换成比较方便的超文本形式。

2）由于 doc 命令的搜索是在 HTML 文件构成的帮助子系统中进行的，因而得到的内容比用 help 命令搜索出的文本形式的帮助信息更为详尽。而且由于该子系统采用"超链接"机理，因此检索和查阅很方便。

2. 函数名称的模糊（前方一致）**查找方法**

使用上述函数搜索命令要求用户知道准确的函数命令的全称。如果用户虽知道某函数但不记得全称，仅记得其前几个字母甚至只记得首字母，则可以采用函数名称的模糊（前方一致）查找方法。其具体步骤如下：

先在命令提示符" >> "后面输入这几个字母或首字母，然后按下键盘上的〈Tab〉键，则会弹出一个窗口，列出以这几个（或一个）字母为开头的所有函数名称；用户先从中选择所需的函数命令，然后再下按〈Tab〉键，该函数命令即出现在命令提示符" >> "后面。用户只要在该命令前面加上函数搜索命令（两条命令中间必须加上空格），即可搜索出该函数命令的用法。如果以这几个字母为开头的函数命令只有一个，则不会弹出窗口，用户再次按下〈Tab〉键后，MATLAB 会自动补写上该函数名称里所缺的其余字母。

为了能方便地利用函数搜索命令 help（help win）与 doc，建议用户尽量记住 MATLAB 函数名称的前面 1~3 个字母（MATLAB 函数名称一般都是由其相应的英文单词缩写或组合而来），如此便可利用制表键与上述函数搜索命令获得相应的帮助。

3. 词条检索命令 lookfor

如果用户想求解某具体问题，但不知道有哪些函数命令可以使用，这时词条检索命令比较有用。

```
lookfor  KeyWord                          对 M 文件 H1 行进行单词条检索
docsearch('KeyWord1 @ KeyWord2')          对 HTML 子系统进行两个或更多词条检索
```

说明：

1）在此，KeyWord，KeyWord1，KeyWord2 分别是待检索的词条。而 @ 表示逻辑运算符。在实际使用中，该 @ 应具体写成 OR、AND、NOT 中的任意一个。待检索词条与逻辑运算符之间用空格分隔。

2）lookfor 检索的资源是 M 文件帮助注释区中的第一行（简称 H1 行）。

3）docsearch 检索是在 HTML 文件构成的帮助子系统中进行的。它的检索功能强，效率高，检索到的内容也比较详细。

2.3.3 帮助浏览器

帮助浏览器搜索的资源是 MathWorks 专门写成的 HTML 帮助子系统。它的内容来源于所有 M 文件，但更详细。它的界面友善、方便，这是用户寻求帮助的最主要资源。

引出帮助浏览器的方法有多种，最方便的是在 MATLAB 的默认操作桌面或各独立出现的交互窗口中单击工具条的 图标；也可选中下拉菜单项"帮助"|"文档"。

1. 帮助浏览器简介

帮助浏览器如图 2-13 所示。整个帮助界面由分列于左右半侧的帮助导航器（Help Navigator）和内容显示窗组成。左侧检索区显示有内容分类目录窗（Contents），右侧则显示一个搜索词条输入框（Search）及检索结果活页窗（Search Results）。

（1）内容分类目录窗（Contents） 如图 2-13 所示，该窗口列出"节点可展开的目录树"。用鼠标单击目录条，即可在内容显示窗中显示出相应标题的 HTML 帮助文件。该窗口是向用户提供全方位系统帮助的"向导图"。

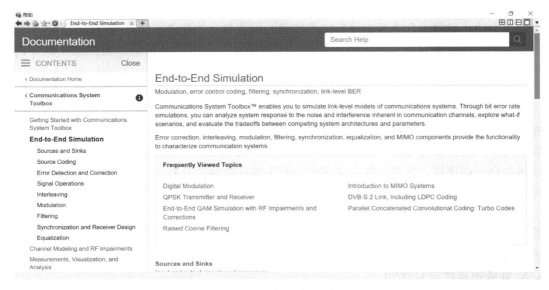

图 2-13　帮助浏览器

（2）搜索词条输入框 Search 窗（图 2-14）是利用关键词查找全文中与之匹配章节条目的交互界面，这是电子读物所特有的最大优点之一。Search 搜索采用多词条的逻辑组合搜索，功能更强，搜索效率更高，输入所要搜索的词条，相应的结果会显示在搜索结果活页窗（Search Results）中。

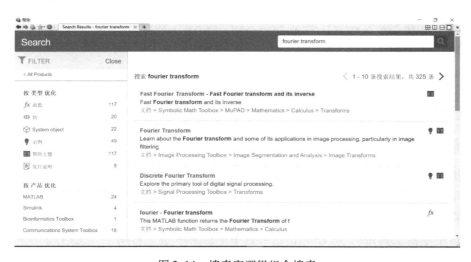

图 2-14　搜索窗逻辑组合搜索

（3）搜索结果活页窗（Search Results） 假如在搜索框中输入词组"Laplace transform"，按〈Enter〉键进行搜索，那么帮助浏览器将呈现所有搜索结果并按关联度排列，选中所需要的 laplace 变换函数后进入如图 2-15 的界面。图中，因为输入词组中的单词被空格分开，所以各单词分别被搜索，并被彩化。

图 2-15　按相关性罗列的搜索结果

2. DEMO 演示系统

MATLAB 的 Demos 演示系统相当丰富（图 2-16）。它以算例为切入点，视算例的实质不同，或用 M 文件、Simulink 框图文件演示，或用 HTML、图形用户界面和视频影像表现。这些演示文件（除有些视频文件外），分布在 MATLAB 的相应子目录中。

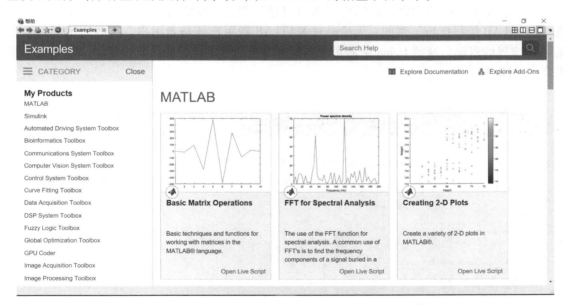

图 2-16　帮助中的 Demos 窗

要进入图 2-16 所示 Demos 窗，可以在命令行内输入"demo"指令调出帮助文档中的示例界面。界面中左侧是 MATLAB 已安装且含有示例的工具箱，右侧是各种 Demo 可供单击查看、运行以观察效果。单击打开任一例子，其中拥有对例子的讲解与代码。对于 MATLAB 类例子可以通过单击 Open Live Script 按钮打开例子中的脚本编辑界面，图 2-17 所示为 FFT for Spectral Analysis 例子点开后的代码界面，读者可以修改其中的代码，运行并观察结果。如图 2-18 所示，对于 Simulink 类例子可以通过单击 Open Model 按钮打开 Simulink 模型，用户可以修改该模型，运行并观察结果。

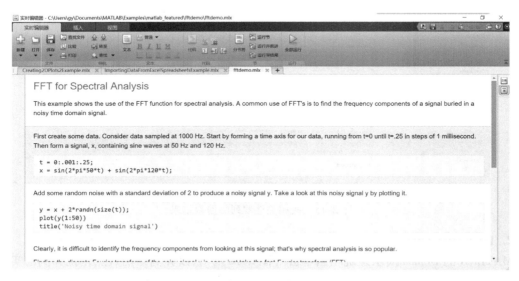

图 2-17　Demos 中的 FFT 示例的脚本编辑界面

　　这些演示形式中的内容，有的是"入门引导"型的，有的是"学科专业"型的，有的是"MATLAB 编程技巧"型的。无论是对 MATLAB 新用户还是老用户，这些演示都是十分有益而宝贵的资源，这些 Demo 中通常含有解释文档、可供运行的代码、模型、甚至教学视频等（图 2-18）。

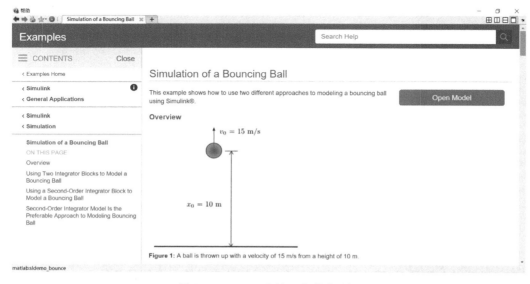

图 2-18　Demos 中的一个弹球示例

习　题

2-1　试通过命令行计算 $y=\dfrac{2\sin\,(3\pi+1.12)}{\cos0.5}$ 的值。

2-2　请分别通过指令与鼠标操作实现：将题 2-1 中得到的结果变量 y 保存为文件 y.mat；清空工作区，并读入 y.mat 文件。

2-3　请设置显示数值的格式为 16 进制。

2-4　请尝试在帮助系统中搜索 plot 指令相关内容，并运行其中的例子。

第 3 章

MATLAB 基本操作

熟悉 MATLAB 的操作界面后，就可以在命令窗口或者新建脚本文件编写程序实现某种功能。本章主要介绍 MATLAB 中常用的数据类型和基本语法。MATLAB 中常用的数据类型主要包括整数、浮点数、复数和逻辑变量。因为 MATLAB 中的变量或常量都用矩阵表示，所有的变量运算其实都是矩阵运算，其单个值实际上是 1×1 阶矩阵，所以本章中 MATLAB 的基本语法主要介绍矩阵的赋值、矩阵的变换以及矩阵的运算。为了方便编写程序时查找基本操作函数以及运算符的表示方法，首先介绍 MATLAB 中常用的语法及指令。

3.1 常用语法及指令

3.1.1 常用数学函数

MATLAB 提供的基本初等函数包括三角函数（表3-1）、指数函数和对数函数（表3-2）、复数函数（表3-3）、取整和求余函数（表3-4）。本节主要提供常用数学函数的快捷查询，其语法基本为"变量名 = 函数名（值）"，具体用法描述以及相关示例可以查询 MATLAB 帮助文档。

表 3-1　三角函数

函 数 名	实 现 功 能	函 数 名	实 现 功 能
sin, sind	正弦，双曲正弦	asin, asinh	反正弦，反双曲正弦
cos, cosd	余弦，双曲余弦	acos, acosh	反余弦，反双曲余弦
tan, tand	正切，双曲正切	atan, atanh	反正切，反双曲正切
sec, secd	正割，双曲正割	asec, asech	反正割，反双曲正割
csc, cscd	余割，双曲余割	acsc, acsch	反余割，反双曲余割
cot, cotd	余切，双曲余切	acot, acoth	反余切，反双曲余切

表 3-2　指数函数和对数函数

函 数 名	实 现 功 能	函 数 名	实 现 功 能
^	乘方运算符	nthroot	返回实数的 n 次根
exp	求幂（以 e 为底）	pow2	求以 2 为底的幂
expm1	指数减 1（exp(x)-1）	reallog	求非负实数的自然对数
log	求自然对数（以 e 为底）	realpow	求非负实数的乘方
log10	求以 10 为底的对数	realsqrt	求非负实数的平方根
log1p	求 x +1 的自然对数	sqrt	求平方根
log2	求以 2 为底的对数，用于浮点数分割	nextpow2	求最小的 p，使得 2^p 不小于给定的数 n

表 3-3　复数函数

函 数 名	实 现 功 能	函 数 名	实 现 功 能
abs	求实数的绝对值或复数的模	unwrap	复数的相角展开
angle	求复数的相角（以弧度为单位）	isreal	判断是否为实数
conj	求复数的共轭值	cplxpair	将向量按共轭复数对重新排列
real/imag	求复数的实部、虚部	complex	由实部和虚部创建复数

表 3-4　取整和求余函数

函 数 名	实 现 功 能	函 数 名	实 现 功 能
fix	取整	mod	求模或有符号取余
floor	取不大于 x 的最大整数	rem	求除法的余数
ceil	取不小于 x 的最小整数	sign	符号函数
round	四舍五入		

【例 3-1】　在命令窗口的"＞＞"后输入或者新建脚本编写下面的语句运行，即可得到各类函数求解的值，下面以 sin 函数、sqrt 函数、abs 函数、fix 函数为例进行演示。

```
x = pi/2; y = sin(x)
x = 9; y = sqrt(x)
x = -2; y = abs(x)
```

本例中首先为 x 赋值，然后分别求解了"$y = \sin(x)$""$y = \sqrt{x}$""$y = |x|$"三个函数对应的函数值，在脚本中编写语句的运行结果如图 3-1 所示。

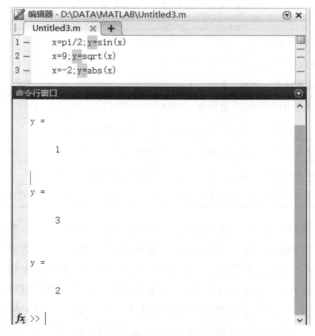

图 3-1　常见数学函数示例

3.1.2 表达式的基本运算符

算术运算符在 MATLAB 中的表达方式与数学表达式不完全相同，见表 3-5。利用表格中列举的运算符实现的矩阵初等运算示例见 3.3.5 小节。

表 3-5 MATLAB 表达式的基本运算符

算 术 运 算	数学表达式	矩阵运算符
加	$a + b$	$a + b$
减	$a - b$	$a - b$
乘	$a \times b$	$a * b \quad a.*b$
除	$a \div b$	$a/b \quad b\backslash a \quad a./b \quad b.\backslash a$
幂	a^b	$a\hat{}b \quad a.\hat{}b$
圆括号	( )	( )

3.2 MATLAB 的数据类型

3.2.1 整数

MATLAB 支持 8 位、16 位、32 位和 64 位的有符号和无符号整数数据类型，其取值范围见表 3-6。

表 3-6 MATLAB 中的数据类型及取值范围

数 据 类 型	描　　述
uint8	8 位无符号整数，范围为 $0 \sim 255$（即 $0 \sim 2^8 - 1$）
int8	8 位有符号整数，范围为 $-128 \sim 127$（即 $-2^7 \sim 2^7 - 1$）
uint16	16 位无符号整数，范围为 $0 \sim 65535$（即 $0 \sim 2^{16} - 1$）
int16	16 位有符号整数，范围为 $-32768 \sim 372767$（即 $-2^{15} \sim 2^{15} - 1$）
uint32	32 位无符号整数，范围为 $0 \sim 4294967295$（即 $0 \sim 2^{32} - 1$）
int32	32 位有符号整数，范围为 $-2147483648 \sim 2147483647$（即 $-2^{31} \sim 2^{31} - 1$）
uint64	64 位无符号整数，范围为 $0 \sim 18446744073709551615$（即 $0 \sim 2^{64} - 1$）
int64	64 位有符号整数，范围为 $-9223372036854775808 \sim 9223372036854775807$（即 $-2^{63} \sim 2^{63} - 1$）

上述整数数据类型除了定义范围不同外，皆具有相同的性质。类型相同的整数之间可以进行运算，返回相同类型的结果。在进行加、减和乘法计算时比较简单，在进行除法运算时稍微复杂一些，因为在多精度情况下，整数的除法不一定能得到整数的结果。在进行除法运算时，MATLAB 首先将两个数视为双精度类型进行计算，然后将结果转换为相应的整型数据。在 MATLAB 中不允许进行不同整数类型之间的运算。由于每种整数类型都有相应的取值范围，因此数学运算的结果有可能产生溢出。MATLAB 利用饱和处理解决此类问题，即当运算结果超出此类数据类型的上限或者下限时，系统将结果设置为该上限或下限。

【例3-2】 在命令窗口的"＞＞"后或在新建的脚本中输入下面的语句运行，可以实现整数之间的运算。

```
x = int8(120); y = int8(45);
a = x + y;
b = y - x;
c = x * y;
d = x/y;
z = int16(10);
a,b,c,d
e = x + z
```

上例中，x 的值为 120，数据类型为 8 位有符号整数；y 的值为 45，数据类型为 8 位有符号整数；a 的值为 x、y 两个 8 位有符号整数的和，类型仍为 8 位有符号整数，但因为 $120 + 45 > 127$，所以只能将 a 的值取为 127；b 的值为 y、x 两个 8 位有符号整数的差，类型仍为 8 位有符号整数，值为 $45 - 120 = -75$；c 的值为 x、y 两个 8 位有符号整数的积，类型仍为 8 位有符号整数，但由于 $120 \times 45 > 127$，故只能将 c 的值取为 127；d 的值为 x、y 两个 8 位有符号整数的商，类型仍为 8 位有符号整数，值为 $120 \div 45 \approx 3$；z 的值为 10，数据类型为 16 位有符号整数；e 的值为 8 位有符号整数 x 和 16 位有符号整数 z 的和，但 MATLAB 中不允许不同整数类型之间的运算，故命令窗口报错。以上语句脚本中的运行结果如图 3-2 所示。

图 3-2　整数运算示例

3.2.2 浮点数

浮点数是属于有理数中某特定子集的数的数字表示，在计算机中用以近似表示任意某个实数。MATLAB 内部只有一种数值类型——双精度（8 个字节，64 位），其中实数为 1 个双精度数，复数为 2 个双精度数。但数值的输出显示格式有 8 种，并且可以使用 format 命令改变数值的显示格式，详见 2.2.1 小节。

【例 3-3】 在命令窗口的 " >> " 后输入或者新建脚本编写下面的语句运行，可以改变数值的显示形式。

```
x = pi;x
format long
x
```

上例中 x 的值为 π，默认的显示形式为 2 位整数、4 位小数。利用 format long 语句将 x 的显示形式改为 16 位十进制。

3.2.3 复数

复数由两部分组成：实部和虚部，在 MATLAB 中虚数单位用 i 或 j 表示。创建复数有以下两种方式：

1. 直接输入法

【例 3-4】 在命令窗口的 " >> " 后输入或者新建脚本编写 "变量 = a + bi" 即可创建复数。

```
A = 1 + 2j
a = 1;
b = 1;
B = a + b * i
```

上例中 A 为实部 = 1、虚部 = 2 的复数，B 为实部 = 1、虚部 = 1 的复数。

2. 利用 complex 函数

除了直接输入创建复数，还可以利用 complex 函数实现复数的创建。表 3-7 列举出了 complex 函数的常用语法。

表 3-7　complex 函数的常用语法

语法格式	实现功能
c = complex(a,b)	返回结果 c 为复数，其实部为 a，虚部为 b。输入参数 a 和 b 可以为标量，或为维数大小相同的向量、矩阵；输出参数与 a 和 b 的结构相同。a 和 b 可以有不同的数据类型，当 a 和 b 中只有一个为单精度类型时，返回结果为单精度类型；当 a 和 b 中只有一个为整数类型时，则另一个必须为相同的整数类型，或为双精度类型，返回结果 c 为相同的整数类型
c = complex(a)	返回结果 c 为复数，其实部为 a，虚部为 0。但是此时 c 的数据类型为复数

【例 3-5】 complex 函数的常用语法主要有两种，在命令窗口的 " >> " 后输入或者新建脚本编写下面的语句运行，即可创建复数。

```
a = int8(5);
b = int8(5);
c = complex(a,b)
b = single(5);
c = complex(a,b)
```

本例中首先利用了两个 8 位有符号整数 a 和 b 创建复数 c，c 的实部为 5，虚部为 5；之后演示了一种混合输入的错误用法，因为 a 是整数，b 是单精度数，为此无法使用 complex 函数创建复数。以上语句在脚本中的运行结果如图 3-3 所示。

图 3-3　complex 函数创建复数

3.2.4　逻辑变量

逻辑数据类型利用 1 和 0 分别表示逻辑真和逻辑假。MATLAB 中返回逻辑值的函数和操作符见表 3-8。

表 3-8　MATLAB 中返回逻辑值的函数和操作符

语 法 格 式	实 现 功 能
ture、false	将输入参数转换为逻辑值
logical	将数值转换为逻辑值，数值为 0 返回逻辑值 0，否则返回 1
&（and）、|（or）、~（not）、xor、any、all	逻辑操作符
&&、||	"并"和"或"的简写方式
==（等于）、~=（不等于）、<（小于）、>（大于）、<=（小于等于）、>=（大于等于）	关系操作符
strcmp、strncmp、strcmpi、strncmpi	字符串比较函数

【例 3-6】 在命令窗口的"＞＞"后输入下面的语句运行即可实现逻辑值的输出。

```
A =[true,true,false,true]
B =4 >9
C =logical(10)
```

本例中 A 向量中的"true"代表逻辑值 1，"false"代表逻辑值 0，故运行"A =[true,true,false,true]"语句后命令窗口弹出的 A 向量结果为 [1,1,0,1]；因为 4 <9，所以"B =4 >9"表示 B 为逻辑值 0，若"B =4 <9"，则 B 为逻辑值 1；因为 10≠0，所以"C =logical(10)"表示 C 为逻辑值 1。以上语句在脚本中的运行结果如图 3-4 所示。

图 3-4　返回逻辑值的几种方式

3.2.5　变量

1. 标识符

标识符是表示变量名、常量名、函数名和文件名的字符串。其命名规则如下：

1）标识符由字母、数字、下划线等符号组成，第一个字母必须是英文字母。例如：a10_2、b2_34。

2）变量和常量最长不超过 19 个字符，多余截取。

3）变量名区分大小写。如 pi 和 Pi 是两个不同的变量。

4）MATLAB 中的特殊变量名，见表 3-9，应避免使用。

2. 矩阵

MATLAB 中的变量或常量都用矩阵表示，所有的变量运算其实都是矩阵运算，其单个值实际上是 1×1 阶矩阵。其中，矩阵的元素可以是数值（实数或复数）或字符串，一个由矩阵表示的变量可以是一个数、一组数、一个文件（如语音）、一幅图像等。

表 3-9　特殊变量名

变 量 名	描 述
ans	默认临时变量
pi	π
eps	计算机中的最小数
inf	无穷大
NaN	非数或不定数（如：0/0）
i 或 j	虚数单位

【例 3-7】　在命令窗口的"＞＞"后输入下面的语句并运行，用矩阵表示一个数或一组数。

```
a=1
b=[1,2,3,4]
c=['a','b','c','d']
```

本例中 a 为一个数 1，在 MATLAB 中存储为一个 1×1 的矩阵，矩阵第一行第一列元素的值为 1；b 为一组数 1、2、3、4，在 MATLAB 中存储为一个 1×4 的矩阵，矩阵第一行第一列元素的值为 1，第二列值为 2，以此类推；c 为一组字符 a、b、c、d，在 MATLAB 中存储为一个字符串'abcd'。

【例 3-8】　在命令窗口的"＞＞"后输入下面的语句并运行即可用矩阵表示一幅图像。

```
d=[1,0,0,1;0,1,1,1;1,0,0,0];
figure(1);
imshow(d);
```

上例中绘制了 [1,0,0,1;0,1,1,1;1,0,0,0] 矩阵所表示的图像。矩阵某位置元素值为 1 表示该位置像素点为白色，元素值为 0 表示该位置像素点为黑色，以上语句在脚本中的运行结果如图 3-5 所示。

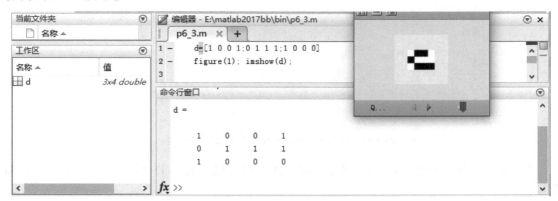

图 3-5　矩阵表示一幅图像

3. 变量的查看、保存和清除

1）MATLAB 中利用 who/whos 语句实现工作空间中变量的查看。表 3-10 列举出了几种常用的语法。

表 3-10 who/whos 语句的常用语法

语 法 格 式	实 现 功 能
who/whos	按字母顺序列出当前工作空间中所有变量的名称/大小、类型
who-filefilename/whos-filefilename	列出指定 MAT 文件中的变量名称/大小、类型
whoglobal/whosglobal	列出全局工作空间中的变量名称/大小、类型

【例 3-9】 在命令窗口的"＞＞"后输入下面的语句运行即可查看变量。

```
who
whos
```

在例 3-7 和例 3-8 的基础上，直接输入 who 语句查询得到当前变量一共有 4 个，名称分别为 a、b、c、d，利用 whos 语句还查询到四个变量的大小、字节数和类型，以上语句在脚本中的运行结果如图 3-6 所示。

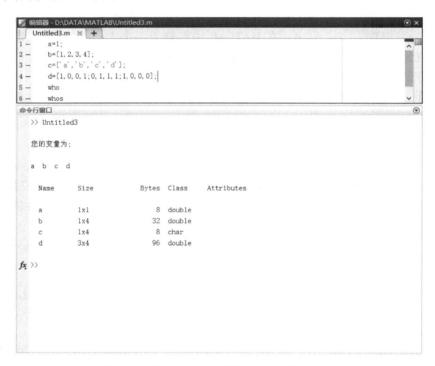

图 3-6 利用 who/whos 语句实现变量的查询

2）MATLAB 中利用 save 语句保存工作空间中的变量，表 3-11 列举出了 save 的几种常用语法。

3）利用 clear 语句删除工作空间中的变量。表 3-12 列举出了 clear 的几种常用语法。

表 3-11　save 语句的常用语法

语 法 格 式	实 现 功 能
save(filename)	将当前工作区中的所有变量保存在名为 filename 的 MATLAB® 格式二进制文件（MAT 文件）中。如果文件名存在，则保存重写文件
save(filename,variables)	仅保存由变量指定的结构数组的变量或字段
save(filename,variables,fmt)	以指定的 fmt 文件格式保存指定变量。如果不指定变量，则保存工作区中的所有变量
save(filename,variables,version)	将变量保存到指定的 MAT 文件中
save(filename,variables,'- append')	将新变量添加到现有文件中。如果一个变量已经存在于一个 MAT 文件中，则进行覆盖

表 3-12　clear 语句的常用语法

语 法 格 式	实 现 功 能
clear	将当前工作区中所有变量删除，并从系统内存中释放
clear name1 name2 …	删除指定名称的变量、脚本、函数或 MEX 函数
clear - regexp expr1 expr2 …	删除与列出的表达式关联的所有变量
clear ItemType	删除由 ItemType 表示的变量，例如 all、functions 或 classes

3.2.6　数据类型之间的转换

在 MATLAB 中，各种数据类型之间可以相互转换，转换方式有两种：

1）datatype(variable)，其中 datatype 为目标数据类型，variable 为待转换的变量。

2）cast(x,'type')，将 x 的类型转换为 type 指定的类型。

【例 3-10】　在命令窗口的 " > > " 后输入或者新建脚本编写下面的语句，运行即可实现数据类型之间的转换。

```
A = uint8(15);
B = double(A)
A = 100;
C = cast(A,'uint16')
```

本例中第一部分 A 的数据类型为 8 位无符号整数，通过 "B = double(A)" 语句将 A 的数据类型转换为双精度浮点型，并赋值给 B；第二部分通过 cast 函数将 A 的数据类型转换为 16 位无符号整数，并赋值给 C。以上语句在脚本中的运行结果如图 3-7 所示。

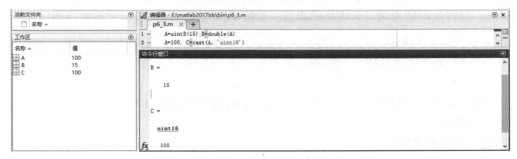

图 3-7　数据类型之间的转换

3.3 MATLAB 的基本语法

本节以背包问题为例，介绍 MATLAB 的基本语法。背包问题（Knapsack Problem）是一种组合优化的 NP 完全问题，在交通、物流领域应用较多，需熟练掌握。最简单的背包问题可以描述为：已知 n 件物品的质量与价值和 1 个最大载质量为 W 的背包，求解在保证装入背包的物品质量不超过背包容量的前提下，令背包内物品的总价值最大的装包方案。利用贪心算法求解背包问题的步骤如下：

1）生成物品的编号向量 $k = 1, 2, 3, \dots, n$。

2）将物品的质量和价值存入长度为 n 的向量 m、v，将背包的容量存入长度为 1 的向量 W。

3）初始化长度为 1 的背包剩余容纳量向量 S、当前的总价值向量 V，并将其元素值置 0。

4）计算物品的价值密度 $p = v./m$，p 是长度为 n 的向量。

5）按照物品的价值密度 p_k 将物品由大到小进行排序，并依此顺序对 m、v、k 向量重新排列。

6）按照排列后的顺序将物品依次放入背包。放入背包前判断该物品的质量 m_k 是否小于背包的剩余容纳质量 S_1，若是则将该物品放入背包，令判断物品是否放入背包的 0/1 向量 X 对应的元素值 $X_k = 1$，否则令 $X_k = 0$。

7）输出背包剩余容纳质量向量 S、背包内物品当前的价值和向量 V、判断物品是否放入背包的 0/1 向量 X。

3.3.1 数组的赋值

MATLAB 中的变量多是多维数组，而矩阵是用来进行线性代数运算的二维数组，本书中在不会引起混淆时予以混用。

1. 数组的直接赋值

数组的直接赋值方式如下：

1）使用 [ ] 符号赋值。

2）同一行元素用空格或 "，" 隔开。

3）不同行用 "；" 隔开。当赋值结尾为 "；" 时，不显示结果。数组的赋值语句过长时，可用 "…" 进行换行操作。

【例 3-11】 在命令窗口的 " >> " 后输入或者新建脚本编写语句并运行即可实现数组的直接赋值。以背包问题为例，为物品的质量、价值以及背包的最大载质量的赋值语句如下：

```
m=[5,2,8,6,9];
v=[100,150,240,100,120];
W=[25];
```

上例中为向量 m 赋值为 5、2、8、6、9；为向量 v 赋值为 100、150、240、100、120；为向量 W 赋值为 25。

2. 数组元素的赋值

MATLAB 中用 x(m,n) 的形式表示 x 数组第 m 行 n 列的元素值，通过上述形式可以直接实现数组元素的引用和赋值,如果元素下标超出原数组的维数,数组将自动扩大,多出的元素自动赋值为 0。当给数组全行或全列元素赋值时,用 ":" 代替数组的行或列。其中,行数或列数必须与原矩阵相同。

【例 3-12】 在命令窗口的 " >>" 后输入语句运行即可实现数组元素赋值。若要改变例 3-11 中各向量的某一元素值,即改变某一货物的质量或价值,可利用元素赋值的命令实现,赋值语句如下:

```
m(1,3) = 3
v(1,5) = 150
```

上例中将 m 向量第 1 行第 3 列的元素值赋为 3,即将货物 3 的质量改为 3g;将 v 向量第 1 行第 5 列的元素值赋为 150,即将货物 5 的价值改为 150 元。

3. 数组的间隔赋值

数组的间隔赋值适用于批量数据的赋值,有以下三种方法:

1)利用 "变量 = (first:increment:last)" 形式赋值。当 increment = 1 时,可省略 ":increment"。

2)利用线性间隔函数 linspace(first,last,num) 赋值,函数的赋值范围是从 first 开始到 last 结束共赋值 num 个元素,元素与元素之间的差为 (last-first)/(num-1)。

3)利用对数间隔函数 logspace(first,last,num) 赋值,将 10 的 first 次方到 10 的 last 次方之间按对数等分成 num 个元素。

【例 3-13】 在命令窗口的 " >>" 后输入下述语句运行即可实现数组的间隔赋值。背包问题中对物品进行编号的操作即可通过间隔赋值语句实现,赋值语句如下:

```
k = [1:1:5]
k = linspace(1,5,5)
```

本例中,分别使用上述两种方法实现编号向量 k 的间隔赋值。首先,"k = [1:1:5]" 语句表示 k = 1,2,3,4,5,即以 1 为第一个元素的值,第二个元素与第一个元素的差为 1,以此类推,最后一个值为 5。之后,利用 linspace 函数为 k 赋值,令 "k = 1,2,3,4,5",即以 1 为第一个元素,5 为最后一个元素,再等距生成 3 个元素,5 个元素之间的差相等。

4. 矩阵的文件赋值

用于矩阵赋值的文件主要有以下两种:

1)波形文件(.wav):即音频文件。

a)利用 wavread('文件名')函数读取波形文件。

b)利用 wavwrite(a,'文件名')函数写波形文件。

c)利用 wavplay 或 sound 函数播放波形文件。

2)图像文件(.BMP/JPG……等)。

a)利用 imread('文件名')函数读取图像文件。

b)利用 imwrite(b,'文件名')函数写图像文件。

c)利用 image(a)函数显示图像文件。

3.3.2 几种基本矩阵

1)空阵:[ ](当操作无结果时,返回空阵)。

2）全 0 矩阵：zeros(m,n)。

3）全 1 矩阵：ones(m,n)。

4）单位矩阵：eye(n)（对角线为 1 的方阵）。

5）随机矩阵：rand(m,n)。

【例 3-14】 在命令窗口的"＞＞"后输入或者新建脚本编写语句运行即可生成几种基本矩阵。如背包问题中，快捷地将货物的质量与价值设置为相同的值或随机生成货物的质量与价值，可利用如下语句实现：

```
m = 5 * ones(1,5);
v = 120 * ones(1,5)
m = 3 + 5 * rand(1,5)
v = 100 + 50 * rand(1,5);
S = zeros(1,1);
V = 0;
```

本例中"m = 5 * ones(1,5);"语句将 5 个货物的质量全部赋值为 5g，命令行窗口不输出结果；"v = 120 * ones(1,5)"语句将 5 个货物的价值全部赋值为 120 元，命令行窗口输出结果；"m = 3 + 5 * rand()"语句随机生成 5 个货物的质量，且范围为 3 ~ 8g，命令行窗口输出结果；"v = 100 + 50 * rand();"语句随机生成 5 个货物的价值，且范围为 100 ~ 150 元，命令行窗口不输出结果。实现背包问题案例中步骤 3 初始化长度为 1 的背包剩余容纳质量向量 S、背包内物品当前的价值和向量 V，并将其元素值置为 0 操作。以上语句在脚本中的运行结果如图 3-8 所示。

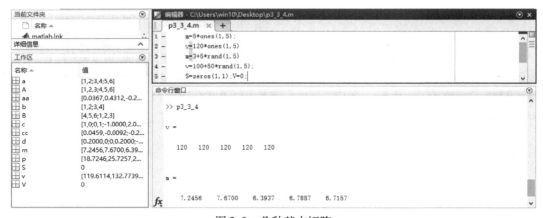

图 3-8　几种基本矩阵

3.3.3　矩阵的变换

1. 抽取

【例 3-15】 在命令窗口的"＞＞"后输入或者新建脚本编写下面的语句，运行即可抽取原矩阵中的部分元素构成新的矩阵。

```
A = [2,5,8;3,6,9;1,4,7];
B = A([2,3],[1,2])
```

上例首先生成了一个 3×3 的矩阵 A，之后抽取矩阵 A 的第二行、第三行中第一列、第二列元素（即第二行第一列元素 3、第二行第二列元素 6、第三行第一列元素 1、第三行第二列元素 4），组成了新的 2×2 矩阵 B。以上语句在脚本中的运行结果如图 3-9 所示。

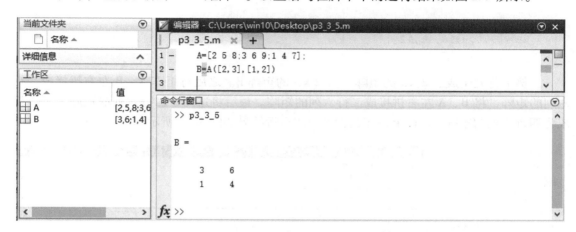

图 3-9　抽取原矩阵的部分元素生成新矩阵

2. 行、列删除

使用空矩阵［　］（无元素），将矩阵整行或整列删除。

【例 3-16】　在命令窗口的"＞＞"后输入下面的语句运行即可将矩阵整行或整列删除。

```
A=[2,5,8;3,6,9;1,4,7];
A([2,3],:) =[]
A(:,[2]) =[]
```

上例中首先生成了一个 3×3 的矩阵 A；之后，将矩阵 A 的第二行、第三行的所有列删除，使 A 变成一行三列的矩阵，元素值分别为 2、5、8；最后在上一步的基础上删掉 A 的第二列，使 A 变为一行二列的矩阵，元素值分别为 2、8。以上语句在脚本中的运行结果如图 3-10 所示。

图 3-10　将矩阵的行、列删除

3. 组合

【例 3-17】 在命令窗口的"＞＞"后输入或者新建脚本编写下面的语句，运行即可将多个矩阵组合为一个矩阵。

```
A=[1,2,3;4,5,6];
B=[7,8,9;10,11,12];
C=[A,B;B,A]
```

上例中首先生成了 2×3 的矩阵 A 和 2×3 的矩阵 B。之后将矩阵 A、B 左右拼接成二行六列的矩阵，将 B、A 左右拼接成二行六列的矩阵。最后将这两个二行六列的矩阵上下拼接成为四行六列的矩阵 C。以上语句在脚本中的运行结果如图 3-11 所示。

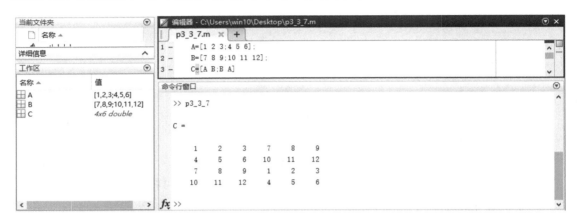

图 3-11　由多个矩阵组成一个新矩阵

4. 转置与排列

转置实现将矩阵的行变为列，排列实现将矩阵的所有列排成一列。

【例 3-18】 在命令窗口的"＞＞"后输入或者新建脚本编写下面的语句，运行即可将矩阵的行变为列，将矩阵的所有列排成一列。

```
A=[1,2,3;4,5,6];
A'
A=[1,2,3;4,5,6];
A(:)
```

上例中转置操作部分：首先生成了一个 2×3 的矩阵 A，利用"A'"语句生成了 A 矩阵的转置矩阵，并赋值给 ans（一个默认的变量名）。排列操作部分：首先生成一个 2×3 的矩阵 A，利用"A(:)"语句按照列的顺序将 A 矩阵元素排为一列，即返回的矩阵中第一个和第二个的元素为矩阵 A 第一列的第一行和第二行的元素，以此类推。以上语句在脚本中的运行结果如图 3-12 所示。

5. 变换函数

1）利用"B=fliplr(A)"语句实现矩阵的左右翻转。

2）利用"B=flipud(A)"语句实现矩阵上下翻转。

【例 3-19】 在命令窗口的"＞＞"后输入或者新建脚本编写下面的语句，运行即可实

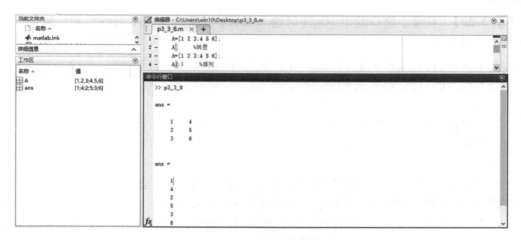

图 3-12   矩阵的转置和排列

现矩阵的左右、上下翻转。

```
A = [1,2,3;4,5,6];
B = fliplr(A)
B = flipud(A)
```

上例中，首先生成一个 2×3 的矩阵 A，之后利用 "B = fliplr(A)" 语句，将矩阵 A 左右翻转，即第二列不变、第一列和第三列元素互换，并将返回的元素值赋给矩阵 B，最后利用 "B = flipud(A)" 语句，将矩阵 A 上下翻转，即第一行与第二行互换。以上语句在脚本中的运行结果如图 3-13 所示。

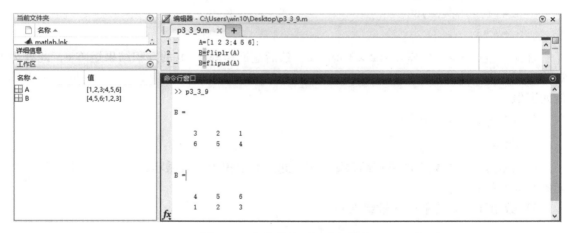

图 3-13   矩阵的上下、左右翻转

3.3.4   矩阵的初等运算

1. 矩阵的加减法

矩阵的加减就是矩阵对应元素的加减，如果矩阵与一常数（标量）相加减，则把该常数看成是同阶的矩阵。矩阵的加减法在 MATLAB 中具体的表达形式，见例 3-20。

【例 3-20】 在命令窗口的"＞＞"后输入或者新建脚本编写下面的语句，运行即可实现矩阵的加减运算。

```
a =[1,2,3;4,5,6;7,8,9];
b =[1,2,3;4,5,6;7,8,9];
c =a +b
b =[1,1,1;1,1,1;1,1,1];
c =a -b
c =c +5
```

上例中首先创建了两个 3 ×3 的矩阵 a 和 b；之后，输入表达式"c =a +b"，表示矩阵 a、b 对应位置元素值相加后，返回运算结果矩阵 c；之后生成 3 ×3 的矩阵 b，输入表达式"c =a -b"，表示矩阵 a、b 对应位置元素值相减后，返回运算结果矩阵 c；最后输入表达式"c =c +5"，表示 c 矩阵每个位置的元素值均加上 5，返回运算结果矩阵 c。

2. 矩阵乘与数组乘

1）m ×p 阶矩阵 A 与 p ×n 阶矩阵 B 的乘积（ ∗ ）是一个 m ×n 阶矩阵。

2）矩阵与常数相乘等于每个元素乘以该常数。

3）数组元素相乘也称数组乘，应使用".∗"，且相乘的两个数组尺寸应相同。

上述乘法在 MATLAB 中具体的表达形式，见例 3-21。

【例 3-21】 在命令窗口的"＞＞"后输入或者新建脚本编写下面的语句，运行即可实现矩阵的乘法。

1）矩阵间的相乘：

```
a =[1,2;3,4;5,6];
b =[1,2,3;4,5,6];
c =a ∗ b
```

首先，生成 3 ×2 矩阵 a 和 2 ×3 矩阵 b，然后返回矩阵 a、b 的乘积结果矩阵 c，此处为矩阵乘积，即 $c(1,1) =a(1,1) \times b(1,1) +a(1,2) \times b(2,1) =1 \times 1 +2 \times 4 =9$，同理可得其他元素值。

2）矩阵与常数的乘积：

```
d =a ∗ 5
```

返回矩阵 a 与常数 5 的乘积结果矩阵 d，此处的乘积为元素乘积，即矩阵 a 中的每一个元素都与 5 相乘。

3）数组元素间的乘积（数组乘）：

```
b =[1,2;3,4;5 6];
e =a.∗ b
```

生成 3 ×2 的数组 b，返回数组 a 与数组 b 元素的乘积结果数组 e，此处的乘积为元素乘积，即 a 中的每一个元素与相同位置上 b 中的每一个元素相乘。以上语句在脚本中的运行结果如图 3-14 所示。

3. 矩阵除与数组除

1）矩阵间的除法分为左除和右除。左除（ $A\backslash B =A^{-1} ∗ B$ ）要求 A 必须是方阵，A 与 B

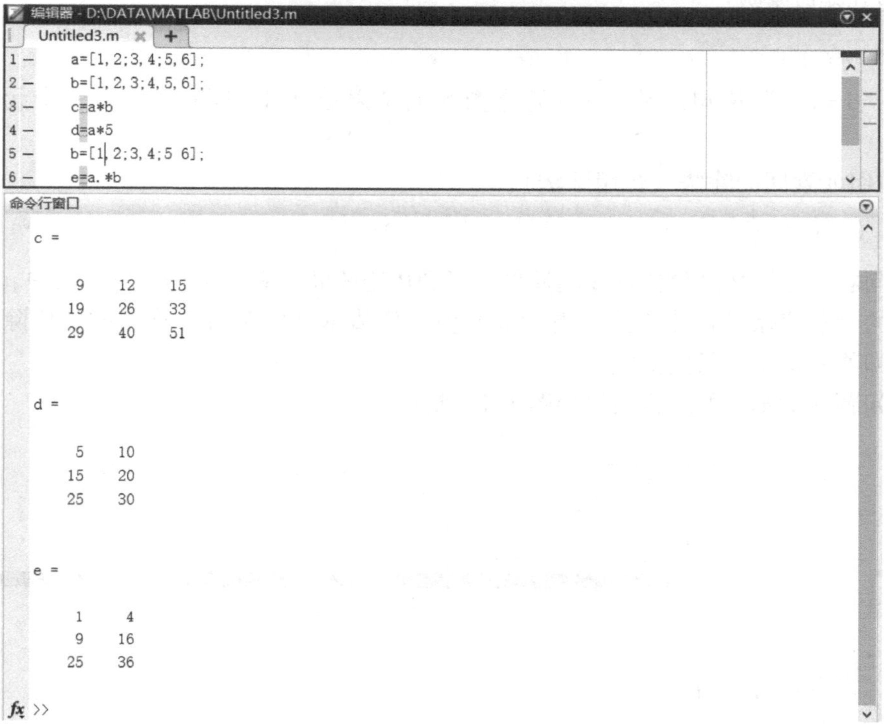

图 3-14　矩阵乘与数组乘

行数应相等；右除（A/B = A * B⁻¹）要求 B 必须是方阵，A 与 B 列数应相等。

2）矩阵除以常数，等于每个元素除以常数，使用普通除法（/）。

3）数组元素的除法（数组相除）同样分为左除和右除。A 左除 B（A.\B）等于 B 右除 A（B./A），表示 B 各元素除以 A 中各元素。

【例 3-22】　在命令窗口的" >> "后输入以下语句运行即可实现矩阵的除法。

1）矩阵间的左除和右除：

```
a = [4,2,7;6,5,4;7,9,8];
b = [3,5;1,3;2,6];
c = a\b
aa = inv(a);
cc = aa*b
a = [1,2;3,4;5,6];
b = [1,2;3,4];
c = a/b
```

首先生成 3×3 矩阵 a、3×2 矩阵 b；之后，输入"c = a\b"语句，返回 a 左除 b 的结果矩阵 c，即"c = a⁻¹ * b"，之后验证"a\b = a⁻¹ * b"，先求 a 矩阵的逆矩阵 aa，计算 aa 矩阵与 b 矩阵的乘积，返回结果矩阵 cc，可以看出结果相等，即 c 与 cc 相同；最后，讨论矩阵的右除，重新定义矩阵 a 和 b，输入"c = a/b"计算矩阵 a 右除矩阵 b 的结果矩阵 c，即"c = a * b⁻¹"。

2）矩阵除以常数：

$$d = c/5$$

输入"d = c/5"语句，返回 c 左除常数 5 的结果矩阵 d，即 c 中的每一个元素值均除以 5。

3）数组元素间的除法（数组除法）：

$$p = v./m$$

背包问题中计算物品价值密度的操作，可利用矩阵间的右除语句实现。其中 p 的元素值等于 v 中的元素值除以 m 中对应位置的元素值，价值密度等于每个物品的价值除以该货物的质量，即物品单位质量的价值。

以上问题在脚本中的运行结果如图 3-15 所示。

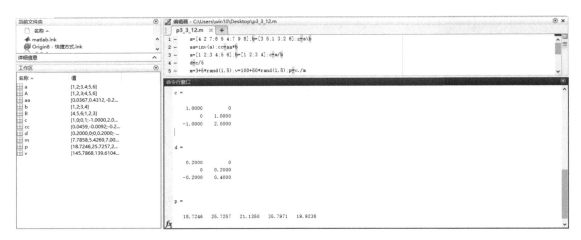

图 3-15　矩阵除与数组除

4. 矩阵乘方与数组乘方

乘方是乘法的扩充，为保证合理性，要求矩阵为方阵，即行列数相同。乘方主要分为矩阵间的乘方和数组元素间的乘方（数组乘方）。矩阵的乘方只有一种表示形式，即"A^标量"。数组元素间的乘方（数组乘方）主要有三种："A.^标量""标量.^ A"和"A.^B"。

【例 3-23】　在命令窗口的"＞＞"后输入下面的语句运行即可实现矩阵乘方的求解。

1）矩阵的乘方：矩阵乘方的运算表达式为"A^B"，其中 A 必须是方阵或标量。当 B 为正整数时，表示 A 矩阵自乘 B 次；B 为负整数时，表示先将矩阵 A 求逆，再自乘 |B| 次，且仅对非奇异阵成立；B 为矩阵时不能运算，命令窗口报错；B 为非整数时，将 A 分解成 A = W * D/W，D 为对角阵，则有 A^B = W * D^B/W；当 A 为标量 B 为矩阵时，将 A 分解成 A = W * D/W，D 为对角阵，则有 A^B = W * diag（D.^B）/W。

```
a =[1,2;3,4];
c = a^5
```

上述语句生成了一个 2×2 的矩阵 a，输入"c = a^5"语句求解 a 矩阵的五次方，返回结果矩阵 c，即 c = a * a * a * a * a。

2）数组元素间的乘方（数组乘方）：数组元素间乘方的运算表达式 "A.^B"。当 A 为数组，B 为标量时，则将 A(i,j) 自乘 B 次；当 A 为数组，B 为数组时，A 和 B 必须尺寸相同，将 A(i,j) 自乘 B(i,j) 次；当 A 为标量，B 为数组时，A^B(i,j) 构成结果数组的第 i 行第 j 列元素，上述 i 为每一行，j 为每一列。

```
d = a.^5
e = 5.^a
b = [3,3;3,3];
f = a.^b
```

上述语句输入 "d = a.^5" 语句求解 a 数组元素的五次方，返回结果数组 d，即 d = a. * a. * a. * a. * a；输入 "e = 5.^a" 语句求解 5 的 n 次方（n 分别取数组 a 的每个元素值），返回结果数组 e，即 $e = [5^1, 5^2; 5^3, 5^4]$；生成 2×2 的数组 b，其元素值均为 3，输入 "f = a.^b" 语句求解 a 数组元素的 n 次方，其中 n = b 数组的相应位置元素值，即 $f = [1^3, 2^3; 3^3, 4^3]$。以上语句在脚本中的运行结果如图 3-16 所示。

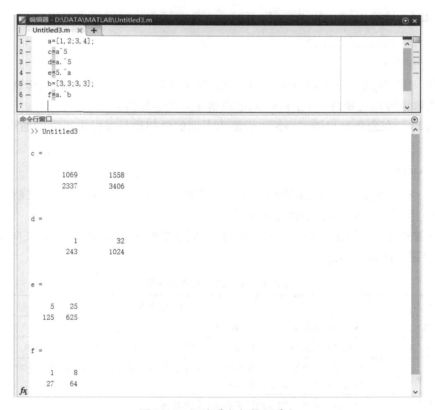

图 3-16　矩阵乘方与数组乘方

3.3.5　矩阵的基本运算

1. 矩阵的分析运算

（1）求矩阵的行列式　在 MATLAB 中利用 det 函数实现矩阵行列式的求解。

【例 3-24】　在命令窗口的"＞＞"后输入或者新建脚本编写下面的语句，运行即可求解矩阵的行列式。

```
A=[1,0,5;2,3,0;1,0,9];
d=det(A)
```

上例中，首先生成一个 3×3 的矩阵 A，之后输入"d=det(A)"语句实现矩阵 A 行列式的求解，即 A 的行列式 = 1×3×9+2×0×5+1×0×0-1×3×5-0×0×1-0×2×9 = 12。

（2）求解矩阵的秩　利用 rank 函数实现矩阵秩的求解。表 3-13 列举出了 rank 函数的常用语法。

表 3-13　rank 函数的常用语法

语 法 格 式	实 现 功 能
k = rank(A)	返回 A 的奇异值的个数，该值大于默认公差 max(size(A)) * eps(norm(A))
k = rank(A,tol)	返回大于 tol 的 A 的奇异值的个数

【例 3-25】　在命令窗口的"＞＞"后输入下面的语句运行即可求矩阵的秩。

```
A=[1,0,5;2,3,0;1,0,9];
k=rank(A)
```

上例中，首先生成一个 3×3 的矩阵 A，之后输入"k=rank(A)"语句求解矩阵 A 的秩。

（3）求解矩阵的逆矩阵　利用 inv 函数求解矩阵的逆矩阵。

【例 3-26】　在命令窗口的"＞＞"后输入下面的语句运行即可求矩阵的逆矩阵。

```
A=[1,0,5;2,3,0;1,0,9];
Y=inv(A)
```

上例中，首先生成一个 3×3 的矩阵 A，之后输入"Y=inv(A)"语句求解得到矩阵 A 的逆矩阵 Y，因为 A * Y = E，所以求解正确。

（4）求解矩阵的特征值与特征向量　利用 eig 函数求解矩阵的特征值和特征向量。表 3-14 列举出了 eig 函数的常用语法。

表 3-14　eig 函数的常用语法

语 法 格 式	实 现 功 能
e = eig(A)	返回包含矩阵 A 特征值的列向量
[V,D] = eig(A)	返回特征值的对角矩阵 D 和列为相应特征向量的矩阵 V，使 A * V = V * D
[V,D,W] = eig(A)	相比于上一种语法，该语法返回矩阵 W，其列是对应的左特征向量，使 W' * A = D * W'，其中左特征向量 w 满足方程 w'A = λw'
e = eig(A,B)	返回包含矩阵 A 和 B 的广义特征值的列向量
[V,D] = eig(A,B)	返回广义特征值的对角矩阵 D 和列为相应右特征向量的矩阵 V，使 A * V = B * V * D
[V,D,W] = eig(A,B)	相比于上一种语法，该语法返回矩阵 W，其列是对应的左特征向量，使 W' * A = D * W' * B，其中左特征向量 w 满足方程 w'A = λw'B

【例 3-27】　在命令窗口的"＞＞"后输入或者新建脚本编写下面的语句，运行即可求解矩阵的特征值与特征向量。

```
A = [1,0,5;2,3,0;1,0,9];
e = eig(A)
[V,D] = eig(A)
[V,D,W] = eig(A)
B = [1,2,3;4,5,6;7,8,9];
e = eig(A,B)
[V,D] = eig(A,B)
[V,D,W] = eig(A,B)
```

上例中，首先生成一个 3×3 的矩阵 A，之后输入 "e = eig(A)" 语句求解得到矩阵 A 的特征值 e；之后，输入 "[V,D] = eig(A)" 语句求解得到由特征向量构成的矩阵 V 和对角线上的元素值为特征值、其他位置元素值为零的矩阵 D；之后，输入 "[V,D,W] = eig(A)" 语句求解得到由特征向量构成的矩阵 V 和对角线上的元素值为特征值、其他位置元素值为零的矩阵 D 以及左特征向量组成的矩阵 W；之后，生成 3×3 的矩阵 B。后三种用法返回包含矩阵 A 和 B 的广义特征值的列向量，用法与求解矩阵 A 的相同。以上语句在脚本中的部分运行结果如图 3-17 所示。

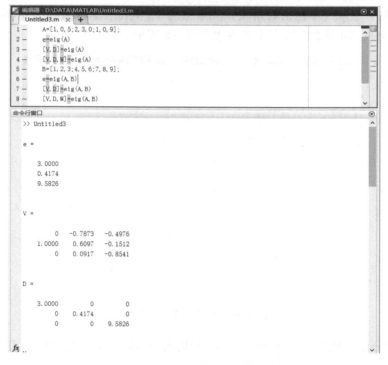

图 3-17 求解矩阵特征值和特征向量

2. 矩阵的分解

（1）三角分解

1）上三角分解。在 MATLAB 中利用 triu 函数实现矩阵的上三角分解，表 3-15 列举出了其常用语法。

表 3-15 triu 函数的常用语法

语 法 格 式	实 现 功 能
U = triu(X)	返回矩阵 X 的上三角部分
U = triu(X,k)	返回矩阵 X 的第 k 个对角线上和上面的元素。k = 0 是主对角线，k > 0 是主对角线上面，k < 0 是主对角线下面

【例 3-28】 在命令窗口的"＞＞"后输入或者新建脚本编写下面的语句，运行即可实现矩阵的上三角分解。

```
X=[1,2,3;4,5,6;7,8,9];
U=triu(X);
U=triu(X,1)
U=triu(X,-1)
```

上例中，首先生成一个 3 × 3 的矩阵 X，之后输入"U = triu(X)"语句求解得到矩阵 U，矩阵 U 的右上三角部分元素值为矩阵 X 的右上三角元素值，其他位置元素值为 0；之后输入"U = triu(X,1)"语句求解得到矩阵 U，矩阵 U 的右上三角（不包括对角线）元素值为矩阵 X 的对应位置元素值，其他位置元素值为 0；最后输入"U = triu(X, - 1)"语句得到矩阵 U，矩阵 U 的左下三角（不包括对角线）元素值为 0，其他位置元素值为矩阵 X 对应位置元素值。以上语句在脚本中的部分运行结果如图 3-18 所示。

图 3-18 矩阵的上三角分解

2）下三角分解。在 MATLAB 中利用 tril 函数实现矩阵的上三角分解，表 3-16 列举出了其常用语法。

表 3-16 tril 函数的常用语法

语 法 格 式	实 现 功 能
U = tril(X)	返回矩阵 X 的下三角部分
U = tril(X,k)	返回矩阵 X 的第 k 个对角线上和下面的元素。k = 0 是主对角线，k > 0 是主对角线上面，k < 0 是主对角线下面

【例3-29】 在命令窗口的"＞＞"后输入或者新建脚本编写下面的语句，运行即可实现矩阵的下三角分解，在脚本中的运行结果如图 3-19 所示。

```
X=[1,2,3;4,5,6;7,8,9];
U=tril(X)
U=tril(X,1)
U=tril(X,-1)
```

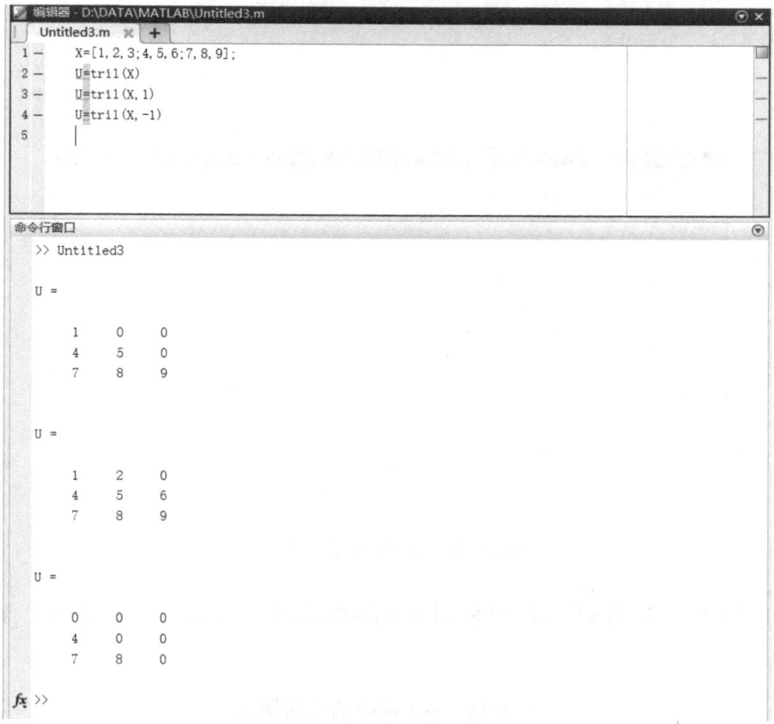

图 3-19 矩阵的下三角分解

（2）正交分解 在 MATLAB 种利用 qr 函数实现矩阵的正交分解，表 3-17 列举出了其常用语法。

表 3-17 **qr 函数的常用语法**

语 法 格 式	实 现 功 能
[Q,R]=qr(A)	A 是一个 m×n 的矩阵，返回一个 m×n 的下三角矩阵 R 和一个 m×m 的元素值绝对值小于 1 的矩阵 Q，满足 A = Q∗R
[Q,R]=qr(A,0)	A 是一个 m×n 的矩阵，如果 m>n，则只计算 Q 的前 n 列和 R 的前 n 行，如果 m<=n，则与 [Q,R]=qr(A) 相同

【例3-30】 在命令窗口的"＞＞"后输入或者新建脚本编写下面的语句，运行即可实现矩阵的正交分解。

```
A=[1,2,3;4,5,6;7,8,9;10,11,12];
[Q,R]=qr(A);[Q,R]=qr(A,0)
```

上例中，首先生成一个 4×3 的矩阵 A，之后输入"$[Q,R] = qr(A)$"语句将矩阵 A 分解成右上三角矩阵 R，与一个元素值绝对值小于 1 的矩阵 Q，满足 $A = Q * R$；之后输入"$[Q,R] = qr(A,0)$"语句将矩阵 A 分解，因为矩阵 A 行的大小 m(4) 大于列的大小 n(3)，所以上述语句仅仅将矩阵 A 的前三行、前三列元素进行正交分解。以上语句在脚本中的运行结果如图 3-20 所示。

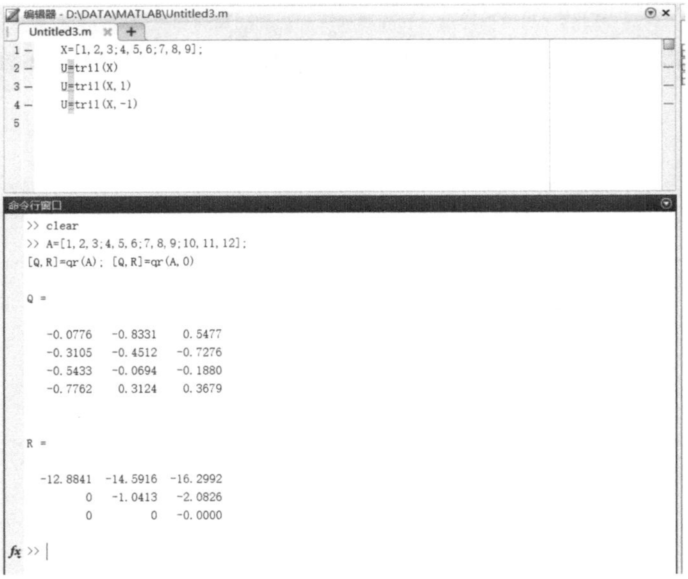

图 3-20   矩阵的正交分解

（3）奇异值分解   在 MATLAB 中利用 svd 函数实现矩阵的奇异值分解，表 3-18 列举出了其常用语法。

表 3-18   svd 函数的常用语法

语 法 格 式	实 现 功 能
s = svd(A)	按降序返回矩阵 A 的奇异值
[U,S,V] = svd(A)	对矩阵 A 进行奇异值分解，满足 $A = U * S * V'$
[U,S,V] = svd(A,'econ')	A 是一个 $m \times n$ 的矩阵，对 A 进行经济规模分解。如果 m > n，只计算 U 的前 n 列，奇异值 S 的大小为 n 乘 n；如果 m = n，svd(A,'econ') 相当于 svd(A)；如果 m < n，只计算 V 的前 m 列，奇异值 S 的大小为 m 乘 m
[U,S,V] = svd(A,0)	A 是一个 $m \times n$ 的矩阵。如果 m > n，svd(A,0) 等价于 svd(A,'econ')；如果 m <= n，svd(A,0) 等价于 svd(A)

【例 3-31】   在命令窗口的" >> "后输入或者新建脚本编写下面的语句，运行即可实现矩阵的奇异值分解。

```
A=[1 2 3;4 5 6;7 8 9;10 11 12]; s = svd(A)
[U,S,V] = svd(A);
[U,S,V] = svd(A,'econ')
[U,S,V] = svd(A,0)
```

以上语句在脚本中的部分运行结果如图 3-21 所示。

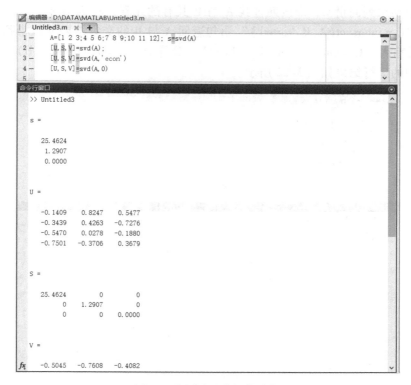

图 3-21 矩阵的奇异值分解

3. 矩阵的交并集运算

（1）矩阵的交集运算   在 MATLAB 中利用 intersect 函数实现矩阵的交集运算，表 3-19
列举出了其常用语法。

表 3-19   intersect 函数的常用语法

语 法 格 式	实 现 功 能
C = intersect(A,B)	返回矩阵 A 和矩阵 B 共有且不重复的数据，返回的结果矩阵 C 是按列排序的
C = intersect(A,B,setOrder)	按特定顺序返回 C。setOrder 可以是 'sorted' 或 'stable'
C = intersect(A,B,'rows') C = intersect(A,B,'rows',setOrder)	将 A 的每一行和 B 的每一行视为单个实体，并返回 A 和 B 共同的行，不重复。必须指定 A 和 B，并且可以选择指定 setOrde

【例 3-32】   在命令窗口的 "＞＞" 后输入或者新建脚本编写下面的语句，运行即可实
现矩阵的交集运算。

```
A = [1 2 3;4 5 6;11 8 9;10 7 12];
B = [4 5 6];
C = intersect(A,B)
B = [4 9 7 11];
C = intersect(A,B,'sorted')
C = intersect(A,B,'stable')
```

上例中，首先生成 4×3 的矩阵 A、向量 B。之后输入"C = intersect(A,B)"语句返回 A 与 B 的交集结果列向量 C，即按列查找 A 与 B 共有的元素并存入 C 中；之后重新生成向量 B，输入"C = intersect(A,B,'sorted')"语句返回 A 与 B 的交集结果并从小到大排列为列向量 C；最后输入"C = intersect(A,B,'stable')"，等价于"C = intersect(A,B)"语句。以上语句在脚本中的运行结果如图 3-22 所示。

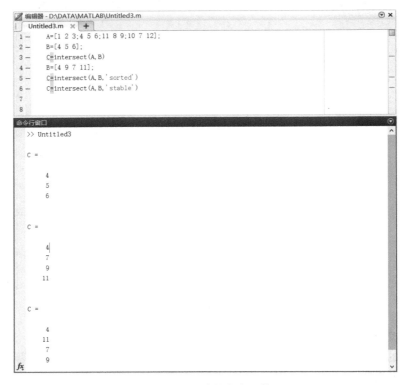

图 3-22   矩阵的交集运算

（2）矩阵的并集运算   在 MATLAB 中利用 union 函数实现矩阵的并集运算，表 3-20 列举出了其常用语法。

表 3-20   union 函数的常用语法

语 法 格 式	实 现 功 能
C = union(A,B)	返回矩阵 A 和矩阵 B 组合且不重复的数据，返回的矩阵 C 是按列排序的
C = union(A,B,setOrder)	按特定顺序返回 C。setOrder 可以是 'sorted' 或 'stable'
C = union(A,B,'rows') C = union(A,B,'rows',setOrder)	将 A 的每一行和 B 的每一行视为单个实体，并返回 A 和 B 的组合行，不重复。必须指定 A 和 B，并且可以选择指定 setOrder

【例 3-33】   实现矩阵的并集运算。

```
A=[1 2 3;4 5 6;7 8 9;10 11 12];
B=[4 8 9 11];
C=union(A,B)
```

上例中，首先生成 4×3 的矩阵 A、向量 B，之后输入 "C = union(A,B)" 语句返回 A、B 的并集结果列向量 C，C 的元素包括 A 和 B 的所有不重复的元素。

3.3.6 矩阵元素的关系运算与逻辑运算

1. 关系运算

矩阵的关系运算是在矩阵对应元素间进行的，因此进行运算的矩阵必须是同阶的（除非其中之一为标量），且运算完成后返回一个同阶矩阵，结果矩阵元素值均为逻辑值（0 或 1），即两元素运算结果为真返回 1，为假返回 0，关系运算符主要包括表 3-21 中列举的六种。

表 3-21　矩阵元素的关系运算

运　算　符	实　现　功　能	运　算　符	实　现　功　能
>	是否大于	<=	是否小于等于
<	是否小于	==	是否等于
>=	是否大于等于	~ =	是否不等于

【例 3-34】　在命令窗口的 " >>" 后输入或者新建脚本编写下面的语句，运行即可进行矩阵的关系运算。

```
A =[1,2,3;4,5,6;7,8,9];
B =[1,1,1;5,5,5;9,9,9];
C =A ==B
```

上例中，首先生成 3×3 矩阵 A 和 3×3 矩阵 B，之后输入 "C = A = = B" 语句，判断 A 矩阵的元素值是否等于 B 矩阵对应位置上的元素值，如果等于则返回 1，不等于则返回 0，最后返回一个与 A、B 矩阵大小相同的 0/1 矩阵 C。

2. 逻辑运算

矩阵的逻辑运算和关系运算一样，主要是在矩阵元素间进行的，进行运算的矩阵必须是同阶的（除非其中之一为标量），且运算完成后返回一个同阶矩阵，该矩阵元素值均为逻辑值（0 或 1），关系运算符主要包括表 3-22 中列举的四种。

表 3-22　矩阵元素的逻辑运算

运　算　符	实　现　功　能	运　算　符	实　现　功　能
&	与，全1为1，有0为0	|	或，有1为1，全0为0
~	非，1变0，0变1	xor	异或，不同为1，相同为0

【例 3-35】　在命令窗口的 " >>" 后输入或者新建脚本编写下面的语句，运行即可实现矩阵的关系运算。

```
A =[1 0 0;1 0 1;0 0 1]
B =[1 0 1;0 1 1;1 0 1]
C =A&B
D =A | B
E =~A
F =xor(A,B)
```

上例中，首先生成两个 3×3 的 0/1 矩阵 A 和 B，之后输入"C = A&B"语句判断矩阵 A 和矩阵 B 中对应位置元素值"全 1 为 1，否则为 0"，即元素值都为 1 返回 1，否则返回 0，最终返回一个与 A、B 矩阵同阶的逻辑矩阵 C；同理，"D = A│B"语句判断"有 1 为 1，全 0 为 0"；"E = ~ A"语句进行 1 变 0，0 变 1 的非运算；"F = xor(A,B)"语句判断"相同为 0，不同为 1"。以上语句在脚本中的部分运行结果如图 3-23 所示。

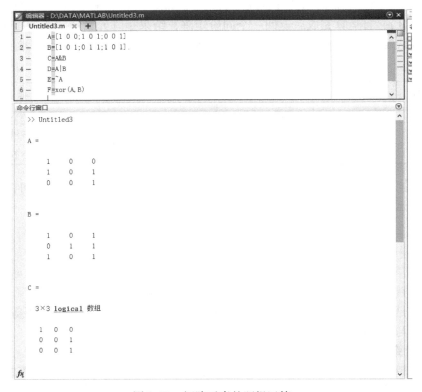

图 3-23　矩阵元素的逻辑运算

习　　题

3-1　在命令行输入语句，完成以下操作：

1）创建 double 类型的变量 a。

2）令变量 a = 3.1415926。

3）令变量 a 只显示两位小数。

4）将变量 a 的类型转换为 8 位有符号整数。

3-2　编写脚本，完成以下操作：

1）生成一个 3×3 的矩阵 A，令 $A = \begin{pmatrix} 1 & 5 & 2 \\ 3 & 6 & 3 \\ 8 & 1 & 5 \end{pmatrix}$。

2）将矩阵 A 的第三行元素值全部替换为 1。

3）生成一个 3×3 的单位矩阵 B。

4）计算矩阵 A 和矩阵 B 的乘积。

5）输入语句，令矩阵 C 中的元素等于矩阵 B 中的元素除以矩阵 A 中的元素。

6）删除矩阵 C 的第二行。

7）求解矩阵 A 的行列式、秩、逆矩阵、特征值以及特征向量。

3-3　编写基于贪心算法求解背包问题的 MATLAB 程序，要求物品数量为 15 个，背包数量为 1 个，物品质量、价值以及背包的最大载质量随机生成。

第4章

向量、字符串、单元数组与结构体

在熟练掌握矩阵（数组）的运算后，本章将介绍向量、字符串以及单元数组与结构数组。向量是一类特殊的矩阵，当矩阵行数为 1，列数为 m 时，称该矩阵为 m 维行向量，同理行数为 m 列数为 1 称作 m 维列向量；字符串也是一类特殊数组，MATLAB 中的字符串为各字符 ASCII 值构成的数组；数组和矩阵有一定区别。从外观形状和数据结构上看，二维数组和数学中的矩阵没有区别。但是作为一种变换或映射算子的体现，矩阵运算有着明确而严格的数学规则。而数组运算是 MATLAB 软件所定义的规则，其目的是为了数据管理方便，操作简单，指令形式自然和执行计算的有效。虽然数组运算尚缺乏严谨的数学推理，并且仍在完善和成熟中，但是它的作用和影响正随着 MATLAB 的发展而扩大。

4.1 向量

MATLAB 中向量的定义为数据的一维分组，如 A = [7,3,5,2,6]，A 即为一个向量，用图形表达结果如图 4-1 所示。

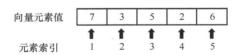

图 4-1 A 向量的图形表达

向量中的单个数据项被称作向量的元素，元素的值不唯一，但元素的索引是唯一的，如向量 A 的第三个（索引为 3）元素是 5。向量的生成方式有以下几种：

1. 直接生成

向量直接生成的表达形式有三种：

1）"A = 1:n"。创建向量 A，向量的步长为 1，索引值为 1 的元素值为 1，索引值为 n 的元素值为 n，即 "A = [1,2,3,…,n-1,n]"。

2）"A = 1:x:n"。创建向量 A，向量的步长为 x，索引值为 1 的元素值为 1，即 "A = [1,1+x,1+2x,…,1+kx],1+kx <= n"。

3）"A = n:-x:1"。创建向量 A，向量的步长为 -x，索引值为 1 的元素值为 n，即 "A = [n,n-x,n-2x,…,n-kx],n-kx >= 1"。

2. 利用 linspace 函数生成向量

函数 linspace 可以生成两个数之间的等间隔向量，其常用语句见表 4-1。

表 4-1　linspace 函数的常用语句

语 法 格 式	实 现 功 能
A = linspace(x,y)	返回向量 A，x 和 y 是向量 A 的两个端点元素值，向量 A 中元素的个数是 100 个
A = linspace(x,y,N)	返回向量 A，x 和 y 是向量 A 的两个端点元素值，N 用于指定向量 A 中元素的个数，步长为 "$(y-x)/(N-1)$"

【例 4-1】　在命令窗口的 "＞＞" 后输入或者新建脚本编写下面的语句，运行即可利用 linspace 函数生成向量。

```
A = linspace(1,7,5)
```

生成了一个长度为 5 的向量 A，即向量 A 中的元素个数为 5，元素值的范围为 1 ~ 7，且间隔相等。

3. 利用 logspace 函数生成向量

函数 logspace 可以用来产生一个对数向量，其常用语句见表 4-2。

表 4-2　logspace 函数的常用语句

语 法 格 式	实 现 功 能
A = logspace(x,y)	返回向量 A，x 和 y 控制向量 A 的两个端点元素值为 10^x、10^y，向量 A 中元素的个数是 50 个
B = logspace(x,y,N)	返回向量 A，x 和 y 控制向量 A 的两个端点元素值为 10^x、10^y，N 用于指定向量 A 中元素的个数，步长为 "$10^{\wedge}(linspace(x,y,N))$" 因此 logspace 函数得到的向量不是等间距向量，取对数后才是等距的

【例 4-2】　在命令窗口的 "＞＞" 后输入或者新建脚本编写下面的语句，运行即可利用 logspace 函数生成向量。

```
A = logspace(1,1.5,5)
```

返回向量 A，其两个端点元素值为 10^1、$10^{1.5}$，向量 A 中元素的个数是 5 个。

4. 利用 randperm 函数生成向量

函数 randperm 可以用于产生一个元素为从 1 到 N 的随机自然序列，其常用语句见表 4-3。

表 4-3　randperm 函数的常用语句

语 法 格 式	实 现 功 能
A = randperm(N)	返回一个行向量，该行向量为 N 个从 1 到 N 的整数的随机排列
A = randperm(N,k)	返回一个行向量，其中包含从 1 到 N（含 1）随机选择的 k 个唯一整数

【例 4-3】　在命令窗口的 "＞＞" 后输入或者新建脚本编写下面的语句，运行即可利用 randperm 函数生成向量

```
A = randperm(10)
A = randperm(10,5)
```

上例中，首先生成了一个长度为 10 的向量 A，向量 A 的元素值为 1~10 整数中的随机一个，不同位置元素值大小不同；之后生成了一个长度为 5 的向量 A，向量 A 的元素值为 1~10 整数中的随机一个，不同位置元素值大小不同，可以是上例中返回的 [7,1,5,8,10]，也可以是 [1,3,5,8,9]。

向量的赋值、变换与运算与 3.3 节中详细描述的矩阵（数组）操作类似，这里不再赘述。

4.2 字符串与字符串操作

4.2.1 字符串的生成

MATLAB 中的字符串用各字符 ASCII 值构成的数组来存储。ASCII 值对应字符的名称、意义见表 4-4。

表 4-4　ASCII 值表

二 进 制	十 进 制	十 六 进 制	名称/意义
0000 0000	0	00	空字符（Null）
0000 0001	1	01	标题开始
0000 0010	2	02	本文开始
0000 0011	3	03	本文结束
0000 0100	4	04	传输结束
0000 0101	5	05	请求
0000 0110	6	06	确认回应
0000 0111	7	07	响铃
0000 1000	8	08	退格
0000 1001	9	09	水平定位符号
0000 1010	10	0A	换行键
0000 1011	11	0B	垂直定位符号
0000 1100	12	0C	换页键
0000 1101	13	0D	归位键
0000 1110	14	0E	取消变换（Shift out）
0000 1111	15	0F	启用变换（Shift in）
0001 0000	16	10	跳出数据通信
0001 0001	17	11	设备控制一（XON 启用软件速度控制）
0001 0010	18	12	设备控制二
0001 0011	19	13	设备控制三（XOFF 停用软件速度控制）
0001 0100	20	14	设备控制四
0001 0101	21	15	确认失败回应
0001 0110	22	16	同步用暂停
0001 0111	23	17	区块传输结束

（续）

二　进　制	十　进　制	十六进制	名称/意义
0001 1000	24	18	取消
0001 1001	25	19	连接介质中断
0001 1010	26	1A	替换
0001 1011	27	1B	跳出
0001 1100	28	1C	文件分割符
0001 1101	29	1D	组群分隔符
0001 1110	30	1E	记录分隔符
0001 1111	31	1F	单元分隔符
0010 0000	32	20	（空格）（ ）
0010 0001	33	21	!
0010 0010	34	22	"
0010 0011	35	23	#
0010 0100	36	24	$
0010 0101	37	25	%
0010 0110	38	26	&
0010 0111	39	27	'
0010 1000	40	28	(
0010 1001	41	29	)
0010 1010	42	2A	*
0010 1011	43	2B	+
0010 1100	44	2C	,
0010 1101	45	2D	-
0010 1110	46	2E	.
0010 1111	47	2F	/
0011 0000	48	30	0
0011 0001	49	31	1
0011 0010	50	32	2
0011 0011	51	33	3
0011 0100	52	34	4
0011 0101	53	35	5
0011 0110	54	36	6
0011 0111	55	37	7
0011 1000	56	38	8
0011 1001	57	39	9
0011 1010	58	3A	:
0011 1011	59	3B	;

（续）

二　进　制	十　进　制	十六进制	名称/意义
0011 1100	60	3C	<
0011 1101	61	3D	=
0011 1110	62	3E	>
0011 1111	63	3F	?
0100 0000	64	40	@
0100 0001	65	41	A
0100 0010	66	42	B
0100 0011	67	43	C
⋮	⋮	⋮	⋮
0101 1000	88	58	X
0101 1001	89	59	Y
0101 1010	90	5A	Z
0101 1011	91	5B	[
0101 1100	92	5C	\
0101 1101	93	5D	]
0101 1110	94	5E	^
0101 1111	95	5F	_
0110 0000	96	60	`
0110 0001	97	61	a
0110 0010	98	62	b
0110 0011	99	63	c
⋮	⋮	⋮	⋮
0111 1000	120	78	x
0111 1001	121	79	y
0111 1010	122	7A	z
0111 1011	123	7B	{
0111 1100	124	7C	|
0111 1101	125	7D	}
0111 1110	126	7E	~
0111 1111	127	7F	删除

字符串的生成主要有两种形式：直接生成和利用 char 函数生成。

1. 直接生成

在 MATLAB 中字符串由英文状态下的单引号对来定义，如"a = 'MATLAB'"。若字符串中存在英文单引号，则内层字符串所用的单引号需要书写两遍，如"a = 'study '' MATLAB'' better'"。

2. 利用 char 函数生成

在 MATLAB 中利用 char 函数生成字符串，其常用语法见表 4-5。

表 4-5　char 函数的常用语法

语 法 格 式	实 现 功 能
C = char(A)	将数组 A 转换为字符数组
C = char(A1,…,An)	将数组 A1，…，An 转换为单个字符数组；在转换成字符后，输入数组变成 C 中的行；char 函数根据需要用空格填充行；如果任何输入数组是空字符数组，则 C 中的对应行是一行空格；输入数组 A1，…，An 不能是字符串数组、单元数组或分类数组；A1，…，An 可以有不同的大小和形状

【例 4-4】 在命令窗口的"＞＞"后输入或者新建脚本编写下面的语句，运行即可利用 char 函数生成字符串。

```
A=[77,65,84,76,65,66];
C=char(A)
```

上例中，首先生成了一个长度为 6 的向量 A，之后输入"C = char(A)"语句，将 A 向量中的每个元素值转换成相同大小 ASCII 值对应的字母或字符，即字符串 C 中各个字母对应的 ASCII 值分别为 77、65、84、76、65 和 66。

4.2.2　字符串操作

字符串的读取方式与数组类似。

1. 字符串的显示

字符串主要有两种显示方式：直接显示和利用 disp 函数显示，即"s = ['MATLAB']"或者"disp(s)"。

2. 字符串的执行

在 MATLAB 中利用 eval 函数执行字符串。

【例 4-5】 在命令窗口的"＞＞"后输入或者新建脚本编写下面的语句，运行即可实现字符串的执行。

```
s=['MATLAB']; a=[1 2 3 4];
for  i=1:3
    a(i) = -i
    eval('s')
end
```

上例中，首先通过直接输入生成了字符串 s 和向量 a，之后通过循环语句实现每层循环更新向量 a 元素并输出一次向量 a 和字符串 s，即当 i = 1 时，a 中第一个元素值变为 -1，输出 a 和 s；当 i = 2 时，a 中第二个元素值变为 -2，输出 a 和 s；当 i = 3 时，a 中第三个元素变为 -3，输出 a 和 s，循环结束。

3. 字符串的运算

字符串的运算主要包括判断字符串是否相等，通过字符串的运算来比较字符串中的字符，进行字符的分类、查找与替换等。MATLAB 中常用的字符串运算函数见表 4-6。

表 4-6　常用的字符串运算函数

语 法 格 式	实 现 功 能
strcat	横向连接字符串
strcmp	字符串比较
findstr	字符串查找
strmatch	字符串匹配
strtok	选择字符串中的部分
deblank	删除字符串结尾的空格
iscellstr	判断字符串单元数组
isspace	判断是否为空格
strvcat	纵向连接字符串
strncmp	比较字符串的前 n 个字符
strjust	字符串对齐
strrep	字符串查找与替换
blanks	创建由空格组成的字符串
ischar	判断变量是否为字符串
isletter	判断数组是否由字母组成
strings	MATLAB 字符串句柄

4.3　单元数组与结构数组

4.3.1　单元数组

在前面所介绍的数值数组和字符串数组中，它们所有元素的数据类型均为单一的类型。MATLAB 具有复合数据类型的数组，它就是单元数组（Cell Array）（在有些中文 MATLAB 书籍中，把单元数组也称为细胞数组或元胞数组等）。

例如，仓库管理信息系统中，仓库包括若干货架、堆垛。以货架为例，每个货架包括若干层，每层有若干格，格中可以存放一种或多种、一件或多件货物。每个格子被编号，一个个编号的格组合成层，一排排编号的层组合成一个货架，一个个编号的货架便组合成仓库。

单元数组如同仓库里的货架一样。该数组的基本元素是单元（如同货架中的"格"）。每个单元本身在数组中是平等的，它们只能以下标区分。同一个单元数组中不同单元可以存放不同类型和不同大小的数据，如任意维数值数组、字符串数组等。

要注意区分单元和单元内容是两个不同概念。正由于此，有两种不同操作：

1）"单元标识（Cell Indexing）"，如 A(2,3) 是指 A 单元数组第 2 行第 3 列单元。

2）"单元内容编址（Cell Addressing）"，如 A{2,3} 是指 A 单元数组第 2 行第 3 列单元中所存放的内容。请注意此处花括号 ｛ ｝ 的用法和含义。

【例 4-6】　本例演示货架单元数组的创建：

```
Grid1_1 = ['name:','A鞋','value:','400','元','weight:','200','g'];
Grid1_2 = ['name:','B外套','value:','220','元','weight:','250','g'];
Grid2_1 = ['name:','D手表','value:','160','元','weight:','50','g'];
Grid2_2 = ['name:','C裤子','value:','100','元','weight:','150','g']
Shelves{1,1} = Grid1_1;
Shelves{1,2} = Grid1_2;
Shelves{2,1} = Grid2_1;
Shelves{2,2} = Grid2_2;
a = Shelves(1,2)
b = Shelves{1,2}
```

例中首先生成存储各货物信息的单元 Grid1_1、Grid1_2、Grid2_1、Grid2_2，单元中包括货物的名称、价值以及质量，之后将各个单元存入单元数组的对应位置。利用"a = Shelves(1,2)""b = Shelves{1,2}"语句直接访问单元数组的单元标识及单元内容。上述语句在脚本中的部分运行结果如图4-2所示。

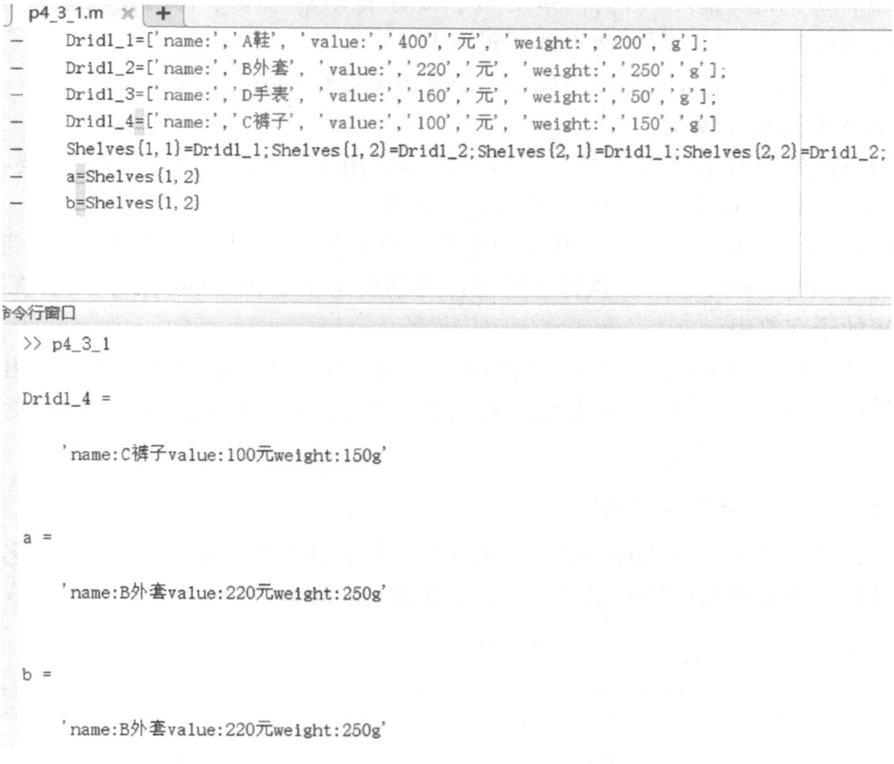

图4-2　单元数组操作

4.3.2　字符串的比较、查找和替换

1. 字符串的比较

字符串的比较主要是比较两个字符串是否相同、字符串中的子串是否相同以及字符串中的个别字符是否相同。用于比较字符串的函数主要是 strcmp 和 strncmp。

（1）strcmp 函数　用于比较两个字符串是否相同。用法为 strcmp(str1,str2)，当两个字符串相同时，返回 1，否则返回 0。当所比较的两个字符串是单元字符数组时，返回值为一个列向量，元素为相应行比较的结果。

（2）strncmp 函数　用于比较两个字符串的前面几个字符是否相同。用法为 strncmp(str1,str2,n)，当字符串的前 n 个字符相同时，返回 1，否则返回 0。当所比较的两个字符串是单元数组时，返回值为一个列向量，元素为相应行比较的结果。

【例 4-7】　在命令窗口的"＞＞"后输入或者新建脚本编写以下语句运行比较字符串。

```
s1 =['MATLAB'];
s2 =['MATlAB'];
strcmp(s1,s2)
strncmp(s1,s2,3)
```

上例中首先用直接输入的方式生成了两个字符串 s1 和 s2，之后输入"strcmp(s1,s2)"语句，弹出 s1、s2 字符串的比较结果 ans，因为 s1、s2 字符串不相等，故返回逻辑值 0。最后输入"strncmp(s1,s2,3)"语句，弹出 s1、s2 字符串前三个字符的比较结果 ans，因为 s1、s2 字符串前三个字符相同，故返回逻辑值 1。

除此之外，字符串之间的比较可以使用矩阵关系运算语法，见 3.3.6 小节。

2. 字符串的查找与替换

查找与替换是字符串操作中的一项重要内容。用于查找与替换的函数主要有 strfind、strmatch、strrep 和 strtok 等。下面分别介绍这些函数。

1）strfind 函数：用于在一个字符串中查找子字符串，返回子字符串出现的起始位置。常用语句为"strfind(tr1,tr2)"，执行时系统首先判断两个字符串的长短，然后在长的字符串中检索短的子字符串。

【例 4-8】　在命令窗口的"＞＞"后输入或者新建脚本编写语句运行即可利用 strfind 函数查找字符串。例如，在例 4-6 的基础上查找某一名称、某一价值或者某一质量货物的具体位置，查找语句如下：

```
strfind(Shelves,'D手表')
```

上例中，输入"strfind(Shelves,'D手表')"语句查找在单元数组 Shelves 中名称为"D手表"的货物出现在货架的第几层第几列。上述语句在脚本中的运行结果如图 4-3 所示。

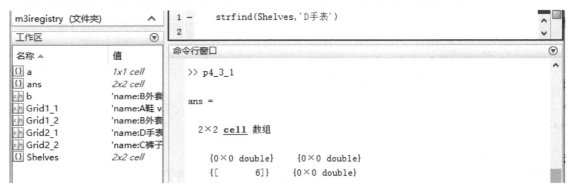

图 4-3　字符串查找操作

2）strrep 函数：查找字符串中的子字符串并将其替换为另一个子字符串。常用语法为 "str = strep(str1，str2,str3)"，将 str1 中的所有子字符串 str2 替换为 str3。

【例 4-9】 在命令窗口的 " >>" 后输入或者新建脚本编写语句运行即可利用 strrep 函数查找替换字符串。例如，在例 4-6 的基础上更改货物的名称、价值或者质量，语句如下：

```
str = strrep(Shelves,'D 手表','C 手表')
```

上例中，输入 "str = strrep(Shelves,'D 手表','C 手表')" 语句，将 Shelves 单元数组中的字符 'D 手表' 替换为 'C 手表'，并将替换字符后的字符串赋值给 str，输出 str。上述语句在脚本中的运行结果如图 4-4 所示。

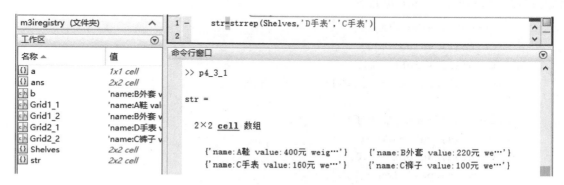

图 4-4　字符串替换操作

3）stmatch 函数：在字符数组的每一行中查找是否存在待查找的字符串，如果存在，则返回 1，否则返回 0。其常用语法为 "strmatch('str',STRS)"，查找 str 中以 STRS 开头的字符串。另外，可以使用 "strmatch('str',STRS,'exact')" 语句查找精确包含 STRS 的字符串。

【例 4-10】 在命令窗口的 " >>" 后输入或者新建脚本编写下面的语句，运行即可利用 stmatch 函数查找 s 字符串组中以 MAT 开头的字符串，并返回其索引值。

```
s = ['MATLAB','MaTLAB','mATLAB'];
str = strmatch(s,'MAT')
```

4）strtok 函数：该函数用于选取字符串中的一部分。该函数的常用语法为 "s = strtok (str,a)"。

【例 4-11】 利用 strtok 函数查找字符串。

```
s = ['MATLAB'];
strtok(s,'A')
```

上例中，首先生成一个字符串 s，然后输入 "strtok(s,'A')" 语句将字符串 s 从'A'字符处分割，返回前半段的字符串给默认变量 ans。

4.3.3　结构数组

如今的程序设计语言中，大都提供了对结构变量的支持，MATLAB 也同样具有结构数组（Structure Array）这种数据类型，而且其生成与使用都非常容易和直观。结构数组是某些具有某种相关性记录的集合体，它将一系列相关记录集合到一个统一的数组中，从而使这些记录能够被有效地管理、组织与引用。

在 MATLAB 中，按照域的方式生成与存储结构数组中的每个记录。一个域中可以包括任何 MATLAB 支持的数据类型，如双精度数值、字符、单元及结构数组等类型。下面简单介绍结构数组的生成与引用。

1. 结构数组的生成

与建立数值型数组一样，建立新 struct 对象不需要事先申明，可以直接引用，而且可以动态扩充。

【例 4-12】 以仓库管理系统为例，建立一个由货架上的货物名称、价值、质量及位置信息组成的结构体，具体语句如下：

```
>>Cargo(1).name = 'A鞋';
>>Cargo(1).value =400;
>>Cargo(1).weight =200;
>>Cargo(1).position =[1,1];
    ⋮
>>Cargo(4).name = 'C裤子';
>>Cargo(4).value =100;
>>Cargo(4).weight =150;
>>Cargo(4).position =[2,2];
```

Cargo 是具有 4 个结构变量的数组，表示某个货架所有 4 种货物的名称、价值、质量与位置。每 1 个记录对应 1 种货物的名称、价值、质量与位置。上述语句在脚本中的运行结果如图 4-5 所示。

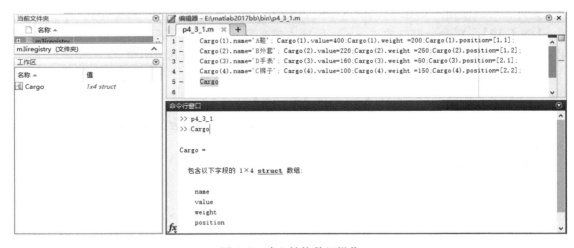

图 4-5　建立结构数组操作

2. 结构数组的引用

在 MATLAB 中，对结构数组变量的引用也很简单。

【例 4-13】 在例 4-12 的基础上对上述货物清单中的第 3 种、第 4 种货物记录的引用如下：

```
Name3 = Cargo(3).name
Weight4 = Cargo(4).weight
```

习 题

4-1　创建脚本，完成以下操作：

1）将向量 A ＝ ［83 116 117 100 101 110 116 94 95 94］转换为字符串 B。

2）查找字符串 B 中 't' 字符出现的位置。

3）判断字符串 B 中的字母是否为大写，如果不是，则将字符串 B 中的小写字母改为大写字母。

4-2　创建一个结构数组，用于统计仓库货物的情况，包括货物的种类、厂家、数量、价格及存放位置等，然后使用该结构数组对一个仓库的货物进行管理。

1）统计仓库中各厂家的货物各有几种。

2）统计仓库中某一种货物价格的最大值、最小值、平均值。

3）查找存储某厂家某类货物的货架及货架上的具体位置。

第 5 章

基本绘图

强大的绘图功能是 MATLAB 的特点之一，MATLAB 提供了一系列的绘图函数，用户不需要过多地考虑绘图的细节，只需要给出一些基本参数就能绘制所需图形，这类函数称为高层绘图函数。此外，MATLAB 还提供了直接对句柄图形进行操作的低层绘图操作。这类操作将每个图形元素（如坐标轴、曲线、文字等）看作一个独立的对象，系统给每个对象分配一个句柄，可以通过句柄对该图形元素进行操作，而不影响其他部分。本章主要介绍绘制二维和三维图形的高层绘图函数以及图形控制函数的使用方法。

5.1　二维图形绘制

5.1.1　绘图步骤

MATLAB 提供了丰富的绘图函数和绘图工具，绘图一般需要以下 5 个步骤。

1）曲线数据准备，即输入绘图需要的数据。

2）指定图形窗口和子图位置，具体应用函数见 5.1.3 小节。

3）调入绘图命令绘制图形，具体应用函数见 5.1.2 小节、5.2 节、5.3 节。

4）设置坐标轴的图形注释，具体应用函数见 5.4 节。

5）按指定格式保存或导出图形。

MATLAB 中图形保存和导出方法如下：

（1）图形另存为　单击图形显示窗口菜单栏左上角的"文件"，选择"另存为"，可选择另存为图片格式（图 5-1）。

（2）图形导出　单击图形显示窗口菜单栏左上角的"文件"，选择"导出设置"，可设置图形的大小、渲染、字体以及线条等属性。之后单击"导出"按钮，完成图形的导出（图 5-2）。

5.1.2　二维绘图函数

1. plot——基本二维绘图函数

MATLAB 中利用 plot 函数实现基本的二维绘图，应用广泛。表 5-1 列举了其常用语法，表 5-2 列举了变量绘图选项。

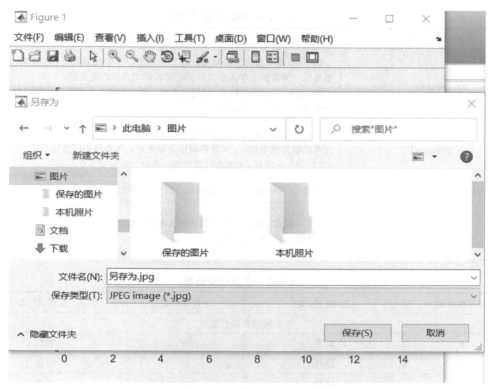

图 5-1　图形另存为界面

图 5-2　图形导出界面

表 5-1　plot 函数的常用语法

语法格式	实现功能
plot(y)	1）当 y 是向量时，绘制完成的二维图形以 y 中元素的下标（1,2,3,…）为横坐标，元素的值作为纵坐标，并将各相邻点以直线相连 2）当 y 是复数矩阵时，绘制完成的二维图形以 y 的实部作为横坐标，虚部作为纵坐标，绘制多条曲线
plot(x,y)	1）x、y 为向量时，要求其必须具有相同的长度，绘制完成的二维图形以 x 元素的值为横坐标，y 元素的值作为纵坐标，各相邻点以直线相连 2）当 x 为向量、y 为多行或多列矩阵时，则绘制多条曲线
plot(x1,y1,x2,y2,…)	相当于，plot(x1,y1)、plot(x2,y2)……即在一个图中绘制多条曲线
plot(y,'s') plot(x,y,'s') plot(x1,y1,'s1',x2,y2,'s2'…)	s 为一格式字符串，用于设置图形的颜色和线型，可以连在一起使用，具体的字符串种类及意义见表 5-2

表 5-2　变量绘图选项

字符串种类	选项意义	字符串种类	选项意义
各种颜色属性选项			
'r'	红色	'm'	粉红
'g'	绿色	'c'	青色
'b'	蓝色	'w'	白色
'y'	黄色	'k'	黑色
各种线型属性选项			
'-'	实线	'--'	虚线
':'	点线	'-.'	点画线
各种标记点属性选项			
'.'	用点号绘制各数据点	'^'	用上三角绘制各数据点
'+'	用 '+' 号绘制各数据点	'v'	用下三角绘制各数据点
'*'	用 '*' 号绘制各数据点	'>'	用右三角绘制各数据点
'o'	用 'o' 号绘制各数据点	'<'	用左三角绘制各数据点
's' 或 squar	用正方形绘制各数据点	'p'	用五角星绘制各数据点
'd' 或 diamond	用菱形绘制各数据点	'h'	用六角星绘制各数据点
组合使用			
'-.g'	绘制绿色的点画线	'g+'	用绿色的 '+' 号绘制曲线

【例 5-1】　plot 函数在 MATLAB 中具体应用的示例。

```
%%% 当 y 是向量时
y=[1,2,6,8,9,2,1,2];
plot(y)                          %绘图窗口图形见图 5-3a
%%% 当 y 是复数矩阵时
y=[6+4i 1+8i 9+2i 12+7i];
```

```
plot(y)                              %绘图窗口图形见图 5-3b
%%% 当 x、y 为向量时
x=[3,4,6,8,9,5,2,1];
y=[1,2,6,8,9,2,1,2];
plot(x,y)                            %绘图窗口图形见图 5-3c
%%% 当 x 为向量,y 为多行或多列矩阵时
x=[3,4,6,8,9,5,2,1];
y=[1,2,6,8,9,2,1,2;5,8,9,6,2,3,10,6;10,2,6,14,20,2,3,9];
plot(x,y)                            %绘图窗口图形见图 5-3d
%%% 绘制多个图形
x1=[3,4,6,8,9,5,2,1];
x2=[1,2,6,8,9,2,1,2];
y1=[1,2,6,8,9,2,1,2];
y2=[5,8,9,6,2,3,10,6];
plot(x1,y1,x2,y2)                    %绘图窗口图形见图 5-3e
%%% 设置绘图线条和颜色
x1=[3,4,6,8,9,5,2,1];
x2=[1,2,6,8,9,2,1,2];
y1=[1,2,6,8,9,2,1,2];
y2=[5,8,9,6,2,3,10,6];
plot(x1,y1,x2,y2)
plot(x1,y1,'-r+',x2,y2,'-.g^')       %绘图窗口图形见图 5-3f
```

以上语句在脚本中的运行结果如图 5-3 所示，用 plot 函数实现二维绘图如图 5-4 所示。

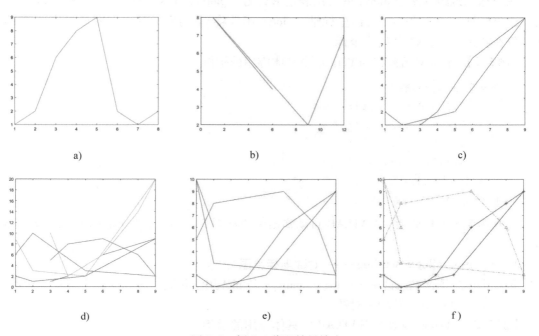

图 5-3　例 5-1 代码结果输出

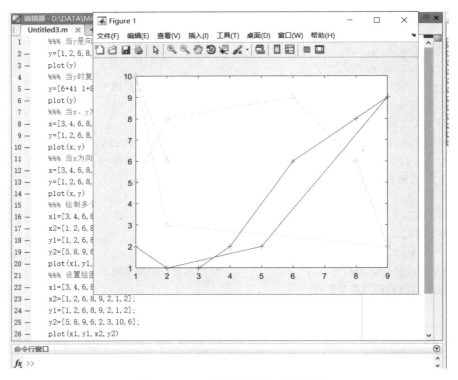

图 5-4　plot 函数实现基本二维绘图

2. plotyy——双坐标二维绘图

双坐标二维绘图函数 plotyy 的常用表达形式为 "plotyy(x1, y1, x2, y2)"。其中 x1、y1 为第一组坐标轴，x2、y2 为第二组坐标轴，plotyy 函数将 y1 的坐标轴放在图形左边，y2 的坐标轴放在右边，x1、x2 共用横坐标。

【例 5-2】　plotyy 函数在 MATLAB 中具体应用的示例。

```
%%% 曲线数据准备
x1 =[3,4,6,8,9,5,2,1];
x2 =[1,2,6,8,9,2,1,2];
y1 =[1,2,6,8,9,2,1,2];
y2 =[5,8,9,6,2,3,10,6];
%% 双坐标绘制图形
plotyy(x1,y1,x2,y2)
```

输入例 5-2 的代码后，MATLAB 自动弹出窗口如图 5-5 所示，显示的绘图效果如图 5-6 所示。

3. loglog/semilogx/semilogy——对数坐标绘图

对数坐标绘图函数 loglog/semilogx/semilogy 与 plot 用法相同，区别为其坐标轴为对数。

1）loglog( )：X- Y 轴均为对数。

【例 5-3】　loglog 函数在 MATLAB 中具体应用的示例。

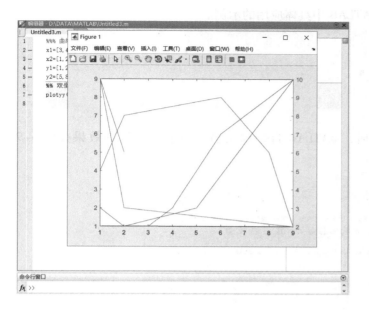

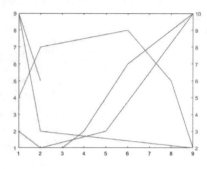

图 5-5　plotyy——双坐标二维绘图　　　　　　　　图 5-6　例 5-2 代码结果输出

```
%%% 曲线数据准备
x=[3 4 6 8 9 5 2 1];
y=[1 2 6 8 9 2 1 2];
%%% X-Y 轴对数坐标绘图
loglog(x,y)
```

输入例 5-3 的代码后，MATLAB 自动弹出窗口如图 5-7 所示，显示的绘图效果如图 5-8 所示。

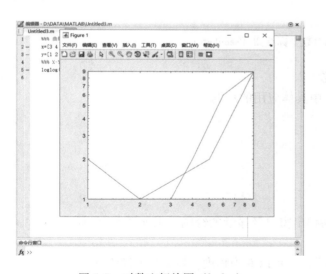

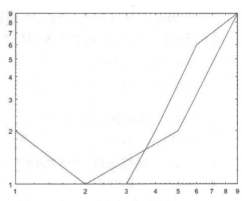

图 5-7　对数坐标绘图（loglog）　　　　　　　　图 5-8　例 5-3 代码结果输出

2）semilogx()：X 轴为对数（半对数）。

【例 5-4】 semilogx 函数在 MATLAB 中具体应用的示例。

```
%%%曲线数据准备
x=[3 4 6 8 9 5 2 1];
y=[1 2 6 8 9 2 1 2];
%%% X轴对数坐标绘图
semilogx(x,y)
```

在命令行输入例 5-4 的代码后，MATLAB 自动弹出窗口及显示的绘图效果如图 5-9 所示。

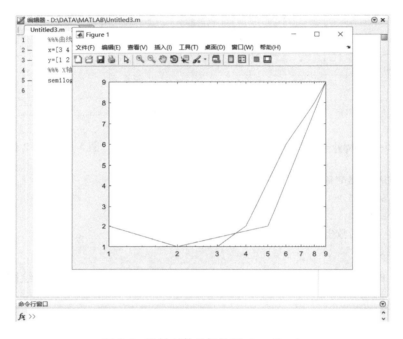

图 5-9 X 轴对数坐标绘图（semilogx）

3）semilogy( )：Y 轴为对数（半对数）。

【例 5-5】 semilogx 函数在 MATLAB 中具体应用的示例。

```
%%%曲线数据准备
x=[3 4 6 8 9 5 2 1];
y=[1 2 6 8 9 2 1 2];
%%% Y轴对数坐标绘图
semilogy(x,y)
```

输入例 5-5 的代码后，MATLAB 自动弹出窗口及显示的绘图效果如图 5-10 所示。

4. polar——极坐标

polar 函数的常用语法为"polar(θ,r)"，表示以 θ 为角度，以 r 为半径绘图。

【例 5-6】 极坐标图形绘制示例。

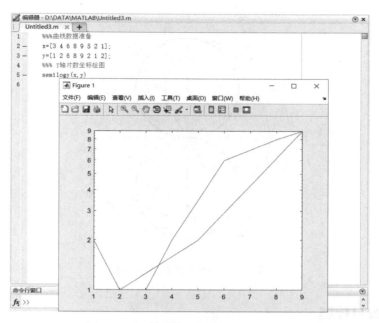

图 5-10　Y 轴对数坐标绘图（semilogy）

```
%%%曲线数据准备
x = (0:pi/100:2 * pi);
y = abs(sin(x));
%%%绘制极坐图形
polar(x,y)
```

　　输入例 5-6 的代码后，MATLAB 自动弹出窗口如图 5-11 所示，显示的绘图效果如图 5-12 所示。

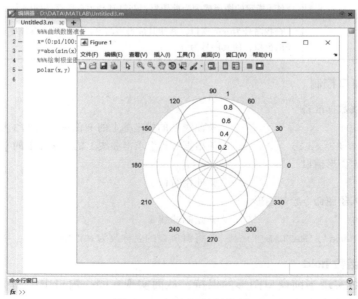

图 5-11　极坐标图形绘制

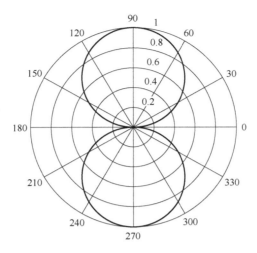

图 5-12　例 5-6 代码结果输出

5.1.3　绘图窗口控制

1. 窗口控制函数 figure

figure 函数用于打开一个新窗口进行绘图。表 5-3 列举了 figure 函数的常用语法。

表 5-3　figure 函数的常用语法

语 法 格 式	实 现 功 能
figure	打开一个新窗口用于绘图，打开的窗口为后续操作的当前窗口
figure(Name , Value)	使用一个或多个名称和值对窗口的属性进行修改
f = figure(___)	返回 figure 对象。使用 f 可以在图形创建后查询或修改其属性
figure(f)	使 f 指定的图形成为当前图形，并将其显示在所有其他图形之上
figure(n)	查找序号为 n 的窗口，并使其成为当前窗口。如果没有该序号窗口，则创建一个新的窗口，使其序号为 n

【例 5-7】　窗口控制。

```
%%% 曲线数据准备
x = 1:1:100;                    % 曲线 1 的横坐标上的 x 值——1,2,3,...,99,100
y = x.^3 + x.^2 + x + 1;        % 根据方程组求得曲线 1 的纵坐标上的 y 值
%%% 指定图形窗口
figure(1);                      % 使用窗口 1
%%% 调入绘图命令绘制图形
plot(x,y)                       % 绘制曲线 1
figure('Name','MATLAB');        % 将窗口 2 的名称改为 MATLAB
```

2. 图形保持函数 hold

利用 hold 函数实现当前窗口图形的保持，从而实现在同一窗口中绘制不同图形。表 5-4 列举出了 hold 函数的常用语法。

表 5-4　hold 函数的常用语法

语 法 格 式	实 现 功 能
hold on	保留当前窗口中的绘图，以便添加到窗口的新绘图不会覆盖现有的绘图。新绘图采用的颜色与旧绘图不同
hold off	将图像保持状态设置为 off，以便添加到窗口的新绘图覆盖现有绘图并重置窗口所有的属性。新绘图的颜色和线条样式与旧绘图一致。此操作为默认操作，即若没有 hold on 语句，则同一窗口的新绘图必然覆盖旧绘图
hold(ax,___)	设置 ax 窗口的保持状态。空白处输入 'on' 或者 'off'，更改窗口保持状态

【例 5-8】　图形保持。

```
%%%曲线数据准备
x = 1:1:100;                 % 曲线 1 的横坐标上的 x 值——1,2,3,...,99,100
y = x.^3 + x.^2 + x + 1;     % 根据方程组求得曲线 1 的纵坐标上的 y 值
%%%指定图形窗口
figure(1);                   % 使用窗口 1
%%%调入绘图命令绘制图形
plot(x,y)                    % 绘制曲线 1
z = 2 * x.^3 + x + 3;        % 根据方程组求得曲线 2 的纵坐标上的 z 值
hold on                      % 窗口 1 图形保持
plot(x,z)                    % 绘制曲线 2
```

在命令行输入例 5-8 的代码后，MATLAB 自动弹出窗口 1 如图 5-13 所示。

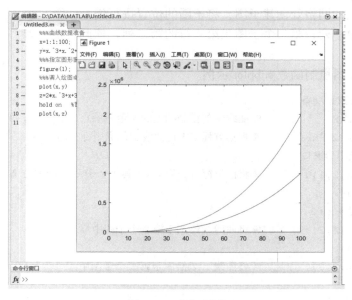

图 5-13　叠加图形

继续输入代码：

```
hold off        % 取消图形保持
plot(x,y)       % 重新绘制曲线 1
```

输入上述代码之后，窗口 1 显示的绘图效果如图 5-14 所示。

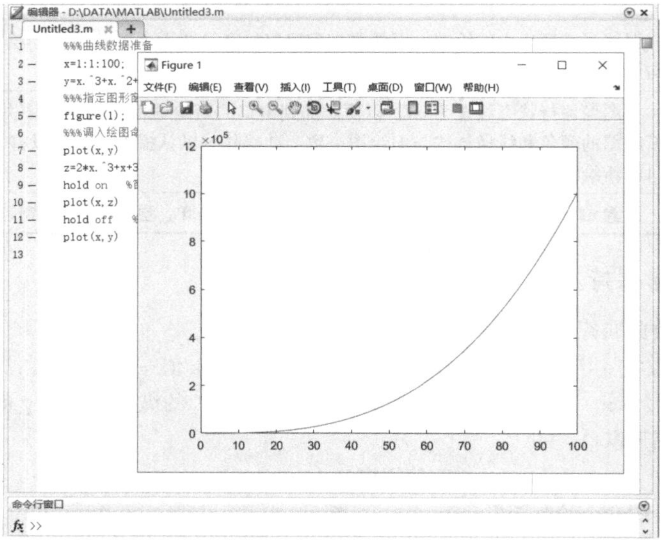

图 5-14　使用 hold off 命令后例 5-8 绘图输出结果

3. 子图控制函数 subplot

subplot 函数可以将一个绘图窗口分割成若干子图。subplot 函数的语法格式为 "subplot(m,n,p)"，该语句将当前图形窗口划分为 m×n 的网格，并在相应的网格处创建子图，将子图的位置按行编号。第一个子图是第一行的第一列，第二个子图是第一行的第二列，依此类推，如图 5-15 所示。

1	2	3
4	5	6
7	8	9

图 5-15　子图编号

【例 5-9】　子图控制函数 subplot 示例。

```
%%% 曲线数据准备
x = 1:1:100;                  % 曲线 1 的横坐标上的 x 值——1,2,3,...,99,100
y = x.^3 + x.^2 + x + 1;      % 根据方程组求得曲线 1 的纵坐标上的 y 值
%%% 指定图形窗口
subplot(2,2,1);              % 将图形窗口分为 2×2 共 4 个子图,将曲线 1 绘制于第 1 个子图中
plot(x,y)
z = 2 * x.^3 + x + 3;
subplot(2,2,2);              % 将曲线 2 绘制于第 2 个子图中
plot(x,z)
subplot(2,2,3);              % 将曲线 1、2 绘制于第 3 个子图中
plot(x,y)
hold on
plot(x,z)
```

在命令行输入上述代码后，自动弹出窗口 1 如图 5-16 所示，显示的绘图效果如图 5-17 所示。

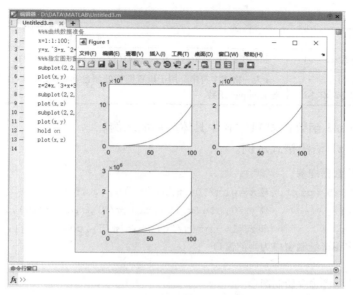

图 5-16　子图上绘制图形

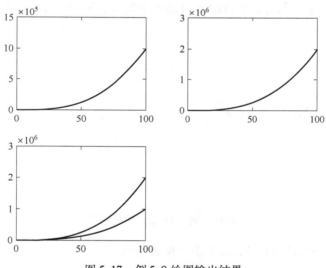

图 5-17　例 5-9 绘图输出结果

5.2　三维图形绘制

1.　plot3——基本三维曲线

plot3 函数是基本的三维曲线绘制函数。表 5-5 列举了其常用语法。

表 5-5　plot3 函数的常用语法

语 法 格 式	实 现 功 能
plot3(x,y,z)	其中 x、y、z 向量或数组具有相同的长度，绘图时将各坐标轴元素值对应的点 (x，y，z) 以直线相连

（续）

语 法 格 式	实 现 功 能
plot3(x1,y1,z1,x2,y2,z2,...)	相当于，plot3(x1,y1,z1)、plot3(x2,y2,z2)......，即在一个图中绘制多条曲线
plot3(x,y,z,'s') plot3(x1,y1,z1,'s1',x2,y2,z2,'s2')	s为一格式字符串，用于设置图形的颜色和线型，可以连在一起使用，字符串意义同 plot 函数

【例 5-10】 plot3 函数在 MATLAB 中具体应用的示例。

1）plot3(x,y,z)语法格式示例。

```
%%% 曲线数据准备
x = 0:pi/10:5 * pi;      % x = 0,π/10, π/5, 3π/10,...,5π
y = sin(x);             % y = 0,sin(π/10),sin(π/5),sin(3π/10),...,0
z = cos(x);             % z = 1, cos(π/10),cos(π/5),cos(3π/10),...1
%%% 指定图形绘制窗口为当前窗口
figure;
%%% 调入绘图命令绘制图形
plot3(x,y,z);
```

在命令行输入上述代码后，MATLAB 自动弹出窗口，显示的绘图效果如图 5-18 所示。

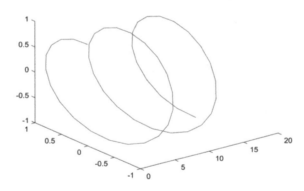

图 5-18　例 5-10 绘图输出结果 1

2）plot3(x1,y1,z1,x2,y2,z2,...)语法格式示例。

```
%%% 曲线数据准备
x1 = 0:pi/10:5 * pi;
x2 = 0:pi/10:5 * pi;
y1 = sin(x1);
y2 = sin(x2) + 2;
z1 = cos(x1);
z2 = cos(x2) + 2;
%%% 指定图形绘制窗口为当前窗口
figure;
%%% 调入绘图命令绘制图形
plot3(x1,y1,z1,x2,y2,z2);
```

在命令行输入上述代码后，MATLAB 自动弹出窗口，显示的绘图效果如图 5-19 所示。

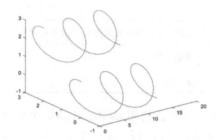

图 5-19　例 5-10 绘图输出结果 2

```
%%% 曲线数据准备
t = 0:0.02 * pi:2 * pi;
x2 = sin(t);
y2 = cos(t);
z2 = cos(2 * t);
%%% 指定图形绘制窗口为当前窗口
figure;
%%% 调入绘图命令绘制图形
plot3(x1,y1,z1,'- r +',x2,y2,z2,'- g^');
```

在命令行输入上述代码后，MATLAB 自动弹出窗口，显示的绘图效果如图 5-20 所示。

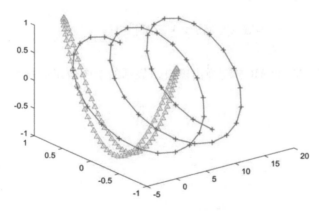

图 5-20　例 5-10 绘图输出结果 3

2. mesh——三维网格图

mesh 函数用来绘制三维网格图。表 5-6 列举了其常用语法。

表 5-6　mesh 函数的常用语法

语 法 格 式	实 现 功 能
mesh(z)	z 为二维矩阵，绘图时以元素下标（x = 1,2,3,...,y = 1,2,3,...）作为 X-Y 坐标，元素值作为 Z 坐标，将各点连成网格。颜色与高度成比例

（续）

语 法 格 式	实 现 功 能
mesh(x,y,z)	x、y、z 为三个矩阵，以各元素值为三维坐标点绘图，并连成网格
meshc(x,y,z)	在网格下画等值线图
meshz(x,y,z)	在网格下画垂直线

绘制三维曲面或网格图时，经常会利用 meshgrid 函数生成相关数据，常用语法为 "y = meshgrid(a)"，例如，在命令行输入并运行 "a = [1 2 3 4]；y = meshgrid(a)" 语句后，y = [1 2 3 4;1 2 3 4;1 2 3 4;1 2 3 4]。

【例 5-11】　mesh 函数在 MATLAB 中具体应用的示例。

1）mesh(z) 语法格式示例。

```
%%% 曲线数据准备
z1 = eye(10);            %eye——对角线为 1 的矩阵
z2 = peaks(20);          % 高斯分布函数，具体表达式见下一注释
%z = 3 * (1-x)^2.* exp(-(x.^2)-(y+1)^2)-10 * (x/5-x.^3-y.^5) * exp(-x.^2-y.^2)-1/3
% * exp(-(x+1)^2-y.^2)
%%% 指定图形绘制窗口为当前窗口,将窗口分为 2 行 1 列的网格
figure;
subplot(2,1,1);         % 图 1 绘制于 1 号子图上
%%% 调入绘图命令绘制图形
mesh(z1);
subplot(2,1,2)          % 图 2 绘制于 2 号子图上
mesh(z2);
```

输入上述代码后，MATLAB 自动弹出窗口，显示的绘图效果如图 5-21 所示。

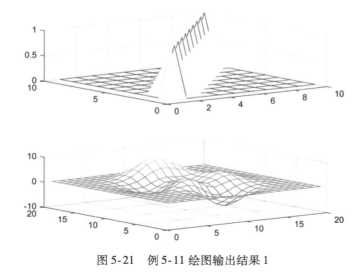

图 5-21　例 5-11 绘图输出结果 1

2）mesh(x,y,z) 语法示例。

```
%%% 曲线数据准备
[xx,yy,zz]=sphere(30);              %球体函数
%%% 指定图形绘制窗口为当前窗口
figure;
%%% 调入绘图命令绘制图形
mesh(xx,yy,zz);
```

输入上述代码后, MATLAB 自动弹出窗口, 显示的绘图效果如图 5-22 所示。

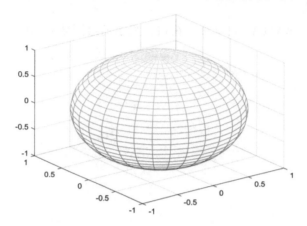

图 5-22　例 5-11 绘图输出结果 2

3) meshc(x,y,z) 语法示例。

```
%%% 曲线数据准备
[x,y,z]=peaks(30);
%%% 指定图形绘制窗口为当前窗口
figure;
%%% 调入绘图命令绘制图形
mesh(x,y,z);
meshc(x,y,z);
```

输入上述代码后, MATLAB 自动弹出窗口, 显示的绘图效果如图 5-23 所示。

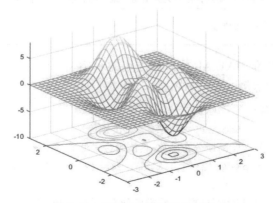

图 5-23　例 5-11 绘图输出结果 3

4）meshz(x,y,z) 语法示例。

```
%%% 曲线数据准备
[x,y,z]=peaks(30);
%%% 指定图形绘制窗口为当前窗口
figure;
%%% 调入绘图命令绘制图形
mesh(x,y,z);
meshz(x,y,z);
```

输入上述代码后，MATLAB 自动弹出窗口，显示的绘图效果如图 5-24 所示。

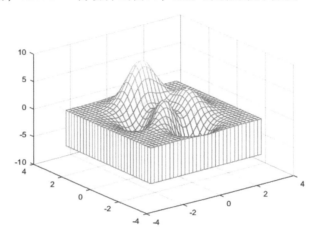

图 5-24 例 5-11 绘图输出结果 4

3. surf——三维曲面图

surf 函数用来绘制三维曲面图，其语法与 mesh 函数类似，见表 5-7。

表 5-7 surf 函数的常用语法

语 法 格 式	实 现 功 能
surf(z)	z 为二维矩阵，绘图时以元素下标（x = 1，2，3，…，y = 1，2，3，…）作为 X-Y 坐标，元素值作为 Z 坐标，各点构成曲面。颜色与高度成比例
surf(x,y,z)	x、y、z 为三个矩阵，以各元素值为三维坐标点绘图，并构成曲面
surfc(z) surfc(x,y,z)	在曲面下画等值线图

【例 5-12】 surf 函数在 MATLAB 中具体应用的示例。

1）surf(z) 语法格式示例。

```
%%% 曲线数据准备
z1=eye(10);          %eye——对角线为 1 的矩阵
z2=peaks(20);        % 高斯分布函数，具体表达式见下一注释
%z=3*(1-x)^2.*exp(-(x.^2)-(y+1)^2)-10*(x/5-x.^3-y.^5)*exp(-x.^2-y.^2)-1/3
%*exp(-(x+1)^2-y.^2)
%%% 指定图形绘制窗口为当前窗口,将窗口分为 2 行 1 列的网格
```

```
figure;
subplot(2,1,1);            % 图 1 绘制于 1 号子图上
%%% 调入绘图命令绘制图形
surf(z1);
subplot(2,1,2);            % 图 2 绘制于 2 号子图上
surf(z2);
```

输入上述代码后，MATLAB 自动弹出窗口，显示的绘图效果如图 5-25 所示。

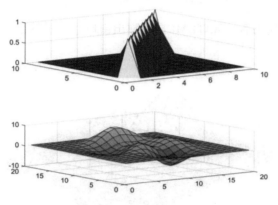

图 5-25　例 5-12 绘图输出结果 1

2) surf(x,y,z) 语法示例。

```
%%% 曲线数据准备
[xx,yy,zz]=sphere(30);        % 球体函数
%%% 指定图形绘制窗口为当前窗口
figure;
%%% 调入绘图命令绘制图形
surf(xx,yy,zz);
```

输入上述代码后，MATLAB 自动弹出窗口，显示的绘图效果如图 5-26 所示。

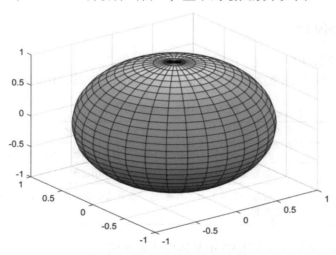

图 5-26　例 5-12 绘图输出结果 2

3）surfc(x,y,z)语法示例。

```
%%曲线数据准备
[x,y,z]=peaks(30);
%%指定图形绘制窗口为当前窗口
figure;
%%调入绘图命令绘制图形
surf(x,y,z);
surfc(x,y,z);
```

在命令行输入上述代码后，MATLAB 自动弹出窗口，显示的绘图效果如图 5-27 所示。

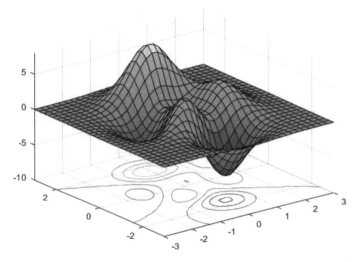

图 5-27   例 5-12 绘图输出结果 3

5.3   图形控制

5.3.1   二维图形控制

1. 添加图形标题：title

MATLAB 中利用 title 函数为绘制完成的图形添加标题，其常用的语法见表 5-8。

表 5-8   **title 函数常用语法**

语 法 格 式	实 现 功 能
title(txt)	将指定的标题 'txt' 添加到轴或图表。重新输入 title 语句时新标题将替换旧标题
title(target,txt)	将标题 'txt' 添加到目标指定的轴、图例或图表 target 中
title(___,Name,Value)	使用一个或多个"名称-值"参数修改标题外观。部分类型的图表不支持修改标题外观

【例 5-13】   title 函数在 MATLAB 中具体应用的示例。

```
%%% 曲线数据准备
x=[3 4 6 8 9 5 2 1];
y=[1 2 6 8 9 2 1 2];
%%% 指定图形绘制窗口为当前窗口
figure;
%%% 调入绘图命令绘制图形
plot(x,y)
%%% 设置坐标轴的图形注释
title('MATLAB','color','r');          %设置标题为"MATLAB",颜色为红色
```

2. 添加坐标轴标注：xlabel、ylabel

MATLAB 中利用 xlabel、ylabel 函数为绘制完成的图形添加坐标轴标注，其常用语法与 title 函数相同。

【例 5-14】 xlabel、ylabel 函数在 MATLAB 中具体应用的示例。

```
%%% 曲线数据准备
x=[3 4 6 8 9 5 2 1];
y=[1 2 6 8 9 2 1 2];
%%% 指定图形绘制窗口为当前窗口
figure;
%%% 调入绘图命令绘制图形
plot(x,y)
%%% 设置坐标轴的图形注释
xlabel('横坐标');ylabel('纵坐标');
```

3. 在图形指定位置加标注：text

text 函数可以为二维、三维图形添加标注，其语法为 "text(x,y,z,'s')"，（x,y,z）确定了标注添加的具体位置，'s' 为要添加的标注。（x,y,z）也可以改为（x,y），用于标注二维图形。

【例 5-15】 text 函数在 MATLAB 中具体应用的示例。

```
%%% 曲线数据准备
x=[3 4 6 8 9 5 2 1];
y=[1 2 6 8 9 2 1 2];
x1=0:pi/10:5*pi;
y1=sin(x1);
z1=cos(x1);
%%% 指定图形绘制窗口为当前窗口
figure;
%%% 调入绘图命令绘制图形
plot(x,y,'r+-.');
%%% 设置坐标轴的图形注释
text(x(2),y(2),'HERE');
```

输入上述代码后，MATLAB 自动弹出窗口，显示的绘图效果如图 5-28 所示。

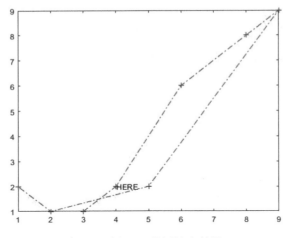

图 5-28　例 5-15 绘图输出结果 1

```
%%调入绘图命令绘制图形
plot3(x1,y1,z1);
%%设置坐标轴的图形注释
text(x1(3),y1(3),z1(3),'HERE');
```

输入上述图形绘制的代码后，MATLAB 自动弹出窗口，显示的绘图效果如图 5-29 所示。

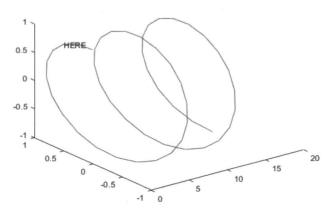

图 5-29　例 5-15 绘图输出结果 2

4. 添加图例：legend

legend 函数可以为图形添加图例，语法为 "legend('s1','s2','s3',...)"。

【例 5-16】　legend 函数在 MATLAB 中具体应用的示例。

```
%%% 曲线数据准备
x=[3 4 6;8 9 5;2 1 7];
y=[1 2 6;8 9 2;1 2 5];
%%% 调入绘图命令绘制图形
plot(x,y);
```

```
%%% 设置坐标轴的图形注释
legend('FIRST','SECOND','THIRD');
```

输入上述代码后，MATLAB 自动弹出窗口，显示的绘图效果如图 5-30 所示。

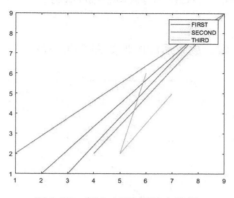

图 5-30　例 5-16 绘图输出结果

5. 打开、关闭坐标网格线：grid on(off)

MATLAB 中利用 grid 语句实现网格线的控制，grid on 表示打开坐标网格线，grid off 表示关闭坐标网格线。

【例 5-17】　grid 函数在 MATLAB 中具体应用的示例。

```
%%% 曲线数据准备
x=[3 4 6;8 9 5;2 1 7];
y=[1 2 6;8 9 2;1 2 5];
%%% 调入绘图命令绘制图形
plot(x,y);
%%% 设置坐标轴的图形注释
legend('FIRST','SECOND','THIRD');
grid on                          %打开坐标网格线
```

输入上述代码后，MATLAB 自动弹出窗口，显示的绘图效果如图 5-31 所示。

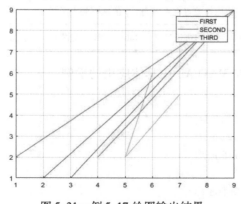

图 5-31　例 5-17 绘图输出结果

6. 允许图形放大与缩小：**zoom on**(off)

MATLAB 中利用 zoom 语句实现图形放大与缩小权限的控制，zoom on 为允许图形的放大与缩小，zoom off 为禁止图形的放大与缩小。

【**例 5-18**】 zoom 函数在 MATLAB 中具体应用的示例。

```
zoom on;
```

此例中的图形与上例一致，放大后的图形如图 5-32 所示。

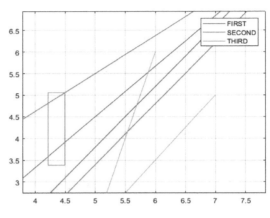

图 5-32 例 5-18 绘图输出结果

7. 控制坐标轴的刻度：**axis**

MATLAB 中利用 axis 函数控制坐标轴的刻度，常用语法见表 5-9。

表 5-9 **axis 函数常用语法**

语 法 格 式	实 现 功 能
axis(limits)	指定当前轴的限制。将限制指定为四、六或八个元素的向量。例如，limits = [1 2 3 4]，x 的取值范围为 [1,2]，y 的取值范围为 [3,4]
axis style	使用预定义的样式设置限制和缩放比例
axis ydirection	当 ydirection 为 ij 时，将原点放置在轴的左上角，y 值从上到下递增。ydirection 的默认值是 xy，将原点放置在左下角，y 值从下到上递增
axis visibility	控制轴背景的可见性。visibility 的默认设置为 on，显示轴的背景

【**例 5-19**】 axis 函数在 MATLAB 中具体应用的示例。

```
%%% 曲线数据准备
x =[3,4,6;8,9,5;2,1,7];
y =[1,2,6;8,9,2;1,2,5];
%%% 调入绘图命令绘制图形
plot(x,y);
%%% 设置坐标轴的图形注释
axis([3,8,1,7]);                    % x 的范围限定为[3,8],y 的范围限定为[1,7]
```

在命令行输入上述代码后，MATLAB 自动弹出窗口，显示的绘图效果如图 5-33 所示。

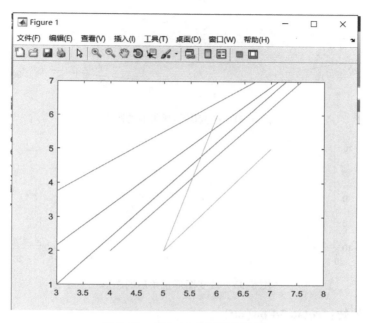

图 5-33   例 5-19 绘图输出结果

5.3.2   三维图形控制

1. 改变图形视角：view

绘制图形完成后，view 函数可以控制图形的视角，其常用语句为 "view(az,el)"，az 表示方位角，el 表示俯仰角，系统默认的值为 view(-37.5,30)。

【例 5-20】   view 函数在 MATLAB 中具体应用的示例。

```
%%% 曲线数据准备
A = peaks(20);
%%% 指定图形绘制窗口为当前窗口
figure;
subplot(2,1,1);
%%% 调入绘图命令绘制图形
mesh(A);
subplot(2,1,2);
%%% 调入绘图命令绘制图形
mesh(A);
%%% 设置图形视角
view(-50,0)
```

在命令行输入上述代码后，MATLAB 自动弹出窗口，显示绘图效果，改变图形视角前的图形如图 5-34 所示，改变图形视角后的图形如图 5-35 所示。

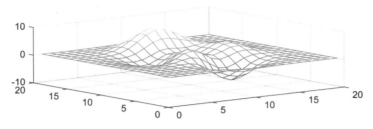

图 5-34　改变图形视角前的图形

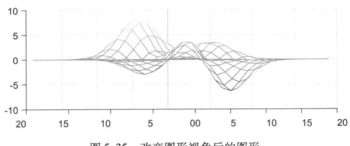

图 5-35　改变图形视角后的图形

2. 控制图形旋转：rotate3d on(off)

rotate3d 语句控制图形的旋转权限，rotate3d on 允许旋转图形，rotate3d off 禁止旋转。

【例 5-21】　rotate3d 函数在 MATLAB 中具体应用的示例。

```
rotate3d on;
```

此例中绘制的图形与上例相同，图 5-36 为图 5-35 三维旋转后的图形。

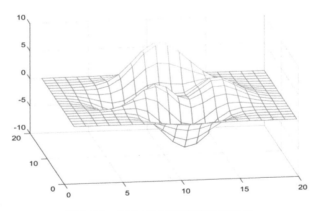

图 5-36　图 5-35 三维旋转后的图形

3. 控制被遮盖部分：hidden on(off)

MATLAB 中利用 hidden 语句控制图形被遮盖的部分。hidden on 表示隐藏被遮盖的部分（默认），hidden off 表示透视被遮盖的部分。

【例 5-22】　hidden 函数在 MATLAB 中具体应用的示例。

```
hidden off;  % 透视图形遮盖部分
```

此例中绘制的图形与上例相同，图 5-37 为图 5-36 遮盖部分透视后的图形。

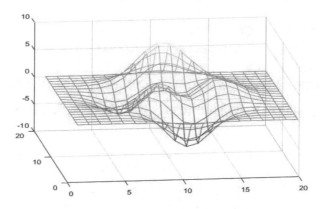

图 5-37　图 5-36 遮盖部分透视后得到的图形

5.4　特殊图形的绘制

5.4.1　二维特殊绘图函数

1. 绘制火柴杆图：stem

MATLAB 中利用 stem 函数绘制火柴杆图，其常用语法见表 5-10。

表 5-10　stem 函数的常用语法

语 法 格 式	实 现 功 能
stem(Y)	绘制火柴杆图，数据值由"火柴头"表示，"火柴杆"则为连接着火柴头与基线的与 y 轴平行的短线 1）如果 y 是向量，则 x 轴刻度范围从 1 到 y 向量的长度 2）如果 y 是一个矩阵，则 x 的刻度值从 1 到 y 的总行数，以对应行的元素为 y 的刻度值，绘制多个图形
stem(X,Y)	按 X、Y 中的元素值绘制火柴杆图。X 和 Y 必须是相同大小的向量或矩阵 1）如果 X 是行或列向量，Y 必须是具有与 X 相同行数的矩阵 2）如果 X 和 Y 都是向量，那么 Y 中的元素与 X 中的相应元素配对，绘制图形 3）如果 X 是一个向量，Y 是一个矩阵，那么根据以 X 的元素值为 x 轴，对应 Y 的每一列为 y 轴，绘制多个图像 4）如果 X 和 Y 都是矩阵，那么 Y 的列与 X 的相应列配对绘制图像
stem(___,'filled')	填充"火柴头"
stem(___,LineSpec)	指定"火柴杆"的样式、标记符号和颜色
stem(___,Name,Value)	使用一个或多个"名称-值"参数修改"火柴杆"的属性

【例 5-23】　stem 函数在 MATLAB 中具体应用的示例。

```
%%% 曲线数据准备
x=[1 9 3 8 3 4 7 6 5];
y=[2,1,9,3,5,7,2,4,3];
```

```
%%% 指定图形绘制窗口为当前窗口
figure;
%%% 调入绘图命令绘制图形
stem(x,y, 'filled', 'LineStyle', '-.','MarkerFaceColor','red','Marker-
EdgeColor','green');
%将"火柴头"填充,"火柴杆"为点画线,"火柴头"填充颜色为红色,轮廓线为绿色
```

输入上述代码后,MATLAB 自动弹出窗口,显示的绘图效果如图 5-38 所示。

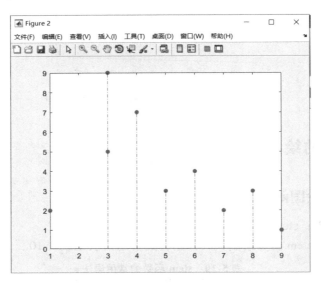

图 5-38　例 5-23 绘图输出结果

2. 绘制直方图:bar

MATLAB 中使用 bar 函数绘制直方图。表 5-11 列举了其常用语法。

表 5-11　bar 函数的常用语法

语 法 格 式	实 现 功 能
bar(y) bar(x,y)	与基本二维绘制函数用法一致
bar(___,width)	设置直方图的宽度,该宽度为标量值
bar(___,style)	指定直方图的样式
bar(___,color)	设置直方图的颜色,字符串和前述的类似
bar(___,Name,Value)	使用一个或多个"名称-值"参数修改直方图的属性

【例 5-24】　bar 函数在 MATLAB 中具体应用的示例。

```
%%% 曲线数据准备
x = -10:1:10;
y = x.^3 + x + 1;
%%% 指定图形绘制窗口为当前窗口
figure;
```

```
subplot(2,2,1);    %将窗口分为 2×2 的网格,将图 1 绘制于 1 号子图中
%%% 调入绘图命令绘制图形
bar(x,y);
subplot(2,2,2);    %将图 2 绘制于 2 号子图中
bar(x,y,0.3);      %将直方图的宽度设为 0.3
subplot(2,2,3);    %将图 3 绘制于 3 号子图中
bar(x,y,0.3,'r');  %将直方图的颜色设为红色
subplot(2,2,4);    %将图 4 绘制于 4 号子图中
bar(x,y,'FaceColor',[0.5.5],'EdgeColor',[0.9.9],'LineWidth',1.5)
                   %设置直方图及其边框颜色和宽度
```

输入上述代码后,MATLAB 自动弹出窗口如图 5-39 所示,显示的绘图效果如图 5-40 所示。

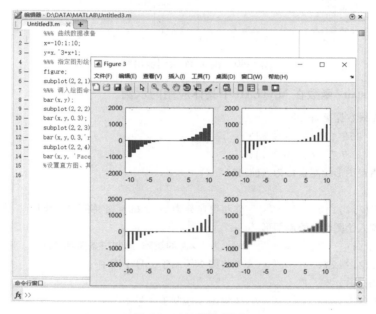

图 5-39　绘制直方图

3. 绘制阶梯图：stairs

MATLAB 中使用 stairs 函数绘制阶梯图。表 5-12 列举了其常用语法。

表 5-12　stairs 函数的常用语法

语 法 格 式	实 现 功 能
stairs(Y)	绘制 Y 中元素的阶梯图 如果 Y 是向量,则阶梯图为一条线 如果 Y 是矩阵,则阶梯图为多条线,每个矩阵列绘制一条线
stairs(X,Y)	在 X 指定的位置绘制 Y 中的元素,输入 X 和 Y 必须是相同大小的向量或矩阵。此外,X 可以是行或列向量,Y 必须是具有长度 (X) 行的矩阵
stairs(___,LineSpec)	指定阶梯图样式、标记符号和颜色
stairs(___,Name,Value)	使用一个或多个“名称-值”参数修改阶梯图的属性

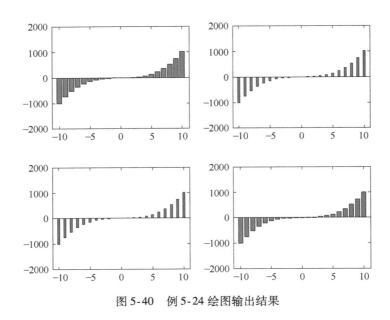

图 5-40　例 5-24 绘图输出结果

【**例 5-25**】　stairs 函数在 MATLAB 中具体应用的示例。

```
%%% 曲线数据准备
x =[1 9 3 8;3 4 7 6;5 2 9 5];
y =[2 1 9 3;5 7 2 4;3 5 7 0];
%%% 指定图形绘制窗口为当前窗口
figure;
subplot(2,2,1);                %将窗口分为 2×2 的网格,将图 1 绘制于 1 号子图中
%%% 调入绘图命令绘制图形
stairs(x);                     %x 为 3×3 的矩阵,绘制三条阶梯图线
subplot(2,2,2);                %将图 2 绘制于 2 号子图中
stairs(x,y);
subplot(2,2,3);                %将图 3 绘制于 3 号子图中
stairs(x,y, '-.or');           %点画线、以'o'作为标记、红色
subplot(2,2,4);
stairs(x,y,'LineWidth',2,'Marker','d','MarkerFaceColor','c')
                               %线宽 2、菱形标记、标记填充颜色为青色
```

在命令行输入上述代码后，MATLAB 自动弹出窗口，显示的绘图效果如图 5-41 所示。

4. 绘制区域图：area

area 函数的用法与上述几种二维特殊绘图函数相同，实现了为对二维图形的填充。有一种特殊的语句"area(...,basevalue)"，指定面积填充的基值为 basevalue，即填充的下界或者上界。

【**例 5-26**】　area 函数在 MATLAB 中具体应用的示例。

```
%%% 曲线数据准备
Y =[1,5,3;3,2,7;1,5,3;2,6,1];
%%% 指定图形绘制窗口 1 为当前窗口
```

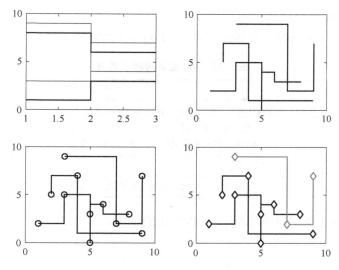

图 5-41 例 5-25 绘图输出结果

```
figure(1);
subplot(2,2,1);                    %将窗口分为 2×2 的网格,将图 1 绘制于 1 号子图中
%%% 调入绘图命令绘制图形
area(Y);
subplot(2,2,2);                    %将图 2 绘制于 2 号子图中
area(Y,-2);                        %下界为 -2
subplot(2,2,3);                    %将图 3 绘制于 3 号子图中
area(Y,-2,'linestyle','-.');       % 点画线
subplot(2,2,4);                    %将图 4 绘制于 4 号子图中
area(Y,-2,'linestyle','-.','facecolor','flat');       %修改填充颜色
```

在命令行输入上述代码后，MATLAB 自动弹出窗口，显示的绘图效果如图 5-42 所示。

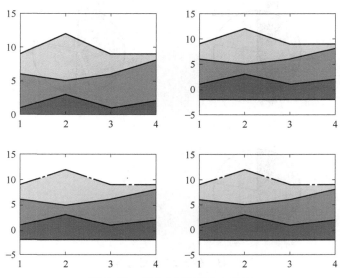

图 5-42 例 5-26 绘图输出结果

5. 绘制饼图：pie

MATLAB 中使用 pie 函数绘制饼图。表 5-13 列举了其常用语法。

表 5-13　pie 函数的常用语法

语 法 格 式	实 现 功 能
pie(X)	使用 X 中的数据绘制饼图，饼图的每个部分表示 X 中的一个元素。如果 sum(X)=1，则 X 中的值直接对应饼图切片的区域；如果 sum(X)<1，则仅绘制部分饼图；如果 sum(X)>1，则通过 X/sum(X) 运算对元素值进行规一化，以确定饼图每个部分的面积
pie(X,explode)	从饼图中偏移切片
pie(X,labels)	指定切片的文本标签，标签数必须等于切片数，X 必须是数字

【例 5-27】　pie 函数在 MATLAB 中具体应用的示例。

```
%%% 曲线数据准备
X = [1 3 0.5 2.5 2];
explode =[1 1 0 0 1];
label = {'a','b','c','d','e'};
%%% 指定图形绘制窗口 1 为当前窗口
figure(1);
subplot(2,2,1);
%%% 调入绘图命令绘制图形
pie(X);
subplot(2,2,2);
pie(X,explode);          %从饼图中偏移切片
subplot(2,2,3);
pie(X,label);            %设置饼图中各切片的标签
```

在命令行输入上述代码后，MATLAB 自动弹出窗口，显示的绘图效果如图 5-43 所示。

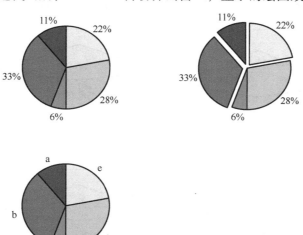

图 5-43　例 5-27 绘图输出结果

5.4.2　三维特殊绘图函数

1. 三维火柴杆图：stem3(x,y,z)

stem3 函数的用法与 stem 函数的用法类似。

【**例 5-28**】　stem3 函数在 MATLAB 中具体应用的示例。

```
%%% 曲线数据准备
x=[1 9 3 8 3 4 7 6 5];
y=[2 1 9 3 5 7 2 4 3];
z=[6 8 9 4 2 3 6 0 4];
%%% 指定图形绘制窗口为当前窗口
figure;
%%% 调入绘图命令绘制图形
stem3(x,y,z,'filled','LineStyle','-.','MarkerFaceColor','red','Marker-
EdgeColor','green');
% 将"火柴头"填充,"火柴杆"为点画线,"火柴头"填充颜色为红色,轮廓线为绿色
```

输入上述代码后，MATLAB 自动弹出窗口，显示的绘图效果如图 5-44 所示。

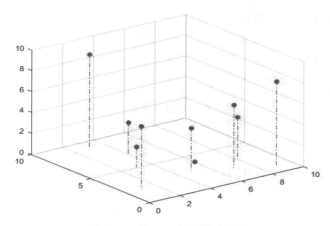

图 5-44　例 5-28 绘图输出结果

2. 三维条形图：bar3

MATLAB 中使用 bar3 函数绘制三维条形图。表 5-14 列举了其常用语法。

表 5-14　bar3 函数的常用语法

语 法 格 式	实 现 功 能
bar3(Z)	绘制三维条形图，其中 Z 中的每个元素对应一个条形图 1）当 Z 是向量时，y 轴刻度范围从 1 到长度（z） 2）当 Z 是一个矩阵时，y 轴刻度从 1 到 Z 的行数
bar3(Y,Z)	x 轴刻度为 Y 中的元素，y 轴刻度为对应 Z 中的元素，Y 值可以是非单调的，但不能包含重复的值。如果 Z 是矩阵，Z 中的同一行中的元素出现在 y 轴的同一位置
bar3(...,width)	设置条的宽度并控制组内条的分隔。默认宽度为 0.8，条形图之间略有间隔。如果宽度为 1，则组中的条彼此接触

（续）

语 法 格 式	实 现 功 能
bar3(...,style)	指定条形图的样式。样式为 'detached'（分离）、'grouped'（分组）或 'stacked'（堆叠）。默认显示模式为 'detached' 'detached' 将 Z 中每行的元素显示为 x 方向上的独立块 'grouped' 显示 n 组 m 条竖线，其中 n 是行数，m 是 Z 中的列数。Z 的一列代表一条竖线 'stacked' 为 Z 中的每行绘制一个条形图。条形图的高度是行中元素的总和。每个条形图都是多色的，颜色对应不同的元素，并显示每行元素所占比例
bar3(...,color)	使用指定的颜色显示所有条形图

【例 5-29】　stem3 函数在 MATLAB 中具体应用的示例。

```
%%% 曲线数据准备
x=[-10,-5,6;3,9,5;-3,8,2];
y=x.^3 +x +1;
z=[2,5,7];
%%% 指定图形绘制窗口为当前窗口
figure;
subplot(2,2,1);
%%% 调入绘图命令绘制图形
bar3(y);
subplot(2,2,2);
bar3(z,y);
subplot(2,2,3);
bar3(z,y,'stacked');          %样式改为堆叠
subplot(2,2,4);
bar3(z,y,'stacked','r');
```

在命令行输入上述代码后，MATLAB 自动弹出窗口，显示的绘图效果如图 5-45 所示。

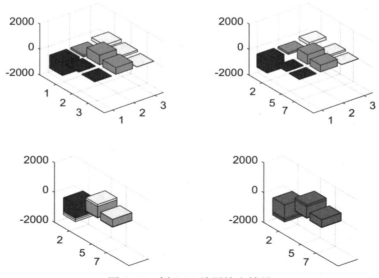

图 5-45　例 5-29 绘图输出结果

3. 三维饼图：pie3

pie3 函数的用法与 pie 函数的用法类似。

【例 5-30】 pie3 函数在 MATLAB 中具体应用的示例。

```
%%% 曲线数据准备
X = [1 3 0.5 2.5 2];
explode =[1 1 0 0 1];
label = {'a','b','c','d','e'};
%%% 指定图形绘制窗口为窗口 1
figure(1);
%%% 调入绘图命令绘制图形
pie3(X,explode,label);      % 设置饼图分离出来的切片和标签
```

在命令行输入上述代码后，MATLAB 自动弹出窗口，显示的绘图效果如图 5-46 所示。

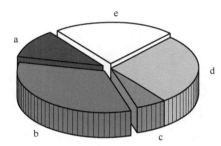

图 5-46 例 5-30 绘图输出结果

习　题

5-1　设 $y1 = \sin(x)(0 \leqslant x \leqslant 2\pi)$，$y2 = \cos(x)(0 \leqslant x \leqslant 2\pi)$，等间隔取 100 个数据点，在同一个图形窗口中分别绘制以下曲线：

1）用符号"＊"标记数据点的红色实线画 y1 曲线。

2）用"o"符号标记数据点的蓝色虚线画 y2 曲线。

3）设置图名为"sin(β) 和 cos(β) 的曲线"。

4）标注两条曲线分别为"sin(β)""cos(β)"。

5）标注 x 轴为"β"。

6）对图形添加网格。

5-2　绘制一个立体的抽样函数图（sin(r)/r）。

5-3　表 5-15 中列出了一辆车行驶过程所经过地点的坐标，请按顺序绘制车辆的行车轨迹。

表 5-15　习题 5-3 数据

地点序号	1	2	3	4	5	6
x 坐标	20	50	24	6	0	28
y 坐标	7	18	30	15	0	44

5-4 表 5-16 中列出了一个箱子中所有货物的左下角三维坐标以及货物尺寸，请绘制货物在箱子中的摆放情况。

表 5-16 习题 5-4 数据

货物序号	1	2	3	4	5	6
x 坐标	0	5	0	0	2	15
y 坐标	0	0	0	10	2	20
z 坐标	0	0	5	0	8	0
长度	5	8	6	5	10	3
宽度	5	2	3	7	5	7
高度	5	4	3	4	5	7

第6章

MATLAB 数值运算

数值计算在科研和工程中的应用非常广泛。MATLAB 也正是凭借其卓越的数值计算能力而闻名世界。随着科研领域、工程实践的数字化进程的深入，具有数字化本质的数值计算就显得愈益重要。本章主要介绍利用 MATLAB 自带的函数实现数据分析、方程组求解、相关与卷积、傅里叶变换、多项式操作以及函数的绘图及分析。

6.1 数据分析与稀疏矩阵

6.1.1 基本数据分析函数

MATLAB 的基本数据处理功能是按列序优先进行的，如 "a = [1 2 3; 4 5 6]; a(1) = 1, a(2) = 4, a(3) = 2, a(4) = 5, a(5) = 3, a(6) = 6"。首先介绍几种常用的数据分析函数。

1. max 函数

max 函数用于返回一个数组各不同维中的最大元素，表 6-1 列举出了其几种常用语法。

表 6-1 max 函数的几种常用语法

语 法 格 式	实 现 功 能
M = max(A)	返回 A 的最大元素 1）如果 A 是向量，那么 max(A) 返回向量 A 中的最大元素 2）如果 A 是矩阵，那么 max(A) 返回由每一列最大元素组成的行向量 3）如果 A 是多维数组，那么 max(A) 首先对元素个数不等于 1 的第一个数组维度进行操作，将此维度元素视为向量，用向量的最大元素替换此维度的元素，令其元素个数为 1，而其他所有维度的元素个数都保持不变 4）如果 A 是第一个维度元素个数为零的空数组，那么 max(A) 返回一个与 A 元素个数相同的空数组
M = max(A,[ ],dim)	返回 A 的 dim 维度上的最大元素 M
[M,I] = max(A)	返回 A 的最大元素 M 和数组 A 的最大元素索引 I。如果最大元素出现一次以上，则 I 为最大元素第一次出现的索引
C = max(A,B)	返回一个数组 C。如果最大元素出现在 A 中，则 C = A；如果最大元素出现在 B 中，则 C = B；如果最大元素同时出现在 A、B 中，则 C = A

【例 6-1】 max 函数常用语法示例。

1）"M = max(A)"语法示例，在脚本中输入以下语句：

```
A = [1 2 3];
M = max(A)
A = [1 2 3;4 5 6];
M = max(A)
A = zeros(3,3,3);
for i = 1:3
    for j = 1:3
        for k = 1:3
            A(i,j,k) = round(5 * rand());
                % round 为取整函数,rand 为随机生成函数
        end
    end
end
M = max(A)
```

上例中，①生成一个长度为 3 的向量 A，之后输入 "M = max(A)" 语句返回矩阵 A 中最大的元素值赋给变量 M；②生成一个 2×3 的矩阵 A，之后输入 "M = max(A)" 语句返回矩阵 A 每列中最大的元素值赋给一个长度与矩阵 A 列数相同的向量 M；③利用 "A = zeros(3,3,3)" 语句生成一个 3×3×3 的三维数组，其元素值全为 0，利用循环语句为三维数组 A 赋值后利用 "M = max(A)" 语句返回每一"层"（即第三维）矩阵各列元素的最大值，赋给 1×3×3 的三维数组 M。

以上使用 max 函数的语句在脚本中的部分运行结果如下：

```
M =
        4    5    6
M(:,:,1) =
        5    4    5
M(:,:,2) =
        2    4    5
M(:,:,3) =
        3    4    4
```

2）[M,I] = max(A) 语法示例。

```
A = [1 2 3;4 5 6];
[M,I] = max(A)
```

上例中，首先生成 2×3 的矩阵 A，之后输入 "[M,I] = max(A)" 语句返回矩阵 A 各列最大值 M 以及最大出现的索引值 I，即 A 第 1 列最大值为 4、第 2 列为 5、第 3 列为 6，且 A 第 1 列最大值出现在第 2 行，第 2 列在第 2 行，第 3 列在第 2 行。

以上使用 max 函数的语句在脚本中的部分运行结果如图 6-1 所示。

2. min 函数

返回一个数组各不同维中的最小元素。用法与 max 函数一致。

3. mean 函数

返回数组的平均值。表 6-2 列举出了 mean 函数的几种常用语法。

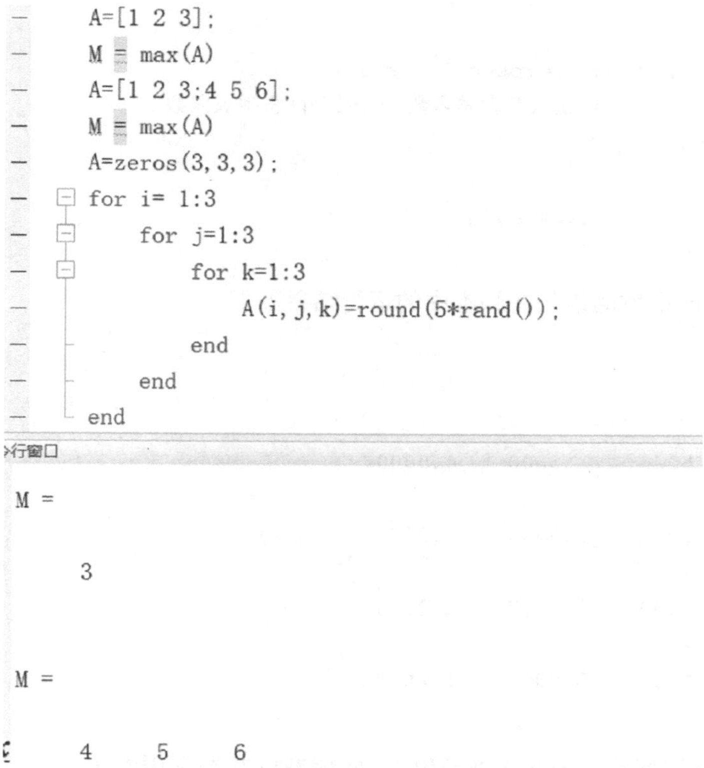

```
A=[1 2 3];
M = max(A)
A=[1 2 3;4 5 6];
M = max(A)
A=zeros(3,3,3);
for i= 1:3
    for j=1:3
        for k=1:3
            A(i,j,k)=round(5*rand());
        end
    end
end
```

行窗口

```
M =

    3

M =
```

5   4   5   6

图 6-1   使用 max 函数的语句在脚本中的部分运行结果

表 6-2   mean 函数的几种常用语法

语 法 格 式	实 现 功 能
M = mean(A)	返回第一个数组维度（其元素个数不等于1）元素的平均值 1）如果 A 是向量，那么 mean(A) 返回元素的平均值 2）如果 A 是一个矩阵，那么 mean(A) 返回一个由每列平均值组成的行向量 3）如果 A 是多维数组，则 mean(A) 首先对元素个数不等于 1 的第一个数组维度操作，将该维度元素视为向量，用向量的元素平均值替换此维度的元素，令其元素个数为 1，而其他所有维度的元素个数保持不变
M = mean(A,dim)	返回 A 数组 dim 维度元素的平均值
M = mean(___,outtype)	返回具有指定数据类型的平均值 outtype 参数可以是 'default'、'double' 或 'native'

【例 6-2】   演示 mean 函数。

```
A = [1,2,3];
M = mean(A)
A = [1,2,3;4,5,6];
M = mean(A)
A = zeros(3,3,3);
for i = 1:3
    for j = 1:3
```

```
        for k =1:3
            A(i,j,k) = round(5 * rand());
                % round 为取整函数,rand 为随机生成函数
        end
    end
end                 % 为数组 A 赋值
M = mean(A)
```

以上使用 mean 函数的语句在脚本中的运行结果如下：

```
M =
      2
M =
      2.5000    3.5000    4.5000
M(:,:,1) =
      4.0000    2.0000    3.3333
M(:,:,2) =
      3.0000    1.6667    3.0000
M(:,:,3) =
      3.0000    3.0000    1.6667
```

4. std 函数

返回数组各列标准差。表 6-3 列举出了 std 函数的几种常用语法。

表 6-3   std 函数的几种常用语法

语 法 格 式	实 现 功 能
S = std(A)	返回 A 数组元素在第一个数组维度（该维度元素个数不等于1）上的标准差 1）如果 A 是向量，那么标准差为标量 2）如果 A 是矩阵，其列是随机变量，其行是观测值，则 S 是一个行向量，存储每列元素对应的标准差 3）如果 A 是多维数组，则 std(A) 首先对元素个数不等于 1 的第一个数组维进行操作，将该维度元素视为向量，用向量的元素标准差替换该维度元素，令其元素个数为 1，而其他所有维度的元素个数保持不变。默认情况下，标准差由 N-1 归一化，其中 N 为观测值的数目
S = std(A,w)	指定权重值 当 w = 0（默认值）时，S 按 N-1 标准化 当 w = 1 时，S 由观测值的个数标准化 N、w 也可以是包含非负元素的权重向量，其中 w 的长度必须等于 A 的长度
S = std(A,w,dim)	返回 A 数组 dim 维度元素的标准差 若要在指定操作维度时保持默认规范化，设置 w = 0

【例 6-3】   std 函数常用语法示例。

```
A =[1,1,2;3,3,4;5,5,6];
S = std(A);
S = std(A,1);
S = std(A,0,2)
```

1）生成 3×3 的矩阵 A，之后输入"S = std(A)"语句求解矩阵 A 各列值的标准差，即第一列元素 1、3、5 的标准差为 $\sqrt{\dfrac{(1-3)^2 + (3-3)^2 + (5-3)^2}{3-1}} = 2$。

2）之后输入"S = std(A,1)"语句，返回的 S 按观测值的个数（3）进行标准化，即第一列元素 1、3、5 的标准差为 $\sqrt{\dfrac{(1-3)^2 + (3-3)^2 + (5-3)^2}{3}} = 1.6330$。

3）输入"S = std(A,0,2)"语句，对矩阵 A 的二维标准化，即矩阵 A 第一行元素 1、1、2 的标准差为 $\sqrt{\dfrac{(1-1.333)^2 + (1-1.333)^2 + (2-1.333)^2}{3-1}} = 0.5774$。

以上使用 std 函数的语句在脚本中的运行结果如下：

```
S =
    2    2    2
S =
    1.6330    1.6330    1.6330
S =
    0.5774
    0.5774
    0.5774
```

5. median 函数

返回数组各列中间元素。表 6-4 列举出了 median 函数的几种常用语法。

表 6-4　median 函数的几种常用语法

语法格式	实 现 功 能
S = median(A)	返回数组 A 的中值 1）如果 A 是向量，则 median(A) 返回 A 中元素的中值 2）如果 A 是非空矩阵，则 median(A) 将 A 的列视为向量并返回各列元素中值组成的行向量 3）如果 A 是空的 0×0 矩阵，则 median(A) 返回 NaN 4）如果 A 是多维数组，则 median(A) 将首先对元素个数不等于 1 的第一个数组维度进行操作，将其元素视为向量，用向量的元素中值替换该维度元素，令其元素个数为 1，而所有其他维度的元素保持不变
S = median(A,dim)	返回 A 数组 dim 维度元素的中值

【例 6-4】　median 函数常用语法示例。

```
A = [1,2,3;4,5,6;7,8,9];
S = median(A);
S = median(A,2)
```

以上使用 median 函数的语句在脚本中的运行结果如下：

```
S =
    4    5    6
```

```
S =
    2
    5
    8
```

6. sum 函数

返回数组各列元素和。表6-5列举出了 sum 函数的几种常用语法。

表6-5 sum 函数的几种常用语法

语 法 格 式	实 现 功 能
S = sum(A)	返回沿第一个数组维度（其元素个数不等于1）的元素的总和 1）如果 A 是向量，那么 sum(A) 返回元素的和 2）如果 A 是一个矩阵，那么 sum(A) 返回一个由每列元素的和组成的行向量 3）如果 A 是多维数组，则 sum(A) 首先对元素个数不等于1的第一个数组维度进行操作，将该维度元素视为向量，用向量的元素之和替换该维度元素，令其元素个数为1，而所有其他维度的元素保持不变
S = sum(A,dim)	返回 A 数组 dim 维度元素的和
S = sum(___,outtype)	指定数据类型。outtype 可以是 'default'、'double' 或 'native'

【例6-5】 sum 函数常用语法示例。

```
A = [1,2,3;4,5,6;7,8,9];
S = sum(A)
S = sum(A,2)
```

以上使用 sum 函数的语句在脚本中的运行结果如下：

```
S =
    12    15    18
S =
     6
    15
    24
```

6.1.2 线性方程组的求解

假设线性方程组为

$$\begin{cases} a_{11}x_1 + a_{12}x_2 + \cdots + a_{1n}x_n = b_1 \\ a_{21}x_1 + a_{22}x_2 + \cdots + a_{2n}x_n = b_2 \\ \quad\quad\quad\quad\vdots \\ a_{n1}x_1 + a_{n2}x_2 + \cdots + a_{nn}x_n = b_n \end{cases}$$

即 $AX = B$，其中 $A = \begin{pmatrix} a_{11} & a_{12} & \cdots & a_{1n} \\ a_{21} & a_{22} & \cdots & a_{2n} \\ \vdots & \vdots & & \vdots \\ a_{n1} & a_{n2} & \cdots & a_{nn} \end{pmatrix}$，$X = \begin{pmatrix} x_1 \\ x_2 \\ \vdots \\ x_n \end{pmatrix}$，$B = \begin{pmatrix} b_1 \\ b_2 \\ \vdots \\ b_n \end{pmatrix}$。

1. 恰定方程组的解

称有唯一的一组解的方程组为恰定方程组。欲求上述方程组中 X 向量的元素值，需要对方程组 $AX = B$ 做如下代换：$AX = B \rightarrow A^{-1}AX = A^{-1}B \rightarrow X = A^{-1}B = A \backslash B$。故求解恰定方程组的方法有以下两种：

1）输入"$X = \text{inv}(A) * B$"语句，计算矩阵 A 的逆矩阵和矩阵 B 的乘积。

2）输入"$X = A \backslash B$"语句，令 A 矩阵左除矩阵 B。

方法 1）运算速度较慢，而方法 2）运算速度较快且精度较高。

【例 6-6】 在命令窗口的">>"后输入或者新建脚本编写下面的语句，运行即可求解恰定方程组的解。

```
A = [1,2;2,3];
B = [8;13];
X = inv(A) * B
XX = A\B
```

以上求解恰定方程组的语句在脚本中的运行结果如下：

```
X =
    2
    3
XX =
    2.0000
    3.0000
```

2. 超定方程组的解

超定方程组是指方程个数多于未知量个数的方程组。对于方程组 $Ra = y$，R 为 $n \times m$ 矩阵，如果 R 列满秩，且 $n > m$，则方程组没有精确解，此时称方程组为超定方程组。

欲求上述方程组中 X 向量的元素值，需要对方程组 $AX = B$ 做如下代换：

$$AX = B \rightarrow (\text{将 } A \text{ 变为方阵}) A'AX = A'B \rightarrow X = (A'A)^{-1}A'B = \text{pinv}(A) * B$$

故求解超定方程组的方法有以下两种：

1）因为超定方程组 A 不再为方阵，所以 inv 函数失效，故输入"$X = \text{pinv}(A) * B$"语句利用 pinv 函数求解 A 的伪逆矩阵，再与矩阵 B 相乘，求解得到 X 向量中的元素值，即方程组的解。

2）输入"$X = A \backslash B$"语句，利用最小二乘方法找到一个精确解。

【例 6-7】 在命令窗口的">>"后输入或者新建脚本编写下面的语句，运行即可求解超定方程组的解。

```
A = [1,2;2,3;3,4];
B = [1;2;5];
X = pinv(A) * B
XX = A\B
```

结果略。考虑到行文简洁，下文仅给出部分有利于读者理解函数说明的运行结果。

3. 欠定方程组的解

称方程个数少于变量个数的方程组为欠定方程组，即方程组的解为无穷个。同超定方程组的代换类似，求解欠定方程组的方法有两种：

1）输入"X = pinv(A) * B"语句，利用 pinv 函数求解 A 的伪逆矩阵，再与矩阵 B 相乘，求解得到 X 向量中的元素值，即返回方程组的解中具有最小长度或范数的解。

2）输入"X = A\B"语句，利用最小二乘方法找到一个具有最多零元素的解。

【例 6-8】 在命令窗口的"＞＞"后输入或者新建脚本编写下面的语句，运行即可求解欠定方程组的解。

```
A = [1,2,3;2,3,4];
B = [1;2];
X = pinv(A) * B
XX = A\B
```

6.1.3 相关与卷积

1. 协方差：cov

协方差代表两个变量 X 和 Y 之间的同向或者反向程度，当 cov(X,Y) >0 时，表明 X 与 Y 正相关；当 cov(X,Y) <0 时，表明 X 与 Y 负相关；当 cov(X,Y) =0 时，表明 X 与 Y 不相关。MATLAB 中利用 cov 函数求解协方差，其常用语法见表 6-6。

表 6-6 cov 函数常用语法

语 法 格 式	实 现 功 能
C = cov(A)	返回 A 的协方差 1）如果 A 是观测向量，则返回的协方差 C 是标量 2）如果 A 是观测矩阵，且它的列表示随机变量，它的行表示观测值，则 C 是对角矩阵，对角线上元素的值为对应列的协方差 3）如果 A 是标量，cov(A) 返回 0 4）如果 A 是空数组，cov(A) 返回 NaN
C = cov(A,B)	返回两个变量 A 和 B 之间的协方差 1）如果 A 和 B 是等长观测向量，cov(A,B) 是 2×2 协方差矩阵 2）如果 A 和 B 是观测矩阵，cov(A,B) 将 A 和 B 视为向量，并等价于 cov(A(:), B(:))，且 A 和 B 的行列元素个数必须相等 3）如果 A 和 B 是标量，cov(A,B) 返回一个 2×2 的全零矩阵 4）如果 A 和 B 是空数组，cov(A,B) 返回一个 2×2 的矩阵，元素值全为 NaN
C = cov(___,w)	指定标准化权重 1）当 w = 0（默认值）时，C 通过"观测值的数量 −1"进行标准化 2）当 w = 1 时，C 通过观测值的数量来进行标准化

【例 6-9】 在命令窗口的"＞＞"后输入或者新建脚本编写下面的语句，运行即可利用 cov 函数求解变量的协方差。

```
A = [1 2 3 4 5];
B = [1 3 5 2 4];
cov(A)          % 向量 A 的协方差
cov(A,B)        % 向量 A 和向量 B 的协方差
```

```
A =1;
B =2;
cov(A,B)                %标量A和标量B的协方差
A =[];
B =[];
cov(A,B)                %空数组A和空数组B的协方差
```

以上使用 cov 函数的语句在脚本中的运行结果如下：

```
ans =
    2.5000
ans =
    2.5000    1.2500
    1.2500    2.5000
ans =
    0         0
    0         0
ans =
    NaN       NaN
    NaN       NaN
```

2. 相关系数：corrcoef

相关系数是一种标准化后的特殊协方差，当 $corr(X,Y) = 1$ 时，说明两个随机变量完全正相关，即满足 $Y = aX + b$，$a > 0$；当 $corr(X,Y) = -1$ 的时候，说明两个随机变量完全负相关，即满足 $Y = -aX + b$，$a > 0$；当 $0 < |corr(X,Y)| < 1$ 的时候，说明两个随机变量具有一定程度的线性关系。MATLAB 中利用 corrcoef 函数求解相关系数，其常用语法见表6-7。

表6-7   corrcoef 函数常用语法

语法格式	实现功能
R = corrcoef(A)	返回 A 的相关系数矩阵，其中 A 的列表示随机变量，行表示观测值
R = corrcoef(A,B)	返回 A 和 B 之间的相关系数

【例6-10】 corrcoef 函数常用语法示例。

```
x =[1 2 3];
y =[2 4 6];
corrcoef(x,y)
x =[1 2 3];
y =[2 5 7];
corrcoef(x,y)
x =[1 2 3];
y =[6 4 2];
corrcoef(x,y)
```

以上使用 corrcoef 函数的语句在脚本中的运行结果如下：

```
ans =
     1     1
     1     1

ans =
   1.0000    0.9934
   0.9934    1.0000

ans =
     1    -1
    -1     1
```

3. 卷积：conv

卷积是一种线性运算，图像处理中常见的 mask 运算都是卷积，广泛应用于图像滤波。MATLAB 中利用 conv 函数求解卷积，其常用语法见表 6-8。

表 6-8   conv 函数常用语法

语 法 格 式	实 现 功 能
w = conv(u,v)	返回向量 u 和 v 的卷积。如果 u 和 v 是多项式系数构成的向量，则 u 和 v 卷积相当于将两个多项式相乘
w = conv(u,v,shape)	返回由 shape 参数指定的卷积的子部分 conv(u,v,'same') 只返回卷积的中心部分，其大小与 u 相同 conv(u,v,'valid') 只返回计算的卷积部分，而不返回零填充边

【例 6-11】   conv 函数常用语法示例。

```
u=[1 2 3 4 5 6];
v=[1 2 3 4 5 6];
conv(u,v)
```

以上使用 conv 函数的语句在脚本中的运行结果如下：

```
ans =
    1    4   10   20   35   56   70   76   73   60   36
```

6.1.4   傅里叶变换

傅里叶变换就是以时间为自变量的信号和以频率为自变量的频谱函数之间的某种变换关系。这种变换同样可以用在其他有关数学和物理的各种问题之中，并可以采用其他形式的变量。当自变量时间或频率取连续时间和离散时间形式的不同组合，就可以形成各种形式的傅里叶变换对。傅里叶变换是信号处理中最重要、应用最广泛的变换。从某种意义上来说，傅里叶变换就是函数的第二种描述语言。

本节简单介绍采用快速傅里叶变换算法（FFT）计算的离散傅里叶变换（DFT）和离散傅里叶反变换。

1. 离散傅里叶变换

离散傅里叶变换与连续傅里叶变换不同，它在时域和频域上都是离散的形式，是有限长序列（时间）信号的有效傅里叶频域表示法。

1）一维离散傅里叶变换：

$$F(u) = \sum_{x=0}^{N-1} f(x) e^{-\frac{2\pi ujx}{N}}, u = 0,1,2,\cdots,N-1$$

2）二维离散傅里叶变换：

$$F(u,v) = \frac{1}{N^2} \sum_{x=0}^{N-1} \sum_{y=0}^{N-1} f(x,y) e^{-\frac{2\pi j(ux+uy)}{N}}$$

MATLAB 中利用 fft 函数实现离散傅里叶变换，其常用语法见表 6-9。

表 6-9　fft 函数常用语法

语 法 格 式	实 现 功 能
Y = fft(X)	使用快速傅里叶变换（FFT）算法计算 X 的离散傅里叶变换（DFT） 1）如果 X 是向量，则 fft(X) 返回向量的傅里叶变换 2）如果 X 是矩阵，则 fft(X) 将 X 的列视为向量，并返回每列的傅里叶变换 3）如果 X 是多维数组，则 fft(X) 将元素个数不等于 1 的第一个数组维度上的值作为向量，并返回每个向量的傅里叶变换
Y = fft(X,n)	返回 n 点离散傅里叶变换。如果未指定值，则 Y 与 X 的元素个数相同 1）如果 X 是一个向量，且 X 的长度小于 n，则 X 用零填充到长度 n 2）如果 X 是一个向量，且 X 的长度大于 n，则 X 被截断为长度 n 3）如果 X 是一个矩阵，那么每一列都被视为向量 4）如果 X 是多维数组，那么元素个数不等于 1 的第一个数组维度将被视为向量
Y = fft(X,n,dim)	返回 dim 维度的 n 点离散傅里叶变换

【例 6-12】　fft 函数常用语法示例。

```
X = [1,2,3,4,5];
Y = fft(X)
X = [1,2,3;4,5,6;7,8,9];
Y = fft(X)
Y = fft(X,2)
```

以上使用 fft 函数的语句在脚本中的运行结果如下：

```
Y =
15.0000 +0.0000i -2.5000 +3.4410i -2.5000 +0.8123i -2.5000 -0.8123i -
2.5000 -3.4410i
Y =
    12.0000 +0.0000i    15.0000 +0.0000i    18.0000 +0.0000i
    -4.5000 +2.5981i    -4.5000 +2.5981i    -4.5000 +2.5981i
    -4.5000 -2.5981i    -4.5000 -2.5981i    -4.5000 -2.5981i
Y =
     5     7     9
    -3    -3    -3
```

2. 离散傅里叶反变换

1）一维离散傅里叶反变换：

$$f(x) = \frac{1}{N} \sum_{u=0}^{N-1} F(u) e^{-\frac{2\pi u j x}{N}}$$

2）二维离散傅里叶反变换：

$$f(x,y) = \frac{1}{N^2} \sum_{u=0}^{N-1} \sum_{v=0}^{N-1} F(u,v) e^{-\frac{2\pi j(ux+uy)}{N}}$$

MATLAB 中利用 ifft 函数实现离散傅里叶变换，其常用语法与 fft 函数类似，特别的，"Y = ifft(___,symflag)"语句指定了 Y 的对称性，如"Y = ifft(Y,'symmetric')"，将 Y 视为共轭对称。

【例 6-13】 ifft 函数常用语法示例。

```
X =[1,2,3;4,5,6;7,8,9];
Y =ifft(X)
Y =ifft(X,'symmetric')
```

以上使用 ifft 函数的语句在脚本中的运行结果如下：

```
Y =
    4.0000 +0.0000i    5.0000 +0.0000i    6.0000 +0.0000i
   -1.5000 -0.8660i   -1.5000 -0.8660i   -1.5000 -0.8660i
   -1.5000 +0.8660i   -1.5000 +0.8660i   -1.5000 +0.8660i
Y =
     3      4      5
    -1     -1     -1
    -1     -1     -1
```

6.1.5 稀疏矩阵

工程中会遇到很大的矩阵，其元素大多数为 0。描述这类矩阵时，为了节省空间，提高速度，只存储非 0 元素，这种矩阵称为稀疏矩阵，而一般的矩阵称为完全矩阵。稀疏矩阵有自己的理论和方法，下面介绍稀疏矩阵的构建与运算。

1. 稀疏矩阵的构建

MATLAB 中可以利用 sparse 函数构建稀疏矩阵，其常用语法见表 6-10。

表 6-10 利用 sparse 函数构建稀疏矩阵

语 法 格 式	实 现 功 能
S = sparse(A)	通过排除值为零的元素，将完全矩阵转换为稀疏矩阵。如果矩阵包含多个零，则将矩阵转换为稀疏矩阵存储可节省内存
S = sparse(m,n)	生成 m×n 全零稀疏矩阵
S = sparse(i,j,v)	利用 i、j 和 v 生成稀疏矩阵 S，使得 S(i(k),j(k)) = v(k)。输出的矩阵 S 的长度与 v 的长度相同。如果输入 i、j 和 v 是向量或矩阵，则它们必须具有相同数量的元素，或者参数 v 和/或参数 i 或 j 中的一个是标量
S = sparse(i,j,v,m,n)	将 S 的元素个数指定为 m×n
S = sparse(i,j,v,m,n,nz)	为 nz 非零元素分配额外空间

【例 6-14】 sparse 函数常用语法示例。

```
A=[1,0,0,0,1;0,1,0,0,1;0,0,0,1,1];
S = sparse(A)
i=[1 2 3;4 5 6];
j=[3 1 2;4 6 5];
v=[2 3 1;5 4 6];
S = sparse(i,j,v)
m=5;
n=5;
S = sparse(m,n);
```

1）生成一个 3×5 的矩阵 A，之后输入 "S = sparse(A)" 语句，返回一个 6×2 的数组 S，S 的第一列存储的是按列查找出来的元素值不为 0 的元素坐标，第二列存储其具体的值。

2）生成三个 2×3 的矩阵 i、j、v，以 i 矩阵的元素值作为横坐标，以 j 矩阵对应位置的元素值作为纵坐标，以 v 矩阵对应位置的元素值为矩阵 S 以上述横坐标、纵坐标确定位置的元素值，例如此例中 S(1,3)=2、S(2,1)=3 等。矩阵 S 其他没有赋值的位置元素值为 0。

3）生成两个标量 m、n，输入 "S = sparse(m,n)" 语句生成一个 5×5 的全零稀疏矩阵。

2. 稀疏矩阵的运算

（1）利用初等运算的命令　矩阵初等运算的相关命令见 3.3.4 小节，此处不再赘述，仅列举几个稀疏矩阵初等运算的例子，见例 6-15。

【例 6-15】 在命令窗口的 " >> " 后输入或者新建脚本编写下面的语句，运行即可实现稀疏矩阵的初等运算。

```
i=[1,2,3;4,5,6];
j=[3,1,2;4,6,5];
v=[2,3,1;5,4,6];
S = sparse(i,j,v)
Q = sparse(i,v,j)
S+Q
S-Q
S*Q
S.*Q
```

1）利用上面提到的 "S = sparse(i,j,v)" "Q = sparse(i,v,j)" 语句根据矩阵 i、j、v 生成稀疏矩阵 S、Q。

2）输入 "S + Q" 实现稀疏矩阵 S、Q 对应位置元素的求和，并赋给默认变量 ans。

3）同理，实现稀疏矩阵之间的相减、相乘和矩阵元素间的相乘（点乘）。

（2）将稀疏矩阵转化为完全矩阵　MATLAB 中可以利用 full 函数将稀疏矩阵转化为完全矩阵，其常用语法为 "A = full(S)"。

【例 6-16】 在命令窗口的"＞＞"后输入或者新建脚本编写下面的语句，运行即可利用 full 函数将稀疏矩阵转化为完全矩阵。

```
i = [1,2,3;4,5,6];
j = [3,1,2;4,6,5];
v = [2,3,1;5,4,6];
S = sparse(i,j,v)
A = full(S)
```

上例中，首先利用上面提到的"S = sparse(i,j,v)"语句根据矩阵 i、j、v 生成稀疏矩阵 S，然后输入"A = full(S)"语句，将稀疏矩阵 S 转换为完全矩阵 A。

6.2 多项式的操作

6.2.1 多项式的表示

多项式的一般表示形式为

$$f(x) = a_n x^n + a_{n-1} x^{n-1} + \cdots + a_1 x + a_0$$

多项式用系数向量表示为

$$P = \begin{bmatrix} a_n & a_{n-1} & \cdots & a_1 & a_0 \end{bmatrix}$$

例如，多项式"$f(x) = x^3 + 1$"在 MATLAB 中的表达语句为"f = (@(x) x^3 + 1)"，用系数向量表示为"P = [1 0 0 1]"。下面要介绍的多项式运算、求解和拟合都是基于系数向量的运算。

6.2.2 多项式的运算

1. 多项式的加减

多项式相加减是其系数向量元素的加减，如果系数向量长度不相等，则空缺项补 0。

【例 6-17】 在命令窗口的"＞＞"后输入或者新建脚本编写下面的语句，运行即可实现多项式相加。

```
F = [0 3 1 0 5 1];
G = [1 0 0 6 0 3];
L = F + G
```

上例中，实现多项式"$f(x) = 3x^4 + x^3 + 5x + 1$"和"$g(x) = x^5 + 6x^2 + 3$"的加法运算，其系数向量为"F = [0 3 1 0 5 1]"和"G = [1 0 0 6 0 3]"，多项式的相加即为多项式系数向量元素的相加，输入"L = F + G"语句返回结果多项式"$L(x) = x^5 + 3x^4 + x^3 + 6x^2 + 5x + 4$"的系数向量"L = [1 3 1 6 5 4]"。

2. 多项式的乘积

多项式的乘积实质上是多项式系数向量的卷积，即

$$(ax^2 + bx + c) \cdot (dx + e) = adx^3 + (ae + bd)x^2 + (be + cd)x + ce$$

欲实现上述操作，对以上两个多项式的系数向量做如下（卷积）操作：

$$\begin{array}{cccc} a & b & & c \\ d & e & & \\ \hline ad & bd & dc & \\ & ae & be & ec \\ \hline ad & bd+ae & dc+be & ec \end{array}$$

向量的卷积用 conv 函数实现，具体使用方法见 6.1.3 小节。

【例 6-18】 在命令窗口的"＞＞"后输入或者新建脚本编写下面的语句，运行即可实现多项式的乘积。

```
F = [0,3,1,0,5,1];
G = [1,0,0,6,0,3];
L = conv(F,G)
```

本例中实现上例两个多项式的乘积，输入"L = conv(F,G)"语句进行多项式系数向量的卷积运算，返回乘积结果多项式"$L(x)=3x^9+x^8+23x^6+7x^5+9x^4+33x^3+6x^2+15x+3$"的系数向量 L = [3 1 0 23 7 9 33 6 15 3]。

3. 多项式的除法

多项式的除法实质上是多项式系数向量的反卷积，例如

$$f(x)=(x^4+3x^2+5x+1)\div(x+3)$$

欲实现上述操作，对以上两个多项式的系数向量做如下（反卷积）操作：

$$\begin{array}{r} x^3-3x^2+12x-31 \\ x+3 \overline{\smash{\big)}\,x^4+0x^3+3x^2+5x+1} \\ \underline{x^4+3x^3} \\ -3x^3+3x^2+5x+1 \\ \underline{-3x^3-9x^2} \\ 12x^2+5x+1 \\ \underline{12x^2+36x} \\ -31x+1 \\ \underline{-31x-93} \\ 94 \end{array}$$

求解得到：$f(x)=(x^4+3x^2+5x+1)\div(x+3)=x^3-3x^2+12x-31+\dfrac{94}{x+3}$

向量的反卷积用 deconv 函数实现，常用语句为"[q,r] = deconv(u,v)"。deconv 函数使用长除法将向量 v 从向量 u 中反卷积出来，并返回商 q 和余数 r，使得"u = conv(v,q) + r"。

【例 6-19】 在命令窗口的"＞＞"后输入或者新建脚本编写下面的语句，运行即可实现多项式的除法。

```
u = [1,0,3,5,1];
v = [1,3];
[q,r] = deconv(u,v)
```

本例中实现多项式"$u(x)=x^4+3x^2+5x+1$"和"$v(x)=x+3$"的除法运算，输入

"$[q,r]=\mathrm{deconv}(u,v)$" 语句返回商 "$q(x)=x^3-3x^2+12x-31$" 和余项 "$r(x)=\dfrac{94}{x+3}$" 的系数向量。

6.2.3 多项式的求解

1. 多项式的微分

MATLAB 中利用 polyder 函数实现多项式的微分，其常用语法见表 6-11。

表 6-11   polyder 函数的常用语法

语 法 格 式	实 现 功 能
k = polyder(p)	返回由 p 中的系数表示的多项式的导数表达式的系数向量，令 $k(x)=\dfrac{\mathrm{d}}{\mathrm{d}x}p(x)$
k = polyder(a,b)	返回多项式 a 和 b 乘积的导数表达式的系数向量，令 $k(x)=\dfrac{\mathrm{d}}{\mathrm{d}x}[a(x)b(x)]$
[q,d] = polyder(a,b)	返回多项式 a 和 b 的商的导数表达式的系数向量，令 $\dfrac{q(x)}{d(x)}=\dfrac{\mathrm{d}}{\mathrm{d}x}\left[\dfrac{a(x)}{b(x)}\right]$

【例 6-20】 在命令窗口的 "＞＞" 后输入或者新建脚本编写下面的语句，运行即可实现多项式的微分。

```
u =[1,0,3,5,1];
v =[1,3];
A =polyder(u)
B =polyder(u,v)
[C,D]=polyder(u,v)
```

1）计算多项式 "$u(x)=x^4+3x^2+5x+1$" 的微分：输入 "$A=\mathrm{polyder(u)}$" 语句返回微分结果多项式 "$A(x)=u'(x)=4x^3+6x+5$" 的系数向量。

2）计算多项式 "$u(x)=x^4+3x^2+5x+1$" 和 "$v(x)=x+3$" 乘积的微分：输入 "$B=\mathrm{polyder(u,v)}$" 语句返回微分结果多项式 "$B(x)=(uv)'=5x^4+12x^3+9x^2+28x+15$" 的系数向量。

3）计算多项式 "$u(x)=x^4+3x^2+5x+1$" 和 "$v(x)=x+3$" 商的微分：输入 "$[C,D]=\mathrm{polyder(u,v)}$" 语句返回微分结果多项式 "$\dfrac{C(x)}{D(x)}=\dfrac{3x^4+12x^3+3x^2+18x+14}{x^2+6x+9}$" 的系数向量。

2. 多项式的求根

（1）求解多项式的根 MATLAB 中利用 roots 函数求解多项式的根，其常用语法为 "$r=\mathrm{roots(p)}$"，返回的向量 r 是由多项式 P 的根组成的列向量。输入的向量 p 是多项式 P 的系数向量。

【例 6-21】 在命令窗口的 "＞＞" 后输入或者新建脚本编写下面的语句，运行即可利用 roots 函数求解多项式的根。

```
p =[1,0,3,5,1];
r =roots(p)    % 求解多项式 P(x)的根
```

本例通过输入 "$r=\mathrm{roots(p)}$" 语句返回多项式 "$P(x)=x^4+3x^2+5x+1$" 的根，该多

项式有两个复数根和两个实数根：$r_1 = 0.6166 + 1.9767i$、$r_2 = 0.6166 - 1.9767i$、$r_3 = -1$、$r_4 = -0.2332$。

（2）根据根或特征多项式求解多项式　MATLAB 中利用 poly 函数返回具有指定根或特征多项式的多项式的系数向量，其常用语句为"p = poly(r)"。当 r 为向量时，poly 把 r 作为根求出多项式；当 r 为方阵时，poly(r) 即为矩阵 det（λI-r）的特征多项式。

【例 6-22】 在命令窗口的"＞＞"后输入或者新建脚本编写下面的语句，运行即可利用 poly 函数求解多项式。

```
r = [1,0,3,5,1];
p = poly(r)
r = [1,0,3;3,0,7;1,3,6];
p = poly(r)
```

1）已知待求多项式 $p(x)$ 有五个根：$x_1 = 1$，$x_2 = 0$，$x_3 = 3$，$x_4 = 5$，$x_5 = 1$，输入"p = poly(r)"语句返回多项式"$p(x) = x^5 - 10x^4 + 32x^3 - 38x^2 + 15x$"的系数向量。

2）生成 3×3 的矩阵 r，输入"p = poly(r)"语句返回矩阵 r 的特征多项式"$p(\lambda) = \lambda^3 - 7\lambda^2 - 18\lambda - 6$"，r 的特征值为 $p(\lambda)$ 的根。

3. 多项式的求值

MATLAB 中利用 polyval 函数实现多项式的求值，其常用语法为"y = polyval(p,v)"。返回在 x = v 处求值的多项式 P 的值。输入的参数 p 是多项式 P 的系数向量，v 可以是矩阵或向量，v 的元素值可以是实数或复数。

【例 6-23】 在命令窗口的"＞＞"后输入或者新建脚本编写下面的语句，运行即可利用 polyval 函数求解多项式。

```
p = [1,0,3,5,1];
v = 3;
y = polyval(p,v)
v = 3 +3i;
y = polyval(p,v)
v = [3,4,2;1,5,8];
y = polyval(p,v)
```

本例求解多项式"$P(x) = x^4 + 3x^2 + 5x + 1$"的值：

1）当 x = v = 3 时，y = p(v) = p(3) = 124。

2）当 x = v = 3 + 3i 时，y = p(v) = p(3 + 3i) = -308 + 69i。

3）当 x = 3、4、2、1、5、8 时，y = 124、325、39、10、726、4329。

6.2.4　多项式的拟合

物流需求即指对物流服务的需求。它是指一定时期内社会经济活动对生产、流通、消费领域的原材料、成品和半成品、商品以及废旧材料等的配置作用而产生的对物在空间、时间和效率方面的要求，涉及运输、库存、包装、装卸搬运、流通加工、配送以及与之相关的信息需求等物流活动的各个方面。现代物流服务需求可以从物流需求量和物流需求结构两个方面来综合表现。因此，合理准确地预测物流需求对优化资源配置、降低物流成本至关重要。

曲线拟合（Curve Fitting）是指选择适当的曲线类型来拟合观测数据，并用拟合的曲线方程分析两变量间的关系，是实现物流需求预测的一种基本方法。

多项式的拟合就是用多项式函数所表示的曲线来描述一些已知的点，使这些点尽量逼近曲线。MATLAB 中利用 polyfit 函数实现多项式的拟合，常用语句见表 6-12。

表 6-12   polyfit 函数常用语句

语 法 格 式	实 现 功 能
p = polyfit(x,y,n)	对（x,y）点进行 n 次多项式拟合，p 为拟合得到的多项式 P 的系数向量
[p,S] = polyfit(x,y,n)	返回的结构体 S 为拟合的误差估计

【例 6-24】   在命令窗口的 "＞＞" 后输入或者新建脚本编写语句，运行即可利用 polyfit 函数实现多项式的拟合。例如，物流需求预测案例中利用某一货物历史各时刻的需求量预测该货物未来时刻需求量，预测语句如下：

```
x = 1:10;
y = [1 5 9 12 14 8 10 6 1 3];
p = polyfit(x,y,3)
[p,S] = polyfit(x,y,3)
```

本例中对 10 个点（1,1）,（2,5）,…,（9,10）和（10,3）进行拟合，输入 "p = polyfit(x,y,3)" 语句返回系数向量对应的三次拟合多项式为 "$p(x) = 0.0736x^3 - 1.7185x^2 + 10.92x - 9.2667$"，输入 "[p,S] = polyfit(x,y,3)" 语句求解得到的误差为 5.0993。

6.2.5   多项式的插值

插值法又称 "内插法"，是利用函数 $f(x)$ 在某区间中已知的若干点的函数值，构造特定函数 $g(x)$，在区间的其他点上用 $g(x)$ 值作为函数 $f(x)$ 的近似值。如果这特定函数是多项式，就称它为插值多项式。

下面介绍两种插值方法：一维插值（平面插值）和二维插值（立体插值）。

1. 一维插值（平面插值）

MATLAB 中利用 interp1 函数实现多项式的一维插值，其常用语法见表 6-13。

表 6-13   interp1 函数常用语法

语 法 格 式	实 现 功 能
vq = interp1(x,y,xq)	首先根据现有的（x,y）采样点拟合多项式，然后插入 xq，返回得到插入点 xq 对应的插值 vq
vq = interp1(x,y,xq,method)	method 参数指定插值方法：'nearest' 是最邻近插值；'linear' 线性插值；'spline' 三次样条插值；'pchip' 立方插值；缺省时默认为线性插值
vq = interp1(x,y,xq,method,extrapolation)	对于超出 x 范围的 xq 将执行特殊的外插值法 extrap

【例 6-25】   在命令窗口的 "＞＞" 后输入或者新建脚本编写语句，运行即可利用 interp1 函数实现多项式的一维插值。在例 6-24 的基础上，将 x = 5.5 插入得到的多项式中，语句如下：

```
vq = interp1(x,y,5.5)
vq2 = interp1(x,y,4,'spline')
```

1) 输入 "vq = interp1(x,y,5.5)",首先利用例6-24 中的 10 个点进行四次多项式拟合,之后利用线性插值公式,将 x = 5.5 点插入拟合得到的多项式中,得到其对应的 vq = y = 11。

2) 输入 "vq2 = interp1(x,y,4,'spline')",首先利用例6-24 中的 10 个点进行四次多项式拟合,之后利用三次样条插值公式,将 x = 4 此点插入拟合得到的多项式中,得到其对应的 vq2 = y = 12。

2. 二维插值(立体插值)

MATLAB 中利用 interp2 函数实现多项式的二维插值。其常用语法与 interp1 相似。

【例6-26】 在命令窗口的 " >> " 后输入或者新建脚本编写下面的语句,运行即可利用 interp2 函数实现多项式的二维插值。

```
%%% 曲线数据准备
x = (-4:1:4);
y = x;
[x1,y1] = meshgrid(x,y);
z = peaks(x1,y1);
xi = (-4:0.2:4);
yi = xi';
zi = interp2(x,y,z,xi,yi,'cubic');
%%% 指定子图1为绘制区域
subplot(2,1,1);
%%% 调入绘图命令绘制图形
mesh(x1,y1,z);
%%% 指定子图2为绘制区域
subplot(2,1,2);
%%% 调入绘图命令绘制图形
mesh(xi,yi,zi + 20);
```

在命令行输入上述代码后,MATLAB 自动弹出窗口,显示的绘图效果如图6-2 所示。

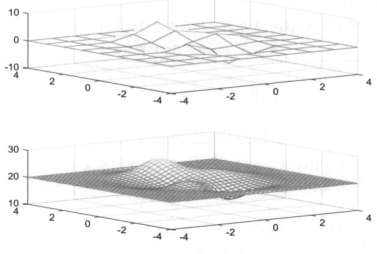

图6-2 例6-26 绘图输出结果

6.3 函数运算

6.3.1 函数的绘图及分析

MATLAB 中利用 fplot 函数绘制指定函数的图像，其常用语法见表 6-14。

表 6-14 **fplot 函数常用语法**

语 法 格 式	实 现 功 能
fplot(f)	绘制函数 y = f(x) 在 x 的默认间隔 [-5 5] 上定义的曲线
fplot(f,xinterval)	在指定间隔（xinterval 参数）上绘图。将间隔指定为 [xmin xmax] 形式的双元素向量
fplot(funx,funy)	绘制由 x = funx(t) 和 y = funy(t) 在 t 的默认间隔 [-5 5] 上定义的曲线
fplot(funx,funy,tinterval)	在指定的间隔（tinterval 参数）内绘制。将间隔指定为 [tmin tmax] 形式的双元素向量
fplot(___,LineSpec)	指定线样式、标记符号和线颜色
fplot(___,Name,Value)	使用一个或多个"名称-值"参数对指定行属性
fplot(ax,___)	绘制到 ax 指定的轴

【例 6-27】 在命令窗口的"＞＞"后输入或者新建脚本编写下面的语句，运行即可利用 fplot 函数实现函数图像的绘制。例如，绘制例 6-24 拟合得到的多项式，语句如下：

```
%%% 指定图形绘制窗口为当前窗口
figure;
%%% 调入绘图命令绘制图形
fplot((@ (x) 0.0736 * x^3-1.7185 * x^2 +10.92 * x-9.2667),[0,10])
```

本例中绘制函数"$p(x) = 0.0736x^3 - 1.7185x^2 + 10.92x - 9.2667$"在 [0,10] 区间上的函数图像。

1. 求函数极小值

利用 fminbnd 函数求解函数的极小值，其常用语法见表 6-15。

表 6-15 **fminbnd 函数的常用语法**

语 法 格 式	实 现 功 能
x = fminbnd(fun,x1,x2)	返回一个值 x，该值是在区间 x1 < x < x2 中 fun 函数的极小值
x = fminbnd(fun,x1,x2,options)	使用 options 中指定的优化选项求解极小值
[x,fval] = fminbnd(fun,x1,x2)	输出区间 x1 < x < x2 中 fun 函数的极小值 fval 及其对应的 x 值

【例 6-28】 在命令窗口的"＞＞"后输入或者新建脚本编写下面语句，运行即可利用 fminbnd 函数实现函数最小值的求解。例如，稍微变换，求解例 6-24 拟合得到的多项式的极小值点，语句如下：

```
x = fminbnd((@ (x) -(0.0736 * x^3-1.7185 * x^2 +10.92 * x-9.2667)),0,10)
[x,y] = fminbnd((@ (x) -(0.0736 * x^3-1.7185 * x^2 +10.92 * x-9.2667)),0,10)
```

2. 求函数零点

利用 fzero 函数求解函数的零点，其常用语法见表 6-16。

表 6-16　fzero 函数的常用语法

语 法 格 式	实 现 功 能
x = fzero(fun, x0)	返回 x 值，令 fun(x) = 0。该零点为离 x0 最近的零点
x = fzero(fun, x0, options)	使用 options 中指定的优化选项求解零点

【例 6-29】　在命令窗口的 ">>" 后输入或者新建脚本编写下面的语句，运行即可利用 fzero 函数实现函数零点的求解。例如，求解例 6-24 拟合得到的多项式的零点，语句如下：

```
x = fzero((@ (x) 0.0736 * x^3-1.7185 * x^2 +10.92 * x-9.2667),5)
```

例 6-27、例 6-28、例 6-29 语句运行结果如图 6-3 所示，绘制的函数图像如图 6-4 所示。

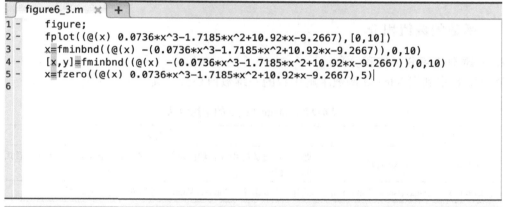

图 6-3　函数运行结果

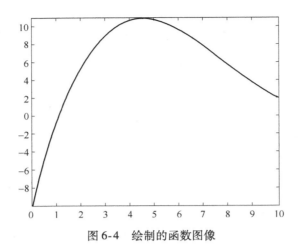

图 6-4 绘制的函数图像

6.3.2 函数的数值积分

1. 一维数值积分（定积分）

MATLAB 中利用 integral 函数求解函数的一维数值积分，其常用语法见表 6-17。

表 6-17 integral 函数的常用语法

语 法 格 式	实 现 功 能
q = integral(fun,xmin,xmax)	使用全局自适应积分和默认误差容限在 xmin 至 xmax 间以数值形式为函数 fun 求积分
q = integral(fun,xmin,xmax,Name,Value)	利用一个或多个"Name, Value"参数对指定其他属性

【例 6-30】 在命令窗口的"＞＞"后输入或者新建脚本编写下面的语句，运行即可利用 integral 函数实现函数一维数值积分的求解。

```
fun = @ (x) exp(-x.^2). * log(x).^2;
q = integral(fun,0,Inf)
```

本例求解 fun 函数 $f(x) = \mathrm{e}^{-x^2}(\log x)^2$ 在 $(0, +\infty)$ 区间的积分。

2. 二重数值积分

MATLAB 中利用 integral2 函数求解函数的二重数值积分，其常用语法与一维数值积分函数 integral 类似。

【例 6-31】 在命令窗口的"＞＞"后输入或者新建脚本编写下面的语句，运行即可利用 integral2 函数实现函数二重数值积分的求解。

```
fun = @ (x,y)1./(sqrt(x+y).* (1+x+y).^2 );
ymax = @ (x)1-x;
q = integral2(fun,0,1,0,ymax)
```

本例求解 fun 函数 $f(x) = \dfrac{1}{\sqrt{x+y}(1+x+y)^2}$ 在 $x = (0,1)$，$y = (0,(1-x))$ 区间的积分。

6.4 微分方程

MATLAB 为解决常微分方程初值问题提供一组设计精良、配套齐全、结构严整的命令，包括：微分方程解算（Solver）命令、被解算命令调用的 ODE 文件格式命令、积分算法参数选项 options 处理命令以及输出命令等。下面通过算例介绍最常用的 ode45 的基本使用方法。

[t, Y] = ode45(odefun, tspan, y0)

表示采用 4 阶 Runge-Kutta 数值积分法解微分方程。

1）第一个输入量 odefun 是待解微分方程的函数文件名称。该函数文件的输出必须是待解函数的一阶导数。不管原问题是不是一阶微分方程组，当使用 ode45 求解时，必须转化成（假设由 n 个方程组成）形如 $\dot{y} = f(y, t)$ 的一阶微分方程组。

2）tspan 常被赋成二元向量 $[t0, tf]$，此时 tspan 用来定义求数值解的时间区间。

3）输入量 y0 是一阶微分方程组的 $(n \times 1)$ 初值列向量。

4）输出量 t 是所求数值解的自变量数据列向量（假定其数据长度为 N），而 Y 则是 $N \times n$ 矩阵。输出量 Y 行中第 k 列 Y(:,k)，就是上述一阶微分方程组中 y 的第 k 个分量的解。

【例 6-32】 求 Van der Pol 微分方程 $\dfrac{d^2x}{dt^2} - \mu(1-x^2)\dfrac{dx}{dt} + x = 0$，$\mu = 2$，在初始条件 $x(0) = 1$，$\dfrac{dx(0)}{dt} = 0$ 情况下的解，并图示出来（图 6-5 和图 6-6）。

1）把高阶微分方程改写成如下的一阶微分方程组，令

$$y_1 = x, \quad y_2 = \frac{dx}{dt}$$

于是，原二阶微分方程可改写成如下一阶微分方程组

$$\begin{bmatrix} \dfrac{dy_1}{dt} \\ \dfrac{dy_2}{dt} \end{bmatrix} = \begin{bmatrix} y_2 \\ \mu(1-y_1^2)y_2 - y_1 \end{bmatrix}, \quad \begin{bmatrix} y_1(0) \\ y_2(0) \end{bmatrix} = \begin{bmatrix} 1 \\ 0 \end{bmatrix}$$

2）新建脚本，根据上述一阶微分方程组编写出下述 M 函数文件 DyDt.m

```
function  ydot = DyDt(t,y)
          mu = 2;
          ydot = [y(2);mu * (1-y(1)^2) * y(2)-y(1)];
end
```

3）新建脚本，命名为 main.m，输入下述代码解算微分方程

```
tspan = [0,30];          % 求解的时间区间
y0 = [1;0];              % 初值向量
[tt,yy] = ode45('DyDt',tspan,y0);
plot(tt,yy(:,1))
xlabel('t'),title('x(t)')
```

将光标定位于 mian.m 中，运行，弹出解的图像表示如图 6-5 所示。

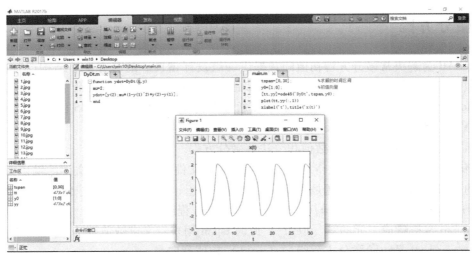

图 6-5　微分方程解

4）在 mian. m 脚本中继续输入以下代码，画相平面图（图 6-6）

```
plot(yy(:,1),yy(:,2))
xlabel('位移'),ylabel('速度')
```

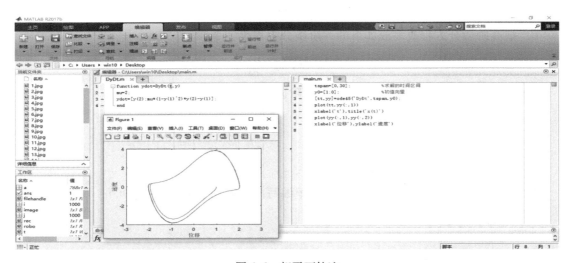

图 6-6　相平面轨迹

习　　题

6-1　求解方程组 $\begin{cases} x_1 + 2x_2 = 1 \\ 2x_1 + 3x_2 = 2 \\ 3x_1 + 4x_3 = 5 \end{cases}$。

6-2　求解该系统的频率响应并画出频率特性：

$$H(s) = \frac{3s^2 + 6s + 9}{2s^3 + 4s^2 + 6s + 8}$$

6-3　已知函数值见表 6-18，试用四次多项式拟合这一组数据。

表 6-18　习题 6-3 数据

x_i	0	1	2	3	4	5	6	7
$f(x_i)$	3.95	6.82	9.78	12.91	15.74	19.26	21.73	24.07

6-4　利用样条插值公式，将 $x = 3.2$ 点插入 6-3 题拟合得到的多项式中，求解对应的 $f(x)$ 值。

▶ 第 7 章

MATLAB 编程

MATLAB 交互模式下可直接在命令窗中输入指令处理简单问题，然而大多数实际问题相对复杂，所需的命令较多，或者需要逻辑运算、进行流程控制等，采用在交互模式下输入命令的方式非常不便。为了替代在交互模式下命令窗口中输入 MATLAB 指令的方式，MATLAB 平台上提供了文本文件编辑器，用来创建一个 M 文本文件来写入这些指令。一个 M 文件包含许多连续的 MATLAB 指令，这些指令完成的操作可以是引用其他的 M 文件，也可以是引用自身文件，从而在想完成同样的操作时不需要重新输入相同的指令；还可以进行逻辑运算、进行流程控制等。在 MATLAB 的 M 文件中，用户可以随时修改写入的指令。

MATLAB 的 M 文件也被称为计算机程序，编写 M 文件的过程称为编程。本章主要介绍 MATLAB 编程，包括 MATLAB 的 M 文件及其编辑方法、MATLAB 程序设计和开发流程、MATLAB 中的流程控制语句、MATLAB 函数操作、关系运算和逻辑运算，以及 MATLAB 脚本文件的调试方法。本章提供许多精心设计的算例，这些算例是完整的，可以直接在 MATLAB 中编辑运行。通过这些算例的演示，读者可真切感受到抽象概念的内涵、各指令间的协调，从而掌握编程的要领。通过本章的学习，读者应能独立编写一个完整的解决实际问题的 MATLAB 程序文件。

7.1　脚本文件与编辑器

MATLAB 可使用两类 M 文件：脚本文件和函数文件。用户可以使用 MATLAB 内置的编辑器/调试器创建 M 文件。

1）脚本文件是以 .m 为扩展名的程序文件。在这些文件中，可以编写一系列要一起执行的命令，同时，当用户必须使用许多命令或者具有许多元素的数组时，脚本文件非常实用。脚本文件不接受输入，不返回任何输出，脚本中的所有变量均驻留在基本工作区中，作为全局变量被 MATLAB 指令进行操作。由于脚本文件中包含命令，因此有时也被称为命令文件。用户在命令窗口中输入脚本文件的名称（不带扩展名 .m），MATLAB 就可以调用并执行 M 脚本文件。

2）函数文件也是扩展名为 .m 的程序文件。函数可以接受输入和返回输出。函数的内部变量是局部变量。

脚本文件中可以包含任何有效的 MATLAB 命令或函数，其中包括用户编写的函数，用户在命令窗口中输入脚本文件的名称时，MATLAB 得到的结果与用户在命令窗口中逐条输入脚本文件中存储的所有命令效果相同。当用户输入脚本文件的名称时，本书表述为 MAT-

LAB"正在运行文件"或"正在执行文件"。用户也可以在工作区中使用运行脚本文件时产生的变量值，因此本书表述为"脚本文件产生的变量是全局变量"。

7.1.1 创建和使用脚本文件

创建 MATLAB 脚本文件有以下三种途径：

1）单击 MATLAB 界面工具栏或 M 文件编辑器工具栏的  图标。

2）选择 MATLAB 菜单栏的 File│New│M 文件。

3）通过在命令窗口使用命令提示符的方式创建脚本文件打开编辑器。

本节介绍通过在命令窗口使用命令提示符的方式创建脚本文件打开编辑器。

在命令提示符下输入 edit 并按〈Enter〉键，将打开一个未命名也未保存的脚本文件编辑器；也可以在输入 edit 后，直接输入文件名（如 newfile.m），该命令将在默认的 MATLAB目录中创建 newfile.m，如果要将所有程序文件存储在特定文件夹中，则必须提供整个路径。

```
edit      % 创建并打开未命名脚本文件,即 Untitled.m
% 或者
edit newfile.m      % 创建并打开命名为 newfile 的脚本文件
```

如果是第一次创建文件 newfile.m，MATLAB 会提示确认，如图 7-1 所示，单击"是"按钮后，便打开了命名为 newfile.m 的脚本文件编辑器（图 7-2）。

图 7-1　创建文件 newfile.m 确认提示

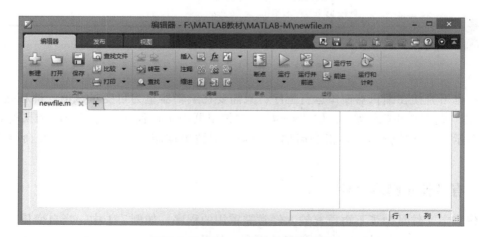

图 7-2　newfile.m 脚本文件编辑器

图 7-2 所示为编辑器界面，编辑器的菜单栏分为"文件""导航""编辑""断点"和"运行"5 个功能区，每个功能区里存放的是同类功能或属性的功能按钮。只需将鼠标指针停留在工具栏的某个按钮上，用户就可以了解它的功能。在该功能区，除了可以进行脚本输入以外，还可以使用键盘和编辑器/文件功能区中的选项来创建和编辑文件。创建和编辑完成后，即可对脚本文件进行保存：对未经命名的 M 文件，需要对文件进行命名并选择保存路径（本书假设文件保存在硬盘驱动器上，本章默认或选择的路径为 F:/MATLAB 教材/MATLAB-M），编辑器将自动提供扩展名 .m；而对已命名的 newfile.m 直接进行保存即可。一旦保存文件，用户就可以在 MATLAB 命令窗口中输入脚本文件名以执行程序，也可以直接在编辑器窗口调试或运行程序。

【例 7-1】 在 newfile.m 中编辑指令。

```
y = x + 3
```

保存编辑，然后在命令窗口中输入文件名，即可执行 newfile.m 文件（图 7-3）。

```
x = 4;
newfile      %执行 newfile 程序
```

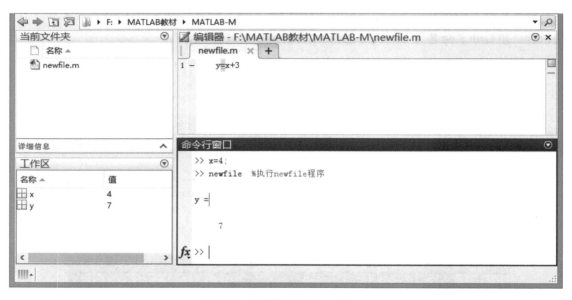

图 7-3　使用脚本文件 newfile.m

用户也可直接在编辑器窗口运行程序，只需要在编辑器里为自变量赋值，即在指令 y = x + 3 之前，先定义并赋值给 x，如"x = 4"，在编辑器中运行程序执行指令的结果均会在命令窗口显示，若在编辑器中各指令后加上分号，则结果存储在工作区，而不在命令窗口中显示。

7.1.2　有效使用脚本文件

创建脚本文件是为了不再重复输入经常需重用的程序，如例 7-1 中，当自变量 x 的值改变时，要计算 y 的值，只需要在命令窗口改变 x 的赋值，然后再次调用 newfile.m 文件，即可获得新的自变量赋值下函数 y 的值。

注意：对 M 文件进行修改后，一定要再次保存，若编辑器 . m 右上方出现 * 号 `newfile.m* ×`，则表明更新未保存。

在使用脚本文件时，需注意以下几点：

1）脚本文件名必须满足 MATLAB 的变量命名约定：名称必须以字母开头，可以包含字母、数字和下划线，最多可以有 31 个字符。

2）在命令窗口中输入变量名，MATLAB 会显示该变量的值，因此，脚本文件的命名不应与其所计算的变量名称相同，若脚本文件名与该文件中的变量名相同，MATLAB 将无法多次执行该脚本文件。

3）为脚本文件赋予的名称要与 MATLAB 命令或者函数的名称都不相同。用户可以用 exist 函数检查命令、函数名或文件名是否已经存在。

exist 函数调用主要有两种形式：

```
A = exist('name')
A = exist('name','kind')
```

例如，用户想要查看命名 example1 是否已经存在，则可以在命令窗输入

```
A = exist('example1')
A =
    0
```

返回值 A = 0 表示 example1 命名不存在；函数中 name 可以是变量名、函数名、m 文件名等，当 name 存在时，根据其类型不同，返回值也各不相同，详情见表 7-1。

表 7-1 命名检查返回值及其含义

返 回 值	含 义	返 回 值	含 义
0	name 不存在	5	内置函数名
1	变量名	6	p 码文件名
2	函数名、m. 文件名或文件路径名	7	文件夹名
3	mex 文件名或 dll 文件名	8	类名
4	Simulink 模型名或 library 文件名		

注：若 name 为类名，返回值为 8；若 name 为一个类文件（Class File）返回值为 2。

A = exist('name','kind') 中 kind 表示 name 的类型，可以取的值为：builtin（内建类型），class（类），dir（文件夹），file（文件或文件夹），var（变量）。

例如，用户想要查看文件 example1. m 是否已经存在，可在创建该文件之前在命令窗输入 exist('example1. m','file')。若该文件不存在将返回 0；存在则返回 2。

4）在交互模式中，脚本文件所创建的所有变量都是全局变量，这意味着可以在基本工作区中使用这些变量。用户还可以输入 who 来查看现有的变量。

5）函数文件所创建的变量是该函数的局部变量。用户如果不必访问脚本文件中的所有变量，就需要考虑使用函数文件。这将避免用变量名"弄乱"工作区，并将同时减少内存需求。

6）在不使用文本编辑器打开 M 文件的情况下，用户可以使用 type 命令查看文件的内容。例如，要查看文件 example1 的内容，可以调用命令 type example1。

注意：并不是 MATLAB 中提供的所有函数都是"内置"函数，例如，虽然 MATLAB 提供了函数 mean. m，但它并不是一个内置函数。命令 exist('mean. m','file') 将返回 2，但是命令 exist('mean. m','builtin') 将返回 0。用户可以将内置函数认为是构成其他 MATLAB 函数的基础原函数。同时，用户也无法在文本编辑中查看内置函数的整个文件，而只能查看注释。

7）当有一些应用程序要求用户频繁访问同一组数据，或要求用户访问多个不同的数据时，用户可以将数据整合成数组存储在一个脚本文件里，以方便用户寻访使用该数据。

7.1.3 有效使用命令窗口和编辑器/调试器窗口

要有效使用命令窗口和编辑器，需要注意以下几点：

1）用户可以使用鼠标重新调整窗口的大小并移动窗口，也可以通过编辑器工具栏下拉键 选择"停靠 编辑器"或使用快捷键〈Ctrl + Shift + D〉，将编辑器窗口停靠，从而可以同时查看命令窗口和编辑器。

2）如果没有进入编辑器/调试器，那么使用〈Alt + Tab〉组合键则可快速地在编辑器/调试器窗口和命令窗口之间来回切换。在命令窗口中，使用向上箭头键检索先前所输入的脚本文件名，并且按〈Enter〉键执行脚本文件。在修改了脚本文件之后，要确保在切换到命令窗口之前保存文件。

3）用户可以使用编辑器/调试器作为基本的文字处理器来编写包含有用户脚本文件、结果和讨论的简短报告，或者用以提供用户对某一问题的解答。首先，使用鼠标选中命令窗口中显示的结果；其次，使用 Edit | Copy 或 Paste 命令将结果复制并粘贴到用户脚本文件的编辑器中；最后，删除任何额外的空行和提示符以节约空间。输入用户的名字和所需要的其他任何信息，添加用户所希望的任何讨论，并且打印编辑器中的报告，或者保存文件并且将其输入到所选择的文件处理器中。

4）在对编辑器内脚本文件进行修改后，若用户希望再次使用原始脚本文件，应使用 File | Save As 命令保存文件，以其他的文件名保存修改后的脚本文件，若直接使用保存命令，则原始脚本文件被修改。

7.1.4 脚本文件可读性

用户可以通过特点鲜明的编程风格，包括添加注释、变量/函数/文件名命名方式或习惯、输入/输出部分、计算部分（代码分节）等，从而使脚本文件的可读性更强。推荐的脚本文件的结构如下所示：

1. 添加注释

符号"%"是注释标志，MATLAB 不会执行注释。注释对于交互模式下的程序编写使用多有不便，但是对脚本文件或函数文件作用明显，因此主要用于脚本文件或函数文件，也可用于说明文件。用户可以将注释放置在脚本文件中的任何地方，MATLAB 会忽略%符号右边的所有内容。主要的注释内容如下：

1）在脚本文件第一行注释程序名和其他任何关键词。

2）在脚本文件第二行注释程序创建日期及创建者的姓名。

3）每个输入和输出变量的变量名定义。可以将这一部分至少分成两个子部分：一部分用于定义输入变量和数据，另一部分则用于定义输出变量和数据，其他可选部分可包含计算中使用的中间变量、临时变量、指针等。

注意：注释中一定要包含所有输入变量和输出变量的计量单位。

本书建议用户为所有的输入变量和输出变量标注计量单位，因为很多工程系统所出现的惊人失败都源于用户误解了用于设计系统的程序输入和输出变量的单位。尺-磅-秒系统（FPS）也被称为美国习惯系统和英国工程系统，而 SI（国际单位制）则是国际度量系统。表 7-2 中列出了一些常见的 SI 单位和它们的符号。

4）程序中调用的每个用户自定义函数的名称。

表 7-2　常见的 SI 单位名称及其符号

物理量	单位名称	符号
时间	秒	s
长度	米	m
力	牛顿	N
质量	千克	kg
能量	焦耳	J
功率	瓦特	W
温度	摄氏度	℃
	开尔文	K

2. 变量、函数和文件命名方式

变量、函数和文件的命名可包括字母、数字和下划线符号，最多可以有 31 个字符，具有极大的可变性和随机性，可以通过合理的命名方式使变量、函数及文件的含义、功能一目了然，从而减少注释内容。本书推荐单词组合的命名方式，单词间可使用下划线相连或单词的首字母大写。例如，计算欧几里得距离的脚本文件可命名为 EuclideanDistance. m 或 euclidean_distance. m。

3. 输入输出部分

输入部分放置输入数据和/或输入函数，允许输入数据。输出部分主要放置以所需格式传递的输出函数，例如，这部分有可能包含在屏幕上显示的输出函数。输入/输出部分均可在文档中的合适地方进行注释。

4. 计算部分（代码分节）

程序主体部分为计算部分，计算部分除在文档中合适的地方添加注释外，应使用缩进按钮，使循环或代码片段起始与结束的位置对应，从而增强代码可读性。

7.1.5　脚本文件示例

以下这个简单的脚本文件示例显示了推荐的程序风格，已知一组节点的 X、Y 坐标值，求节点两两之间的欧几里得距离。

【例 7-2】　采用脚本文件求解欧几里得距离，M 文件"euclideanDistance. m"代码如下。

```
%%程序 euclideanDistance.m 计算一组点之间的欧几里得距离
%%euclideanDistance.m 于2019 年11 月10 日创建
%%输入变量
%%Coord = 4 * 2 的矩阵,为4 个点的X-Y 坐标,可以计算更多点
%%%输出变量
%%%distance = 4 * 4 矩阵,为4 个点两两之间的欧几里得距离
%%%输入部分
Coord = input('Enter the XY Coord of all nodes:');
%在命令窗输入 Coord = [a1,b1;a2,b2;a3,b3;a4,b4];
%%计算部分
nodenumber = length(Coord);
distance = zeros(nodenumber,nodenumber);
for i = 1:nodenumber
    for j = 1:nodenumber
        if i ~= j
            distance(i,j) = sqrt((Coord(i,1)-Coord(j,1))^2 + (Coord(i,2)-Co-
ord(j,2))^2);
        else
            distance(i,j) = 0;
        end
    end
end
%
%%%输出部分
disp('EuclideanDistance = ');
disp(distance);
```

在创建这个脚本文件之后,使用名称 euclideanDistance.m 保存文件。要运行这个文件,可以单击编辑器上方选项 ▷ 键,或在命令窗口中的提示符处输入 euclideanDistance(不需要扩展名.m),然后 MATLAB 将提示用户输入 Coord 的值,用户只需按指示在光标位置输入坐标矩阵(只输入矩阵,不需要 Coord 字符串)。之后,按〈Enter〉键继续运行文件,命令窗结果显示如下:

```
euclideanDistance
Enter the XY Coord of all nodes:[1 2; 2 1.5; 0 0; 3 5]
EuclideanDistance =
         0    1.1180    2.2361    3.6056
    1.1180         0    2.5000    3.6401
    2.2361    2.5000         0    5.8310
    3.6056    3.6401    5.8310         0
```

注意: 创建的 M 文件需纳入搜索路径或当前文件夹,命令窗口才运行,用户在运行 M 文件前,可使用 which 搜索该文件是否在当前文件夹中,若显示未找到文件,说明文件不在当前文件夹中,用户可以通过在工具栏下方的路径显示栏直接设定当前文件夹,或使用 cd

设定当前文件夹。通过使用 addpath 函数可在设定的目录下创建 M 文件，如图 7-4 所示，单击"是"按钮即可在设定目录下创建并打开以此命名的 M 文件进行编辑。

```
>> which euclideanDistance
未找到 'euclideanDistance'。
>> cd F:\MATLAB 教材\MATLAB-M
>> which euclideanDistance
F:\MATLAB 教材\MATLAB-M\euclideanDistance.m
```

图 7-4　创建 M 文件询问对话窗口

7.2　输入/输出语句与程序设计开发

7.2.1　输入输出语句

1. 命令窗提示输入

命令窗提示输入 input 函数有两种调用格式，其调用格式及示例见表 7-3。第一种格式为输入数值，第二种为字符串变量。

表 7-3　input 函数调用格式及示例

第一种格式：a = input('input example:')	第二种格式：b = input('input example:','s')
>> a = input('input example:') input example: 1 + 4 a = 5 >> ischar(a) ans = 0	>> b = input('input example:','s') input example: 1 + 4 b = 1 + 4 >> ischar(b) ans = 1

2. 菜单命令

使用 menu 函数可以产生一个选项菜单，供用户输入，语法格式为

```
x = menu('Title','option1','option2',...)
```

在命令窗口输入该函数，按〈Enter〉键后，即弹出选项菜单，这个菜单的名称出现在字符串变量 'Title' 中，菜单选项是字符串变量 'option1'、'option2' 等。根据用户是否选中 'option1'、'option2' 等单击按钮，返回 x 的值将为 1, 2, …。如以下示例，当用户单击 Plus 时，返回值为 1（图 7-5）。

```
>> x = menu('Title','Plus','Minus')
x =
     1
```

图 7-5　选项菜单窗口

3. 数据输出显示

MATLAB 输出语句主要包含自由输出函数 disp 和格式化输出函数 fprintf。

1）自由输出函数 disp 常用的调用格式包括：

disp(X)：输出显示数值，它将值显示在命令行窗口，如果这个数组是字符型，那么包含在这个数组中的字符串将会打印在命令行窗口。

disp('X')：输出显示字符串。

disp(['X',num2str(X)])：将数值变量的数值转换成字符串，在变量名或者变量描述后输出显示。该调用格式使输出显示更具可读性，示例如下，其中假设 x = [1 3 5] 已经存在。

```
>> disp('The value of x are:')
The value of x are:
>> disp(x)
     1        3        5
>> str = ['The value of x are:', num2str(x)];
>> disp(str)
The value of x are:1 3 5
>> disp(['The value of x are:', num2str(x)])
The value of x are:1 3 5
```

2）格式化输出函数 fprintf 以指定格式将变量的值输出到屏幕或指定文件，其调用格式说明如下，其中，假定 A 为用来存放数据的矩阵。

fprintf(format, A, …)：当数据重复在命令行窗口时，整数以整数形式显示，其他值将以默认格式显示。MATLAB 的默认格式是精确到小数点后 4 位。如果一个数太大或太小，那么将会以科学记数法的形式显示。改变默认输出格式要用到 format 命令，fprintf 调用格式中采用 format 指定数据输出的格式主要有：% d 整数；% e 实数（科学记数法形式）；% f 实数（小数形式）；% g 由系统自动选取上述两种格式之一；% s 输出字符串。

fprintf(fileID,format,A,…)：其中 fileID 为文件句柄，默认输出打印到命令窗。以创建一个字符矩阵并存入磁盘为例：

```
>> a = 'string';
>> fileID = fopen('F:\MATLAB 教材\TestData\char1.txt','w');
>> fprintf(fileID,'%s',a);
>> fclose(fileID);
```

4. disp 函数与 fprintf 函数对比

1）改变数据的默认格式可以让数据以用户所需的形式展现，包括精确到哪一位、多少进制显示、只显示正负等。

2）使用 disp 函数来打印可以打印所有的内容，包括负数。但要注意的是 disp 函数需要的是数组参数，并且只会打印数组内的字符串。所以，如果是一个数字，需要使用 int2str 或 num2str 转化成字符串；但是如果是一个矩阵，则可以直接打印。

3）使用 fprintf 函数可以以任何的数据格式打印数据，而且可以带有一个或多个值，但是要使用正确的特殊字符。值得注意的是 fprintf 函数只能打印复数的实部，所以在有复数参与或产生的计算中，可能产生错误的结果。

总而言之，使用 fprintf 最为灵活方便，可以输出任何格式，而且可以有多个数据项，但 fprintf 需要定义数据项的字符宽度和数据格式，所以更为繁琐。

4）函数图形保存成图片函数 print。

print 直接输出显示（打印）当前绘图。

print('- dbitmap','文件名') 在 MATLAB 当前工作目录下，将函数图形保存为图片文件。第一个参数对应为图片文件格式，包括：-dbmp，保存为 bmp 格式；-djpeg，保存为 jpeg 格式；-dpng，保存为 png 格式；-dpcx，保存为 pcx 格式；-dpdf，保存为 pdf 格式；-dtiff，保存为 tiff 格式。

5. 其他

MATLAB 还为用户提供了其他以人机交互方式控制输入/输出的命令，见表 7-4。

表 7-4　人机交互控制输入/输出的命令

暂停	pause	暂停程序，直到用户按任意键后继续
	pause(n)	等待 n 秒
交出键盘	keyboard	程序执行到该命令时暂停，命令窗口"＞＞"变成"K＞＞"，这时用户可输入命令，查看中间结果，输入 return 命令，则程序继续执行
中止执行	^C	强行停止程序的执行，回到命令行

7.2.2　M 函数文件的定义与调用

1. M 函数文件

与脚本文件不同，函数文件（Function File）犹如一个"黑箱"。从外界只能看到传给它的输入量和输出的计算结果，而内部运作却藏而不见。函数文件的特点是：

1）与脚本文件形式不同，函数文件第一行为 function 定义行，总是以"function"引导"函数申明行"，且该行还罗列出函数与外界交换数据的全部"标称"输入/输出量。

函数申明行格式为：function［输出变量 1，输出变量 2，…］＝函数名（输入变量 1，输入变量 2，…）；函数名要有说明函数功能的含义，且函数文件名与函数名必须一致，即"函数名 . m"；需列出函数与外界交换数据的全部输入输出量，输入输出量的数目不限，少可以为零个，多可以为无限个。

2）与脚本文件运行不同，MATLAB 运行函数文件时，会专门为其开辟一个临时工作区，即函数工作区（Function Workspace），函数运行过程中所有中间变量都存放在函数工作区中。当执行完函数文件最后一条指令后，或遇到 return，结束该函数文件的运行，同时该临时函数工作区及其所有存放的中间变量立即被清除。

注意：函数文件变量不能直接访问基本工作区（Workspace）中的变量，而只能读取函数输入的变量；在调用 M 函数时，实参数不必与函数定义行的形参数同名，但实参数的顺序、个数应与形参数一致，否则会出错。

3）M 函数文件的基本结构。

function［输出变量 1，输出变量 2，…］＝函数名（输入变量 1，输入变量 2，…）

H1 行：以注释符号％开头的第一注释行，需包含函数文件名，并用关键词简要说明函数的功能。

帮助区：以注释符号％开头，通常用来说明函数输入/输出变量的含义。

编写和修改记录：以注释符号％开头，包含编写者姓名、函数编写或修改日期等。

函数体语句：是函数文件的主体部分，是由实现该 M 函数文件功能的一系列指令组成，该部分接受输入量，进行程序流控制，创建输出量。其中也可包含一些必要的注释说明语句段。

4）M 函数文件与脚本文件的主要区别见表 7-5。

表 7-5　M 函数文件与脚本文件的主要区别

脚本式 M 文件	函数式 M 文件
无函数定义行	有函数定义行
无输入和输出量，也不一定要返回结果	可有输入和输出变量，通常有返回结果
在基本工作区中数据操作，运行后变量驻留其中	中间变量存在临时工作区，它随函数运行结束而删除
变量全程有效	局部变量，除非特别声明

2. 全局变量和局部变量

所有全局变量驻留在基本工作区中，程序运行过程中全程有效，所有函数均都可对全局变量进行存取和修改。定义全局变量是函数之间传递信息的手段。

局部变量是仅在函数工作区存取的中间变量，影响仅限于该变量所在的函数本身，因而在某个函数文件中定义的变量不能被另一个函数文件引用。

如果在主程序和函数中或在若干函数中要使用同一变量，则可把该变量定义为全局变量，那么这些函数可以共用这个变量。使用 global 指令定义全局变量。

3. 子函数与主函数

主函数（Primary Function）和子函数（Subfunction）是相对关系。

主函数是 M 函数文件中"与保存文件同名"的函数，是在当前文件夹或搜索路径上列出文件名的函数。主函数可以在命令窗中或其他函数中直接调用，是 M 函数文件中，由第一个 function 引出的函数。

子函数不独立存在，必须与主函数写在同一个 M 文件中。一个 M 文件可含多个函数，第一个为主函数，其他为子函数，每个子函数又可以包含自己的下层子函数，子函数可以被主函数或同一文件其他子函数所调用，调用次序与其位置前后无关。

子函数自身也以"function 定义行"为其首行，主函数与子函数的工作区是彼此独立的，各函数间的信息，或通过输入/输出变量传递，或通过全局变量传递。

【例 7-3】 主函数与子函数示例。

```
function c = testPrimarySubFun(a,b)        % 主函数
% test    主函数调用子函数示例
%       输入 a,b,输出 c
c = test1(a,b) * test2(a,b);
end
function c = test1(a,b)           % 子函数 1
c = a + b;
end
function c = test2(a,b)           % 子函数 2
c = a-b;
end
```

7.2.3 伪代码

伪代码是对实际计算机代码的模仿。伪代码可以为程序内部的注释提供根据。除了提供文档记录之外，伪代码在编写详细代码之前对于一个程序轮廓所进行的描述也很有用。

使用自然语言（如英语）描述算法常常会导致说明过于冗长，同时也易于导致误解，写详细的代码要花费较长的时间，这是因为它也必须遵循 MATLAB 的严格规则。为了避免立即处理可能较为复杂的编程语言语法，用户可以使用伪代码加以代替。在伪代码中，使用自然语言和数学表达式构造一些类似计算机的语句语言，但是，其中并没有详细的语法，伪代码也可以使用一些简单的 MATLAB 语法来解释程序操作。

每条伪代码指令都可能进行了编号，同时它应该是明确并且可计算的。注意：除了在编辑器中之外，MATLAB 并不使用行号。以下以迭代运算为例说明伪代码如何记录算法中所使用的控制结构。

【例 7-4】 计算要使级数 $10k^2 - 4k + 2$，$k = 1, 2, 3, \cdots$ 之和大于 20000 需要多少项相加？这些项之和是多少？

编程分析：用户并不知道需要计算表达式 $10k^2 - 4k + 2$ 多少次，因此在本例中可使用 while 循环语句。

伪代码如下：

Step1：初始化，级数之和 sum = 0、计数器 k = 0

Step2：while 条件（当级数之和小于 20000 时，执行以下操作）

① 将计数器增加 1，即 k = k + 1

② 更新级数和：sum = 10 * k^2 - 4 * k + 2 + sum

Step3：显示计数器的当前值 k，显示级数之和 sum

Step4：结束

程序如下所示：

```
sum = 0;
k = 0;
while sum < 2e + 4
    k = k + 1;
    sum = 10 * k^2 - 4 * k + 2 + sum;
end
disp('The number of terms is:')
disp(k)
disp('The sum is:')
disp(sum)
```

7.2.4 程序设计和开发

用户必须以系统的方式从头开始设计计算机程序来解决复杂问题，这样才能避免浪费时间和在编程的后续部分碰到困难。在本小节中，将说明如何构造和管理这一设计过程。

1. 算法和控制结构

算法是精确定义的并在有限时间内执行某个任务的一串有序指令。有序序列意味着指令可以被编号，但是，算法必须有能力通过使用一个结构（也称控制结构）来改变其指令执行顺序。程序中有三类运算：

1）顺序运算：这些运算是按顺序执行的指令。

2）条件运算：这些运算是控制结构，首先询问一个问题，必须用真（True）假（False）答案进行回答，然后根据答案选择下一条指令。

3）迭代运算（循环）：这些运算是重复执行一批指令的控制结构。

并不是每个问题都可以通过算法来解决，一些算法的解决方案可能会失败，这是因为它们找到答案所耗费的时间过长。

2. 结构化程序设计

结构化程序设计是程序设计的一种方法，用户在其中使用了模块化层次结构（每个模块都有一个输入点和一个输出点），并且在其中，控制将通过结构向上传递给较高层次的结构，其过程并不需要无条件分支。在 MATLAB 中，这些模块可以是内置函数或用户自定义函数。

程序流程控制使用与算法相同的三类控制结构：顺序结构、条件结构和迭代结构。通常，用户可以使用这三类结构编写任何计算机程序。因此，在适合结构化程序设计的语言（如 MATLAB）中，并没有用户可能在 BASIC 和 FORTRAN 语言中所看到的 goto 语句或等效语句，goto 语句容易导致混淆代码。

如果能够正确地使用结构化程序设计，那么将产生易于编写、理解和修改的程序。结构化程序设计的优点如下所示：

1）编写结构化程序较容易，这是因为程序员可以首先研究总体问题，然后详细研究细节问题。

2）为一个应用编写的模块（函数）也可以用于其他的应用（也称可重用代码）。

3）调试结构化程序较容易，这是因为每个模块都被设计成只执行一项任务，因此可以单独进行测试。

4）结构化程序设计在团队环境中非常有效，这是因为多个人可以同时编写一个由多个模块组成的公共程序，每个人只开发其中的一个或多个模块。

5）理解和修改结构化程序较容易，特别是当用户为模块选择了有寓意的名称，并且说明文档可以明确地确定模块任务时。

3. 自顶向下的设计和程序文档

创建结构化程序的一种方法是自顶向下设计，目的是从一开始就在一个非常高的层次上描述一个程序的预定目标，然后重复地将问题分割到更为详细的层次（一次一个层次），直到用户可以足够理解程序结构，从而可以为之进行编码为止。表7-6中总结了自顶向下设计的过程。在步骤4中，用户创建了可以用于获得解的算法。步骤5只是自顶向下设计过程的一部分，在这个步骤中，用户创建了必需的模块，并且对它们分别进行了测试。

表7-6　开发一个计算机解决方案的步骤

步骤序号	步骤内容
1	简明地陈述问题
2	指定程序所使用的数据，这就是"输入"
3	指定程序所产生的信息，这就是"输出"
4	通过笔算或计算器完成解决方案的步骤。如果需要的话，可以使用一个较简单的数据集
5	编写和运行程序
6	用笔算结果检验程序的输出
7	用输入数据运行程序，并且对输出进行准确性检验
8	如果用户在将来使用该程序作为一个通用工具，那么用户必须通过一组合理的数据值来运行它以进行测试，并对结果进行准确性检验

结构图和流程图有助于开发和记录结构化程序。结构图是图形描述，显示了程序的不同部分是如何连接在一起的，这类图在自顶向下设计的初始阶段特别有用。

结构图显示了程序的构成，其中并没有显示出计算和判断过程的细节。例如，用户使用执行特定的、易于确认的任务函数文件来创建程序模块。较大的程序通常由一个主程序组成，主程序可以在需要的时候调用并执行专门任务的模块。结构图则显示了主程序和模块之间的连接。

例如，假设用户希望编写一个游戏（Tic-Tac-Toe，即井字游戏）程序。该程序将需要一个允许玩家输入一次运动的模块、一个修改和显示游戏网格的模块，以及一个包含计算机选择运动策略的模块。图7-6所示为这类程序的结构图。

流程图对于开发和记录包含条件语句的程序很有用，这是因为它们可以显示程序根据条件语句的执行结果而采用的各条路径（也被称为"分支"）。if语句的流程图表示如图7-7所示，流程图中使用菱形符号指示判断点。

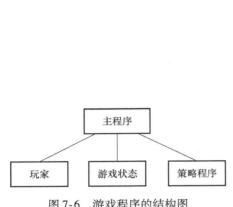

图 7-6 游戏程序的结构图

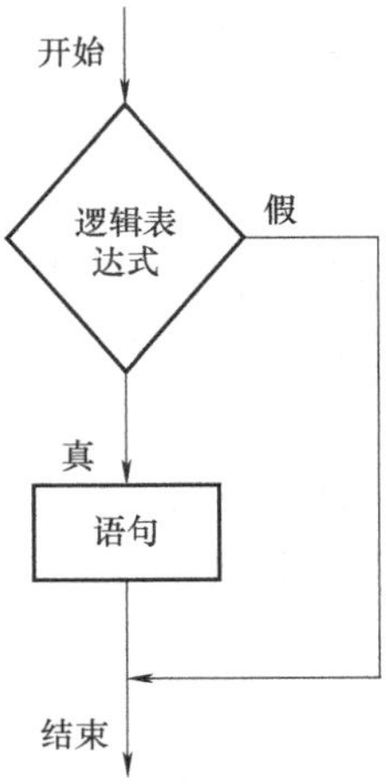

图 7-7 if 语句的流程图表示

结构图和流程图的有效性受限于它们的大小。对于较复杂的大型程序来说，绘制这些图形可能不太实际。但是，对于较小的项目来说，勾画一幅流程图或结构图可能有助于用户在开始编写特定的 MATLAB 代码之前组织思路。本书鼓励用户在解决问题时使用它们。

即使用户编写仅供自己使用的程序，正确地记录程序也非常重要，如需要修改自己的某个程序，那么用户将会发现：如果有段时间没有使用它，通常会很难记起它是如何进行操作的。通过使用以下方法可以实现有效的文档记录。

1）合适地选择变量名，用以反映它们所代表的量。

2）在程序中使用注释。

3）使用结构图。

4）使用流程图。

5）通常在伪代码中尽可能详细地描述程序。

使用合适的变量名和注释，好处在于：它们永远存储在程序中，任何一个获得程序的人都可以看到这类文档，但是，它们通常不提供充足的程序描述。后三种方法可以提供充足的程序描述。

4. 向量化编程

假如把标量看作"单件产品"，那么标量运算相当于"产品的单件生产"，是一种效率低下的生产组织方式；把大量的"单件产品"组织在"流水线"上加工，可以大大提高效率。这种思想在计算程序中的体现，就是"向量化编程"。向量化程序不但可读性好，而且执行速度快。在 MATLAB 中，若想进行高效率的程序开发，应尽量减少采用标量运算表达式，尽可能使用向量化编程，即使用数组/矩阵运算指令替代原先那些包含标量运算表达式的循环语句。下面以算例形式进行说明。

【例 7-5】 在一次配送过程中，路线从起始点到目的地中间经过 6 个路段，可测得每个路段的行驶距离 s 和每个路段的行驶时间 t，根据测得的数据计算各路段的平均行驶速度 iv 和全程平均行驶速度 sv。

本例演示：数组运算符的作用和 sum 指令。

1）非向量化编程。

```
clear
s = [162.7 377.1 489.9 279.2 357.0 204.1];%测得的各路段距离(米)
t = [35 52 67 40 50 25];%测得的各路段行驶时间(秒)
%————————非向量化编程计算各路段上的平均行驶速度 iv————————%
L = length(s);   %路段数
for k = 1:L
    iv(k) = s(k)/t(k);
end
%————————非向量化编程计算全程平均行驶速度 sv————————%
ss = 0;
st = 0;
for k = 1:L
    ss = ss + s(k);
    st = st + t(k);
end
sv = ss/st
sv =
    6.9517
```

2）向量化编程。

```
clear
s = [162.7 377.1 489.9 279.2 357.0 204.1];%测得的各路段距离(米)
t = [35 52 67 40 50 25];%测得的各路段行驶时间(秒)
iv = s./t        %计算各路段的平均行驶速度
sv = sum(s)/sum(t)        %计算全程平均行驶速度 sv

iv =
    4.6486    7.2519    7.3119    6.9800    7.1400    8.1640
sv =
    6.9517
```

显然，非向量化编程中采用循环计算各路段平均行驶速度和全路段平均行驶速度，指令条数更多，而向量化编程中分别采用"数组除"和 sum 函数指令就可以完成计算。MATLAB 程序设计过程中应尽量避免使用循环语句，尤其是 while 循环，因为 while 循环中内存不断重新分配，使得计算速度变慢。若想更熟练得使用向量化编程，用户要不断熟悉数组运算符和 MATLAB 中现成的函数，并尽可能多地采用现成的 MATLAB 函数，从而提高程序的质量（可靠、快速且具有更好的可读性）。

5. M 函数文件的使用

当开发较大规模的程序或软件时，用户可以将程序分为若干个具有特定用途的功能模块，针对各模块编写 M 函数文件，并对各个模块的 M 函数文件进行率先测试，然后通过编写主程序将各个函数文件串联起来。采用 M 函数文件对大规模程序分块各个击破，分块调试，使整个程序化整为零、化繁为简，条理清晰，可读性更好，并且更易于在调试过程中找到可能出问题的地方。

7.3 程序流程控制语句

任何计算机语言都有三种基本程序流程（程序流）控制结构，即：顺序结构（无控制语句）、分支结构（if, switch）和循环结构（for, while）。顺序结构按照顺序从头至尾地执行程序中的各条语句，且一般不包含其他任何子语句或控制语句。例如：

```
n = 0:100;
x = sin(2 * pi * 0.01 * n);
plot(x);
hold on
stem(x,'r');
grid
```

MATLAB 控制程序流分支结构和循环结构的关键词与其他编程语言十分相似，因此，本节仅对各组关键词的用法进行简略描述，并主要通过简单算例进行说明。表 7-7 为本节介绍的 MATLAB 中程序控制结构语句关键字及功能。

表 7-7　MATLAB 中程序控制结构语句关键字及功能

关　键　字	功　　能
if- elseif/else	根据逻辑条件执行一系列运算
switch case - otherwise	根据条件值选择执行的项目
while	根据逻辑条件决定循环的执行次数
for	执行固定的循环次数

7.3.1　if-elseif/else-end 条件分支控制

指令 if-elseif/else-end 为程序流提供一种分支控制，if 语句根据逻辑表达式的值来确定是否执行紧接的语句体，通常适用于分支较少的条件控制语句。常见的调用格式有单分支结构、双分支结构和多分支结构，其表达式见表 7-8。

表 7-8　if-else-end 分支结构的使用方法

	单　分　支	双　分　支	多　分　支
语句格式	if 条件表达式 指令组 end	if 条件表达式 指令组 1 else 指令组 2 end	if 条件表达式 1 指令组 1 elseif 条件表达式 2 指令组 2 ⋮ else 条件表达式 k 指令组 k end

（续）

	单 分 支	双 分 支	多 分 支
说明	当条件表达式给出"逻辑1"时，指令组才被执行	当条件表达式给出"逻辑1"时，指令组1被执行；否则，指令组2被执行	条件表达式1、2……中，首先给出"逻辑1"的那个分支的指令组被执行；否则指令组 k 被执行；此处分支较多，该使用方法常被 switch- case 取代

条件表达式通常是关系、逻辑运算构成的表达式，可以是一个标量、一个向量或者一个矩阵，条件表达式的运算结果是"标量逻辑值 1 或 0"；条件表达式也可以是一般代数表达式，此时，给出的任何非零值的作用等同于"逻辑 1"。另外，在 MATLAB 中条件表达式允许进行数组之间的关系、逻辑运算，若条件表达式给出逻辑数组（或数值数组），则只有当该逻辑数组为全 1（或该数组不包含任何零元素）时，该条件语句控制的分支才执行；若条件表达式为空数组，MATLAB 认为条件为假（False），则该条件语句控制的分支不被执行。

【例 7-6】 程序控制语句示例。

```
A = input('A = ');
B = input('B = ');
if A > B
    display('A larger than B')
elseif A < B
    display('A less than B')
elseif A == B
    display('A equal to B')
else
    error('A and B are different data')
end
A = [1 4];
B = [2 3];
A and B are different data
```

当 A、B 均为数值，或为等维且 A 中所有元素均大于（小于或等于）B 中元素的数组时，执行前面三条指令；当 A、B 为不等维数组，或虽等维，但元素大小比较的结果不一致时（例7-6），执行最后一条错误指令。

MATLAB 允许 if 语句嵌套使用，使用格式为：

if 条件表达式1
指令组1
　　if 条件表达式2
　　指令组2
　　end
end

每条 if 语句必须以关键词 end 结束，end 语句标志着条件表达式"逻辑 1"时所要执行语句的结束。尽管 if 语句允许嵌套使用，但用户有必要在简洁但较难理解的某个程序和使用较多语句的程序之间做出选择，如用户可以用以下简洁程序 1 代替程序 2。

程序 1：

if 条件表达式 1 & 条件表达式 2

指令组 1

end

程序 2：

if 条件表达式 1

    if 条件表达式 2

    指令组 2

    end

end

7.3.2 switch-case 切换多分支控制

除了选择使用 if-elseif-else 命令之外，MATLAB 还提供 switch-case 切换多分支控制结构。处理较多分支转向时，使用 if-elseif-else 不仅表述困难，而且程序的可读性较差，此时建议用户使用 switch-case 控制结构更为合适。switch-case 控制结构的语法是：

switch 输入表达式（标量或者字符串）

case 值 1

指令组 1

case 值 2

指令组 2

⋮

otherwise

指令组 k

end

以上控制结构中的 otherwise 指令可以不出现。

switch-case 结构中输入表达式的值可以是标量或字符串，MATLAB 先计算输入表达式的值，依次与各 case 指令（或值）进行比较。当比较结果为真时，就执行相应语句，再跳出 switch 结构，然后程序将继续执行 end 语句之后的任何语句；若所有 case 的结果都为假，则执行 otherwise 后的语句，再跳出 switch。otherwise 语句是可选的语句，若没有 otherwise 语句，在没有 case 匹配存在的情况下，程序直接跳出 switch 结构执行 end 之后的语句。

若程序中有多条 case 语句为真，MATLAB 只执行第一个匹配的 case 语句。注意，每条 case 语句都必须处在一个单独行上。

【例 7-7】 根据菜单选择显示不同的函数，比较两种分支结构。

switch-case 结构示例：

```
x = menu('波形','正弦','余弦','正切','余切');
switch x
case {1 2}
    ezplot('sin')
```

```
case 3
    ezplot('tan')
case 4
    ezplot('cot')
end
```

if-elseif-else 结构示例:

```
x = menu('波形','正弦','余弦','正切','余切');
if x == 1
    ezplot('sin')
elseif x == 2
    ezplot('sin')
elseif x == 3
    ezplot('tan')
else x == 4
    ezplot('cot')
end
```

注意:case 语句表示多个数的范围用 {} 符号。

7.3.3 循环控制

循环是一个将某个计算重复多次的结构,循环的每一次重复就是一遍循环的执行 (Pass) 过程。尽管 MATLAB 很适宜向量化编程,且在本章前一节程序设计时强调了应采用向量化编程而尽可能少用循环,但循环结构仍然是数据流的基本控制手段,在许多应用程序中不可避免。

1. for 循环和 while 循环

MATLAB 中有两类明确的循环结构:在知道执行循环次数时使用 for 循环;当循环过程必须满足指定条件才终止,而事先并不知道所执行循环的次数时使用 while 循环。for 循环和 while 循环的结构及其使用方式见表 7-9。

表 7-9 循环的结构及基本使用方式

	for 循环	while 循环
语句格式	for ix = m: s: n 或 array 指令组 end	while 逻辑表达式 指令组 end
说明	1) 变量 ix 为循环变量,为 m: s: n(初始值: 步进值: 结束值)形式,或矩阵表达式形式,而 for 与 end 之间的指令组为循环体 2) ix 依次取 array 中的元素,每取一个元素就运行循环体中的指令组一次,直到 ix 达到结束值或大于 array 的最后一个元素跳出循环为止 3) for 循环的次数是确定的	1) 执行每次循环时,只要逻辑表达式为真,即非 0,就执行循环体中的指令组,否则,结束循环 2) while 循环的次数是不确定的

（1）for 循环　for 循环的一个简单示例如下所示：

```
for k =5:10:35
x = k^2
end
```

循环变量 k 的初始值为 5，并且程序使用 x = k^2 计算 x。在每一次连续循环的执行期间，k 都增加 10，并且只有当 k 值超过 35 时，程序才停止计算 x 值。因此，k 的取值分别为 5、15、25 和 35，而 x 的取值则分别为 25、225、625 和 1225。然后，程序继续执行 end 语句之后的语句。

注意，在对循环变量表达式 k = m:s:n 使用 for 循环时应遵循以下规则：

1）步进值 s 可以是负数。例如，k = 10:-2:4 可产生 k = 10、8、6、4。

2）如果省略 s，那么步进值将默认为 1。

3）s 是一个正数时，如果 m 大于 n，语句将不再执行循环。

4）s 是一个负数时，如果 m 小于 n，语句将不再执行循环。

5）如果 m 等于 n，语句将只执行一次循环。

6）如果步进值 s 不是一个整数，那么舍入错误有可能会导致循环执行的次数与预期的次数有所不同。

7）当循环完成时，k 将保持它的最终值。用户不应该在语句内部改变循环变量 k 的值，这么做有可能会导致程序进入死循环，或使程序产生不可预知的结果。

（2）while 循环　当循环过程由于满足了一个指定条件而终止时，程序使用 while 循环，并且用户事先并不知道循环的执行次数。while 循环的典型结构见表 7-9。

运行 while 循环时，MATLAB 首先会测试逻辑表达式的真假，在逻辑表达式中必须包含循环变量。例如，语句 while x ~ = 5 中，x 就是循环变量，如果逻辑表达式为真，则执行循环体中的指令组。要使 while 循环正常运行，必须发生以下两个前提条件：

1）在执行 while 语句之前，循环变量必须有一个值。

2）语句必须以某种方式改变循环变量的值。

在每一次循环执行期间，使用循环变量的当前值执行一次循环体中的指令，循环将持续执行到逻辑表达式为假为止。

while 循环的主要应用：当用户希望只要某个语句为真时，循环就继续进行。通常使用 for 循环较难实现这类任务，例如：

```
x =1;   % 始终确保循环开始之前为循环变量赋值
while x ~ =5
    disp(x)
    x = x +1;
end
```

在每一次循环执行期间，使用循环变量 x 的当前值执行一次循环体中的指令，循环将持续执行直到条件 x ~ =5 为假为止，disp 语句所显示的结果为 1、2、3、4。

在 while 循环体指令中需要包含改变循环变量值的语句，但是在实际程序编写过程中，可能由于改变循环变量的语句不恰当，而导致死循环，例如：

```
x = 8;      % 始终确保循环开始之前为循环变量赋值
while x ~ = 0
x = x-3;
end
```

在这个循环中，变量 x 的取值分别为 5、2、−1、−4……，条件 x ~ = 0 永远为"逻辑1"，所以循环永远不会停止。因此用户在编写 while 循环语句时，需注意改变循环变量的语句是否会导致死循环。

注意：

1）用户并不需要在 for 循环中 m:s:n 语句以及 while 循环中的逻辑表达式之后再放置一个分号来禁止打印。

2）循环结构中，每一个 for 或 while 都要伴随一条 end 语向，end 语句标志着所要执行语句的结束。

3）通常在 M 脚本文件或 M 函数文件中使用 for 或 while 循环的语句，在 M 文件中用户可以随意编辑循环体，对各行语句采用缩进使循环可读性更好。用户也可以在一个命令行上写出循环语句，以 for 循环为例：

```
for x = 0.2:10,y = sqrt(x),end
```

但是，在命令窗这样写出的循环结构可读性差，若按平常习惯进行缩排相对于 M 文件的自动缩排更为麻烦。

用户可以嵌套循环和条件语句，但嵌套时，每条 for 或 while 语句和 if 语句都需要伴随一条 end 指令结束。

传统编程语言中常习惯使用符号 i 和 j 作为循环变量，但由于 MATLAB 使用这些符号作为虚数单位 $\sqrt{-1}$，因此建议用户在 MATLAB 循环结构中尽量不使用 i、j 为循环变量。

2. 辅助控制指令 break 和 continue 语句

break 和 continue 与循环结构 for 和 while 为相关语句，它们一般与 if 配合使用。break 用于终止循环，即跳出当前最内层循环；而 continue 用于跳过后面的语句，继续当前循环层的下一次迭代操作。

在 MATLAB 中，允许 if 语句在循环变量未到达它的终止值之前"跳出"循环。用户可以使用 break 命令（终止循环，但是不会停止整个程序）达到此目的。例如：

```
for k = 1:10
    x = 50-k^2
    if x < 0
        break
    end
    y = sqrt(x)
end
% 如果执行 break 命令,程序执行跳到这里
```

用户通常可以使用 while 循环编写代码，从而避免使用 break 命令。虽然可以用 break 语句停止循环的执行，但有时用户也会有这样一些应用：不希望执行产生错误的情况，但是对

于其余的循环则要继续执行。此时，可以使用 continue 语句达到目的。

【例 7-8】 输出 100 到 200 之间第 1 个能被 7 整除的数。

```
for  k =100:200
    if rem(k,7) ~ =0
        continue
    end
    break
end
disp(['第一个能被 7 整除的数为:', num2str(k)])
```

3. 隐含循环

许多 MATLAB 指令实际包含了隐含循环。例如，以下语句：

```
x =[0:5:100];
y = cos(x);
```

要使用 for 循环达到相同的结果，用户需要输入以下指令：

```
for k =1:21
    x(k) = (k-1) * 5;
    y(k) =cos(x(k));
end
```

MATLAB 中的一些现有函数，如 find，是隐含循环的另一个示例。例如，语句 y = find (x >0) 等效于：

```
m =0;
for k =1: length(x)
    if x(k) >0
        m =m +1;
        y(m) =k;
    end
end
```

用户需要适应 MATLAB 中这种新的问题求解方法，尽可能直接使用 MATLAB 中的现有函数，以充分发挥 MATLAB 软件的计算优势。正如以上示例中所显示的，用户可以通过使用 MATLAB 函数指令（而不是循环）节省许多命令行，同时，由于 MATLAB 是为高速向量计算而设计，这样的程序设计运行速度会更快。

4. 循环嵌套

如果在一个循环结构的循环体内又包括一个循环结构，就称为循环的嵌套，或称为多重循环结构。

【例 7-9】 若一个数等于它的各个真因子之和，则称该数为完数，如 6 = 1 + 2 + 3，所以 6 是完数。求 [1,500] 之间的全部完数。

```
for m =1:500
    s =0;
```

```
for k =1:m/2
    if rem(m,k) ==0
        s = s + k;
    end
end
if m ==s
    disp(m);
end
end
```

7.3.4 使用数组作为循环索引

MATLAB 中允许使用一个矩阵表达式为循环指定所执行的遍数。在这种情况下，循环变量是一个向量，并且在每一遍循环执行期间，MATLAB 都将循环变量设置成等效于矩阵表达式的连续列。例如：

```
A =[1,2,3;4,5,6];
for v =A
    disp(v)
end
```

这等效于：

```
A =[1,2,3;4,5,6];
n =3;
for k =1:n
    v =A(:, k)
end
```

常见的表达式 k = m:s:n 是矩阵表达式的一个特例，此时，表达式的列是标量而不是向量。例如，假设用户希望在 x、y 坐标系中计算从原点到指定的一组 3 个点——（3,7）、（6,6）和（2,8）的距离，用户就可以按如下方式将坐标放在数组 coord 中：

$$\begin{bmatrix} 3 & 6 & 2 \\ 7 & 6 & 8 \end{bmatrix}$$

然后 coord = [3,6,2;7,6,8]。以下程序则计算了距离，并同时确定了离原点最远的那个点。第一次通过循环时，索引 coord 是 [3,7]'；第二次通过循环时，索引是 [6,6]'，在最后一次循环执行期间，索引是 [2,8]'。程序代码如下：

```
k =0;
for coord =[3,6,2;7,6,8]
    k =k +1;
    distance(k) =sqrt(coord' * coord)
end
[max_distance, farthest] =max(distance)
```

7.4　关系操作和逻辑操作

　　MATLAB 中有 6 个关系运算符：< 小于、<= 小于或者等于、> 大于、>= 大于或者等于、== 等于、~= 不等于，可以在数组之间进行比较。使用关系运算符进行比较的结果是 0（如果比较结果是假）或者 1（如果比较结果是真），并且 MATLAB 可以使用这个结果作为一个变量。例如，x=2 且 y=5，那么输入 z=(x<y) 将返回值 z=1；而输入 u=(x==y) 将返回值 u=0。用户也可以不用圆括号将逻辑关系运算括起来，如 z=x<y 或 u=x==y，但很显然使用圆括号时语句的可读性更好。

　　用于比较数组时，关系运算符逐个元素地比较数组，比较的数组必须具有相同的维数。唯一的例外是当用户比较一个数组和一个标量的时候，这时 MATLAB 将数组中的所有元素分别与标量进行比较。例如，假设 x=[6,3,9] 且 y=[14,2,9]，在 MATLAB 中进行以下计算示例。

```
>> x=[6,3,9];y=[14,2,9];
>> z=(x<y)
z =
    1    0    0
>> z=(x~=y)
z =
    1    1    0
>> z=(x>8)
z =
    0    0    1
```

　　关系运算符也可以用于数组寻址。例如，对于 x=[6,3,9] 且 y=[14,2,9]，输入 z=x(x<y) 将找到 x 中那些小于 y 中对应元素的所有元素。结果是 z=6。

　　算术运算符 "+、-、*、/、\" 的优先级高于关系运算符。因此语句 z=5>2+7 等效于 z=5>(2+7)，并且返回结果是 z=0。用户可以使用圆括号来改变优先级顺序，例如，z=(5>2)+7 的计算结果是 z=8。

　　关系运算符之间的优先级相等，并且 MATLAB 按照从左到右的顺序计算它们的值。因此，语句 z=5>3~=1 等效于 z=(5>3)~=1，这两条语句都将返回结果 z=0。

　　在使用由多个字符组成的关系运算符（如 == 或 >=）时，需要注意不可在两个字符之间加入空格。

7.4.1　logical 类和 logical 函数

　　当使用关系运算符（如 x=(5>2)）时，创建了一个逻辑变量（在此处就是 x）。在 MATLAB 的早期版本中，logical 是任何一个数值数据类型的属性。现在，logical 是第一类数据类型和 MATLAB 类，所以 logical 现在等效于其他的第一类数据类型，如字符和单元数组。逻辑变量只可能有值 1（真）和 0（假）。

　　但是，就因为数组中只包含 0 和 1，它不一定是一个逻辑数组。例如，在以下会话中，

k 和 w 的表现相同，而当运行指令 v = x(k) 和 v = x(w) 时，结果却是前者结果为 v = [-2，2]，后者 MATLAB 中则出现一条错误消息，这是由于 k 是一个逻辑数组，而 w 则是一个数值数组。

```
>>x = [ -2:2]
x =
    -2    -1    0    1    2
>>k = (abs(x) >1)
k =
    1    0    0    0    1
>>z = x(k)
z =
    -2    2
>>v = x(k)
v =
    -2    2
>>w = [1,0,0,0,1];
>>v = x(w)
Subscript indices must either be real positive integers or logicals
（下标索引必须为正整数类型或逻辑类型）。
```

用户可以使用关系和逻辑运算符以及 logical 函数创建逻辑数组。logical 函数返回一个可以用于逻辑索引和逻辑测试的数组。输入 B = logical(A) （其中，A 是一个数值数组）将返回逻辑数组 B。所以，若要纠正以上会话中的错误，用户只需在给 w 赋值时，使用语句 w = logical([1,0,0,0,1]) 即可。

当给一个逻辑变量赋予除 1 或 0 之外的某个有限实值时，MATLAB 将把这个值转换为逻辑 1，并且发出一条警告消息。例如，当用户输入 y = logical(6) 时，MATLAB 将给 y 赋值逻辑 1，同时发出一条警告。用户也可以使用 double 函数将一个逻辑数组转换成一个 double 类型的数组。例如，x = (5 >3)；y = double(x)；。一些算术运算可以将一个逻辑数组转换成一个双精度数组。例如，如果通过输入 B = B +0，在 B 的每个元素后面添加 0，那么 MATLAB 将把 B 转换成一个数值（双精度）数组。但是，并非所有定义的数学运算都可用于逻辑变量。例如，以下输入将产生错误消息：

```
>>x = ([2,3] >[1,6]);
>>y = sin(x)
Undefined function sin for input arguments of type logical
（未定义与 'logical' 类型的输入参数相对应的函数 'sin'）。
```

7.4.2　逻辑运算符

MATLAB 中有 5 个逻辑运算符，有时也称它们为布尔（Boolean）运算符，参见表 7-10。这些运算符执行逐元素运算。除了 NOT 运算符（~）之外，它们的优先级比算术和关系运算符都低，优先级参见表 7-11。NOT 符号也被称为否定号。

表 7-10　逻辑运算符

运算符	名　称	说　明
~	非（NOT）	~A 返回一个维数与 A 相同的数组：新数组在 A 为 0 的位置将值换为 1，并且在 A 为非零的位置将值替换为 0
&	与（AND）	A&B 返回一个维数与 A、B 相同的数组：新数组在 A 和 B 都有非零元素的位置将值替换为 1，并且在 A 或 B 为 0 的位置将值替换为 0
|	或（OR）	A｜B 返回一个维数与 A、B 相同的数组：新数组在 A 或 B 中至少有一个元素非零的位置将值替换为 1，并且在 A 和 B 都为 0 的位置将值替换为 0
&&	短路逻辑与	标量逻辑表达式的运算符。如果 A、B 都为真（True），A&&B 返回真（True）；否则，返回假（False）
||	短路逻辑或	标量逻辑表达式的运算符。如果 A 或 B 有一个为真，或者两者都为真（True），A｜｜B 返回真（True）；否则，返回假（False）

表 7-11　运算符类型的优先顺序

优　先　级	运算符类型
第一	圆括号，从最里面的一对圆括号开始计算
第二	算术运算符和逻辑非（~），从左到右计算
第三	关系运算符，从左到右计算
第四	逻辑与
第五	逻辑或

1. ~ 运算符

~ 运算符为"非（NOT）"运算的符号，如果 A 是一个逻辑数组，那么 ~A 将用 0 替换 1，用 1 替换 0。例如，如果 x = [0,3,9] 且 y = [14, -2,9]，那么 z = ~x 将返回数组 z = [1,0,0]，而语句 u = ~x > y 将返回结果 u = [0,1,0]。这个表达式等效于 u = (~x) > y，因此，v = ~(x > y) 的结果则是 v = [1,0,1]。这个表达式等效于 v = x <= y。

2. & 和 ｜运算符

用于比较维数相同的两个数组，或者是用于对一个数组与一个标量进行比较。

& 为"与（AND）"运算的运算符号，A&B 在 A、B 中都是非零元素的位置返回 1，而在 A、B 中任何一个元素为 0 的位置返回 0。详见例 7-10，当两个数组维数不同时，MATLAB 将会报一条错误信息。

【例 7-10】 与运算。

```
>>z = 0&4
z =
     0
>>z = 1&2
z =
     1
>>z = [5, -2,0,0]&[2,3,0,5]
```

```
z =
    1    1    0    0
>>z =[5, -2,0,0]&[2,3,0]
错误使用  &
矩阵维度必须一致。
```

逻辑"与"运算符（&）的优先级低于算术运算符与关系运算符，因此 z = 1&2 + 3 等效于 z = 1&(2 + 3)，返回 z = 1。类似地，z = 5 < 6&1 等效于 z = (5 < 6)&1，返回 z = 1。数组间的运算类似，如有 x = [6,3,8] 且 y = [14,2,8]，a = [4,3,12]，表达式 z = (x > y)&a 的结果是 z = [0,1,0]，表达式 z = (x > y)&(x > a) 返回的结果是 z = [0,0,0]，这等效于 z = x > y&x > a。

注意：当对不等式使用逻辑运算符时，要特别留心其含义，例如，~ (x > y) 等效于 x <= y，而非 x < y。在 MATLAB 中，用户必须将关系式 5 < x < 10 写为 (5 < x)&(x < 10)。

|为"或（OR）"运算的运算符号，A|B 在 A、B 中至少有一个是非零元素的位置返回 1，在 A、B 中元素同为 0 的位置返回 0。当两个数组维数不同时，MATLAB 将会报一条错误信息。

```
>>z =0|4
z =
    1
>>z =1|2
z =
    1
>>z =[5, -2,0,0]|[2,3,0,5]
z =
    1    1    0    1
>>z =[5, -2,0,0]|[2,3,0]
错误使用   |
矩阵维度必须一致。
```

逻辑"或（OR）"运算符（|）处于最低优先级。z = 3 < 5|4 = = 7 等效于 z = (3 < 5)|(4 = = 7)，将返回 z = 1。尤其需要注意，逻辑或的优先级低于逻辑与，因此，z = 1|0&0 等效于 z = 1|(0&0)，返回值为 z = 1，而非 z = (1|0)&0，返回值为 z = 0。

逻辑运算符中"非（NOT）"运算符的优先级最高，其次是与（AND），最后是或（OR）。非（NOT）运算符的优先级高于关系运算，如语句 z = ~3 = = 7|4 = = 6 返回结果为 z = 0，等效于 z = ((~3) = = 7)|(4 = = 6)。

为了避免由于优先级而造成的潜在问题，在包含算术、关系或逻辑运算符的语句中使用圆括号非常重要，即使是在圆括号可选可不选的地方。

3. && 和 ‖短路逻辑运算符

&& 和 ‖运算符对只包含标量值的逻辑表达式执行 AND 和 OR 运算，其运算分别与 & 和 |运算符相似。

7.4.3 逻辑函数

1. 异或函数

xor(A,B) 在 A 和 B 都为非零或都为零的位置返回 0，并且在 A 或 B 中只有一个为非零（并不都是非零）的位置返回 1。用 AND、OR 和 NOT 运算符定义的函数如下所示：

```
Function z = xor(A, B)
Z = (A | B) & ~ (A&B)
```

表达式 z = xor([3,0,6],[5,0,0]) 返回 z = [0,0,1]，而表达式 z = [3,0,6] | [5,0,0] 则返回 z = [1,0,1]。

表 7-12 定义了逻辑运算符和 xor 函数的运算，通常被称为真值表。在用户获得更多使用逻辑运算符的经验之前，用户应该使用这个真值表来检验语句。true 等效于逻辑 1，而 false 则等效于逻辑 0。

表 7-12　真值表

x	y	~ x	x|y	x&y	xor(x,y)
true	true	false	true	true	false
true	false	false	true	false	true
false	true	true	true	false	true
false	false	true	false	false	false

通过构建它的数值等效来验证这个真值表，MATLAB 指令如下。

```
>>x = [1,1,0,0]';
>>y = [1 0 1 0]';
>>Truth_table = [x,y, ~x,x | y,x&y,xor(x,y)]
Truth_table =
     1    1    0    1    1    0
     1    0    0    1    0    1
     0    1    1    1    0    1
     0    0    1    0    0    0
```

2. find 函数

find 函数对于创建判断程序（特别是当程序与关系运算符或逻辑运算符相结合的时候）非常有用。函数 find (x) 计算一个数组，它包含数组 x 中那些非零元素的索引，常与逻辑运算符结合使用，返回数组中逻辑运算为真的索引而不是具体的数值。例如，以下 MATLAB 会话：

```
>>x = [5 -3 0 0 8];
>>y = [2 4 0 5 7];
>>z = find(x&y)
z =
     1    2    5
```

所产生的数组 z = [1 2 5] 表示 x 和 y 中的第 1 个、第 2 个和第 5 个元素都是非零值。在以下会话中，留意 y(x&y) 所获得结果与以上 find(x&y) 所获得结果之间的区别。

```
>>x=[5 -3 0 0 8];
>>y=[2 4 0 5 7];
>>values_y=y(x&y)
values =
        2    4    7
>>values_x=x(x&y)
values_x =
        5    -3    8
```

因此，数组 x、y 中有 3 个元素对均为非零值，对应于数组 x、y 中的第 1 个、第 2 个和第 5 个元素，其中，y 中对应的值分别为 2、4 和 7，x 中对应的值分别为 5、−3、8。

在上述示例中，数组 x 和 y 中只有几个数字，用户可以通过目测得到答案。但是，对于 MATLAB 中涉及的数据量大、数组维数多、目测得到答案不仅费时而且易于出错时，或者涉及由程序内部产生的中间变量，find 函数以及 MATLAB 中的其他逻辑函数将发挥重要作用。表 7-13 列出了一些有用的逻辑函数。

表 7-13 逻辑函数

逻辑函数	定　义
all(x)	返回一个标量，如果向量 x 中的所有元素都为非零元素，这个标量的值为 1；否则，值为 0
all(A)	返回一个行向量，它的列数与矩阵 A 的列数相同并且只包含 1 和 0，其值取决于 A 的对应列是否都是非零元素
any(x)	返回一个标量，如果向量 x 中有任意一个元素为非零元素，这个标量的值为 1；否则，值为 0
any(A)	返回一个行向量，它的列数与矩阵 A 的列数相同并且只包含 1 和 0，其值取决于矩阵 A 的对应列是否包含非零元素
find(A)	计算一个数组，它包含数组 A 中那些非零元素的索引
[u,v,w] = find(A)	计算数组 u 和 v，u 和 v 分别包含数组 A 中非零元素的行索引和列索引；同时计算数组 w，w 中包含非零元素的值。数组 w 也可以省略
finite(A)	返回一个维数与 A 维数相同的数组，在 A 中元素为有限值的地方，值为 1；否则，值为 0
ischar(A)	如果 A 是一个字符数组，返回 1；否则，返回 0
isempty(A)	如果 A 是一个空矩阵，返回 1；否则，返回 0
isinf(A)	返回一个维数与 A 维数相同的数组，在 A 中元素为 inf 的地方，值为 1；否则，值为 0
isnan(A)	返回一个维数与 A 维数相同的数组，在 A 中元素为 NaN 的地方，值为 1；否则，值为 0（NaN 代表"不是一个数"，这意味着一个不明确的结果）
isnumeric(A)	如果 A 是一个数值数组，返回 1；否则，返回 0
isreal(A)	如果 A 中并没有一个元素具有虚部，返回 1；否则，返回 0
logical(A)	将数组 A 中的元素转换为逻辑值
xor(A, B)	返回一个维数与 A 和 B 维数相同的数组：在 A 或 B 中非零元素（但不是都为非零值）的地方，新数组的值为 1；在 A 和 B 中元素都为非零值或都为零值的地方，新数组的值为 0

7.4.4 使用逻辑数组访问数组

当使用逻辑数组寻址另一个数组时，MATLAB 会从那个数组中提取逻辑数组有 1 那个位置中的元素。所以，输入 A(B)（其中，B 是一个与 A 维数相同的逻辑数组）将返回 A 在 B 中为 1 的索引处的对应值。如以下会话中，用逻辑数组指定提取数组对角元素，只需将逻辑数组中的对角元素值赋为真（逻辑 1），其他值为假（逻辑 0），即可通过该逻辑数组指定提取数组中的对角元素。

```
>>A=[1 2 3;4 5 6;7 8 9];
>>B = logical(eye(3))
B =
    1    0    0
    0    1    0
    0    0    1
>>C = A(B)
C =
    1
    5
    9
```

用户需特别注意，eye(3) 产生的是一个对角数值数组，若使用语句 C = A(eye(3))，MATLAB 将产生一条错误信息，这是由于数值数组并不能像逻辑数组一样对应于 A 数组中的位置。若要使用数值数组提取元素，则数值数组中的值必须对应于数组中的有效的位置。例如，要用数值数组提取 A 的对角元素，可以输入 C = A([1,5,9])。

当使用索引赋值时，桌面将保留 MATLAB 数据类型。所以，现在的 logical 是一个 MATLAB 数据类型，如果 A 是一个逻辑数组，如 A = logical(eye(4))，那么输入 A(3,4) =1 并不会把 A 变为一个双精度数组。但是，输入 A(3,4) =5 可把 A(3,4) 设置为逻辑 1，但此时 MATLAB 会发出一条警告。

在程序流程控制语句中，通常可以通过使用逻辑数组作为掩码（即选择另一个数组的元素）来避免使用循环和分支，从而使用户可以创建更简单和更快捷的程序。数组中，没有选中的任何元素都将保持不变。

7.5 MATLAB 程序调试

一般来说，应用程序的错误有两类：一类是语法错误，另一类是运行时的错误。

语法错误包括词法或文法的错误，如圆括号或逗号缺失、函数名的拼写错误、表达式书写错等，MATLAB 的查错能力较强，对于这一类错误，MATLAB 会直接报告。

运行时错误是由于不正确的数学过程所造成的错误，也称为程序逻辑错误，包括运行过程中"死机"或溢出、矩阵或数组维度不匹配或维度超出、被 0 整除、无穷大数造成的计算错误等，这类错误与程序本身无关，MATLAB 在运行程序过程中难以准确报告。用户在编写程序过程中可以在可能异常地方提供识别语句，如 isinf、isnan、isempty 等，以避免 inf，

NaN 或空矩阵等情况。当语法没有出错，而程序不能顺利运行或得不到正确结果时，可能是存在此类错误，一般需要调试，通常除了仔细检查外，建议使用调试命令。

编辑器的五大功能区"文件""导航""编辑""断点"和"运行"分别存放着同类功能或属性的功能按钮。只需将鼠标指针停留在工具栏的某个按钮上，用户就可以了解它的功能。

要打开一个现有的文件，用户可以在"编辑器""文件"功能区中单击"打开"选项，输入文件名，或者使用浏览器选中它，编辑器将被打开。在编辑器中，用户一次可以打开多个文件，如果一次打开多个文件，那么每个文件都会在窗口的顶部有个标签。单击某个标签，就可以激活那个文件对其进行编辑和调试。

7.5.1　断点功能区

断点功能区中的选项主要用来设置或清除断点（breakpoint）。

1. "设置"/"清除" 及 "清除全部"命令

用户可以在"断点"│"断点"菜单中选择 "设置"/"清除"命令来设置或清除断点。在设置了断点后，"断点"菜单还允许用户清除所有的断点，选中"清除全部"命令即可。要设置断点，可以将光标放到文本行然后选择"断点"│"设置"/"清除"命令。文本行旁边的红色圆圈用来指出是在哪一行设断点，如果选中作为断点的文本行是不可执行的语句，那么就在可执行的下一个命令设置断点。脚本文件调试过程中，程序运行至断点处将暂停运行，此时用户可通过移动光标至"设置"/"清除"断点。

MATLAB 调试代码最经典的最常用的就是断点调试法，大部分调试会话都是从设置断点开始的。在可能出现错误的语句前后设置断点，使程序运行至断点指定行停止执行 M 文件，并且允许用户在恢复执行之前查看或修改函数工作区中的值，或通过 datatip（数据提示）查看变量的值。对 M 函数文件，工作区不存储函数文件中的变量，此时用户只允许通过使用 datatip（数据提示）查看变量的值，如图 7-8 所示，以检查变量中是否出现导致运行错误的值。

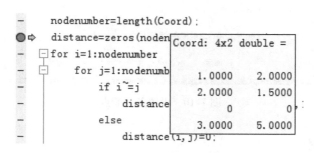

图 7-8　datatip（数据提示）

datatip 是当用户将光标放在一个变量的左边时出现的一个窗口。在用户移动光标之前，变量的值仍然在看得见的地方。在调试模式中，datatip 总是打开的。但是，在编辑模式中datatip 默认情况下总是被关闭。用户也可以通过使用"主页"│"环境"│"预设"按钮 （或在命令窗口中输入 preferences 命令），勾选"在编辑模式下启用数据提示"选项来打开它们，如图 7-9 所示。此外，对于 M 脚本文件用户还可以在工作区窗口中双击变量名以打开数组编辑器，在数组编辑器中查看数组的值。

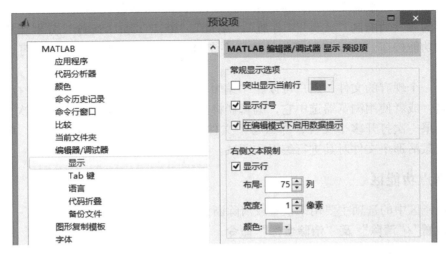

图 7-9　在编辑模式下启用数据提示

2. "断点"菜单的其他命令

"断点"菜单还允许用户在程序产生了一条警告、一个错误、一个 NaN 或一个 inf 值时，中断 M 文件的执行，可通过选中"出现错误/警告时停止"（Stop if Errors Wamings）某单项来实现。

另外，通过"启用/禁止"命令来启用或禁止当前行上的断点；通过"设置条件"命来设置或修改条件断点，如图 7-10 所示，这些命令都使程序的调试和运行分析工作更加方便。

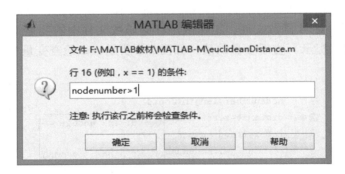

图 7-10　设置条件断点

7.5.2　运行功能区

在编辑器窗口调试单个 M 文件时，用户可使用运行功能区中的"运行并前进""运行节"和"前进"按钮，在已经设置了断点和运行文件之后，单步执行用户的文件。单击"运行并前进"按钮 ![icon] 运行当前节并进到下一节，单击"运行节"按钮 ![icon] 运行当前节，查看一次只执行一步的脚本执行。然后，单击"前进"按钮 ![icon] 前进到下一节。单击"运行"按钮 ![icon] 或其菜单项可以运行整个 M 文件，对程序和脚本进行全程执行和调试，单击"运行和计时"按钮 ![icon]，运行程序并弹出"探查器"窗口，计算程序各段运行时间。

编辑器停靠在主菜单，运行调用了多个 M 文件的程序时，功能区选项与在编辑器中调式单个 M 文件略有不同，单击运行主程序进入程序调试，之后用户可有以下多种选择：

1）编辑器选项卡中 ▷ 变为 ▷▷ 继续按钮，单击"继续"按钮程序将直接运行至下一处断点处或若后面未设置断点则运行至程序结束。

2）单击 ⬛ "步进"按钮，程序仅运行至下一行。

3）单击 ⬛ "运行至光标处"按钮，程序运行至光标停放处。

在调用另一个 M 文件的代码行之前暂停执行时，允许用户单击"步入"按钮 ⬛，MAT-LAB 将自动打开调用的 M 文件，并且绿色箭头将停靠在该 M 文件的第一行代码处；同样 MATLAB 允许用户单击"步出"按钮 ⬛，回到上一级 M 文件的调试。

命令行文本左边的深绿色箭头指示所要执行的下一个命令行。当这个箭头改变为浅绿色箭头时，MATLAB 控制现在就处在正在被调用的函数之中。在函数完成它的操作之后，执行返回到具有深绿色箭头的命令行。在执行暂停或者函数完成了操作的下一个命令行处，箭头变成黄色。当程序暂停时，用户可以使用命令行或数组编辑器给一个变量赋予新值。

要保存用户已经对程序所做的任何修改，首先要退出调试模式，返回到正常的状态，然后保存文件。

7.5.3 查找故障

编辑器/调试器对于纠正运行时错误非常有用，这是因为它们允许用户访问函数工作区并且检查或修改其中包含的值。下面将单步执行一个示例调试会话。尽管这个示例的 M 文件比大部分的 MATLAB 代码都简单，但是这里所说的调试概念却可以推广应用。

首先，创建一个名为 fun1. m 的 M 文件，它接受一些输入向量并且返回向量中那些大于平均值（均值）的数量值。这个文件调用另一个名为 fun2. m 的 M 文件，fun2. m 文件在给定向量以及平均值的情况下，计算向量中大于平均值的值的数量。

按以下所示代码创建 fun1. m 文件，并且人为地设置一个故障。

```
function y = fun1(x)
avg = sum(x)/length(x);
y = fun2(avg, x);
end
```

然后，创建文件 fun2. m 如下：

```
function above = fun2(x, avg)
above = length( find(x > avg));
```

使用一个可以通过手算的简单测试示例。例如，使用向量 $v = [1,2,3,4,10]$。它的平均值是 4，并且其中包含一个大于平均值的 10。现在，调用函数 fun1 来对它进行测试。

```
>> above = fun1([1,2, 3,4,10])
```

至少有一个函数（fun1. m 或 fun2. m）的运行有错误。本书将使用编辑器/调试器图形界面来查找错误。用户还可以通过命令提示符使用调试函数。

如果用户已经使用编辑器创建了这两个 M 文件，那么也可以就此继续。如果用户已使用一个外部的文本编辑器来创建这两个 M 文件，那么启动编辑器，然后打开这两个 M 文件，用户将看到编辑器的顶部有两个标签，分别名为 fun1. m 和 fun2. m。使用这些标签可以在这两个文件之间进行切换。

1. 设置首选项

要为编辑器/调试器设置首选项，可以通过"主页"|"环境"|"预设"按钮来进行，这将打开有多个选项的对话框。除了 7.5.2 小节提到的在"显示"首选项的下面，用户可以选择显示或不显示行号和"数据提示"外，在"键盘"首选项的下面，用户可以选择编辑器在编辑的时候使用圆括号匹配。这两个选项非常有用。

2. 设置断点

在开始调试会话时，用户并不知道错误在哪里。插入一个断点的合理位置应该是在 fun1. m 中平均值计算的后面。进入 fun1. m 的编辑器调试器窗口，并且通过使用工具栏上 Set Breakpoint 按钮在第 3 行上 y = fun2(avg,x) 设置一个断点。行的左边指出了行号，注意：要了解变量 avg 的值，用户必须在计算 avg 值后的任何一行中设置断点。

3. 检查变量

要运行程序到断点之处并检验感兴趣的值，首先要通过输入 fun1([1,2,3,4,10]) 来从命令窗口执行该函数。当 M 文件执行到一个断点处暂停时，文本左边的绿色箭头就会指出将要执行的下一个命令行，通过高亮地显示变量名，然后右击，在弹出的快捷菜单中选中 Evaluate Selection 命令来对 avg 的值进行检查。现在，用户应该看到命令窗口中显示出 avg = 4。由于这个 avg 值是正确的值，因此错误必定存在于第 3 行中对 fun2 函数的调用中，或者存在于 fun2. m 文件中。

注意：提示符已经变为 K >>，这代表"键盘"（keyboard），使用这个提示符，用户可以在不打断程序执行的情况下，从命令窗口中输入命令。假设用户已经发现一个函数的输出不正确，要继续进行调试，用户就可以在 K >> 提示符处输入变量的正确值。

4. 检查工作区

在命令窗口中输入 whos 或者使用工作区窗口来检查工作区的内容。用户在当前会话中已创建的任何变量都会出现在列表中，列表中显示出各个变量的基本参数和属性，打开其中一个变量，在命令窗口/数组编辑器中查看该变量的值。

注意：变量 agv 和 x 并不会出现，这是因为它们是函数 fun1 的局部变量。

类似地，用户要看到 fun1. m 工作区中的内容，可以从 Stack 菜单选中 fun1，并且在令窗口中输入 whos。然后就将看到窗口中显示了局部变量 avg 和 x。

5. 单步执行代码和继续执行

通过将光标放在命令行上，并同时单击"设置清除"命令，就可以清除 fun1. m 中第 3 行上的断点。通过单击"运行"|"前进"按钮，就可以继续执行 M 文件，打开 fun2. m 文件，并且在第 2 行处设置一个断点，查看程序是否将 x 和 avg 的正确值传递给了函数。在命令窗口中，输入 above = fun1([1,2,3,4,10])。高亮显示第 2 行表达式中的变量 x：above = length(find(x > avg))；，在命令窗口中输入 x，按〈Enter〉键。用户就将在命令窗口中看到 x = 4。这个值是不正确的结果，这是因为 x 应该是 [1,2,3,4,10]。现在，用相同的方法了解第 2 行中变量 avg 的值，用户应该在命令窗口中看到 avg = [1,2,3,4,10]，这个值也是不正确的结果，这是因为 avg 应该等于 4。

所以，在 fun1.m 程序第 3 行的函数调用中颠倒了 x 和 avg 的值，这一行应该是 y = fun2 (x,avg)。清除所有的断点，退出调试模式。编辑命令行并纠正错误、保存文件，然后再次运行测试示例。用户此时应该得到正确的答案。

7.5.4　循环调试示例

循环（如 for 和 while 循环）没有执行正确的次数，这是一种常见的错误。以下函数文件 invest.m（其中有一个人为设置的故障）试图计算一个储蓄账户中积累的钱数。如果第 k 年年终存款的钱数为式 x(k)，k = 1,2,3,…（那一年的利息计算并不包含在这个钱数之中），那么这个账户每年提取的利息复合利率是 r%。

```
function z = invest(x,r)
z = 0;
y = 1 + 0.01 * r
for k = 1:length(y)
z = z * y + x(k);
end
```

要检验这个函数，可以使用以下测试示例，然后用户就可以很容易地通过手算计算结果。假设用户 3 年之内在一家支付 10% 年利息的银行里分别存储了 1000 元、1500 元和 2000 元。在第一年的年终，储蓄额将为 1000 元，在第二年的年终，储蓄额将为（1000 × 1.1 + 1500）元 = 2600 元，而在第 3 年的年终，储蓄额将为（2600 × 1.1 + 2000）元 = 4860 元。在创建并且保存了函数 invest.m 之后，用户就可按如下方式在命令窗口中调用函数：

```
>>total = invest([1000,1500,2000],10)
total =
    1000
```

这个结果并不正确（答案应该是 4860 元）。要查出错误，可以在第 5 行（即 z = z * y + x(k);）上设置一个断点，并通过输入 total = invest([1000,1500,2000],10) 来从命令窗口中运行该函数。在断点处，程序停止执行。检查 z、y 和 k 的值，这些值分别是 z = 0、y = 1.1 和 k = 1，这是正确的运行值。接下来，单击"运行"|"运行节"按钮。绿箭头移到了包含 end 语句的文本行。再检查变量的值，它们是 z = 1000 和 k = 1，这也是正确的运行值，再次单击"运行"|"运行节"按钮，并且再对 z 和 k 的值进行检查。它们仍然是 z = 1000 和 k = 1，这还是正确的运行值。最后，再次单击"运行"|"运行节"按钮，并且再次检查 z 和 k 的值。用户就应该在命令窗口中看到以下内容：

```
K >> z??? Undefined function or variable y(未定义的函数或变量 z。)
K >> k??? Undefined function or variable k. (未定义的函数或变量 k。)
```

因此，程序只经过一次循环，而不是 3 次循环，错误在于 k 的上限，它应该是 length(x) 而不是 length(y)。

习　　题

7-1　假设 x = [-3,0,0,2,5,8] 且 y = [-5, -2,0,3,4,10]。通过笔算得到以下运算结

果，并使用 MATLAB 计算机运算验证计算结果：

1）z = y < ~ x。

2）z = x&y。

3）z = x│y。

4）z = xor(x,y)。

7-2　在 MATLAB 中使用一个循环，计算如果用户最初在一个银行账户中存储 10 000 元，并且在每年的年终再存储 10 000 元（银行每年支付 6% 的利息），那么账户上要积累 1 000 000 元需要多长时间。

7-3　一家特定的公司生产和销售高尔夫手推车。每到周末，公司都将那一周所生产的手推车转移到仓库（库存）之中，卖出的所有手推车都从库存中提取，这个过程的一个简单模型为：

$$I(k + 1) = P(k) + I(k) - S(k)$$

其中：$P(k)$ 为第 k 周生产的手推车数量；$I(k)$ 为第 k 周库存中的手推车数量；$S(k)$ 为第 k 周卖出的手推车数量。表 7-14 为 10 周计划中的每周销售额。

表 7-14　10 周计划中的每周销售额　　　　　　　　　　　　（单位：辆）

周次	1	2	3	4	5	6	7	8	9	10
销售额	50	55	60	70	70	75	80	80	90	55

假设每周的产量都基于前一周的销售额，所以有 $P(k) = S(k - 1)$。假设第 1 周的产量为 50 辆手推车，即 $P(1) = 50$ 辆。

编写一个 MATLAB 程序，计算 10 周之内每周库存中的手推车数量，或者计算手推车库存数量减少到 0 的时间，并同时绘制图形。针对以下两种情况运行该程序：

1）初始库存为 50 辆手推车，即 $I(1) = 50$ 辆。

2）初始库存为 30 辆手推车，即 $I(1) = 30$ 辆。

第 8 章

MATLAB 符号处理

符号运算工具箱将符号计算和数值计算在形式和风格上进行统一。MATLAB 提供了强大的符号运算功能，可以代替其他的符号运算专用计算语言。MATLAB 符号计算的功能包括以下几个方面：

1）计算：微分、积分、求极限、求和及泰勒展开等。

2）线性代数：矩阵求逆、计算矩阵行列式、特征值、奇异值分解和符号矩阵的规范化。

3）化简：化简代数表达式。

4）方程求解：代数方程和微分方程的求解。

5）特殊的数学函数：经典应用数学中的特殊方程。

6）符号积分变换：傅里叶变换、拉普拉斯变换、z 变换以及相应的逆变换。

另外，MATLAB 也与其他语言有良好的接口和交互性。

8.1 符号运算简介

本节介绍符号运算的基本知识，包括符号对象的属性、符号变量、符号表达式和符号方程的生成等基本符号操作。

8.1.1 符号对象

符号对象是符号工具箱中定义的另一种数据类型。符号对象是符号的字符串表示。在符号工具箱中符号对象用于表示符号变量、表达式和方程。下例说明了符号对象和普通的数据对象之间的差别。

【例 8-1】 符号对象和普通数据对象之间的差别。

在命令窗口中输入如下命令：

```
>> sqrt(2)
ans =
    1.4142
>> x = sqrt(sym(2))
x =
    2^(1/2)
```

由本例可以看出，当采用符号运算时，并不计算出表达式的结果，而是给出符号表达。

如果要查看符号 x 所表示的值，在窗口中输入如下命令：

```
>>double(x)
ans =
        1.4142
```

另外，对符号进行的数学运算与对数值进行的数学运算并不相同，参看例8-2。

【例8-2】 符号运算和数值运算之间的差别。

```
>>sym(2)/sym(5)
ans =
        2/5
```

两个符号进行运算，结果为分数形式。继续输入如下命令：

```
>>2/5 +1/3
ans =
        0.7333
>>sym(2)/sym(5) +sym(1)/sym(3)
ans =
        11/15
>>double(sym(2)/sym(5) +sym(1)/sym(3))
ans =
        0.7333
```

由本例可以看出，当进行数值运算时，得到的结果为 double 型数据；采用符号进行运算时，输出的结果为分数形式。

本节介绍的仅仅是关于符号的初级知识，关于符号的更多用法和性质，会在后面的章节中依次介绍。

8.1.2 符号变量和符号表达式的生成

MATLAB 中有两个函数用于生成符号变量和符号表达式。这两个函数为 sym 和 syms，分别用于生成一个或多个符号对象。

1. sym 函数

sym 函数可以用于生成单个符号变量。在 8.1.1 小节中已经初步涉及 sym 函数，本节将详细介绍该函数。该函数的调用格式有以下几种：

1）S = sym(A)，如果参数 A 为字符串，返回的结果为一个符号变量或一个符号数值；如果参数 A 为数字或矩阵，返回结果为该参数的符号表示。

2）x = sym('x')，该命令用于创建一个符号变量，该变量的内容为 x，表达为 x。

3）x = sym('x','real')，指定符号变量 x 为实数。

4）x = sym('x','unreal')，指定 x 为一个纯粹的变量，而不具有其他属性。

5）S = sym(A,flag)，其中参数 flag 可以为'r'、'd'、'e'或'f'中的一个。该函数将数值标量或矩阵转换为符号变量，该函数的第二个参数用于指定浮点数的转换方法，该参数各个取值的意义见表8-1。

表 8-1 flag 参数的可选值及其意义

参　数	意　义
r	有理数
d	十进制数
e	估计误差
f	浮点数，将数值表示为 '1. F * 2^(e) 或 -1. F * 2^(e) 的格式，其中 F 为 13 位十六进制数，e 为整数

【例 8-3】 用 sym 函数生成符号表达式 $b\sin(x) + ae^x$。

采用两种方法生成，首先使用逐个变量法。在命令窗口中输入：

```
a = sym('a');
b = sym('b');
x = sym('x');
e = sym('e');
f = a * e^x + b * sin(x)
f =
    b * sin(x) + a * e^x
```

其次采用整体定义法：

```
f = sym('a * e^x + b * sin(x)')
f =
    b * sin(x) + a * e^x
```

由本例可以看出，在使用 sym 函数整体定义法时，先将整个表达式用单引号括起来，再利用 sym 函数定义，得出与单独定义相同的结果，同时减少了输入。

2. syms 函数

syms 函数用于一次生成多个符号变量，但是不能用于生成表达式。该函数的调用格式如下：

1）syms arg1 arg2..., 定义多个符号变量，该命令与 arg1 = sym('arg1'); arg2 = sym('arg2');... 的作用相同。

2）syms arg1 arg2 ... option, option 可以是 real、unreal 等，将定义的所有符号变量指定为 option 定义的类型。

syms 函数的输入参数必须以字母开头，并且只能包括字母和数字，该函数的具体用法见例 8-4。

【例 8-4】 用函数 syms 定义符号变量。

```
syms a b
f = a + b
f =
    a + b
>> syms 5
Error using syms > getnames (line 95)
```

```
Not a valid variable name.
>> syms x y f1
```

在上面的代码中，第 1 条语句同时定义了两个符号变量；第 2 条语句定义了 1 个符号表达式；在第 3 条语句中，由于指定的变量名为数字，因此系统提示出错；第 4 条语句定义了 3 个符号变量，其中第 3 个变量的变量名以字母开始，含有数字但同样可行。

MATLAB 中一种特殊的符号表达式为复数，创建复数符号变量可以有两种方法：直接创建法和间接创建法。下面以例 8-5 说明复数符号变量的创建。

【例 8-5】 复数符号变量的创建。

在命令窗口中输入如下命令：

```
z = sym('x + i * y')
z =
    x + y * i
expand(z^2)
ans =
    x^2 + x * y * (2 * i)-y^2
abs(z)
ans =
    abs(x + y * i)
```

在上面的代码中，以直接方法创建了一个复数符号变量 z，并对该变量进行计算。采用下面的方式同样可以创建复数符号变量：

```
clear
syms x y real
z = x + y * i
abs(z)
ans =
    abs(x + y * i)
```

比较上述两段代码可以看出，这两种方法创建的复数变量的结果相同。

8.1.3 findsym 函数和 subs 函数

本小节介绍两个非常重要的函数：findsym 函数和 subs 函数。

1. findsym 函数

该函数用于确定表达式中的符号变量，见例 8-6。

【例 8-6】 通过 findsym 函数确定表达式中的符号变量。

```
syms a b c x
f = a * x^2 + b * x + c
f =
    a * x^2 + bx + c
findsym(f)
```

```
ans =
    a,b,c,x
a1 =1;b1 =2;c1 =1;
>> g =a1 * x^2 +b1 * x +c1
g =
    x^2 +2 * x + 1
findsym(g)
ans =
    x
```

在本例中，表达式 f 中包含 4 个符号变量，表达式 g 中包含 1 个符号变量，其他变量为普通变量。

findsym 函数通常由系统自动调用，在进行符号运算时，系统调用该函数来确定表达式中的符号变量，执行相应的操作。

2. subs 函数

subs 函数可以将符号表达式中的符号变量用数值代替。该函数的具体用法见例 8-7。

【例 8-7】 subs 函数的用法。

```
f = sym('x +sin(x)')
f =
    x + sin(x)
subs(f,pi/4), subs(f,pi/2)
ans =
    1.4925
ans =
    2.5708
```

在本例的代码中，使用 subs 函数将表达式 f 中的符号变量 x 用数值代替，计算表达式的值。如果表达式中含有多个符号变量，在使用该函数时，需指定需要代入数值的变量，见例 8-8。

【例 8-8】 subs 函数在多符号变量表达式中的应用。

```
f =sym('x^2 +y^2')
f =
    x^2 +y^2
g =subs(f,x,3)
g =
    y^2 +9
subs(g,4)
ans =
    25
```

在本例中，首先创建了抛物面的符号表达式，继而求解当 x =3、y =4 时该表达式的值。在使用 subs 函数时，每次只能代入一个变量的值，如果需要代入多个变量的值，可以分步进行。

在对多变量符号表达式使用 subs 函数时，如果不指定变量，系统选择默认变量进行计算。默认变量的选择规则为：对于只包含一个字符的变量，选择靠近 x 的变量作为默认变量；如果有两个变量和 x 之间的距离相同，选择字母表后面的变量作为默认变量。比如，继续在命令窗口中输入下面的代码：

```
h = subs(f,3)
h =
    y^2 +9
subs(h,4)
ans =
    25
```

得到的结果与例 8-8 相同。

8.1.4　符号和数值之间的转换

在 8.1.2 节中已经介绍了 sym 函数，该函数用于生成符号变量，也可以将数值转换为符号变量，转换的方式由参数 flag 确定。flag 的取值及具体意义在 8.1.2 节中已经叙述过，这里不再赘述，仅以下面的例子介绍具体结果。

【例 8-9】　使用 sym 函数将数值转换为符号变量时的参数结果比较。

```
clear
t = 0.2;
sym(t)
ans =
    1/5
sym(t,'r')
ans =
    1/5
sym(t,'f')
ans =
    3602879701896397/18014398509481984
sym(t,'d')
ans =
    0.20000000000000001110223024625157
sym(t,'e')
ans =
    eps/20 + 1/5
```

在本例的代码中，可以看出：sym 的默认参数为 r，即有理数形式。sym 函数的另一个重要作用是将数值矩阵转换为符号矩阵，见例 8-10。

【例 8-10】　将数值矩阵转换为符号矩阵。

```
A = magic(3)/10
A =
    0.8000 0.1000 0.6000
```

```
    0.3000 0.5000 0.7000
    0.4000 0.9000 0.2000
sym(A)
ans =
    [ 4/5, 1/10, 3/5]
    [3/10, 1/2, 7/10]
    [ 2/5, 9/10, 1/5]
```

8.1.5 任意精度的计算

符号计算有一个非常显著的特点：在计算过程中不会出现舍入误差，从而可以得到任意精度的数值解。如果希望计算结果精确，可以用符号计算来获得符合用户要求的计算精度。符号计算相对于数值计算而言，需要更多的计算时间和存储空间。

MATLAB 工具箱中有三种不同类型的算术运算：

1）数值型：MATLAB 的浮点数运算。

2）有理数类型：Maple 的精确符号运算。

3）VPA 类型：Maple 的任意精度算术运算。

看看下面的代码：

```
format long
1/2 +1/3
ans =
    0.833333333333333
```

得到浮点运算的结果。

```
sym(1/2) +1/3
ans =
    5/6
```

得到符号运算的结果。

```
digits(25)
vpa('1/2 +1/3')
ans =
    0.8333333333333333333333333
```

得到指定精度的结果。

在三种运算中，浮点运算的速度最快，所需的内存空间最小，但是结果的精确度最低。双精度数据的输出位数由 format 命令控制，但是在内部运算时，采用的是计算机硬件所提供的八位浮点运算。而且在浮点运算的每一步，都存在舍入误差，比如上面的运算中存在三步舍入误差：计算 1/3 的舍入误差、计算 1/2 +1/3 的舍入误差，以及将最后结果转换为十进制输出时的舍入误差。符号运算中的有理数运算，其时间复杂度和空间复杂度都是最大的。但是，只要时间和空间允许，就能够得到任意精度的结果。可变精度的运算速度和精确度均位于上述两种运算之间。具体精度由参数指定，参数越大，精确度越高，运行越慢。

8.1.6 创建符号方程

1. 创建抽象方程

MATLAB 中可以创建抽象方程，即只有方程符号，没有具体表达式的方程。创建方程 f (x)，并计算其一阶微分的方法如下：

```
>> f = sym('f(x)');
>> syms x h;
>> df = (subs(f,x,x+h)-f)/h
df =
    (f(h + x) - f(x))/h
```

抽象方程在积分变换中有着很多的应用。

2. 创建符号方程

创建符号方程的方法有两种：利用符号表达式创建和通过 M 文件创建。下面分别介绍这两种方法。

首先，介绍利用符号表达式的方法，即可以先创建符号变量，通过符号变量的运算生成符号函数，也可以直接生成符号表达式，见例 8-11。

【例 8-11】 利用符号表达式创建符号方程。

```
syms a b x
f = a * sin(x) + b * cos(x)
f =
    b * cos(x) + a * sin(x)
g = sin('x^2 + y^2 + z^2')
g =
    x^2 + y^2 + z2
```

本例通过表达式创建了符号方程。对符号方程可以进行求导和代入数值等操作。

下面介绍通过 M 文件创建符号方程的方法。对于复杂的方程，更适合于用 M 文件创建，创建方法见例 8-12。

【例 8-12】 创建方程 $\sin(x)/x$，当 $x = 0$ 时函数值为 1。

```
function z = sinc(x)
if isequal(x,sym(0))
    z = 1;
else
    z = sin(x)/x;
end
```

在命令窗口中输入如下命令：

```
syms x y
sinc(x)
ans =
```

```
    sin(x)/x
sinc(y)
ans =
    sin(y)/y
```

利用 M 文件创建的函数，可以接受任何符号变量作为输入，作为生成函数的自变量。

8.2 符号表达式的化简与替换

8.2.1 符号表达式的化简

多项式的表示方式可以有多种，如多项式 $x^3 - 6x^2 + 11x - 6$ 还可以表示为 $(x-1)(x-2)(x-3)$ 或 $-6 + [11 + (-6 + x)x]x$。这三种表示方法分别针对不同的应用目的。第一种方法是多项式的常用表示方法，第二种方法便于多项式求根，第三种方法为多项式的嵌套表示，便于多项式求值。本小节介绍符号表达式的化简。

MATLAB 中用 collect、expand、horner、factor、simplify 和 simple 函数分别实现符号表达式的化简，下面详细介绍这些函数。

1. collect

该函数用于合并同类项，具体调用格式如下：

1）R = collect(S)，合并同类项。其中，S 可以是数组，数组的每个元素为符号表达式。该命令将 S 中的每个元素进行合并。

2）R = collect(S,v)，对指定的变量 v 进行合并，如果不指定，默认为对 x 进行合并，或对由 findsym 函数返回的结果进行合并。

具体见例 8-13。

【例 8-13】 利用 collect 函数合并同类项。

```
S = sym('x^2 * y + x^2 + 2 * x * y + x + x * y^2 + y^2 + y')
S =
    x^2 * y + x^2 + x * y^2 + 2 * x * y + x + y^2 + y
S1 = collect(S)
S1 =
    (y + 1) * x^2 + (y^2 + 2 * y + 1) * x + y^2 + y
syms x y    % 定义 x、y 为符号变量
S2 = collect(S,y)    % 若未定义 y 为符号变量,则会报错"未定义函数或变量 'y'"
S2 =
    (x + 1) * y^2 + (x^2 + 2 * x + 1) * y + x^2 + x
pretty(S1)    % 以类似于排版数学的格式显示 S1 的符号输出(书写形式)
          2         2                2
(y + 1) x  + (y  + 2 y + 1) x + y  + y
pretty(S2)
          2         2                2
(x + 1) y  + (x  + 2 x + 1) y + x  + x
```

本例中对多项式 S 分别基于 x 和 y 进行了同类项合并，并且将结果表示为手写形式，从中可以看出对两个变量进行合并的差别。

2. expand

expand 函数用于符号表达式的展开。操作对象可以是多种类型，如多项式、三角函数、指数函数等。

【例 8-14】 符号表达式的展开。

```
syms x y
f = (x + y)^3;
expand(f)
ans =
    x^3 + 3 * x^2 * y + 3 * x * y^2 + y^3
expand(sin(x + y))
ans =
    cos(x) * sin(y) + cos(y) * sin(x)
expand(exp(x + y))
ans =
    exp(x) * exp(y)
```

本例中列出的只是一些简单的例子。用户可以利用 expand 函数对任意符号表达式进行展开。

3. horner

horner 函数将多项式转换为嵌套格式。嵌套格式在多项式求值中可以降低计算的时间复杂度。该函数的调用格式为：

R = horner(P)

其中，P 为由符号表达式组成的矩阵，该命令将 P 中的所有元素转换为相应的嵌套形式，见例 8-15。

【例 8-15】 horner 函数的应用。

```
syms x y
f = expand((x-2)^3)
f =
    x^3 - 6 * x^2 + 12 * x - 8
horner(f)
ans =
    x * (x * (x-6) + 12) - 8
g = x^3 + 3 * x + 1
h = 3 * y^2 + 4 * y + 7;
horner([g,h])
ans =
    [x * (x^2 + 3) + 1, y * (3 * y + 4) + 7]
```

本例实现了将多项式转换为嵌套形式。需要注意的是，如果待转换的表达式是因式乘积的形式，就将每个因式转换为嵌套形式，见例 8-16。

【例 8-16】 horner 函数的应用：因式乘积形式转换为嵌套形式。

```
f = (x^2 + x + 1) * (x^3 + 1)
f =
    (x^3 + 1) * (x^2 + x + 1)
horner(f)
ans =
    x * (x * (x * (x * (x + 1) + 1) + 1) + 1) + 1
horner(expand(f))
ans =
    x * (x * (x * (x * (x + 1) + 1) + 1) + 1) + 1
homer(f + 1)
ans =
    x * (x * (x * (x * (x + 1) + 1) + 1) + 1) + 2
```

4. factor

factor 函数实现因式分解功能，如果输入的参数为正整数，就返回此数的素数因数，见例 8-17。

【例 8-17】 factor 函数的应用。

```
sym x;
g = 4 * x^3 + x^4 + 8 * x + 5 * x^2 + 6
g =
    x^4 + 4 * x^3 + 5 * x^2 + 8 * x + 6
h = factor(g)
h =
    [ x + 3, x + 1, x^2 + 2]
factor(84)
ans =
        2       2       3       7
factor(sym('84'))
ans =
    [ 2, 2, 3, 7]
```

在本例中，如果输入参数为数值，就返回该数的全部素数因子；如果输入参数为数值型符号变量，就返回该数的因数分解形式。

5. simplify

simplify 函数实现表达式的化简，化简所选用的方法为 Maple 中的化简方法，见例 8-18。

【例 8-18】 函数 simplify 的应用。

```
simplify(sin(x)^2 + cos(x)^2)
ans =
    1
syms a b c
simplify(exp(c * log(sqrt(a + b))))
```

```
ans =
     (a + b)^(c/2)
S = [(x^2 + 5 * x + 6)/(x + 2), sqrt(16)];
R = simplify(S)
R =
     [x + 3, 4]
```

6. simple

simple 函数同样可以实现表达式的化简，并且该函数可以自动选择化简所采用的方法，最后返回表达式的最简单形式（MATLAB2015 版后取消了 simple 函数）。函数的化简方法包括：simplify、combine（trig）、radsimp、convert（exp）、collect、factor、expand 等。该函数的调用格式如下：

1）r = simple(S)，该命令尝试多种化简方法，显示全部化简结果，并且返回最简单的结果；如果 S 为矩阵，就返回使矩阵最简单的结果。但是对于每个元素而言，它并不一定是最简单的。

2）[r, how] = simple(S)，该命令在返回化简结果的同时返回化简所使用的方法，具体见例 8-19。

【例 8-19】 simple 函数的应用。

```
syms x; f = cos(x) + i * sin(x); simple(f)
simplify:
cos(x) + sin(x) * i
radsimp:
cos(x) + sin(x) * i
cos(x) + sin(x) * i
combine(sincos):
cos(x) + sin(x) * i
combine(sinhcosh):
cos(x) + sin(x) * i
combine(ln):
cos(x) + sin(x) * i
factor:
cos(x) + sin(x) * i
expand:
cos(x) + sin(x) * i
combine:
cos(x) + sin(x) * i
rewrite(exp):
exp(x * i)
rewrite(sincos):
cos(x) + sin(x) * i
rewrite(sinhcosh):
cosh(x * i) + sinh(x * i)
```

```
rewrite(tan):
(tan(x/2) *2 * i)/(tan(x/2)^2 +1) - (tan(x/2)^2-1)/(tan(x/2)^2 +1)
mwcos2sin:
sin(x) * i - 2 * sin(x/2)^2 +1
collect(x):
cos(x) +sin(x) * i
ans =
    exp(x * i)
[r,how] = simple(2 * cos(x)^2-sin(x)^2)
r =
    2 - 3 * sin(x)^2
how =
simplify
f = cos(x)^2 +sin(x)^2;f = simple(f)
f =
    1
g = cos(3 * acos(x));g = simple(g)
g =
    4 * x^3 - 3 * x
f = (x +1) * x * (x-1);[f,how] = simple(f)
f =
    x^3 - x
how =
    simplify(100)
```

注意：使用 simple 函数时 MATLAB 会发出警告，"警告：Function 'simple' will be removed in a future release. Use 'simplify' instead."，因此，若用户用途只是化简可直接使用 simplify 函数，使用 simple 函数可同时获得多种方法的化简结果。

8.2.2　符号表达式的替换

在 MATLAB 中，可以通过符号替换使表达式的形式简化。符号工具箱中提供了两个函数用于表达式的替换：subexpr 和 subs。

1. subexpr

该函数自动将表达式中重复出现的字符串用变量替换，该函数的调用格式如下：

1）[y,sigma] = subexpr(x,sigma)，指定用符号变量 sigma 代替符号表达式（可以是矩阵）中重复出现的字符串。替换后的结果由 y 返回，被替换的字符串由 sigma 返回。

2）[y,sigma] = subexpr(x,'sigma')，该命令与上面命令的不同之处在于第二个参数为字符串，该命令用来替换表达式中重复出现的字符串。

下面以例 8-20 来介绍该函数的用法。

【**例 8-20**】　subexpr 函数的用法。

对于三次代数方程 $x^3 + ax + 1 = 0$，利用 MATLAB 进行求解，可以得到下面的结果：

```
syms a x
s = solve(x^3 + a * x + 1)
s =
((a^3/27 + 1/4)^(1/2) - 1/2)^(1/3) - a/(3 * ((a^3/27 + 1/4)^(1/2) - 1/2)^(1/3)) a/
(6 * ((a^3/27 + 1/4)^(1/2) - 1/2)^(1/3)) - (3^(1/2) * (a/(3 * ((a^3/27 + 1/4)^(1/2)
- 1/2)^(1/3)) + ((a^3/27 + 1/4)^(1/2) - 1/2)^(1/3)) * i)/2 - ((a^3/27 + 1/4)^(1/
2) - 1/2)^(1/3)/2 (3^(1/2) * (a/(3 * ((a^3/27 + 1/4)^(1/2) - 1/2)^(1/3)) + ((a^3/
27 + 1/4)^(1/2) - 1/2)^(1/3)) * i)/2 + a/(6 * ((a^3/27 + 1/4)^(1/2) - 1/2)^(1/3)) -
((a^3/27 + 1/4)^(1/2) - 1/2)^(1/3)/2
```

上面得到的结果极为繁琐，但是仔细观察可以看出，"（a^3/27 + 1/4)^(1/2) - (1/2)^
(1/3))"在表达式中多次出现，因此可以将其简化。在命令窗口中继续输入：

```
r = subexpr(s)
```

得到的结果为：

```
sigma =
(a^3/27 + 1/4)^(1/2) - 1/2
r =
sigma^(1/3) - a/(3 * sigma^(1/3) a/(6 * sigma^(1/3)) - (3^(1/2) * (a/(3 * sigma^
(1/3) + sigma^(1/3) * i)/2 - sigma^(1/3)/2 (3^(1/2) * (a/3 * sigma^(1/3)) + sigma^(1/
3)) * i)/2 + a/(6 * sigma^(1/3))? - sigma^(1/3)/2
```

该结果相对要简单易读。

2. subs

函数 subs 可以用指定符号替换表达式中的某一特定符号。该函数在 8.1.3 节中已经有简单介绍，本节介绍该函数的更多功能。该函数的调用格式如下：

1）R = subs(S)，对于 S 中出现的全部符号变量，如果在调用函数或工作区间中存在相应值，就将值代入；如果没有相应值，对应的变量保持不变。

2）R = subs(S,new)，用新的符号变量替换 S 中的默认变量，即由 findsym 函数返回的变量。

3）R = subs(S,old,new)，用新的符号变量替换 S 中的变量，被替换的变量由 old 指定。如果 new 是数字形式的符号，就用数值代替原来的符号计算表达式的值，所得结果仍是字符串形式；如果 new 是矩阵，就将 S 中的所有 old 替换为 new，并将 S 中的常数项扩充为与 new 维数相同的常数矩阵。

【例 8-21】 subs 函数的应用。

```
x = sym('x');
f = x^2 + 1;
subs(f,3)
ans =
    10
A = magic(3)
A =
    8    1    6
```

```
        3    5    7
        4    9    2
subs(f,magic(3))
ans =
    [65, 2, 37]
    [10, 26, 50]
    [17, 82, 5]
```

8.3　符号微积分

　　微积分在数学中占有不可替代的地位，在工程应用中有着举足轻重的作用，是大学数学的主要内容之一。

　　MATLAB 符号数学工具箱提供了大量函数来支持基础微积分运算，主要包括微分、极限、积分、级数求和、泰勒级数等。本节介绍符号微积分的基本运算。

8.3.1　符号表达式求极限

　　极限是微积分的基础，微分和积分都是"无穷逼近"时的结果。在 MATLAB 中，函数 limit 用于求表达式的极限。该函数的调用格式如下：

　　1) limit(F,x,a)，当 x 趋近于 a 时表达式 F 的极限。

　　2) limit(F,a)，当 F 中的自变量趋近于 a 时 F 的极限，自变量由 findsym 函数确定。

　　3) limit(F)，当 F 中的自变量趋近于 0 时 F 的极限，自变量由 findsym 函数确定。

　　4) limit(F,x,a,'right')，当 x 从右侧趋近于 a 时 F 的极限。

　　5) limit(F,x,a,'left')，当 x 从左侧趋近于 a 时 F 的极限。

【例 8-22】　符号表达式的极限。

```
syms x h
limit(sin(x)/x)
ans =
    1
limit((sin(x+h)-sin(x))/h,h,0)
ans =
    cos(x)
```

8.3.2　符号微分

　　在 MATLAB 中，函数 diff 用于函数求导和求微分，实现一元函数求导和多元函数求偏导。该函数也可用于计算向量或矩阵的差分，当输入参数为符号表达式时，该函数实现符号微分，其调用格式如下：

　　1) diff(S)，实现对表达式 S 的求导，自变量由函数 findsym 确定。

　　2) diff(S,'v')，实现表达式对指定变量 v 的求导，该语句还可以写为 diff(S,sym('v'))。

　　3) diff(S,n)，求 S 的 n 阶导数。

4) diff(S,'v',n)，求 S 对 v 的 n 阶导数，该表达式还可以写为 diff(S,n,'v')。

【例 8-23】 符号表达式的微分。

```
syms x y
f1 = sin(x);
f1d = diff(sin(x))
f1d =
    cos(x)
f2 = y * sin(x) + x * cos(y);
f2d = diff(f2)
f2d =
    cos(y) + y * cos(x)
f2d = diff(f2,y)
f2d =
    sin(x) - x * sin(y)
f3 = exp(x^2);
f3d3 = diff(f3,3)
f3d =
    12 * x * exp(x^2) + 8 * x^3 * exp(x^2)
```

上述为利用 diff 函数计算符号函数的微分，另外，微积分中一个非常重要的概念为雅可比（Jacobian）矩阵，用于计算函数向量的微分。如果 $F = (f_1, f_2, \cdots, f_m)$。其中 $f_i = f_i(x_1, x_2, \cdots, x_n)$，$i = 1, 2, \cdots, m$，则 F 的雅可比矩阵为

$$\begin{bmatrix} \partial f_1/\partial x_1 & \partial f_1/\partial x_2 & \cdots & \partial f_1/\partial x_n \\ \partial f_2/\partial x_1 & \partial f_2/\partial x_2 & \cdots & \partial f_2/\partial x_n \\ \vdots & \vdots & & \vdots \\ \partial f_m/\partial x_1 & \partial f_m/\partial x_2 & \cdots & \partial f_m/\partial x_n \end{bmatrix}$$

在 MATLAB 中，函数 jacobian 用于计算雅可比矩阵。该函数的调用格式如下：

```
R = jacobian(f,v)
```

如果 f 是函数向量，v 为自变量向量，则计算 f 的雅可比矩阵；如果 f 是标量，则计算 f 的梯度，如果 v 也是标量，则结果与 diff 函数相同。

【例 8-24】 jacobian 函数的应用。

```
syms x y z
F = [x * y * z;y;x + z];
v = [x,y,z];
R = jacobian(F,v)
R =
    [ y * z, x * z, x * y]
    [ 0, 1, 0]
    [ 1, 0, 1]
syms a b c
jacobian(a * x^2 + b * y^2 + c * z^2,v)
```

```
ans =
    [2*a*x,2*b*y,2*c*z]
```

8.3.3 符号积分

与微分对应的是积分，在 MATLAB 中，函数 int 用于实现符号积分运算。该函数的调用格式如下：

1）R = int(S)，求表达式 S 的不定积分，自变量由 findsym 函数确定。

2）R = int(S,v)，求表达式 S 对自变量 v 的不定积分。

3）R = int(S,a,b)，求表达式 S 在区间 [a,b] 内的定积分，自变量由 findsym 函数确定。

4）R = int(S,v,a,b)，求表达式 S 在区间 [a，b] 内的定积分，自变量为 v。

【例 8-25】 int 函数的应用。

```
syms x y z
f1 = -2*x/(1+x^2)^2;
F1 = int(f1)
F1 =
    1/(x^2 + 1)
f2 = x/(1+z^2);
F2 = int(f2,z)
F2 =
    x*atan(z)
f3 = 1/sqrt(2*pi)*exp(-x^2/2);
F3 = int(f3,0,inf)
F3 =
    (7186705221432913*2^(1/2)*pi^(1/2))/36028797018963968
double(F3)
ans =
    0.500000000000000
```

8.3.4 级数求和

symsum 函数用于级数求和。该函数的调用格式如下：

1）r = symsum(s)，自变量为 findsym 函数所确定的符号变量，设其为 k，则该表达式计算 s 从 0 到 k-1 的和。

2）r = symsum(s,v)，计算表达式 s 从 0 到 v-1 的和。

3）r = symsum(s,a,b)，计算自变量从 a 到 b 之间 s 的和。

4）r = symsum(s,v,a,b)，计算 v 从 a 到 b 之间 s 的和。

【例 8-26】 符号级数的求和。

```
syms x k
symsum(x^2)
ans =
```

```
    x^3/3 + x^2/2 + x/6
symsum(1/x^k,k,0,2)
ans =
    1/x + 1/x^2 + 1
```

8.3.5 泰勒级数

函数 taylor 用于实现泰勒级数的计算。该函数的调用格式如下：

1）r = taylor(f)，计算表达式 f 的泰勒级数，自变量由 findsym 函数确定，计算 f 在扩展点为 0 的 5 阶泰勒级数。

2）r = taylor(f, Name, Value)，计算表达式 f 的泰勒级数，自变量由 findsym 函数确定，计算 f 在扩展点 0 的阶名 Name- 阶数 Value 的泰勒级数。

3）r = taylor(f, v)，指定自变量 v 的泰勒级数。

4）r = taylor(f, v, Name, Value)，指定自变量 v、阶名 Name- 阶数 Value 的泰勒级数。

5）r = taylor(f, v, a)，指定自变量 v，计算 f 在 a 处的泰勒级数。

6）r = taylor(f, v, a, Name, Value)，指定自变量 v、阶名 Name- 阶数 Value，计算 f 在 a 处的泰勒级数。

其中，阶名有 'ExpansionPoint'、'Order' 和 'OrderMode' 三种，此处不做详解，一般用 'Order' 后跟具体阶数表示，见例 8-27。

【例 8-27】 函数 exp(x * sin(x)) 的泰勒级数与原函数的比较。

```
syms x
g = exp(x * sin(x));
t = taylor(g,x,2,'Order', 12);
xd = 1:0.05:3; yd = subs(g,x,xd);
ezplot(t, [1,3]); hold on;
plot(xd, yd, '-.')
title('Taylor approximation vs. actual function');
legend('Taylor','Function')
```

输出的图形如图 8-1 所示。

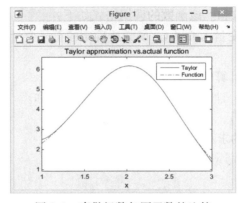

图 8-1　泰勒级数与原函数的比较

8.4　符号方程的求解

方程求解是数学中的一个重要问题。在前面的章节中，已经介绍了多项式求解、函数求解等。本节介绍符号方程的求解，包括代数方程的求解和微分方程的求解。

8.4.1　代数方程求解

代数方程包括线性方程、非线性方程和超越方程等。在 MATLAB 中，函数 solve 用于求解代数方程和方程组，调用格式如下：

1）g = solve(eq)，求解方程 eq 的解，对默认自变量求解，输入的参数 eq 可以是符号表达式或字符串。

2）g = solve(eq, var)，求解方程 eq 的解，对指定自变量 var 求解。

3）在上面的语句中，如果输入的表达式中不包含等号，则 MATLAB 求解其等于 0 时的解。例如，g = solve(sym('x^2-1')) 与 g = solve(sym('x^2-1 = 0')) 的结果相同。

对于单个方程的情况，返回结果为一个符号表达式，或是一个由符号表达式组成的数组。对于方程组的情况，返回结果为一个结构体，该结构体的元素为每个变量对应的表达式，各个变量按照字母顺序排列。

【例 8-28】　代数符号方程的求解。

```
x = solve('a * x^2 + b * x + c')
x =
    - (b + (b^2-4 * a * c)^(1/2))/(2 * a)
    - (b-(b^2-4 * a * c)^(1/2))/(2 * a)
```

返回结果为一个符号数组。

```
syms u v x y
S = solve(x + 2 * y-u, 4 * x + 5 * y-v)
S =
    x: [1x1 sym]
    y: [1x1 sym]
S. x
ans =
    (2 * v)/3- (5 * u)/3
S. y
ans =
    (4 * u)/3-v/3
```

返回结果为一个结构体。

8.4.2　代数方程组求解

代数方程组同样由 solve 函数进行求解，调用格式如下：

g = solve(eq1, eq2, ... , eqn)，求解由方程 eq1, eq2, ... , eqn 等组成的方程组，自变量为

默认自变量。

g = solve(eq1 ,eq2 ,... ,eqn ,var1 ,var2 ,... ,varn)，求解由方程 eq1 ,eq2 ,... ,eqn 等组成的方程组，自变量为指定的自变量 var1 ,var2 ,⋯ ,varn。

【例 8-29】 求解 $\begin{cases} x^2 y^2 = 0 \\ x - \dfrac{y}{2} = \alpha \end{cases}$

在命令窗口中输入：

```
syms x y alpha
 [x,y] =solve(x^2 * y^2, x-y/2-alpha)
x =
      alpha
      0
y =
      0
      -2 * alpha
```

8.4.3 微分方程求解

在 MATLAB 中，微分方程的求解通过函数 dsolve 进行，该函数用于求解常微分方程。

在命令窗口中输入如下命令：

```
dsolve('Dy =cos(t)')
ans =
    C5 + sin(t)
```

该函数的具体调用格式为：

1）r = dsolve('eq1 ,eq2 ,... ','cond1 ,cond2 ,... ','v')。

2）r = dsolve('eq1','eq2',... ,'cond1','cond2',... ,'v')。

其中 eq1、eq2 等表示待求解的方程，默认的自变量为 t。方程中用 D 表示微分，如 Dy 表示 dy/dt；如果 D 的后面带有数字，则表示多阶导数，如 D2y 表示 $d^2 y/dt^2$。cond1、cond2 等表示初始值，通常表示为 y(a) = b 或 Dy(a) = b。如果不指定初始值，或者初始值方程的个数少于因变量的个数，则最后得到的结果中会包含常数项，表示为 C1、C2 等。dsolve 函数最多接受 12 个输入参数。

函数输出的结果可能有三种情况，与代数方程的求解结果类似。下面介绍微分方程求解的例子。

【例 8-30】 微分方程求解。

1）求微分方程 $\dfrac{dx}{dt} = -ax$、$\dfrac{dx}{dt} = \cos t$、$\dfrac{d^2 x}{dt^2} = \cos t$、$\left(\dfrac{dy}{ds}\right)^2 + y^2 = 1$ 的解。

在命令窗口中输入如下命令：

```
dsolve('Dx =-a * x')
ans =
    C2 * exp(-a * t)
```

```
dsolve('Dx = cos(t)')
ans =
     C4 + sin(t)
dsolve('D2x = cos(t)')
ans =
     C8 - cos(t) + C6 * t
dsolve('(Dy)^2 + y^2 = 1','s')
ans =
   1
  -1
  cosh(C19 * i + s * i)
  cosh(C15 * i + s * i)
```

2）限制初值的微分方程的解。

```
dsolve('Dy = -a * y','y(0) = b')
ans =
     b * exp(a * t)
dsolve('D2y = -a^2 * y','y(0) = 1','Dy(pi/a) = 0')
ans =
     exp(-a * t * i)/2 + exp(a * t * i)/2
y = dsolve('(Dy)^2 + y^2 = 1','y(0) = 0')
y =
     cosh((pi * i)/2 + t * i)
     cosh((pi * i)/2 - t * i)
```

当方程的解析解不存在时，系统会弹出提示，返回对象为空。

8.4.4　微分方程组求解

求解微分方程组通过 dsolve 函数进行，调用格式为 r = dsolve('eq1,eq2,...','cond1,cond2,...','v')。

该语句求解由参数 eq1、eq2 等指定的方程组成的方程组，初值条件为 cond1、cond2等，v 为自变量。

【例 8-31】　求解 $\begin{cases} f' = 3f + 4g \\ g' = -4f + 3g \end{cases}$

在命令窗口中输入如下命令：

```
syms f g
S = dsolve('Df = 3 * f + 4 * g','Dg = -4 * f + 3 * g')
S =
     G:[1x1 sym]
     F:[1x1 sym]
```

查看其具体内容：

```
S. f
ans =
     C40 * cos(4 * t) * exp(3 * t) + C39 * sin(4 * t) * exp(3 * t)
S. g
ans =
     C39 * cos(4 * t) * exp(3 * t) + C40 * sin(4 * t) * exp(3 * t)
```

8.4.5 复合函数和反函数

复合函数通过函数 compose 进行求解，该函数的调用格式如下：

1）compose(f,g)，返回函数 f(g(y))，其中 f = f(x)，g = g(y)，x 是 f 的默认自变量，y 是 g 的默认自变量。

2）compose(f,g,z)，返回函数 f(g(z))，自变量为 z。

3）compose(f,g,x,z)，返回函数 f(g(z))，指定 f 的自变量为 x。

4）compose(f,g,x,y,z)，返回函数 f(g(z))，f 和 g 的自变量分别指定为 x 和 y。

【例8-32】 利用函数 compose 求解复合函数。

```
syms x y z t u;
f = 1/(1 + x^2);
g = sin(y);
h = x^t;
p = exp(-y/u);
compose(f,g)
ans =
     1/(sin(y)^2 + 1)
compose(f,g,t)
ans =
     l/(sin(t)^2 + 1)
compose(h,g,x,z)
ans =
     sin(z)^t
compos(h,g,t,z)          %指定 h 的自变量为 t，与上面语句的结果不同
ans =
     x^sin(z)
compose(h,p,x,y,z)
ans =
     exp(-z/u)^t
compose(h,p,t,u,z)
ans =
     x^exp(-y/z)
```

反函数通过函数 finverse 求解，该函数的调用格式如下：

1）g = finverse(f)，在函数 f 的反函数存在的情况下，返回函数 f 的反函数，自变量为

默认自变量。

2）g = finverse(f,v)，在函数 f 的反函数存在的情况下，返回函数 f 的反函数，自变量为 v。

【例 8-33】 求函数的反函数。

```
finverse(1/tan(x))
ans =
     atan(1/x)
syms u v
finverse(exp(u-2*v),u)
ans =
     2*v+log(u)
finverse(exp(u-2*v),v)
ans =
     u/2-log(v)/2
```

8.5　符号积分变换

积分变换在工程中有着广泛应用，常用的变换有傅里叶变换、拉普拉斯变换、z 变换和小波变换等，本节介绍傅里叶变换、拉普拉斯变换和 z 变换，关于小波变换，MATLAB 提供了小波工具箱，可以满足用户的多种需要。

8.5.1　傅里叶变换

傅里叶变换是最早的积分变换，可以实现函数在时域（空域）和频域之间的转换。本节介绍傅里叶变换及其逆变换。

1. 傅里叶变换

傅里叶变换由函数 fourier 实现，该函数的调用格式如下：

1）F = fourier(f)，实现函数 f 的傅里叶变换。如果函数 f 的默认自变量为 x，则返回 f 的傅里叶变换结果，默认自变量为 w；如果函数 f 的默认自变量为 w，则返回结果的默认自变量为 t。

2）F = fourier(f,v)，返回结果为 ν 的函数。

3）F = fourier(f,u,v)，函数 f 的自变量为 u，返回结果为 v 的函数。

【例 8-34】 符号函数的傅里叶变换。

```
syms x y u v w
f = exp(-x^2);
F = fourier(f)
F =
     pi^(1/2)*exp(-w^2/4)
g = exp(-abs(w));
G = fourier(g)
G =
```

```
            2/(t^2 +1)
f1 = x * exp(-abs(x));
F1 = fourier(fl,u)
F1 =
            -(u*4*i)/(u^2 +1)^2
syms x real
f2 = exp(-x^2 * abs(v)) * sin(v)/v;
F2 = fourier(f,v,u)
F2 =
            2 * pi * exp(-x^2) * dirac(u)
```

2. 傅里叶逆变换

傅里叶逆变换由函数 ifourier 实现，该函数的调用格式如下：

1）f = ifourier(F)，实现函数 F 的傅里叶逆变换。如果 F 的默认自变量为 w，则返回结果 f 的默认自变量为 x；如果 F 的自变量为 x，则返回结果 f 的自变量为 t。

2）f = ifourier(F,u)，实现函数 F 的傅里叶逆变换，返回结果 f 为 u 的函数。

3）f = ifourier(F,v,u)，实现函数 F 的傅里叶逆变换，函数 F 的自变量为 v，返回结果 f 为 u 的函数。

【例 8-35】 函数的傅里叶逆变换。

```
F = pi^(1/2) * exp(-1/4 * w^2);
ifourier(F)
ans =
        (3991211251234741 * exp(-x^2))/(2251799813685248 * pi(1/2))
G = 2/(1 + t^2);
ifourier(G)
ans =
        (2 * pi * exp(-x) * heaviside(x) +2 * pi * heaviside(-x) * exp(x))/(2 * pi)
simplify(G)
ans =
        2/(t^2 +1)
clear
syms x real
g = exp(-abs(x));
ifourier(g)
ans =
        1/(pi * (t^2 +1))
clear
syms w v t real
f = exp(-w^2 * abs(v)) * sin(v)/v;
ifourier(f, v, t)
ans =
        piecewise([wR =0, -(atan((t-1)/w^2)-atan((t +1)/w^2))/(2 * pi)])
```

8.5.2 拉普拉斯变换

1. 拉普拉斯变换

laplace 函数实现符号函数的拉普拉斯变换。该函数的调用格式如下：

1）laplace(F)，实现函数 F 的拉普拉斯变换。如果 F 的默认自变量为 t，返回结果的默认自变量为 s；如果函数 F 的默认自变量为 s，返回结果为 t 的函数。

2）laplace(F,t)，返回函数的自变量为 t。

3）laplace(F,w,z)，指定 F 的自变量为 w，返回结果为 z 的函数。

【例 8-36】 函数的拉普拉斯变换。

```
syms t
f =t^4;
laplace(f)
ans =
      24/s^5
syms s
g =1/sqrt(s);
laplace(g)
ans =
      pi^(1/2)/t^(1/2)
syms a t x
f =exp(-a*t);
laplace(f,x)
ans =
      1/(a+x)
```

2. 拉普拉斯逆变换

拉普拉斯逆变换由函数 ilaplace 实现，该函数的调用格式如下：

1）F = ilaplace(L)，实现函数 L 的拉普拉斯逆变换。如果 L 的自变量为 s，返回结果为 t 的函数；如果函数 L 的自变量为 t，返回结果为 x 的函数。

2）F = ilaplace(L,y)，返回结果为 y 的函数。

3）F = ilaplace(L,y,x)，指定函数 L 的自变量为 y，返回结果为 x 的函数。

【例 8-37】 函数的拉普拉斯逆变换。

```
syms s t a x u
f =1/s^2;
ilaplace(f)
ans =
      t
g =1/(t-a)^2
g =
      1/(a-t)^2
ilaplace(g)
```

```
ans =
     x * exp(a * x)
syms x u
syms a real
f = 1/(u^2-a^2)
f =
     -1/(a^2-u^2)
simplify(ilaplace(f,x))
ans =
     sinh(a*x)/a
```

8.5.3　z 变换

1. z 变换

z 变换由函数 ztrans 完成，该函数的调用格式如下：

1）F = ztrans(f)，如果 f 的默认自变量为 n，返回结果为 z 的函数；如果 f 为 z 的函数，返回结果为 w 的函数。

2）F = ztrans(f,w)，返回结果为 w 的函数。

3）F = ztrans(f,k,w)，f 的自变量为 k，返回结果为 w 的函数。

【例 8-38】　函数的 z 变换。

```
syms n z a w
f = n^4
ztrans(f)
ans =
     (z^4 +11 * z^3 +11 * z^2 + z)/(z-1)^5
g = a^z
g =
     a^z
simplify(ztrans(g))
ans =
     -w/(a-w)
f = sin(a * n);
ztrans(f,w)
ans =
     (w * sin(a))/(w^2-2 * cos(a) * w +1)
```

2. z 逆变换

z 逆变换由函数 iztrans 完成，该函数的调用格式如下：

1）f = iztrans(F)，若 F 的默认自变量为 z，则返回结果为 n 的函数；如果 F 是 n 的函数，则返回结果为 k 的函数。

2）f = iztrans(F,k)，指定返回结果为 k 的函数。

3）f = iztrans(F,w,k)，指定 F 的自变量为 w，返回结果为 k 的函数。

【例 8-39】 z 逆变换。

```
syms z n a k
f = 2 * z / (z-2)^2;
iztrans(f)
ans =
    2^n + 2^n * (n-1)
g = n * (n+1) / (n^2 + 2 * n + 1);
iztrans(g)
ans =
    (-1)^k
f = z / (z-a);
iztrans(f,k)
ans =
    piecewise([a == 0, kroneckerDelta(k, 0)], [a ~= 0, a * (a^k/a - krone-
ckerDelta(k, 0)/a) + kroneckerDelta(k, 0)])
```

习 题

8-1 创建符号表达式 $f(x) = \sin x + x$，计算其在 $x = \pi/6$ 处的值，并将结果设置为以下 4 种精度：小数点之后 1 位、2 位、4 位和 10 位有效数字。

8-2 设 x 为符号变量，$f(x) = x^4 + x^2 + 1$，$g(x) = x^3 + 4x^2 + 5x + 8$，进行如下运算：

1）$f(x) + g(x)$。

2）$f(x) \times g(x)$。

3）求 $g(x)$ 的反函数。

4）求 g 以 $f(x)$ 为自变量的复合函数。

8-3 合并同类项。

1）$3x - 2x^2 + 5 + 3x^2 - 2x - 5$

2）$2x^2 - 3xy + y^2 - 2xy - 2x^2 + 5xy - 2y + 1$（对 x 和 y）

8-4 因式分解。

1）对 7798666 进行因式分解，分解为素数乘积的形式。

2）$-2m^8 + 512$

3）$3a^2 (x-y)^3 - 4b^2 (y-x)^2$

8-5 使用 MATLAB 中对应函数计算下列各式：

1）$\lim\limits_{x \to 0} \dfrac{\tan x - \sin x}{1 - \cos 2x}$

2）$y = x^3 - 2x^2 + \sin x$，求 y'。

3）$y = xy\ln(x+y)$，求 $\partial y / \partial x$。

4）$y = \int \ln(1+t)\,\mathrm{d}x, y = \int_0^{27} \ln(1+t)\,\mathrm{d}x$。

8-6 计算 $\sin x$ 在 0 点附近的泰勒展开。

8-7　求解线性方程组 $\begin{cases} 2x + 3y = 1 \\ 3x + 2y = -1 \end{cases}$。

8-8　对符号表达式进行下列变换：

1）关于 x 的傅里叶变换。

2）关于 y 的拉普拉斯变换。

3）分别求关于 x 和 y 的 z 变换。

第9章

MATLAB 句柄图形与 GUI 设计

句柄图形（Handle Graphics）是 MATLAB 中用于创建图形的面向对象的图形系统，句柄图形提供了多种用于创建线条、文本、网格和多边形等的绘图命令以及 GUI（图形用户界面）等。通过句柄图形，MATLAB 可以对图形元素进行操作，而这些图形元素正是产生各种类型图形的基础，利用句柄图形，可以在 MATLAB 中修改图形的显示效果，创建绘图函数等。

GUI 是用户与计算机程序之间的交互方式，是用户与计算机进行信息交流的方式。通过 GUI，用户不需要输入脚本或命令，不需要了解任务的内部运行方式，就可以使计算机在屏幕上显示图形和文本，若有扬声器，还可产生声音。用户通过输入设备，如键盘、鼠标、绘制板或传声器（话筒），与计算机通信。GUI 设定了如何观看和感知计算机、操作系统或应用程序。通常多是根据 GUI 功能的有效性来选择计算机或程序。GUI 中包含多种图形对象，如窗口、图标、菜单和文本。以某种方式选择或激活这些对象，通常会引起动作或发生变化。最常见的激活方法是用鼠标或其他点击设备去控制屏幕上鼠标指针的运动。点击，标志着对象的选择或其他动作。本章将分别介绍通过向导和程序创建 GUI 的方法。

9.1 MATLAB 的图形对象

图形对象是 MATLAB 显示数据的基本绘图元素，每个对象拥有一个唯一的标志，即句柄。通过句柄可以对已有的图形对象进行操作，控制其属性。

MATLAB 中这些对象的组织形式为层次结构，如图 9-1 所示。

本节将介绍 MATLAB 的这些图形对象。

MATLAB 中的图形对象主要有核心图形对象和复合图形对象两种。核心图形对象用于创建绘图对象，可以通过高级绘图函数和复合图形对象调用实现。复合图形对象由核心对象组成，用于向用户提供更方便的接口，复合图形对象构成了一些子类的基础，如 Plot 对象、Annotation 对象、Group 对象和 GUI 对象等。图形对象互相关联，互相依赖，共同构成 MATLAB 图形。

9.1.1 Root 对象

Root 对象即根对象，根对象位于 MATLAB 层次结构的最顶层。因此在 MATLAB 中创建图形对象时，只能创建唯一的一个 Root 对象，而其他的所有对象都从属于该对象。Root 对象是由系统在启动 MATLAB 时自动创建的，用户可以对 Root 对象的属性进行设置，从而改

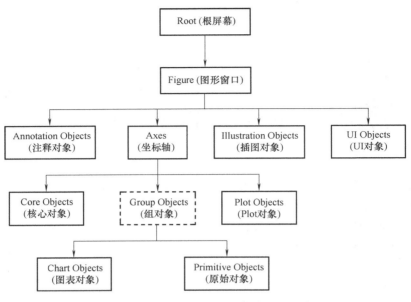

图 9-1　MATLAB 中图形对象的组织形式

变图形的显示效果。

9.1.2　Figure 对象

Figure 是 MATLAB 显示图形的窗口，其中包含菜单栏、工具栏、图形用户界面对象右键菜单、坐标系及坐标系的子对象等。MATLAB 允许用户同时创建多个图形窗口。

如果当前尚未创建图形对象（即 Figure 窗口），调用任意一个绘图函数或图像显示函数（如 plot 函数和 imshow 函数等）均可以自动创建一个图形窗口。如果当前根对象已经包含一个或多个图形窗口，那么总有一个窗口为"当前"窗口，且该窗口为所有当前绘图函数的输出窗口。

关于 Figure 对象的常用属性和属性值，见表 9-1。

表 9-1　**Figure 对象的常用属性和属性值**

属　性　名	含　　义
Color	图形的背景色，可设置为三元素的 RGB 向量或是 MATLAB 自定义的颜色，如 'r'、'g'、'b'、'k' 分别表示红、绿、蓝和黑（与绘图形时的标志相同），RGB 的取值范围为 [0, 1]
CurrentAxes	当前坐标轴的句柄
CurrentMenu	最近被选择的菜单项的句柄
CurrentObject	图形中最近被选择的对象的句柄，可由 gco 函数获得
MenuBar	设置图形窗口的菜单条的形式，'figure' 显示默认的 MATLAB 菜单，'none' 为不显示菜单。在选择 'figure' 后，可以通过 uimenu 函数添加新菜单；在选择 'none' 后可以通过 uimenu 函数设置自定义菜单
Name	设置图形窗口的标题栏的内容，其属性值为一个字符串，在创建窗口时，该字符串显示在标题栏中

（续）

属 性 名	含 义
PaperOrientation	设置打印时的纸张方向。Portrait 表示纵向，为默认设置；landscape 表示横向
PaperPosition	设置打印页面上的图形位置，位置向量用［left，bottom，width，height］表示，其中 left 和 bottom 为打印位置左下角的坐标，width 和 height 分别表示打印页面上图形的宽度和高度
PaperSize	设置打印纸张的大小，向量［width height］表示打印纸张的宽度和高度
PaperType	设置打印纸张的类型，可以用 'a3' 和 'a4' 等表示
PaperUnits	设置纸张属性的度量单位，包括 'inches'、'centimeters'、'normalized' 等，分别表示英寸、厘米和归一化坐标
Pointer	设置窗口下指示鼠标光标的显示形式，'crosshair' 表示十字形状；'arrow' 表示箭头形状，为 MATLAB 的默认设置；'watch' 表示沙漏等
Position	设置图形窗口的位置及大小，通过向量［left，bottom，width，height］指定，其中 left 和 bottom 分别为窗口左下角的横坐标和纵坐标，width 和 height 分别为窗口的宽度和高度
Resize	设置是否可以通过鼠标调整窗口的大小，'on' 表示可以调节，'off' 表示不可以调节
Units	设置尺寸单位，包括 'inches'、'centimeters'、'normalized' 等，分别表示英寸、厘米和归一化坐标
Visible	设置窗口初始时刻是否可见，选项包括 'on'（默认值）和 'off'。在编程中如果不需要看见中间过程，可以首先设置为 'off'，在完成编程后，再设置为 'on' 来显示窗口

9.1.3　Core 对象

　　Core 对象是基本的绘图单元，包括线条、文本、多边形及一些特殊对象。例如，表面图中包括矩形方格、图像和光照对象，光照对象不可视，但是会影响一些对象的色彩方案。MATLAB 中的核心对象（Core 对象）见表 9-2。

表 9-2　MATLAB 中的 Core 对象

对 象	功 能
axes	axes 对象定义显示图形的坐标系，axes 对象包含于图形中
image	图形对象为一个数据矩阵，矩阵数据对应于颜色。当矩阵为二维时表示灰度图像，为三维时表示彩色图像
light	坐标系中的光源，light 对象影响图像的色彩，但是本身不可视
line	通过连接定义曲线的点生成
patch	填充的多边形，其各边属性互相独立。每个 patch 对象可以包含多个部分，每个部分由单一色或者插值色组成
rectangle	二维图像对象，其边界和颜色可以设置，可绘制变化曲率的图像，如椭圆
surface	表面图形
text	图形中的文本

　　【例 9-1】　创建核心（Core）图形对象。
　　在命令窗口中输入如下命令：

```
[x,y]=meshgrid([-2:.4:4:2]);
Z=x.*exp(-x.^2-y.^2);
fh=figure('Position',[350 275 400 300],'Color','w');
ah=axes('Color',[.8 .8 .8],'XTick',[-2 -1 0 1 2],...
'YTick',[-2 -1 0 1 2]);
sh=surface('XData',x,'YData',y,'ZData',Z,...
'FaceColor',get(ah,'Color')+.1,...
'EdgeColor','k','Marker','o',...
'MarkerFaceColor',[.5 1 .85]);
```

得到的图形如图 9-2 所示。通过 view 函数改变该图形的视角:

```
view(3)
```

得到的图形如图 9-3 所示。

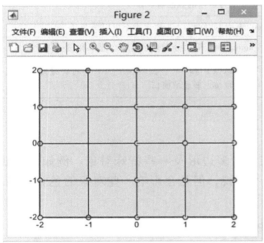
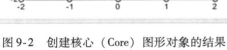

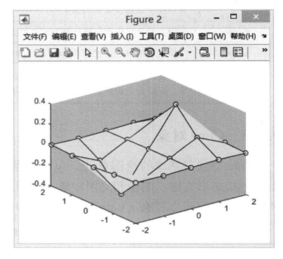

图 9-2　创建核心（Core）图形对象的结果　　　　图 9-3　改变视角后的结果

本例中创建了三个图形对象，分别为 Figure 对象、Core 对象和 Surface 对象，而对其他对象采用默认设置。

9.1.4　Plot 对象

MATLAB 的一些高级绘图函数可以创建 Plot 对象。通过 Plot 对象的属性可以快速访问其包含的核心（Core）对象的重要属性。

Plot 对象的上级对象可以是坐标系（Axes）对象或组（Group）对象。

MATLAB 中能够生成 Plot 对象的函数及其功能见表 9-3。

表 9-3　MATLAB 中能够生成 Plot 对象的函数及其功能

函　　数	功　　能
areaseries	用于创建 area 对象
barseries	用于创建 bar 对象

（续）

函　　数	功　　能
contourgroup	用于创建 contour 对象
errorbarseries	用于创建 errorbar 对象
lineseries	供曲线绘制函数（plot 和 plot3 等）使用
quivergroup	用于创建 quiver 和 quiver3 图形
scattergroup	用于创建 scatter 和 scatter3 图形
stairseries	用于创建 stair 图形
stemseries	用于创建 stem 和 stem3 图形
surfaceseries	供 surf 和 mesh 函数使用

【例 9-2】　创建 Plot 对象。

创建等值线图形并设置线型与线宽，在命令窗口中输入如下命令：

```
[x,y,z]=peaks;
[c,h]=contour(x,y,z);
```

此时，得到的结果如图 9-4 所示，继续对其线型及线宽进行设置，输入：

```
set(h,'LineWidth',3,'LineStyle','--')
```

得到的图形如图 9-5 所示。

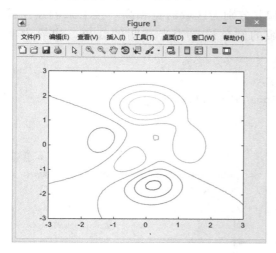

图 9-4　等值线图形

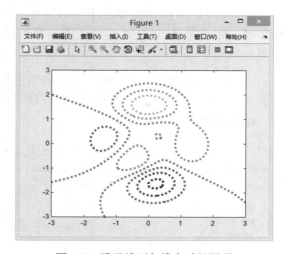

图 9-5　设置线型与线宽后的图形

9.1.5　Annotation 对象

Annotation 对象是 MATLAB 中的注释内容，存在于坐标系中。该坐标系的范围为整个图形窗口。用户可以通过规范化坐标将注释对象放置于图形窗口中的任何位置。规范化坐标的范围为 0~1，窗口的左下角为 [0,0]，右上角为 [1,1]。

【例 9-3】　通过注释矩形区域包含子图。

首先创建一系列子图像，在命令窗口中输入：

```
x =-2 * pi:pi/12:2 * pi;
y = x. ^2;
subplot (2,2,1:2)
plot (x,y)
y = x. ^4;
h1 = subplot (2,2,3);
plot (x,y)
h2 = subplot (2,2,4);
y = x. ^5;
plot (x,y)
```

得到的图形如图 9-6 所示。

接下来确定注释矩形区域的位置及大小，在命令窗口中继续输入：

```
p1 = get (h1,'Position');
t1 = get (h1,'Tightinset');
p2 = get (h2,'Position');
t2 = get (h2,'TightInset');
x1 = p1 (1)-t1 (1);y1 = p1 (2)-t1 (2);
x2 = p2 (1)-t2 (1);y2 = p2 (2)-t2 (2);
w = x2- x1 + t1 (1) + p2 (3) + t2 (3);h = p2 (4) + t2 (2) + t2 (4);
```

得到的 x1 和 y1 为区域左下角的坐标，w 和 h 分别为区域的宽和高。接下来创建注释矩形域，包含第 3 个和第 4 个子图，将该区域的颜色设置为半透明的红色，边界为实边界。

```
annotation ('rectangle',[x1,y1,w,h],...
'FaceAlpha',.2,'FaceColor','red','EdgeColor','red');
```

结果如图 9-7 所示。

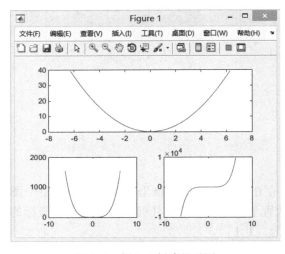

图 9-6　例 9-3 创建的子图

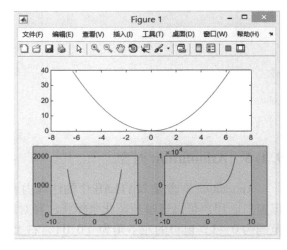

图 9-7　注释结果

9.1.6　Group 对象

Group 对象允许用户将多个坐标系子对象作为一个整体进行操作，比如可以设置整个组可视或不可视，或者通过改变组对象的属性重新设置其中所有对象的位置等。MATLAB 中有两种类型的组：

1）hggroup：如果需要创建一组对象，并且希望通过对该组中的任何一个对象进行操作而控制整个组的可视性或选中该组，则使用 hggroup。hggroup 通过 hggroup 函数创建。

2）hgtransform：当需要对一组对象进行变换时创建 hgtransform，其中变换包括选中、平移、尺寸变化等。

hggroup 组和 hgtransform 组之间的差别在于：hgtransform 可以通过变换矩阵对其中的所有子对象进行操作。

9.2　图形对象属性与操作

9.2.1　图形对象的属性

图形对象的属性控制图形的外观和显示特点。图形对象的属性包含公共属性和特有属性。MATLAB 中图形对象的公共属性见表 9-4。

表 9-4　图形对象的公共性

属　　性	描　　述
Beingdelete	当对象的 Deletefcn 函数调用后，该属性的值为 on
BusyAction	控制 MATLAB 图形对象句柄响应函数点中断方式
Button Downfcn	当单击按钮时执行响应函数
Children	该对象所有子对象的句柄
Clipping	打开或关闭剪切功能（只对坐标轴子对象有效）
Createfcn	当对应类型的对象创建时执行
Deletefcn	删除对象时执行该函数
HandleVisibilit	用于控制句柄是否可以通过命令行或响应函数访问
HitTest	设置当鼠标单击时是否可以使选中对象成为当前对象
Interruptible	确定当前的响应函数是否可以被后继的响应函数中断
Parent	该对象的上级（父）对象
Selected	表明该对象是否被选中
SelectionHighlight	指定是否显示对象的选中状态
Tag	用户指定的对象标签
Type	该对象的类型
Userdata	用户想与该对象关联的任意数据
Visible	设置该对象是否可见

MATLAB 将图形信息组织在一张有序的金字塔式的阶梯图表中，并将其存储在对象属性中。例如，根对象的属性包含当前图形窗口对象（Figure 对象）的句柄和鼠标指针的当前

位置；而图形窗口对象属性则包含其子对象的列表，同时跟踪发生在当前图形窗口中的某些 Windows 事件；坐标轴对象属性则包含其每个子对象（图形对象）使用图形颜色映射表的信息和每个绘图函数对颜色的分配信息。

通常情况下，用户可以随时查询和修改绝大多数属性的当前值，而有一部分属性对用户来说是只读的，只能由 MATLAB 修改。需要注意的是，任何属性只对某个对象的某个具体实例才有意义，所以修改同一种对象的不同实例的相同属性时，彼此互不干涉。

用户可以为对象属性设置默认值，此后创建的所有该对象的实例所对应的这个属性的值均为该默认值。

9.2.2 图形对象属性值设置

在创建 MATLAB 的图形对象时，通过向构造函数传递"属性名/属性值"参数对，用户可以为对象的任何属性（只读属性除外）设置特定的值。首先，通过构造函数返回其创建的对象句柄，然后利用该句柄，用户可以在对象创建完成后对其属性值进行查询和修改。

在 MATLAB 中，set 函数用于设置现有图形对象的属性值；get 函数用于返回现有图形对象的属性值。利用这两个函数，还可以列出具有固定设置的属性的所有值。

在 MATLAB 中，set 函数可以用于设置对象的各项属性。

【例 9-4】 设置坐标轴的属性。

在命令窗口中输入如下代码：

```
t =0:pi/20:2 * pi;
z = sin(t);
plot(t,z);
set(gca,'YAxisLocation','right')
xlabel('t')
ylabel('z')
```

该段代码通过 set 函数将 y 轴置于坐标系的右侧，其图形如图 9-8 所示。

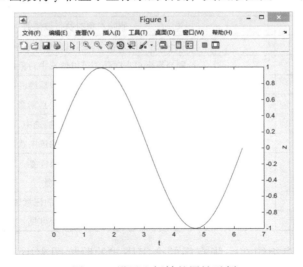

图 9-8 设置坐标轴的属性示例

【例 9-5】 通过 set 函数查看可设置的线型。

在命令窗口中输入：

```
set(line,'LineStyle')
```

输出结果为：'-'、'--'、':'、'-.'、'none'。

9.2.3 对象的默认属性值

在 MATLAB 中，所有的对象属性均有系统默认的属性值，即出厂设置。同时，用户也可以自己定义任何一个 MATLAB 对象的默认属性值。

1. 默认属性值的搜索

MATLAB 对默认属性值的搜索从当前对象开始，沿着对象的从属关系图向更高的层次搜索，直到发现系统的默认值或用户自己定义的值。

定义对象的默认值时，在对象从属关系图中，该对象越靠近 Root（根）对象，其作用范围就越广。例如，在根对象的层次上为 Line 对象定义一个默认值，由于根对象位于对象从属关系图的最顶层，因此该值将会作用于所有的 Line 对象。

如果用户在对象从属关系图的不同层次上定义同一个属性的默认值，MATLAB 将会自动选择最底层的属性值作为最终的属性值。需要注意的是，用户自定义的属性值只能影响到该属性设置后创建的对象，之前的对象都不受影响。

2. 默认属性值的设置

指定 MATLAB 对象的默认值，需要首先创建一个以 Default 开头的字符串，该字符串的中间部分为对象类型，末尾部分为属性的名称。

【例 9-6】 设置多个层次对象的属性。

编写一个 M 文件，命名为 exa9_2_3.m，其内容为：

```
t =0:pi/20:2 * pi;
s = sin(t);
c = cos(t);
% Set default value for axes Color property
figh = figure('Position',[30 100 800 350],...
        'DefaultAxesColor',[.8,.8 .8]);

axh1 = subplot(1, 2, 1); grid on
% Set default value for line LineStyle property in first axe
set(axh1, 'DefaultLineLineStyle','-.')
line('XData', t, 'YData', s)
line('XData', t, 'YData', c)
text('Position', [3, .4], 'String', 'Sine')
text('Position', [2 -.3],'String', 'Cosine',...
    'HorizontalAlignment', 'right')

axh2 = subplot(1, 2, 2); grid on
```

```
% Set default value for text Rotation property in second axes
set(axh2,'DefaultTextRotation',90)
line('XData',t, 'YData',s)
line('XData',t, 'YData', c)
text('Position',[3 .4], 'String', 'Sine')
text('Position',[2 -.3], 'String', 'Cosine',...
    'HorizontalAlignment', 'right')
```

这段代码中，在一个图形窗口中创建了两个坐标系，设置整个图形窗口的默认坐标系的背景色为灰色，设置第一个坐标系的默认线型为点画线（'-.'），设置第二个坐标系的默认文本方向为旋转90°，运行该脚本，得到的结果如图9-9所示。

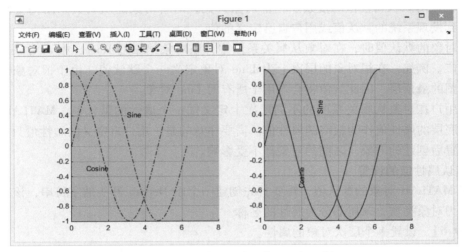

图9-9　设置多个层次对象的属性示例

9.2.4　对象属性值的查询

在 MATLAB 中，利用 get 函数可以查询对象属性的当前值。

【例9-7】　查询当前图形窗口对象的颜色映射表的属性。

在命令窗口中输入：

```
get(gcf,'colormap')
ans =
    0.2422    0.1504    0.6603
    0.2504    0.1650    0.7076
    0.2578    0.1818    0.7511
    0.2647    0.1978    0.7952
    0.2706    0.2147    0.8364
    ...
    0.9676    0.8639    0.1643
    0.9610    0.8890    0.1537
```

```
        0.9597        0.9135        0.1423
        0.9628        0.9373        0.1265
        0.9691        0.9606        0.1064
        0.9769        0.9839        0.0805
```

【例 9-8】 查询图形窗口中鼠标形状的系统设定值。

在命令窗口中输入：

```
get(0,'factoryFigurePointer')
ans =
    arrow
```

9.3 GUI 简介

9.3.1 GUI 概述

MATLAB 中的 GUI 程序为事件驱动的程序。事件包括按下按钮、鼠标单击等。GUI 中的每个控件与用户定义的语句相关。当在界面上执行某项操作时，开始执行相关的语句。

MATLAB 提供了两种创建图形用户界面的方法：通过 GUI 向导和通过编程创建 GUI。用户可以根据需要，选择适当的方法创建图形用户界面。通常可以参考下面的建议：

1）如果创建对话框，可以选择编程创建 GUI 的方法。MATLAB 中提供了一系列标准对话框，可以通过一个函数简单创建对话框。

2）只包含少量控件的 GUI，可以采用程序方法创建，每个控件可以由一个函数调用实现。

3）复杂的 GUI 通过向导创建比通过程序创建更简单一些，但是对于大型的 GUI，或者由不同的 GUI 之间相互调用的大型程序，用程序创建更容易一些。

9.3.2 GUI 的可选控件

:Push Bullon，按钮。当按下按钮时产生操作，如按下 OK 按钮时进行相应操作并关闭对话框。

:Radio Button，单选按钮。用于在一组选项中选择一个选项，并且每次只能选择一个。用鼠标单击选项即可选中相应的选项，选择新的选项时原来的选项自动取消。

:Check Box，复选框。用于同时选中多个选项。当需要向用户提供多个互相独立的选项时，可以使用复选框。

:Edit Text，可编辑文本框。用户可以在其中输入或修改文本字符串。程序以文本形式输入时使用该工具。

:Static Text，静态文本。静态文本控制文本行的显示，用于向用户显示程序使用说明、显示滑动条的相关数据等。用户不能修改静态文本的内容。

:Slider，滑动条。通过滑动条的方式指定参数。指定数据的方式可以有拖动滑动条、单击滑动槽的空白处或单击按钮。滑动条的位置显示为指定数据范围的百分比。

：List Box，列表框。列表框显示选项列表，用户可以选择一个或多个选项。

：Pop-Up Menu，弹出式菜单。当用户单击箭头时，弹出选项列表。

：Axes，坐标区。用于在 GUI 中添加图形或图像。

：Panel，面板。用于将 GUI 中的控件分组管理和显示。使用面板将相关控件分组显示可以使软件更易于被理解。面板可以包含各种控件，包括按钮、坐标系及其他面板等。面板包含标题和边框等用户显示面板的属性和边界。面板中的控件与面板之间的位置为相对位置，当移动面板时，这些控件在面板中的位置不变。

：Button Group，按钮组。按钮组类似于面板，但是按钮组中的控件只包括单选按钮或开关按钮。按钮中的所有控件，其控制代码必须写在按钮组的 SelectionChangFcn 响应函数中，而不是用户界面控制响应函数中。按钮组会忽略其中控件的原有属性。

：ActiveX Component，ActiveX 控件。用于在 GUI 中显示控件。该功能只在 Windows 操作系统下可用。

9.3.3　创建简单 GUI 示例

本小节通过 GUI 向导创建一个名为 NewGUI1 的简单 GUI。GUI 向导即 GUIDE（Graphical User Interface Development Environment），里面包含大量创建 GUI 的工具，这些工具简化了创建 GUI 的过程。通过向导创建 GUI 直观、简单，便于初级用户快速开始 GUI 创建。

本小节将逐步创建一个 GUI，该 GUI 能实现三维图形的绘制。要创建的界面中应包含一个绘图区域；一个面板，其中包含三个绘图按钮，分别实现表面图、网格图和等值线的绘制；一个弹出式菜单，用以选择数据类型，并且用静态文本进行说明。

下面介绍该 GUI 的创建步骤。

1. 新建启动 GUI

步骤一：通过以下任何一种方法均可启动 GUIDE，打开的界面如图 9-10 所示的 GUIDE 快速入门（Quick Start）对话框。

1）单击 MATLAB 菜单项"主页"工具栏中的"新建"｜APP｜GUIDE。

2）在 MATLAB 命令窗口，运行 guide 指令。

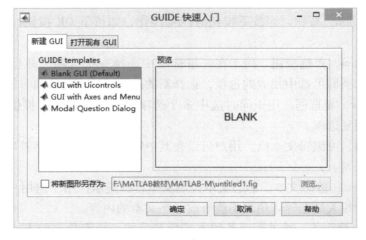

图 9-10　新建 GUI 界面

步骤二：选择适当页面及模板（图 9-10）。

新建 GUI 包含以下几类：

Blank GUI	引出如图 9-11 所示的带空白模板的版面编辑器
GUI with Uicontrols	引出带空间现成模板的版面编辑器
GUI with Axes and Menu	引出带轴框和菜单现成模板的版面编辑器
Model Question Dialog	引出带有询问对话框的版面编辑器

还可以选择"打开现有 GUI"打开已有的 GUI 文件。

用户可以保存该 GUI 模板，选中左下角的复选框，并在文本框中输入保存位置及名称。如果不保存，在第一次运行该 GUI 时系统将提示保存。设置完成后，确定进入 GUI 编辑状态。此时系统打开两个窗口，即界面编辑窗口和程序编辑窗口。

注意：如果不保存 GUI，那么只有界面窗口。

本示例选择新建空的 GUI（Blank GUI），输入文件名与 M 文件命名规则相同，单击"确定"按钮，得到的结果如图 9-11 所示。

该窗口中包括菜单栏、控制工具栏、GUI 控件面板、GUI 编辑区域等，在 GUI 编辑区域的右下角，可以通过鼠标拖曳的方式改变 GUI 界面的大小。

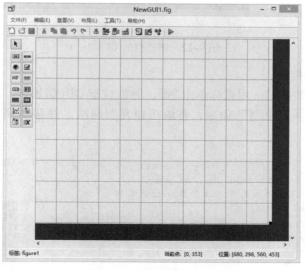

图 9-11　新建空的 GUI-1

2. 预设对版面编辑器的影响

默认情况下，窗口中显示的 GUI 控件面板只显示控件图标，不显示名称。用户可以通过"文件"|"预设"命令进行设置控件图标带文字注释与否，保存操作带确认提示与否等性状。

单击 GUI 菜单项中的"文件"|"预设"，弹出"预设项"对话框，在该窗口左侧目录下的 GUIDE 目录有以下四个选项：

1）在组件选项板中显示名称：不勾选为默认设置；若勾选此项，则 GUIDE 左侧的空间、组件图标后都带相应的文字注释，图 9-12 所示版面编辑器就是勾选该选项产生的。

2）在窗口标题中显示文件扩展名：勾选是默认设置，GUIDE 的"窗名"及激活的所创建用户界面的"窗名"都带扩展名。

3）在窗口标题中显示文件路径：不勾选是默认设置；若勾选此项，则 GUIDE "窗名"
及激活的所创建用户界面的 "窗名" 都带路径名。

4）为新生成的回调函数添加注释：勾选是默认设置，GUIDE 自动生成的回调函数（框架）都带注释。

图 9-12   新建空的 GUI-2

3. 向界面中添加控件

首先向界面中添加按钮。用鼠标单击 OK，并拖放至 GUI 编辑区，在该按钮上右击，在弹出的快捷菜单中选择 "复制" 命令，将该按钮复制两次，并移动到合适的位置，得到的结果如图 9-13 所示。

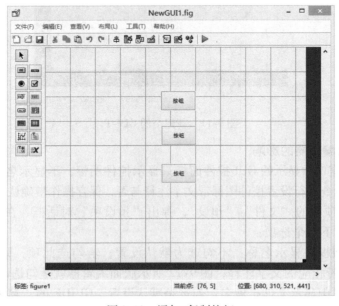

图 9-13   添加/复制按钮

用鼠标单击"面板"按钮 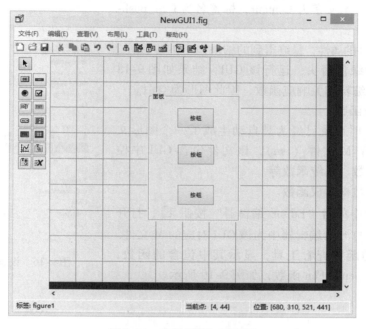，在编辑区的右侧添加面板，并将三个按钮移动到面板中，结果如图 9-14 所示。

下面继续向其中添加静态文本、弹出式菜单和坐标轴，分别依次单击左侧的 **TXT**、**POPUP** 和 **坐标轴** 按钮，并将它们移动到合适的位置。添加全部控件后的结果如图 9-15 所示。

图 9-14　将按钮添加至面板

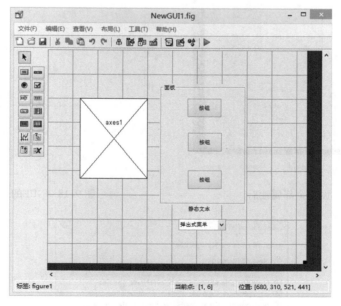

图 9-15　添加全部控件后

4. 设置控件属性

单击工具栏中的"查看"|"属性检查器"选项，打开属性检查器，或者直接双击需要设置属性的控件，也可打开属性检查器，设置按钮属性。如图 9-16 所示，设置第三个按钮的显示文字为 Contour，标签名为 Con_pushbutton。

设置其他控件的属性，最终得到的结果如图 9-17 所示。单击工具栏中的绿色箭头，运行该 GUI，结果如图 9-18 所示，由于还未编辑相关响应函数，因此图形为空白。

5. 编写响应函数

在创建 GUI 时系统已经为其自动生成了一个图形文件（.fig）和一个 M 文件（.m），该文件包含 GUI 中控件对应的响应函数、系统函数等。

首先，编写数据生成函数。

在 GUI 向导中单击"Editor/编辑器"按钮 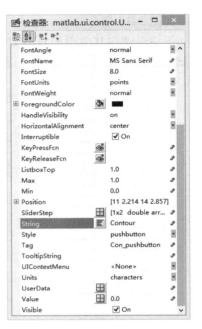，打开 M 文件编辑器，打开的编辑器中为该 GUI 对应的 M 文件。单击编辑器中的函数查看工具，显示其中包含的函数，选择 NewGUI1_OpeningFcn 函数，如图 9-19 所示。

图 9-16 设置按钮属性

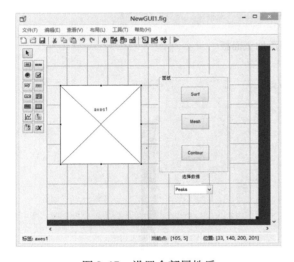

图 9-17 设置全部属性后

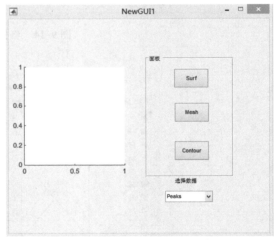

图 9-18 GUI 的运行界面

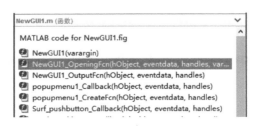

图 9-19 M 文件编辑器中选择函数

该函数已有部分内容，现在向其中添加数据生成函数。添加后该函数的内容为：

```
function NewGUI1_OpeningFcn(hObject, eventdata, handles, varargin)
% This function has no output args, see OutputFcn.
% hObject        handle to figure
% eventdata      reserved - to be defined in a future version of MATLAB
% handles        structure with handles and user data (see GUIDATA)
% varargin       command line arguments to NewGUI1 (see VARARGIN)
%
%% Creat the data to NewGUI1 plot
handles.peaks =peaks(35);
handles.membrane =membrane;
[x,y] =meshgrid(-8:.5:8);
r = sqrt(x.^2 +y.^2) +eps;
sinc = sin(r)/r;
handles.sinc =sinc;
% Set the current data value.
handles.current_data =handles.peaks;
contour(handles.current_data)

% Choose defaule command line output for NewGUI1 plot
handles.output = hObject;
% Update handles structure
guidata(hObject, handles);

% UIWAIT makes NewGUI1 wait for user response (see UIRESUME)
% uiwait(handles.figure1);
```

该函数首先生成三组数据，并设置初始数据为 peaks 数据，且初始图形为等值线。修改该函数后再次运行 GUI，得到的结果如图 9-20 所示。

继续修改按钮及弹出菜单的响应函数。用户可以通过 M 文件编辑器中的函数查看工具查找相应函数，或者在 GUI 编辑器中右击相应控件，选择"查看回调"中的 Callback，系统自动打开 M 文件编辑器，并且光标位于相应的函数处。

修改后的响应函数分别如下：

1）弹出式菜单的响应函数。

```
% --- Executes on selection change in popupmenu1.
function popupmenu1_Callback(hObject, eventdata, handles)
% hObject        handle to popupmenu1 (see GCBO)
% eventdata      reserved - to be defined in a future version of MATLAB
% handles        structure with handles and user data (see GUIDATA)
% Determine the selected data set.
str =get(hObject, 'String');
```

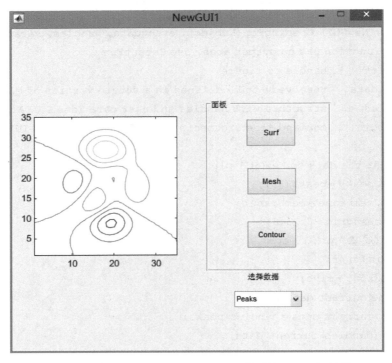

图 9-20　修改 NewGUI1_OpeningFcn 函数后的 GUI 运行结果

```
val = get(hObject, 'Value');
% Set current data to the selected data set.
switch str{val};
case 'Peaks'% User selects peaks
    handles. current_data = handles. peaks;
case 'Membrance'% User selects membrane
    handles. current_data = handles. membrane;
case 'Sinc' %  User selects sinc
    handles. current_data = handles. sinc;
end
% Save the handles structure.
guidata(hObject, handles)
% Hints: contents = get(hObject, 'String') returns_data_pop_up contents as
cell array
%    contents{get(hObject, 'Value')} returns selected item from data_pop_up
```

该函数首先取得弹出菜单的 String 属性和 Value 属性，然后通过分支语句选择数据。

2）3 个按钮的响应函数。

Surf 按钮：

```
%--- Executes on button press in surtpushbutton.
function surfpushbutton_Callback(hObject, eventdata, handles)
```

```
% hObiect        handle to surfpushbutton(see GCBO)
% eventdata      reserved-to be defined in a future version of MATLAB
% handles        structure with handles and user data(see GUIDATA)
% Display surf plot of the currently selected data.
surf( handles. current_data);
```

Mesh 按钮：

```
%--- Executes on button press in meshpushbutton.
function meshpushbutton_Callback(hObject, eventdata, handles)
% hObiect        handle to meshpushbutton(see GCBO)
% eventdata      reserved-to be defined in a future version of MATLAB
% handles        structure with handles and user data(see GUIDATA)
% Display mesh plot of the currently selected data.
mesh( handles. current_data);
```

Contour 按钮：

```
%--- Executes on button press in contourpushbutton.
Function contourpushbutton_Callback(hObject, eventdata, handles)
% hObiect        handle to contourpushbutton(see GCBO)
% eventdata      reserved-to be defined in a future version of MATLAB
% handles        structure with handles and user data(see GUIDATA)
% Display contour plot of the currently selected data.
contour( handles. current_data);
```

再次运行 GUI，选择不同的按钮和数据项，得到最后的结果，运行结果如图 9-21 所示。

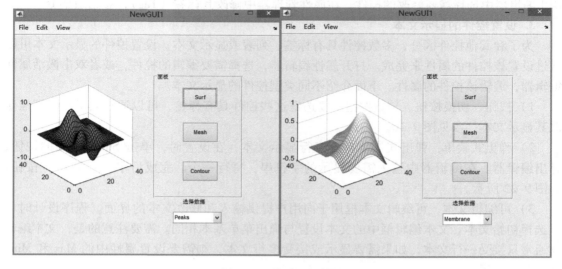

图 9-21　最后运行结果

本小节通过实例介绍了 GUI（图形用户界面）、GUI 创建向导以及简单 GUI 的创建过程。

9.4 向导创建 GUI

9.4.1 启动 GUIDE

在上一节创建简单 GUI 示例中详细介绍了启动 GUIDE 的方法和步骤，向导创建 GUI，用户首先可按照 9.3.2 节描述启动 GUIDE，此处不再赘述。

9.4.2 控件运作机理及创建

向 GUI 中添加控件包括添加及设置控件属性、设置控件显示文本等。

1. 添加

可以通过下列方式来选择适当的控件，并将其放置到 GUI 中。

1）单击左侧控件面板中的对象，并将其拖动到编辑区的目标位置。

2）选择左侧面板中的一个对象，之后鼠标会变成"十"字形状。在右侧的编辑区选择放置位置的方式如下：通过单击选择放置区域的左上角，或者通过鼠标拖放选择放置区域，即在区域左上角按下鼠标，至区域右下角释放鼠标。

2. 设置控件标志

通过设置控件的标签，为每个控件指定一个标志。控件在被创建时系统会为其指定一个标志，在保存前修改该标志为具有实际意义的字符串，该字符串应能反映该控件的基本信息。控件标志用于在 M 文件中识别控件。另外，同一个 GUI 中控件的标志应互不相同。

通过"查看"菜单打开"属性检查器"，或者在控件上右击，选择"属性检查器"。在 GUI 编辑器中选择需要修改的控件，在属性管理器中修改其标签（Tag），参见图 9-16。

3. 设置控件的显示文本

为了和其他控件区分，多数控件具有标签、列表或显示文本。设置控件的显示文本可以通过设置该控件的属性来完成。打开属性编辑器，选择需要编辑的控件，或者双击激活属性编辑器，编辑该控件的属性。下面介绍不同类型控件的显示文本。

1）按钮、切换按钮、单选按钮、复选框这些控件具有标签，可以通过其 String 属性修改其显示文本，参见图 9-16。

2）弹出式菜单，弹出式菜单具有多行显示文本，在设置时，单击 String 后面的按钮，弹出编辑器。在编辑器中输入需要显示的字符串，每行一个。完成后单击"确定"按钮，如图 9-22 所示。

3）可编辑文本，可编辑文本框用于向用户提供输入和修改文本的界面。程序设计时可以选择初始文本。文本编辑框中的文本设置与弹出菜单基本相同。需要注意的是，文本编辑框通常只接受一行文本，如果需要显示或接受多行文本，则需要设置属性中的 Max 和 Min，使其差值大于1。

4）静态文本，当静态文本只有一行时，可以通过 String 后面的输入框直接输入；当文本有多行时，激活编辑器进行设置。

5）列表框，列表框用于向用户显示一个或多个条目。在 String 编辑框中输入要显示的

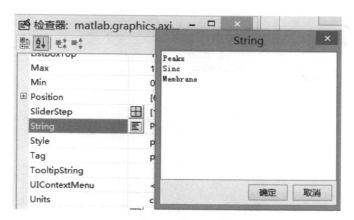

图 9-22 设置弹出式菜单的显示文本

列表，单击"确定"按钮。当列表框不足以显示其中的条目时，可以通过 ListBoxTop 属性设置优先显示的条目。

6）面板和按钮组用于将其他控件分组。面板和按钮组可以有标题，在其属性 String 中输入目标文本即可。另外，标题可以显示在面板的任何位置，可以通过 TitlePosition 的值设置标题的位置。默认情况下，标题位于顶部。

7）滑动条、坐标区、ActiveX 控件，MATLAB 中没有为这些控件提供文本显示，不过用户可以通过静态文本为这些控件设置标题或说明。对于坐标区（Axes），用户还可以通过图形标注函数进行设置，如 xlabel、ylabel 等。

添加控件后，用户可以通过鼠标拖曳、属性编辑器等改变控件的位置，或者通过工具栏中的对齐工具对控件进行统一规划。

9.4.3 向导创建 GUI 示例

在 MATLAB 中可以创建两种菜单：菜单栏和右键菜单。两种菜单都可以通过菜单编辑器创建。在 GUIDE 窗口中，选择"工具"菜单中的"菜单编辑器"选项激活菜单编辑器，或者选择工具栏中的菜单编辑器图标按钮 ▣。菜单编辑器的界面如图 9-23 所示。

该界面中包含两个选项卡——"菜单栏"和"上下文菜单"，分别用于创建菜单栏和右键菜单。工具栏中包含三组工具，分别为"新建工具""编辑工具"及"删除工具"。编辑菜单项目时，右侧显示该项目的属性。

1. 创建菜单栏

选择"菜单栏"选项卡，此时工具栏中的"新建菜单"选项为激活状态，而"新建右键菜单"选项为灰色。单击"新建菜单"按钮 ▣，新建菜单。新建后单击菜单名，窗口右侧显示该菜单的属性，可以对其进行编辑，如图 9-24 所示。

在右侧的属性编辑器中设置菜单项的属性。其中，"标签"为该菜单项的显示文本。"标记"为该菜单项的标签，必须是唯一的，用于在代码中识别该菜单项。

创建菜单栏后向其中添加菜单项。单击工具栏中的"新建菜单项"图标 ▣ 新建菜单项，如图 9-25 所示。

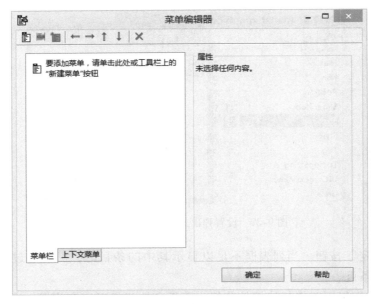

图 9-23　菜单编辑器界面

图 9-24　新建菜单图

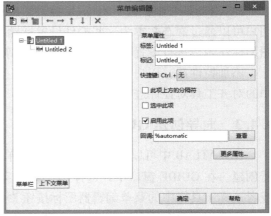

图 9-25　向菜单中添加菜单项

新建后通过属性编器编辑该菜单项。在属性编辑器中，还有一些其他的选项，如图 9-25 所示。这些选项的意义如下：

1）"快捷键"，设置键盘快捷键。键盘快捷键用于快速访问不包含子菜单的菜单项。在 Ctrl + 后面的文本框中选择字母，当同时按下〈Ctrl〉键和该字母时，访问该菜单项。需要注意的是，如果该快捷键和系统其他快捷键有冲突，该快捷键可能失效。

2）"此项上方的分隔符"复选框，在该菜单项上画横线，以与其他菜单项分开。

3）"选中此项"复选框，选中该选项后，在第一次访问该菜单项后会在该项目后进行标记。

4）"启用此项"复选框，选中该复选框，在第一次打开菜单时该菜单项可用。如果取消该复选框，在第一次打开菜单时，该菜单项显示为灰色。

5）"回调"，用于设置菜单项的响应函数，可以采用系统默认值。单击右面的"查看"按钮，可在 M 文件编辑器中显示该函数。

6）"更多属性"，用于打开属性编辑器，可以对该菜单项进行更多的编辑。

通过上面的方法，可以创建更多的菜单，也可以创建层叠菜单。创建后的结果如图 9-26 所示。

其中 Paste 为层叠菜单项。再次运行 GUI，得到的结果如图 9-27 所示，其中已经添加了菜单栏。

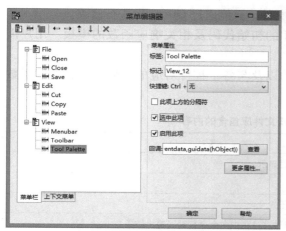

图 9-26　创建菜单的结果

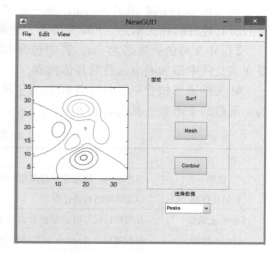

图 9-27　创建菜单后的 GUI 运行结果

2. 创建右键菜单

下面介绍右键菜单的创建方法。

选择编辑器中的"上下文菜单"选项卡。此时"新建右键菜单"选项处于激活状态，其他选项为灰色。新建右键菜单，并设置其属性。

之后为右键菜单添加菜单项，方法与向菜单栏中添加菜单项相同。

最后，需要将右键菜单与相应的对象关联。在 GUI 编辑窗口中，选择需要关联的对象，打开属性编辑器，编辑其属性。将其 UIContextMenu 属性设置为待关联的右键菜单名，如图 9-28 所示。

设置后，再次运行该 GUI，在图形中关联的对象处右击，便引出右键菜单。

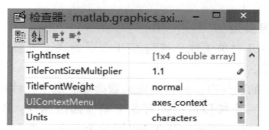

图 9-28　关联右键菜单及相应对象

9.5 编写 GUI 代码

前面几节介绍了创建 GUI 界面的过程。在创建 GUI 界面后，需要为界面中的控件编写响应函数，这些函数决定着事件发生时的具体操作

9.5.1 GUI 文件

通常情况下，一个 GUI 包含两个文件：一个 FIG 文件和一个 M 文件。

1）FIG 文件的扩展名为 .fig，是一种 MATLAB 文件，其中包含 GUI 的布局及 GUI 中包含的所有控件的相关信息。FIG 文件为二进制文件，只能通过 GUI 向导进行修改。

2）M 文件的扩展名为 .m，其中包含 GUI 的初始代码及相关响应函数的模板。用户需要在该文件中添加响应函数的具体内容。

M 文件通常包含一个与文件同名的主函数以及与各个控件对应的响应函数，这些函数为主函数的子函数，其内容见表 9-5。

表 9-5　GUI 对应 M 文件应包含的内容

内　　容	描　　述
注释	程序注释，当在命令行调用 help 时显示
初始化代码	GUI 向导的初始任务
Opening 函数	在用户访问 GUI 之前进行初始化任务
Output 函数	在控制权由 Opening 函数向命令行转移过程中向命令行返回输出结果
响应函数	这些函数决定控件操作的结果。GUI 为事件驱动的程序，当事件发生时，系统调用相应的函数进行执行

通常情况下，在保存 GUI 时，向导会自动向 M 文件中添加响应函数。另外，用户也可以向 M 文件中添加其他的响应函数。通过向导，用户可以用下面两种方式向 M 文件中添加响应函数：

1）右击，在右键菜单的"查看回调"中选择需要添加的响应函数类型，向导自动将其添加到 M 文件中，并在文本编辑器中打开该函数，用户可以对其进行编辑。如果该函数已经存在，则打开该函数。

2）在"查看"菜单中，选择"查看回调"中需要添加的响应函数类型。

9.5.2 响应函数

1. 响应函数的定义及类型

响应函数与特定的 GUI 对象关联，或与 GUI 图形关联。当事件发生时，MATLAB 调用该事件所激发的响应函数。

GUI 图形及各种类型的控件有不同的响应函数类型。每个控件可以拥有的响应函数被定义为控件的属性。例如，一个按钮可以拥有 5 个响应函数属性：ButtonDownFcn、Callback、CreateFcn、DeleteFcn 和 KeyPressFcn。用户可以同时为每个属性创建响应函数。GUI 图形本身也可以拥有特定类型的响应函数。

每种类型的响应函数都有其触发机制或事件，MATLAB 中的响应函数属性、对应的触发事件及可以应用的控件见表 9-6。

表 9-6　MATLAB 中的响应函数属性、对应的触发事件及可以应用的控件

响应函数属性	触发事件	可用控件
ButtonDownFcn	用户在其对应控件的 5 个像素范围内按下鼠标	坐标系、图形、按钮组、面板、用户界面控件
Callback	控制操作，用户按下按钮或选中一个菜单项	右键菜单、菜单、用户界面控件
CloserRequestFcn	关闭图形时执行	图形
CreateFcn	创建控件时初始化控件，初始化后显示该控件	坐标系、图形、按钮组、右键菜单、菜单、面板、用户界面控件
DeleteFcn	在控件图形关闭前清除该对象	坐标系、图形、按钮组、右键菜单、菜单、面板、用户界面控件
KeyPressFcn	用户按下控件或图形对应的键盘	图形、用户界面控件
ResizeFcn	用户改变面板、按钮组或图形的大小，这些控件的 Resize 属性需要处于 On 状态	按钮组、面板、图形
SelectionChangeFcn	用户在按钮组内部选择不同的按钮，或改变开关按钮的状态	按钮组
WindowButtonDownFcn	在图形窗口内部按下鼠标	图形
WindowButtonMotionFcn	在图形窗口内部移动鼠标	图形
WindowButtonUpFcn	松开鼠标按钮	图形

2. 将响应函数与控件关联

一个 GUI 中包含多个控件，GUIDE 提供了一种方法，用于指定每个控件所对应的响应函数。

GUIDE 通过每个控件的响应属性将控件与对应的响应函数相关联。默认情况下，GUIDE 将每个控件的最常用的响应属性设置为% automatic，如图 9-29 所示。例如，每个按钮有 5 个响应属性，ButtonDownFcn、Callback、CreateFcn、DeleteFcn 和 KeyPressFcn。GUIDE 将其 Callback 属性设置为% automatic。用户可以通过属性编辑器将其他响应属性设置为% automatic。

当再次保存 GUI 时，GUIDE 将% automatic 替换为响应函数的名称，该函数的名称由该控件的 Tag 属性及响应函数的名称组成，如图 9-30 所示。

其中，GUIPlot2 是该 GUI 的名称，同时是该 GUI 主调函数的名称。其他参数为 pushbutton1_Callback 函数的输入参数，意义分别如下所示：

1）hObject：用于返回响应对象的句柄。

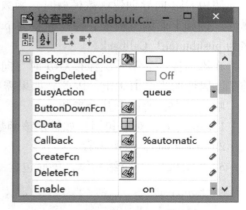

图 9-29　设置控件属性为% automatic

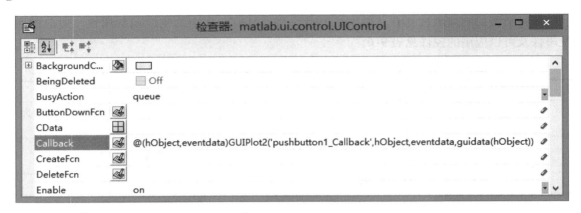

图 9-30　自动生成的响应函数的名称

2）eventdata：用于存放事件数据。

3）guidata(hObject)：返回该 GUI 的句柄结构体。

3. 响应函数的语法与参数

在 MATLAB 中对响应函数的语法和参数有一些约定，在 GUI 向导创建响应函数并写入
M 文件时便遵守这些约定。下面为按钮的响应函数模板：

```
% --- Executes on button press in pushbutton1.
function pushbutton1_Callback(hObject, eventdata, handles)
% hObject        handle to pushbutton1 (see GCBO)
% eventdata      reserved - to be defined in a future version of MATLAB
% handles        structure with handles and user data (see GUIDATA)
```

在该模板中，第一行注释说明该函数的触发事件，第二行为函数定义行，接下来的注释
用于对输入参数进行说明。用户可以在这些注释行的下面输入函数的其他内容。

使用 GUI 向导创建函数模板时，函数的名称为：控件标签（Tag 属性）＋下画线＋函数
属性。例如上面的模板中，控件标签为 pushbutton1，响应函数的属性为 Callback，因此函数
名为 pushbutton1_Callback。

在添加控件后第一次保存 GUI 时，向导向 M 文件中添加相应的响应函数，函数名由当
前 Tag 属性的当前值确定。因此，如果需要改变 Tag 属性的默认值，请在保存 GUI 前进行。

响应函数包含以下几个参数：

1）hObject，对象句柄，如触发该函数的控件的句柄。

2）eventdata，保留参数。

3）handles，一个结构体，里面包含图形中所有对象的句柄，例如：

```
handles =
figure1:160.0011
edit: 9.0020
uipanel1: 8.0017
popupmenu:7.0018
pushbutton: 161.0011
Output:160.0011
```

其中包含文本编辑框、面板、弹出菜单和按钮。

GUI 向导创建 handles 结构体，并且在整个程序运行中保持其值不变。所有的响应函数使用该结构体作为输入参数。

4. 初始化响应函数

GUI 的初始化函数包括 Opening 函数和 Output 函数。在每个 GUI 的 M 文件中，Opening 函数是第一个被调用的函数。该函数在所有控件创建完成后、GUI 显示之前运行。用户可以通过 Opening 函数设置程序的初始任务，如创建数据、读入数据等。

通常 Opening 函数的名称为"M 文件名 + _OpeningFcn"，例如下面的初始模板：

```
% --- Executes just before GUIPlot2 is made visible.
function GUIPlot2_OpeningFcn(hObject, eventdata, handles, varargin)
% This function has no output args, see OutputFcn.
% hObject        handle to figure
% eventdata      reserved - to be defined in a future version of MATLAB
% handles        structure with handles and user data (see GUIDATA)
% varargin       command line arguments to GUIPlot2 (see VARARGIN)

% Choose default command line output for GUIPlot2
handles. output = hObject;

% Update handles structure
guidata(hObject, handles);

% UIWAIT makes GUIPlot2 wait for user response (see UIRESUME)
% uiwait(handles. figure1);
```

其中，文件名为 GUIPlot2，函数名为 GUIPlot2_OpeningFcn。该函数包含 4 个参数，第 4 个参数 varargin 允许用户通过命令行向 Opening 函数传递参数。Opening 函数将这些参数添加到结构体 handles 中，供响应函数调用。

该函数中包含 3 行语句，如下所示：

1) handles. output = hObject，向结构体 handles 中添加新元素 output，并将其值赋为输入参数 hObject，即 GUI 的句柄。该句柄供 output 函数调用。

2) guidata（hObject，handles）保存 handles。用户必须通过 guidata 保存结构体 handles 的任何改变。

3) uiwait（handles. figure1），在初始情况下，该语句并不执行。该语句用于中断 GUI 执行，等待用户响应或 GUI 被删除。如果需要该语句运行，删除前面的"%"即可。

Output 函数用于向命令行返回 GUI 运行过程中产生的输出结果。该函数在 Opening 函数返回控制权和控制权返回至命令行之间运行。因此，输出参数必须在 Opening 函数中生成，或者在 Opening 函数中调用 uiwait 函数以中断 Output 函数的执行，等待其他响应函数生成输出参数。

Output 函数的函数名为"M 文件名 + OutputFcn"，例如下面的初始模板：

```
% --- Outputs from this function are returned to the command line.
function varargout = GUIPlot2_OutputFcn(hObject, eventdata, handles)
% varargout    cell array for returning output args (see VARARGOUT);
% hObject      handle to figure
% eventdata    reserved - to be defined in a future version of MATLAB
% handles      structure with handles and user data (see GUIDATA)


% Get default command line output from handles structure
varargout{1} = handles.output;
```

该函数的函数名为 GUIPlot2_OutputFcn。Output 函数有一个输出参数 varargout。默认情况下，Output 函数将 handles.output 的值赋予 varargout，因此 Output 函数的默认输出为 GUI 的句柄。用户可以通过改变 handles.output 的值来改变函数输出结果。

9.5.3　控件编程

本小节通过实例介绍控件编程的基本方法。

【例 9-9】　按钮编程。

本例中的按钮实现关闭图形窗口的功能，在关闭的同时显示 Goodbye。该函数的代码为：

```
function pushbutton1_Callback(hObject, eventdata, handles)
display Goodbye
delete(handles.figure1);
```

【例 9-10】　开关按钮。

在调用开关按钮时需要获取该开关的状态，当该按钮被按下时其 Vaule 属性为 Max，处于松开状态时其 Value 属性为 Min。开关按钮的响应函数通常具有下面的格式：

```
function togglebutton1_Callback(hObject, eventdata, handles)
button_state = get(hObject,'Value')
if button_state == get(hObject,'Max')
% 当按下按钮时执行的操作
  ⋮
elseif button_state == get(hObject,'Min')
% 当松开按钮时执行的操作
  ⋮
    end
```

9.6　程序创建 GUI

除了通过 GUI 向导创建 GUI 外，还可以通过程序创建 GUI。MATLAB 提供了一些函数用于辅助用户创建 GUI。

9.6.1　创建 GUI 的常用函数

1. 预定义对话框

MATLAB 中提供了一系列函数用于预定义对话框，见表9-7。

表9-7　MATLAB 中用于预定义对话框的函数

函　数	功　能	函　数	功　能
dialog	创建并打开对话框	uigetfile	打开查找文件标准对话框
errordlg	创建并打开错误提示对话框	uigetpref	打开支持优先级的提问对话框
helpdlg	创建并打开帮助对话框	uiopen	打开选择文件对话框，其中包含文件类型选择
inputdlg	创建并打开输入对话框	uiputfile	打开文件保存标准对话框
listdlg	创建并打开列表选择对话框	uisave	打开保存工作区变量标准对话框
msgbox	创建并打开消息对话框	uisetcolor	打开指定对象颜色标准对话框
pagesetupdlg	打开页面设置对话框	uisetfont	打开设置对象的字体风格标准对话框
printdlg	打开打印对话框	waitbar	打开进度条
questdlg	打开问询对话框	warndlg	打开警告对话框
uigetdir	打开查找目录标准对话框		

2. 创建对象

MATLAB 中用于创建对象的函数见表9-8。

表9-8　MATLAB 中用于创建对象的函数

函　数	功　能	函　数	功　能
axes	创建坐标系	uipushtool	创建工具栏按钮
uipanel	创建面板	uitoggletool	创建工具栏开关按钮
uicontextmenu	创建右键菜单	uitoolbar	创建工具栏
uicontrol	创建用户界面控制对象	uibuttongroup	创建按钮组，用于管理单选按钮和开关按钮
uimenu	创建图形窗口中的菜单		

3. ActiveX 控件

MATLAB 中用于创建 ActiveX 控件的函数见表9-9。

表9-9　MATLAB 中用于创建 ActiveX 控件的函数

函　数	功　能	函　数	功　能
actxcontrollist	显示当前窗口中已经安装的所有 ActiveX 控件	actxcontrol	图形窗口中的 Active 控件
actxcontrolselect	显示创建 ActiveX 控件的图形界面	actxserver	创建 COM 自动服务器

4. 获取应用程序数据

MATLAB 中用于获取应用程序数据的函数见表9-10。

表 9-10　MATLAB 中获取应用程序数据的函数

函　　数	功　　能	函　　数	功　　能
getappdata	获取应用程序定义的数据	rmappdata	删除应用程序定义的数据
guidata	存储或获取 GUI 数据	setappdata	设置应用程序定义的数据
isappdata	判断是否为应用程序定义的数据		

5. 用户界面输入

MATLAB 中的用户界面输入函数见表 9-11。

表 9-11　MATLAB 中的用户界面输入函数

函　　数	功　　能
waitfor	停止运行，直到条件满足时继续执行程序
waitforbuttonpress	停止运行，直到按下键盘或单击鼠标时继续运行
ginput	获取鼠标或光标输入

6. 优先权控制函数

MATLAB 中的优先权控制函数见表 9-12。

表 9-12　MATLAB 中的优先权控制函数

函　　数	功　　能	函　　数	功　　能
addpref	添加优先权	setpref	设置优先权
getpref	获取优先权	uigetpref	打开对话框，查找优先权
ispref	判断优先权是否存在	uisetpref	管理用于 uigetpref 的优先权
rmpref	删除优先权		

7. 应用函数

MATLAB 中的应用函数见表 9-13。

表 9-13　MATLAB 中的应用函数

函　　数	功　　能	函　　数	功　　能
align	排列 UI 控件和轴	movegui	将 GUI 移到屏幕上的指定位置
findall	搜索所有的对象	textwrap	返回对指定控件的字符串矩阵
findfigs	搜索图形超出屏幕的部分	uiresume	重新开始执行通过 uiwait 暂停的程序
findobj	定位满足指定属性的图形对象	uistack	重新堆栈对象
gcbf	返回当前运行的响应函数所对应对象所在图形的句柄	selectmoveresize	选中、移动、重置大小或者复制坐标系或图形控件
gcbo	返回当前运行的响应函数所对应对象的句柄	openfig	打开 GUI，若已经打开，则令其处于活动状态
guihandles	创建句柄结构体	uiwait	中断程序的执行，通过 uiresume 恢复执行
inspect	打开属性监测器		

9.6.2 程序创建 GUI 示例

本小节通过一个用程序创建 GUI 的实例，帮助读者进一步掌握用程序创建 GUI 的过程及方法。

1. 需要实现的功能及需要包含的控件

要创建 GUI 的功能是在坐标系内绘制用户选定的数据，包含的控件包括以下几种：

1）坐标系。

2）弹出菜单，其中包含 5 个绘图选项。

3）按钮，更新坐标系中的内容。

4）菜单栏，其中包含 File 菜单，该菜单中包含 3 个选项，分别为 Open、Print 和 Close。

5）工具栏，包含两个按钮，分别为 Open 和 Print。

打开该 GUI 时，在坐标系中显示 5 组随机数。用户可以通过弹出菜单选择绘制其他图形，选择后单击 Update 按钮更新图形。

该 GUI 的最终界面如图 9-31 所示。

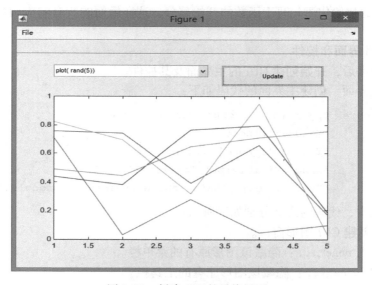

图 9-31　创建 GUI 的最终界面

2. 需要使用的技术

在创建该 GUI 的过程中，需要应用的技术包括以下几种：

1）当打开 GUI 时，向其传递输入参数。

2）GUI 返回时，得到其输出参数。

3）处理异常变化。

4）跨平台运行该 GUI。

5）创建菜单。

6）创建工具栏。

7）大小改变功能。

3. 创建 GUI

创建 GUI 时，可定义两个变量：mOutputArgs 和 mplotTypes。

mOutputArgs 为单元数组，其内容为输出值，在后面的程序中将为其定义默认值。mOutputArgs 的定义语句为：

```
mOutputArgs = {};    % Variable for storing output when GUI returns
```

mPlotTypes 是一个 5×2 的单元数组，其元素为将要在坐标系中绘制的数据，第一列为字符串，显示在弹出菜单中；第二列为匿名函数句柄，是待绘制的函数。

其定义语句为：

```
mPlotTypes = {...      % Example plot types shown by this GUI
        'plot( rand(5))',                @ (a)plot(a, rand(5));
        'plot( sin(1. :0.01:25)',        @ (a)plot(a, sin(1:0.01:25));
        'bar(1:.5:10)',                  @ (a)bar(a,1:.5:10);
        'plot(membrane)',                @ (a)plot(a, membrane);
        'surf(peaks)',                   @ (a)surf(a, peaks);};
```

mPlotTypes 的初始化语句写于函数的开始部分，这样后面的所有响应函数就都可以使用该变量的值。

4. 创建 GUI 界面和控件

在初始化数据后，开始创建 GUI 的主界面及其控件。

（1）创建主界面　创建主界面的代码如下：

```
hMainFigure = figure(...      % The main GUI figure
            'MenuBar','none',...
            'Toolbar','none',...
            'HandleVisibility','callback',...
            'Color', get(0,'defaultuicontrolbackgroundcolor'));
```

在这段函数中，代码的意义分别如下所示：

1）figure：创建 GUI 图形窗口。

2）'MenuBar','none',...：隐藏该图形原有的菜单栏。

3）'Toolbar','none',...：隐藏该图形原有的工具栏。

4）'HandleVisibility','callback',...：设置该图形只能通过响应函数调用，并且阻止通过命令行向该窗口中写入内容或删除该窗口。

5）'Color',get(0,'defaultuicontrolbackgroundcolor')：定义图形的背景色，该语句定义图形的背景色与 GUI 控件的默认颜色相同，比如按钮的颜色。由于不同的系统会有不同的默认设置，因此该语句保证 GUI 的背景色与控件的颜色匹配。

（2）创建坐标系　创建坐标系的代码为：

```
hPlotAxes = axes(...      % Axes for plotting the selected plot
            'Parent', hMainFigure,...
            'Units','normalized',...
            'HandleVisibility', 'callback',...
            'Position',[0.11 0.13 0.80 0.67]);
```

其中代码的功能如下所示：

1）axes：创建坐标系。

2）'Parent',hMainFigure,...：设置该坐标系为 hMainFigure 所指图形（主界面）的子图形。

3）'Units','normalized',...：该属性保证当改变 GUI 的尺寸时，坐标系同时变化。

4）'Position',［0.11 0.13 0.80 0.67］：定义坐标系的位置及大小。

（3）创建弹出菜单　创建弹出菜单的代码为

```
hPlotsPopupmenu = uicontrol(...      % List of available types of plot
                   'Parent',hMainFigure,...
                   'Units','normalized',...
                   'Position',[0.11 0.85 0.45 0.1],...
                   'HandleVisibility','callback',...
                   'string',mPlotTypes(:,1),...
                   'style','popupmenu');
```

其中代码的功能如下所示：

1）uicontrol：创建弹出菜单，uicontrol 可以用于创建各种菜单，将属性 Style 的值设置为 popupmenu，用于创建弹出菜单。

2）'string',mPlotTypes（:,1）,…：string 用于设置菜单中显示的内容，这里显示变量mPlotTypes 中的内容。

（4）创建 Update 按钮　创建 Update 按钮的代码为：

```
hUpdateButton = uicontrol(...      % Button for updating selected plot
        'Parent', hMainFigure,...
        'Units', 'normalized',...
        'HandleVisibility', 'callback',...
        'Position',[0.6 0.85 0.3 0.1],...
        'String','Update',...
        'Callback',@hUpdateButtonCallback);
```

其中代码的功能如下所示：

1）uicontrol：该函数用于创建各种 GUI 控件，所创建控件的类型通过属性 Style 确定，其默认值为创建按钮，因此这里不需要再次设置。

2）'String','Update',...：设置按钮的显示文字为 Update。

3）'Callback', @ hUpdateButtonCallback：设置该按钮的响应函数 hUpdateButtonCallback。

（5）创建 File 菜单　为了创建 File 菜单，需要首先创建菜单，再依次创建菜单中的菜单项，代码如下：

```
hFileMenu = uimenu(...                    % File menu
           'Parent', hMainFigure,...
           'HandleVisibility','callback',...
           'Label', 'File');
```

```
hOpenMenuitem  = uimenu(...                    % Open Menu item
            'Parent', hFileMenu,...
            'Label', 'Open',...
            'HandleVisibility', 'callback',...
            'Callback',@ hOpenMenuitemCallback);
hPrintMenuitem = uimenu(...                    % Print Menu item
            'Parent', hFileMenu,...
            'Label','Print',...
            'HandleVisibility', 'callback',...
            'Callback',@ hPrintMenuitemCallback);
hCloseMenuitem = uimenu(...                    % Close Menu item
            'Parent', hFileMenu,...
            'Label','Close',...
            'HandleVisibility', 'callback',...
            'Callback',@ hCloseMenuitemCallback);
```

其中代码的功能如下所示：

1）uimenu：该函数用于创建菜单。创建主菜单时设置其属性 Parent 为 GUI 主窗口。

2）hMainFigure：创建菜单项时设置该属性为 hFileMenu。

3）'Label'：用于设置菜单的标题。

（6）创建工具栏　创建工具栏与创建菜单相同，需要首先创建工具栏，然后依次创建其中的工具，代码如下：

```
hToolbar  =  uitoolbar(...        % Toolbar for Open and Print buttons
            'Parent', hMainFigure,...
            'HandleVisibility', 'callback');
hOpenPushtool  =  uipushtool(...       % Open toolbar button
            'Parent',hToolbar,...
            'TooltipString', 'Open File',...
            'CData',iconRead(fullfile(matlabroot,...
                '\toolbox\matlab\icons\opendoc.mat')),...
            'HandleVisibility','callback',...
            'ClickedCallback', @ hOpenMenuitemCallback);
hPrintPushtool = uipushtool(...        % Print toolbar button
            'parent',hToolbar,...
            'TooltipString','Print Figure',...
            'CData',iconRead(fullfile(matlabroot,...
                '\toolbox\matlab\icons\printdoc.mat')),...
            'HandleVisibility','callback',...
            'ClickedCallback', @ hOpenMenuitemCallback);
```

上述代码中的函数及参数的意义分别如下所示：

1）uitoolbar：在主窗口中创建工具栏。

2）uipushtool：创建工具栏中的项。

3）TooltipString：该属性用于设置当鼠标移到该图标时显示的提示文本。

4）CData：用于指定显示于该按钮上的图像。

5）ClickedCallback：用于指定单击该工具时执行的操作。

5. 初始化 GUI

创建打开该 GUI 时显示的图形，并且定义输出参数值，代码如下：

```
%Update the plot with the initial plot type
localUpdatePlot();
%Define default output and return it if it is requested by users
mOutputArgs{1}=hMainFigure;
if nargout>0
    [varargout{1:nargout}]=mOutputArgs{:};
end
```

localUpdatePlot 函数用于在坐标系中绘制选定的数据，后面的语句设置默认输出为该 GUI 的句柄。

6. 定义响应函数

该 GUI 共有 6 个控件由响应函数控制，但是由于工具栏中的 Open 按钮和 File 菜单中的 Open 选项共享一个响应函数，按钮 Print 和菜单项 Print 共享一个响应函数，因此共需要定义 4 个响应函数。

（1）Update 按钮的响应函数　Update 按钮的响应函数为 UpdateButtonCallback，该函数的定义如下：

```
function hUpdateButtonCallback(hObject,eventdata)
%Callback function run when the update button is pressed
localUpdatePlot();
end
```

其中，localUpdatePlot( ) 为一个辅助函数，稍后介绍。

（2）Open 菜单项的响应函数　Open 菜单项和工具栏中 Open 按钮共享一个响应函数，即 hOpenMenuitemCallback，该函数的定义为：

```
function hOpenMenuitemCallback(hObject,eventdata)
% Callback function run when the open menu item is selected
    file=uigetfile('*.m');
    if ~isequal(file,0)
        open(file)
    end
end
```

该函数首先调用 uigetfile 函数，打开文件查找标准对话框，如果 uigetfile 函数的返回值为有效文件名，调用 open 函数将其打开。

（3）Print 菜单项的响应函数　Print 菜单项的响应函数为 hPrintMenuitemCallback，该函数的定义为：

```
function hPrintMenuitemCallback(hObject,eventdata)
% Callback function run when the Print menu item is selected
    printdlg(hMainFigure);
end
```

该函数调用 printdlg 函数以打开打印对话框。

（4）Close 菜单项的响应函数　　Close 菜单项用于关闭该 GUI 窗口，其响应函数为 hCloseMenuitemCallback，该函数的定义如下：

```
function hCloseMenuitemCallback(hObject,eventdata)
% Callback function run when the Close menu item is selected
  Selection = questdlg(['Close' get(hMainFigure, 'Name') '? '],...
                  ['Close' get(hMainFigure,'Name') '...'],...
                       'Yes','No','Yes');
if strcmp(selection, 'No')
    Return
end
```

该函数首先调用 questdlg 函数以打开询问对话框，如果用户选择 No，则取消操作；如果用户选择 Yes，则关闭该窗口。

除上述响应函数外，还用到了辅助函数 localUpdatePlot。该函数的定义如下：

```
function localUpdatePlot
% Helper function for ploting the selected plot type
mPlotTypes{get(hPlotsPopupmenu, 'Value'),2}(hPlotAxes);
end        % end of axesMenuToolbar
```

该函数用于利用选中的绘图类型进行绘图。

该 GUI 的完整 M 文件见本书所附程序"P_GUI_exToolbar. m"。

习　　题

9-1　新建图形窗口，设置其标题为"对数函数的图像"，在该窗口中绘制对数函数 $f = \ln x$ 在区间 $0 < x < 10$ 内的图像。

9-2　简述 MATLAB 中创建图形用户界面（GUI）的步骤。

9-3　简述 GUI 控件的种类及各自的功能。

9-4　什么是 callbackfunction？其作用是什么？

9-5　编写程序，实现如下功能：创建图形窗口，并且设置其默认背景色为黄色，默认线宽为 4 个像素，在该窗口中绘制椭圆 $\dfrac{x^2}{a} + \dfrac{y^2}{b} = 1$ 的图像，其中 a 和 b 任选。

9-6　编写 MATLAB 程序，绘制下面的函数：

$$\begin{cases} x(t) = \cos(t/\pi) \\ y(t) = 2\sin(t/2\pi) \end{cases}, \quad \text{其中} -2 \leqslant t \leqslant 2。$$

该程序在绘制图形之后等待用户的鼠标输入，每单击其中一条曲线，就随机修改该曲线的颜色，包括红色、绿色、蓝色、黑色和黄色。

    提示：使用 waitforbuttonpress 命令等待用户的鼠标单击，并在每次单击之后刷新图形；使用 gco 函数来确定是哪个对象被选中，使用该对象的 Type 属性确定单击是否发生在曲线上。

    9-7   创建一个 GUI，使用一个弹出式控件选择 GUI 的背景颜色。

    9-8   创建一个 GUI，绘制抛物线 $y = ax^2 + bx + c$ 的图像，其中参数 a、b、c 及绘图范围等通过界面上的文本编辑框输入。

▶ 第 10 章

优化工具箱

优化理论是一门实践性很强的学科。由于优化问题无所不在，目前最优化方法的应用和研究已经深入到了土木工程、机械工程、化学工程、运输调度、生产控制、经济规划、经济管理、军事指挥和科学试验等生产和科研的各个领域，并取得了显著的经济效益和社会效益。优化理论和方法最初源于人们对于同一个问题往往会提出多个解决方案，并通过各方面的论证从中提取最佳方案，优化理论和方法奠基于 20 世纪 50 年代。最优化方法就是专门研究如何从多个方案中科学合理地提取出最佳方案的方法。

MATLAB 的优化工具箱提供了对各种优化问题的一个完整的解决方案。其内容涵盖线性规划、二次规划、非线性规划、最小二乘问题、非线性方程求解、多目标决策、最小最大问题，以及半无限问题等的优化问题。其简洁的函数表达，多种优化算法的任意选择，对算法参数的自由设置，可使用户方便灵活地使用优化函数。

10.1 优化理论与优化工具箱简介

本节首先对最优化理论与 MATLAB 优化工具箱进行简要描述，然后对优化工具箱中常用函数的调用语法以及功能进行描述。

10.1.1 优化理论概述

在日常生活中，无论做什么事情，总是有多种方案可供选择，并且可能出现多种不同的结果。我们在做这些事情的时候，总是自觉不自觉地选择一种最优方案，以期达到最优结果。这种追求最优方案以达到最优结果的学科就是最优化，寻求最优方案的方法就是最优化方法，这种方法的理论基础就是最优化理论。

最优化方法专门研究如何从多个方案中选择最佳方案。最优化是一门应用广泛的学科，它讨论决策问题的最佳选择的特性，构造寻求最佳解的计算方法。用最优化方法解决最优化问题称为最优化技术，主要包括数学建模和数学求解两个方面的内容：

建立数学模型，即用数学语言来描述最优化问题。模型总的数学关系是反映了最优化问题所要达到的目标和各种约束条件。

数学求解：数学模型建好以后，选择合理的最优化方法进行求解。

求解单变量最优化问题的方法有很多，根据目标函数是否需要求导可以分为两类，直接法和间接法。直接法不需要对目标函数进行求导，而间接法则需要用到目标函数的导数。

1. 直接法

常用的一维直接法主要有消去法和多项式近似法两种。

消去法利用单峰函数具有的消去性质进行反复迭代，逐渐消去不包含极小的区间，缩小搜索区间，直到搜索区间缩小到给定的允许精度为止。一种典型的消去法为黄金分割法（Golden Section Search）。黄金分割法的基本思想是在单峰区间内适当插入两点，将区间分为 3 段，然后通过比较这两点函数值的大小来确定是删去左段还是右段，或同时删去左右两段保留中间段。重复该过程使区间无限缩小。插入点的位置放在区间的黄金分割点及其对称点上，所以该法称为黄金分割法。该法的优点是算法简单，效率较高，稳定性好。

多项式近似法用于目标函数比较复杂的情况。此时寻找一个与它近似的函数代替目标函数，并用近似函数的极小点作为原函数极小点的近似。常用的近似函数为二次和三次多项式。

2. 间接法

间接法需要计算目标函数的导数，优点是计算速度很快。常见的间接法包括牛顿切线法、对分法、割线法和三次插值多项式近似法等。优化工具箱中用得较多的是三次插值法，对于只需要计算函数值的方法，二次插值法是一个很好的方法，它的收敛速度较快，尤其在极小点所在区间较小时更是如此。黄金分割法则是一种十分稳定的方法，并且计算简单。由于以上原因，MATLAB 优化工具箱中用得较多的方法是二次插值法，三次插值法，二次、三次混合插值法和黄金分割法。

根据优化问题不同属性的特征，最优化问题大致可分为以下几类：

1）根据与时间的关系分为：静态问题和动态问题。

2）根据是否有约束条件分为：有约束问题和无约束问题。

3）根据函数的类型分为：线性规划和非线性规划。

10.1.2　MATLAB 优化工具箱概述

MATLAB 包含很多工具箱，主要用来扩充 MATLAB 的数值计算、符号运算、图形建模仿真等功能，使其能够用于多种学科。例如，控制系统工具箱（Control System Toolbox）、信号处理工具箱（Signal Processing Toolbox）、财政金融工具箱（Financial Toolbox）等。本章主要介绍 MATLAB 的优化工具箱（Optimization Toolbox）。

1. 优化工具箱的功能

MATLAB 优化工具箱提供对各种优化问题的一个完整解决方案，其主要功能及应用包括：

1）求解无约束条件非线性极小值。

2）求解约束条件下非线性极小值，包括目标逼近问题、极大极小值问题和半无限极小值问题。

3）求解二次规划和线性规划问题。

4）非线性最小二乘逼近和曲线拟合。

5）非线性系统的方程求解。

6）约束条件下的线性最小二乘优化。

7）求解复杂结构的大规模优化问题。

2. 优化工具箱常用函数

MATLAB 的优化工具箱通过使用一系列优化函数求解以上问题，包含常用最小化函数和方程求解函数，详细描述分别见表 10-1 和表 10-2。

表 10-1　优化工具箱常用最小化函数

函　　数	描　　述	函　　数	描　　述
fminbnd	边界约束下的非线性最小化	fminsearch	无约束非线性最小化
fmincon	有约束的非线性最小化	fminunc	多变量函数的最小化
bintprog	0-1 整数规划问题	fgoalattain	多目标规划的优化问题
lsqnonlin	非线性最小二乘	linprog	线性规划
fminimax	极小极大问题	quadprog	二次规划
fseminf	半无限问题		

表 10-2　优化工具箱常用方程求解函数

函　　数	描　　述	函　　数	描　　述
solve	线性方程求解	fzero	标量非线性方程求解
fsolve	非线性方程求解		

3. MATLAB 优化函数的查阅与定位

在 MATLAB 的命令窗口输入命令 help optim，可显示该工具箱中所有函数清单，部分函数如图 10-1 所示。

```
Nonlinear minimization of functions.
    fminbnd    - Scalar bounded nonlinear function minimization.
    fmincon    - Multidimensional constrained nonlinear minimization.
    fminsearch - Multidimensional unconstrained nonlinear minimization,
                 by Nelder-Mead direct search method.
    fminunc    - Multidimensional unconstrained nonlinear minimization.
    fseminf    - Multidimensional constrained minimization, semi-infinite
                 constraints.

Nonlinear minimization of multi-objective functions.
    fgoalattain - Multidimensional goal attainment optimization
    fminimax    - Multidimensional minimax optimization.
```

图 10-1　help optim 结果显示

4. 模型输入时需要注意的问题

使用优化工具箱时，由于优化函数要求目标函数和约束条件满足一定的格式，所以需要用户在进行模型输入时注意以下几个问题。

1）目标函数最小化。优化函数 fminbnd、fminsearch、fminunc、fmincon、fgoalattain、fminmax 和 lsqnonlin 都要求目标函数最小化，如果优化问题要求目标函数最大化，可以通过使该目标函数的负值最小化，即 -f(x) 最小化来实现。同理，对于 quadprog 函数提供 -H 和 -f，对于 linprog 函数提供 -f。

2）约束非正。优化工具箱要求非线性不等式约束的形式为 $C_i(x) \leqslant 0$，通过对不等式运算可以达到使大于零的约束形式变为小于零的不等式约束形式的目的。如 $C_i(x) \geqslant 0$ 形式的约束等价于 $-C_i(x) \leqslant 0$；$C_i(x) \geqslant b$ 形式的约束等价于 $-C_i(x) + b \leqslant 0$。

3）避免使用全局变量。

10.1.3 常用优化功能函数

本小节介绍两个优化工具箱的常用函数：利用 optimset 函数可以创建和编辑参数结构；利用 optimget 函数可以获得 option 优化参数。

1. optimset 函数

optimset 函数用于创建或编辑优化选项参数结构，其调用语法和描述如下：

1）options = optimset('param1', value1, 'param2', value2, ...)，其作用是创建一个名为 options 的优化选项参数，其中指定的参数 param 具有指定值 value。所有未指定的参数都设置为空矩阵 [ ]（将参数设置为 [ ] 表示当 options 传递给优化函数时给参数赋默认值）。赋值时只要输入参数前面的字母即可。

2）optimset 函数没有输入/输出变量时，将显示一张完整的带有有效值的参数列表。

3）options = optimset 的作用是创建一个选项结构 options，其中所有的元素被设置为 [ ]。

4）options = optimset(optimfun) 的作用是创建一个含有所有参数名，且与优化函数 optimfun 相关的带有默认值的选项结构 options。

5）options = optimset(oldopts, 'param1', value1, ...) 的作用是创建一个 oldopts 的备份，用指定的数值修改参数。

6）options = optimset(oldopts, newopts) 的作用是将已经存在的选项结构 oldopts 与新的选项结构 newopts 进行合并。newopts 参数中的所有元素将覆盖 oldopts 参数中的所有对应元素。

2. optimget 函数

optimget 函数用于获取优化选项参数值，其调用语法和描述如下：

1）val = optimget(options, 'param')：返回指定的参数 param 的值。

2）val = optimget(options, 'param', default)：返回指定的参数 param 的值，如果该值没有定义则返回默认值。

10.1.4 优化工具箱使用一般步骤

MATLAB 优化工具箱使用的一般步骤如图 10-2 所示。

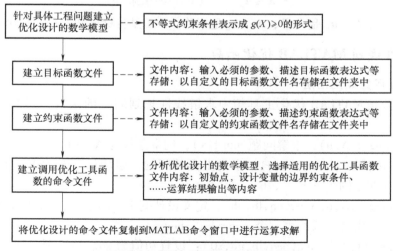

图 10-2 优化工具箱使用一般步骤

10.2　线性规划问题

10.2.1　线性规划数学模型

线性规划是处理线性目标函数和线性约束的一种较为成熟的方法，已广泛应用于军事、经济、工业、农业、教育、商业和社会科学等许多领域。

线性规划主要任务包括：

1）在有限的资源条件下完成最多的任务。

2）如何统筹任务以使用最少资源。

其标准形式要求目标函数最小化、约束条件取等式、变量非负。不符合条件的线性模型要首先转化成标准形式。

线性规划的求解方法主要是单纯形法（Simple Method），该法由 Dantzig 于 1941 年提出，后经多次改进。单纯形法是一种迭代算法，它从所有基本可行解的一个较小部分通过迭代过程选出最优解。其迭代过程的一般描述如下：

1）将线性规划问题转化为典范形式，从而可以得到一个初始基本可行解 $x^{(0)}$（初始顶点），将它作为迭代过程的出发点，其目标值为 $z(x^{(0)})$。

2）寻找一个基本可行解 $x^{(1)}$，使 $z(x^{(1)}) \leqslant z(x^{(0)})$。方法是通过消去法将产生 $x^{(0)}$ 的典范形式化为产生 $x^{(1)}$ 的典范形式。

3）继续寻找较好的基本可行解 $x^{(2)}, x^{(3)}, \cdots$，使目标函数值不断改进，即 $z(x^{(2)}) \geqslant z(x^{(3)}) \geqslant \cdots$。当某个基本可行解再也不能被其他基本可行解改进时，它就是所求的最优解。

MATLAB 优化工具箱中采用的投影法是单纯形法的一种变形。

线性规划的数学模型形式如下：

$$
\begin{aligned}
\min \quad & \boldsymbol{f}^{\mathrm{T}}\boldsymbol{X} && \text{（其中，X 为决策变量）}\\
\text{s. t.} \quad & \boldsymbol{A}\boldsymbol{X} \leqslant \boldsymbol{b} && \text{（线性不等式约束条件）}\\
& \boldsymbol{A}_{\mathrm{eq}}\boldsymbol{X} = \boldsymbol{b}_{\mathrm{eq}} && \text{（线性等式约束条件）}\\
& \boldsymbol{l}_{\mathrm{b}} \leqslant \boldsymbol{X} \leqslant \boldsymbol{u}_{\mathrm{b}} && \text{（边界约束条件）}
\end{aligned}
$$

式中，X、b、b_{eq}、l_{b}、u_{b} 是向量；A、A_{eq} 是矩阵；$f^{\mathrm{T}}X$ 是目标函数，$f^{\mathrm{T}}X$ 必须是线性函数。

10.2.2　线性规划 MATLAB 优化函数

1. linprog 函数调用语法

linprog 函数是 MATLAB 优化工具箱中求解线性规划问题的函数，其调用语法和描述如下：

1）x = linprog(f,A,b)：求解问题 min f(x)，约束条件为 AX≤b。

2）x = linprog(f,A,b,Aeq,beq)：求解上面的问题，但增加等式约束，即 AeqX = beq。若没有不等式存在，则令 A = [ ]、b = [ ]。

3）x = linprog(f,A,b,Aeq,beq,lb,ub)：定义设计变量 x 的下界 lb 和上界 ub，使得 x 始终在该范围内。若没有等式约束，令 Aeq = [ ]、beq = [ ]。

4）x = linprog(f,A,b,Aeq,beq,lb,ub,x0)：设置初值为 x0。该选项只适用于中型问题，

默认大型算法将忽略初值。

5）x = linprog(f, A, b, Aeq, beq, lb, ub, x0, options)：用 options 指定的优化参数进行最小化。

6）[x, fval] = linprog(…)：返回解 x 处的目标函数值 fval。

7）[x, lambda, exitflag] = linprog(…)：返回 exitflag 值，描述函数计算的退出条件。

8）[x, lambda, exitflag, output] = linprog(…)：返回包含优化信息的输出变量 output。

9）[x, fval, exitflag, output, lambda] = linprog(…)：将解 x 处的拉格朗日乘子返回到 lambda 参数中。

2. 变量：lambda 参数介绍

lambda 参数是解 x 处的拉格朗日乘子，它的属性如下：

1）lambda. lower：lambda 的下界。

2）lambda. upper：lambda 的上界。

3）lambda. ineqlin：lambda 的线性不等式

4）lambda. eqlin：lambda 的线性等式。

3. 算法

1）大型优化算法：采用 LIPSOL 法，该法在进行迭代计算之前首先要进行一系列的预处理。

2）中型优化算法：linprog 函数使用的是投影法，就像 quadprog 函数的算法一样。linprog 函数使用的是一种活动集方法，是线性规划中单纯形法的扩展型，它通过求解另一个线性规划问题来找到初始可行解。

4. 诊断

大型优化问题算法的第一步涉及一些约束条件的预处理问题，有些问题可能导致 linprog 函数退出，并显示不可行的信息。

若 Aeq 参数中某行的所有元素都为零，但 beq 参数中对应的元素不为零，则给出如下退出信息：

```
Exiting due to infeasibility: an all zero row in the constraint matrix does
not have a zero in corresponding riaht hand size entry.
```

若 x 的某一个元素没在界内，则给出以下退出信息：

```
Exiting due to infeasibility: obiective f" * x is unbounded below.
```

若 Aeq 参数的某一行中只有一个非零值，则 x 中的相关值称为奇异变量。这里，x 中该成分的值可以用 Aeq 和 beq 算得。若算得的值与另一个约束条件相矛盾，则给出如下退出信息：

```
Exiting due to infeasibility: singleton variables in equality constraints
are not feasible.
```

若奇异变量可以求解，但其解超出上界或下界，则给出如下退出信息：

```
Exiting due to infeasibility: singleton variables in the equality con-
straints are not within bounds.
```

10.2.3　模型求解示例

1. 生产规划问题:

【例 10-1】　某厂利用 a、b、c 三种原料生产 A、B、C 三种产品,已知生产每种产品在消耗原料方面的各项指标和单位产品的利润,以及可利用的现有原料数量,见表 10-3,试制订适当的生产规划使得该工厂的总利润最大。

表 10-3　产品生产原料数据表

	生产每单位产品所消耗的原料/kg			现有原料量/kg
	A	B	C	
a	3	4	2	600
b	2	1	2	400
c	1	3	2	800
单位产品利润/万元	2	4	3	

设生产 A、B、C 三种产品的数量分别是 x_1、x_2、x_3,决策变量为

$$X = \begin{bmatrix} x_1, & x_2, & x_3 \end{bmatrix}^{\mathrm{T}}$$

根据单位产品的利润情况,按照实现总的利润最大化,建立关于决策变量的函数:

$$\max \quad 2x_1 + 4x_2 + 3x_3$$

根据三种资料数量限制,建立以下线性不等式约束条件:

$$3x_1 + 4x_2 + 2x_3 \leqslant 600$$

$$2x_1 + x_2 + 2x_3 \leqslant 400$$

$$x_1 + 3x_2 + 2x_3 \leqslant 800$$

$$x_1, \ x_2, \ x_3 \geqslant 0$$

编制线性规划计算的 M 文件,命名为 exam10_2_1.m,代码如下:

```
f =[-2,-4,-3]';          %max f 转化成 min -f
A =[3,4,2;2,1,2;1,3,2];
b =[600;400;800];
Aeq =[];beq =[];
lb = zeros(3,1);
[xopt,fopt]=linprog(f,A,b,Aeq,beq,lb)
```

运行该 M 文件,最优化结果显示如下:

```
>> exam10_2_1
Optimization terminated.
xopt =
    0.0000
   66.6667
  166.6667
fopt =
 -766.6667
```

由运行结果可知，A、B、C 三种产品量分别为 0kg、66.67kg、166.67kg 时，可实现总的利润最大化，最大利润为 766.67 万元。

2. 厂址选择问题

【例 10-2】　A、B、C 三地，每地都出产一定数量的产品，也消耗一定数量的原料（表 10-4）。已知制成每吨产品需 3t 原料，各地之间的距离为：A—B，150km；A—C，100km；B—C，200km。假定每万吨原料运输 1km 的运价是 5000 元，每万吨产品运输 1km 的运价是 6000 元。由于地区条件的差异，在不同地点设厂的生产费用也不同。问究竟要在哪些地方设厂，规模分别是多大，才能使总费用最小？另外，由于其他条件限制，在 B 处建厂的规模（生产的产品数量）不能超过 6 万 t。

表 10-4　A、B、C 三地出产产品、消耗原料情况

地　　点	年产原料/万 t	年销产品/万 t	生产费用/（万元/万 t）
A	21	6	150
B	17	12	120
C	22	0	100

首先确定决策变量：令 x_{ij} 为由 i 地运到 j 地的原料数量（万 t），y_{ij} 为由 i 地运到 j 地的产品数量（万 t），$i,j=1,2,3$ 分别对应 A、B、C 三地。根据题意，编写 M 文件，命名为 exam10_2_2.m，代码如下：

```
f =[75;75;50;50;100;100;150;240;210;120;160;220];
A =[1 -1  1 -1  0  0  3  3  0  0  0  0;
   -1  1  0  0 -1 -1  0  0  3  3  0  0;
    0  0 -1  1  1 -1  1  0  0  0  0  3  3;
    0  0  0  0  0  0  0  0  1  1  0  0];
b =[21;17;22;6];
Aeq =[0 0 0 0 0 0 1 0 1 0 1 0
0 0 0 0 0 0 0 1 0 1 0 1];
beq =[6;12];
lb =zeros(12,1);
[x, fval, exitflag, output, lambda] =linprog(f, A, b, Aeq, beq,lb)
```

运行该 M 文件，最优化结果显示如下：

```
>> exam10_2_2
Optimization terminated.
x =
    0.0000
    0.0000
    0.0000
    0.0000
    0.0000
    0.0000
    6.0000
```

```
           0.0000
           0.0000
           5.6667
           0.0000
           6.3333
   fval =
      2.9733e + 03
   exitflag =
      1
   output =
        iterations: 3
     constrviolation: 0
        message: 'Optimal solution found.'
       algorithm: 'dual-simplex'
    firstorderopt: 5.6843e-14
```

可见要使总费用最小，A、B、C 三地的建厂规模分别为 6 万 t、5.6667 万 t 和 6.333 万 t。最小总费用为 2973.3 万元。

10.3 二次规划问题

10.3.1 二次规划模型

如果非线性规划的目标函数为自变量的二次函数，约束条件全是线性函数，就称这种规划为二次规划，一般或其他形式的二次规划问题都可转化为标准形式。

二次规划问题是最简单的非线性规划问题，且其求解方法比较成熟。

二次规划的数学模型形式如下：

$$目标函数 \quad \min \frac{1}{2}X^T HX + f^T X$$

$$\text{s. t.} \quad AX \leqslant b \qquad （线性不等式约束条件）$$

$$A_{eq}X = b_{eq} \qquad （线性等式约束条件）$$

$$l_b \leqslant X \leqslant u_b \qquad （边界约束条件）$$

10.3.2 二次规划函数

MATLAB 优化工具箱求解二次规划问题采用的函数为 quadprog 函数。

1. 函数调用格式

二次规划函数 quadprog 的调用格式和描述如下：

1）x = quadprog(H,f,A,b)：其中 H、f、A、b 为标准形中的参数，返回向量 x 为目标函数的最小值，最小化函数 0.5x'Hx + f'x，其约束条件是 AX≤b。

2）x = quadprog(H,f,A,b,Aeq,beq)：仍然求解上面的问题，但添加了等式约束条件 Aeqx = beq。

3）x = quadprog(H,f,A,b,lb,ub)：定义设计变量的下界 lb 和上界 ub，使得 lb≤x≤ub。

4）x = quadprog(H,f,A,b,lb,ub,x0)：同上，并设置初值 x0。

5）x = quadprog(H,f,A,b,lb,ub,x0,options)：根据 options 参数指定的优化参数进行最小化。

6）[x,fval] = quadprog(…)：返回解 x 处的目标函数值 fval = 0.5x′Hx + f′x。

7）[x,fval,exitflag] = quadprog(…)：返回 exitflag 值，描述函数计算的退出条件。

8）[x,fval,exitflag,output] = quadprog(…)：返回包含优化信息的输出变量 output。

9）[x,fval,exitflag,output,lambda] = quadprog(…)：将解 x 处的拉格朗日乘子返回到 lambda 参数中。

注意：

1）如果问题不是严格凸性的，用 quadprog 函数得到的可能是局部最优解。

2）如果用 Aeq 和 beq 明确地指定等式约束，而不是用 lb 和 ub 指定，则可以得到更好的数值解。

3）若 x 的组分没有上限或下限，则 quadprog 函数希望将对应的组分设置为 inf（对于上限）或 - inf（对于下限），而不是强制性地给予上限一个很大的正数或给予下限一个很小的负数。

4）对于大型优化问题，若没有提供初值 x0，或 x0 不是严格可行的，则 quadprog 函数选择一个新的初始可行点。

5）若为等式约束，且 quadprog 函数发现负曲度（ Negative Curvature），则优化过程终止，exitflag 的值等于 - 1。

2. 算法

1）大型优化算法：当优化问题只有上界和下界，而没有线性不等式或等式约束时，则默认算法为大型算法。或者，如果优化问题中只有线性等式，而没有上界和下界成线性不等式时，默认算法也是大型算法。

本算法是基于内部映射牛顿法（Interior- reflective Newton Method）的子空间置信域法（Subspace Trust- region），该法的每一次迭代都与用预处理共轭梯度法（Preconditioned Conjugate Gradient，PCG）法求解大型线性系统得到的近似解有关。

2）中型优化算法：quadprog 函数使用活动集法，它也是一种投影法，首先通过求解线性规划问题来获得初始可行解。

3. 诊断

1）大型优化问题。大型优化问题不允许约束上限和下限相等，如若 lb(2) = ub(2)，则给出如下出错信息：

```
Equal upper and lower bounds not permitted in this large- scale method.Use
equality constraints and the medium- scale method instead.
```

若优化模型中只有等式约束，仍然可以使用大型算法；如果模型中既有等式约束又有边界约束，则必须使用中型算法。

2）中型优化问题。当解不可行时，quadprog 函数给出以下警告：

```
Warning: The constraints are overly stringent; there is no feasible solution.
```

这里，quadprog 函数生成一个结果，这个结果使得约束矛盾最小。

当等式约束不连续时，给出下面的警告信息：

> Warning: The equality constraints are overly stringent; there is no feasi-
> ble solution.

当 Hessian 矩阵为半负定时，则生成无边界解，给出下面的警告信息：

> Warning: The solution is unbounded and at infinity; the constraints are not
> restrictive enough.

这里，quadprog 函数返回满足束条件的 x 值。

4. 局限性

显示水平只能选择 off 和 final，迭代参数 iter 不可用。当问题不定或负定时，常常无解（此时 exitflag 参数给出一个负值，表示优化过程不收敛）。若正定解存在，则 quadprog 函数可能只给出局部极小值，因为问题可能是非凸的。对于大型问题，不能依靠线性等式，因为 Aeq 必须是行满秩的，即 Aeq 的行数必须不多于列数。若不满足要求，必须调用中型算法进行计算。

10.3.3 二次规划问题的应用

【**例 10-3**】 求解约束优化问题，找到使函数最小化的 x 值。

$$\min \quad f(x) = 0.5x_1^2 + x_2^2 - x_1x_2 - 2x_1 - 6x_2$$

$$\text{s. t.} \quad x_1 + x_2 \leqslant 2$$

$$2x_1 + x_2 \leqslant 3$$

$$-x_1 + 2x_2 \leqslant 2$$

$$x_1, x_2 \geqslant 0$$

求解过程如下：

首先将目标函数写成标准二次函数的形式 $f(X) = \dfrac{1}{2}X'HX + f'X$，其中 $X = \begin{bmatrix} x_1 \\ x_2 \end{bmatrix}$，$H = \begin{bmatrix} 1 & -1 \\ -1 & 2 \end{bmatrix}$，$f = \begin{bmatrix} -2 \\ -6 \end{bmatrix}$。

编制二次规划计算的 M 文件，命名为 exam10_1. m，代码如下：

```
H=[1,-1;-1,2];
C=[-2,-6];
A=[1 1;-1 2;2 1];
b=[2;2;3];
Aeq=[];
beq=[];
lb=zeros(2,1);
[xopt,fopt,exitflag,output]=quadprog(H,C,A,b,Aeq,beq,lb)
```

运行该 M 文件，最优化结果显示如下：

```
>> exam10_1
xopt =
    0.6667
    1.3333
```

```
fopt =
    -8.2222
exitflag =
    1
output =
        message: 'Minimum found that satisfies the constraints.
Optimization completed because the objective function is n...'
        algorithm: 'interior-point-convex'
    firstorderopt: 2.6645e-14
    constrviolation: 0
        iterations: 4
    cgiterations: []
```

10.4 无约束非线性规划

无约束最优化问题在实际应用中比较常见，如工程中常见的参数反演问题。另外，许多有约束最优化问题可以转换为无约束最优化问题进行求解。

10.4.1 基本数学原理介绍

求解无约束最优化问题的方法主要有两类，即直接搜索法（Search Method）和梯度法（Gradient Method）。

直接搜索法适用于目标函数高度非线性、没有导数或导数很难计算的情况。由于实际工程中很多问题都是非线性的，直接搜索法不失为一种有效的解决办法。常用的直接搜索法为单纯形法。

在函数的导数可求的情况下，梯度法是一种更优的方法，该法利用函数的梯度（一阶导数）和 Hessian 矩阵（二阶导数）构造算法，可以获得更快的收敛速度。函数 $f(x)$ 的负梯度方向 $-\nabla f(x)$ 反映了函数的最大下降方向。当搜索方向取为负梯度方向时称为最速下降法。常见的梯度法有最速下降法、Newton 法、Marquart 法、共轭梯度法和拟牛顿法（Quasi-Newton Method）等。

在所有这些方法中，最常用的为拟牛顿法，这个方法在每次迭代过程中建立曲率信息，构成二次模型问题。

MATLAB 优化工具箱中用于求解无约束最优化问题的函数包括 fminbnd、fminsearch、fminunc。

10.4.2 fminbnd 函数

1. 函数调用格式

fminbnd 函数功能为找到固定区间内单变量函数的最小值，其调用语法和描述如下：

1）x = fminbnd(fun,x1,x2)：返回区间（x1,x2）上 fun 参数描述的标量函数的最小值 x。

2）x = fminbnd(fun,x1,x2,options)：用 options 参数指定的优化参数进行最小化。

3）x = fminbnd(fun,x1,x2,options,P1,P2,…)：提供另外的参数 P1、P2 等，传递给目标函数 fun。如果没有设置 options 选项，则令 options = [ ]。

4）[x,fval] = fminbnd(…)：返回解 x 处目标函数的值。

5）[x,fval,exitflag] = fminbnd(…)：返回 exitflag 值描述 fminbnd 函数的退出条件。

6）[x,fval,exitflag,output] = fminbnd(…)：返回包含优化信息的结构输出。

2. 参数描述

与 fminbnd 函数相关的细节内容包含在 fun、options、exitflag 和 output 等参数中，见表10-5。

表 10-5　优化函数参数描述表

参　　数	描　　述
fun	需要最小化的目标函数。fun 函数需要输入标量参数 x，返回 x 处的目标函数标量值 f。可以将 fun 函数用具体的命令来描述，如 x = fminbnd(inline('sin(x * x)'),x0)。同样，fun 参数可以是一个包含函数名的字符串。对应的函数可以是 M 文件、内部函数或 MEX 文件。若 fun = 'myfun'，则 M 文件函数 myfun.m 的形式必须为：function f = myfun(x)，若 fun 函数的梯度可以算得，且 option. GradObj 设为 on：<p align="center">options = optimset('GradObj','on')</p>则 fun 函数必须返回解 x 处的梯度向量 g 到第二个输出变量中去。当被调用的 fun 函数只需要一个输出变量时（如算法只需要目标函数的值而不需要其梯度值时），可以通过核对 nargout 的值来避免计算梯度值 ```\nfunction [f,g] = myfun(x)\nf = … % 计算 x 处的函数值\nif nargout > 1 % 调用 fn 函数并要求有两个输出变量\n g = … % 计算 x 处的梯度值\nend\n```若 Hessian 矩阵也可以求得，并且 options. Hessian 设为 on，即<p align="center">options = optimset('Hessian','on')</p>则 fun 函数必须返回解 x 处的 Hessian 对称矩阵 H 到第 3 个输出变量中去。当被调用的 fun 函数只需要一个或两个输出变量时（如算法只需要目标函数的值 f 和梯度值 g 而不需要 Hessian 矩阵 H 时），可以通过核对 nargout 的值来避免计算 Hessian 矩阵
options	优化参数选项。可以用 optimset 函数设置或改变这些参数的值，其中有的参数适用于所有的优化算法，有的则只适用于大型优化问题，另一些则只适用于中型问题 　　首先描述适用于大型问题的选项。这仅仅是一个参考，因为使用大型问题算法有一些条件。对 fminunc 函数来说，必须提供梯度信息 　　Largescale：当设为 on 时，使用大型算法；若设为 off，则使用中型问题的算法 　　适用于大型和中型算法的参数如下： 　　Diagnostics：打印最小化函数的诊断信息 　　Display：显示水平。选择 off，不显示输出；选择 iter，显示每一步迭代过程的输出；选择 final，显示最终结果。打印最小化函数的诊断信息 　　Gradobj：用户定义的目标函数的梯度。对于大型问题此参数是必选项，对于中型问题则是可选项 　　MaxFunEvals：函数评价的最大次数 　　MaxIter：最大允许迭代次数 　　TolFun：函数值的终止容限 　　TolX：x 处的终止容限 　　用户可以利用 MATLAB 的帮助系统查看只用于大型算法和只适用于中型算法的参数
exitflag	描述退出条件如下： 　　> 0：表示目标函数收敛于解 x 处 　　= 0：表示已经达到函数评价或迭代的最大次数 　　< 0：表示目标函数不收敛

（续）

参　　数	描　　述
output	该参数包含的优化信息如下： output. iterations：迭代次数 output. algorithm：所采用的算法 output. funCount：函数评价次数 output. cgiterations：PCG 迭代次数（只适用于大型规划问题） output. stepsize：最终步长的大小（只用于中型问题） output. firstorderopt：一阶优化的度量，解 x 处梯度的范围

3. 应用举例

【例 10-4】　求解一维无约束优化问题 $f(x) = x^3 + \cos x + x\log x/e^x$ 在区间 $[0,1]$ 中的极小值。

编制优化问题的 M 文件，命名为 exam10_2. m，代码如下：

```
%求解一维优化问题
fun = inline('(x^3 + cos(x) + x * log(x))/exp(x)','x');       %目标函数
x1 = 0;x2 = 1;         %搜索区间
[xopt,fopt] = fminbnd(fun,x1,x2)
% 编制一维函数图形
ezplot(fun,[0,10])
title('(x^3 + cosx + xlogx)/e^x')
grid on
```

运行该 M 文件，得最优化结果和一维函数图形（图 10-3）。

```
>> exam10_2
xopt = 0.5223
fopt = 0.3974
```

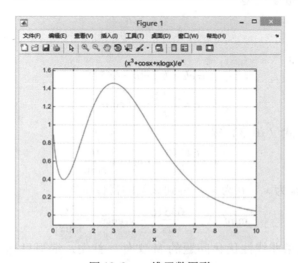

图 10-3　一维函数图形

10. 4. 3 fminunc 函数

1. 函数调用格式

fminunc 函数功能为求解多变量无约束函数的最小值，常用于无约束非线性最优化问题。其调用语法和描述如下：

1）x = fminunc(fun,x0)：给定初值 x0，求 fun 函数的局部极小值点 x。x0 可以是标量、向量或矩阵。

2）x = fminunc(fun,x0,options)：用 options 参数中指定的优化参数进行最小化。

3）x = fminunc(fun,x0, options, P1,P2,...)：将问题参数 P1、P2 等直接传递给目标函数 fun，将 options 参数设置为空矩阵，作为 options 参数的默认值。

4）[x,fval] = fminunc(...)：增加将解 x 处目标函数的值返回到 fval 参数中。

5）[x,fval,exitflag] = fminunc(...)：增加返回 exitflag 值，描述函数的输出条件。

6）[x,fval,exitflag,output] = fminunc(...)：增加返回包含优化信息的结构输出。

7）[x,fval,exitflag,output,grad] = fminunc(...)：增加将解 x 处 fun 函数的梯度值返回到 grad 参数中。

8）[x,fval,exitflag,output,grad,hessian] = fminunc(...)：将解 x 处目标函数的 Hessian 矩阵信息返回到 hessian 参数中。

各变量的意义同表 10-5。

2. 应用举例

【例 10-5】 已知梯形截面管道（图 10-4）的参数：底边长度 c（mm），高度 h（mm），面积 $A = 64516\text{mm}^2$，斜边与底边夹角为 θ。管道内液体的流速与管道截面的周长 s 的倒数呈比例关系。试按照使液体流速最大，确定该管道的参数。

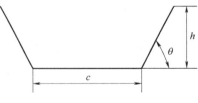

图 10-4 管道横截面

1）建立优化设计数学模型。

管道截面周长：

$$s = c + \frac{2h}{\sin\theta} \tag{10-1}$$

管道横截面面积$^{\ominus}$：

$$A = ch + h^2\cot\theta = 64516 \tag{10-2}$$

得到：

$$c = \frac{64516}{h} - h\cot\theta \tag{10-3}$$

结合式（10-1）、式（10-3）得：

$$s = \frac{64516}{h} - h\cot\theta + \frac{2h}{\sin\theta} \tag{10-4}$$

令式（10-4）中 h 为 x_1，θ 为 x_2，得到该例的目标函数为：

$$\min f(X) = \frac{64516}{x_1} - x_1\cot x_2 + \frac{2x_1}{\sin x_2}$$

2）编写求解无约束非线性优化问题的 M 文件。首先，编写目标函数 M 文件，命名为

$\ominus$　各参数采用题目中单位时，其数值满足以下各式。下文类似情况不再赘述。

exam10_3. m，代码如下：

```
%% 目标函数的文件
function f = exam10_3(x)    % 定义目标函数调用格式
a = 64516; hd = pi/180;
f = a/x(1) - x(1)/tan(x(2)*hd) + 2*x(1)/sin(x(2)*hd); % 定义目标函数
```

然后在命令窗口输入以下指令：

```
%% 求解优化解时的命令程序
x0 = [25,45];                % 初始点
[x,Fmin] = fminunc(@exam10_3,x0); % 求优语句
fprintf(1,'截面高度 h        x(1) = %3.4fmm\n',x(1))
fprintf(1,'斜边夹角 θ        x(2) = %3.4f 度\n',x(2))
fprintf(1,'截面周长 s        f = %3.4fmm\n',Fmin)
```

得到的结果为：

```
截面高度 h        x(1) = 192.9958mm
斜边夹角 θ        x(2) = 60.0005 度
截面周长 s        f = 668.5656mm
```

3）编写绘制一维函数图形的 M 文件，命名为 exam10_3_fig. m，代码如下：

```
xx1 = linspace(100,300,25);
xx2 = linspace(30,120,25);
[x1,x2] = meshgrid(xx1,xx2);
a = 64516; hd = pi/180;
f = a./x1 - x1./tan(x2*hd) + 2*x1./sin(x2*hd);
subplot(1,2,1);
h = contour(x1,x2,f);
clabel(h);
axis([100,300,30,120])
xlabel('高度 h/mm')
ylabel('倾斜角\theta/(^{。})')
title('目标函数等值线')
subplot(1,2,2);
meshc(x1,x2,f);
axis([100,300,30,120,600,1200])
title('目标函数网格曲面图')
```

运行 M 文件 exam10_3_fig. m，得到该问题的一维函数图形，如图 10-5 所示。

10. 4. 4　fminsearch 函数

1. 函数调用格式

fminsearch 函数功能为求解多变量无约束函数的最小值，该函数常用于无约束非线性最优化问题。其调用语法和描述如下：

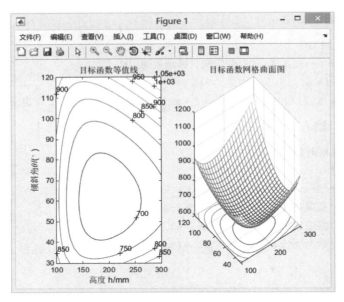

图 10-5　一维函数图形

1）x = fminsearch(fun,x0)：初值为 x0，求 fun 函数的局部极小值点 x，x0 可以是标量、向量或矩阵。

2）x = fminsearch(fun,x0,options)：用 options 参数指定的优化参数进行最小化。

3）x = fminsearch(fun,x0,options,P1,P2,...)：将问题参数 P1、P2 等直接传给目标函数 fun，将 options 参数设置为空矩降，作为 options 参数的默认值。

4）[x,fval] = fminseareh(...)：将 x 处的目标函数值返回到 fval 参数中。

5）[x,fval,exitflag] = fminseareh(...)：返回 exitflag 值，描述函数的退出条件。

6）[x,fval,exitflag,output] = fminseareh(...)：返回包含优化信息的输出参数 output。

各变量的意义同表 10-5。

2. 算法

fminsearch 使用单纯形法进行计算。

对于求解二次以上的问题，fminsearch 函数比 fminunc 函数有效，当问题为高度非线性时，fminsearch 函数更具有稳健性。

3. 局限性

应用 fminsearch 函数可能会得到局部最优解。fminsearch 函数只对实数进行最小化，即 x 必须由实数组成，f(x) 函数必须返回实数。如果 x 是复数，必须将它分为实部和虚部两部分。

4. 应用举例

【例 10-6】　求解二维无约束优化问题 $f(x) = x_1^5 + 3x_1^2 + x_2^2 - 2x_1 - 2x_2 - 2x_1^2 x_2 + 6$ 的极小值。

1）编制求解二维无约束优化问题的 M 文件，命名为 exam10_4.m，代码如下：

```
% 求解二维优化问题
fun = 'x(1)^5 +3 * x(1)^2 + x(2)^2-2 * x(1)-2 * x(2)-2 * x(1)^2 * x(2) +6';
x0 =[0,0];% 初始点
[xopt,fopt] = fminsearch(fun,x0)
```

2）将目标函数写成函数文件形式，并命名为 exam10_4_fun. m，代码为：

```
% % 目标函数文件
function f = exam10_4_fun(x)
f = x(1)^5 +3 * x(1)^2 +x(2)^2-2 * x(1)-2 * x(2)-2 * x(1)^2 * x(2) +6;
```

则命令文件代码变为：

```
x0 =[0,0];%初始点
[xopt,fopt] = fminsearch(@ exam10_4_fun,x0)
```

注意：fminsearch 参数中"fun"必须与目标函数命名一致。

10.5 有约束非线性规划问题

10.5.1 有约束非线性规划数学模型

在有约束最优化问题中，通常要将该问题转换为更简单的子问题，这些子问题可以求解并作为迭代过程的基础。

早期的方法通常是通过构造惩罚函数来将有约束最优化问题转换为无约束最优化问题进行求解，现在，这些方法已经被更有效的基于 K-T（Kuhn-Tucker）方程解的方法所取代。

有约束非线性规划的数学模型形式如下：

$$目标函数 \quad \min f(\boldsymbol{X})$$

$$
\begin{aligned}
\text{s. t.} \quad & \boldsymbol{AX} \leqslant \boldsymbol{b} && （线性不等式约束条件）\\
& \boldsymbol{A}_{\text{eq}}\boldsymbol{X} = \boldsymbol{b}_{\text{eq}} && （线性等式约束条件）\\
& C(\boldsymbol{X}) \leqslant 0 && （非线性不等式约束条件）\\
& C_{\text{eq}}(\boldsymbol{X}) = 0 && （非线性等式约束条件）\\
& \boldsymbol{l}_{\text{b}} \leqslant \boldsymbol{X} \leqslant \boldsymbol{u}_{\text{b}} && （边界约束条件）
\end{aligned}
$$

式中，$\boldsymbol{X}$、$\boldsymbol{b}$、$\boldsymbol{b}_{\text{eq}}$、$\boldsymbol{l}_{\text{b}}$、$\boldsymbol{u}_{\text{b}}$ 是向量；$\boldsymbol{A}$、$\boldsymbol{A}_{\text{eq}}$ 是矩阵；$C(\boldsymbol{X})$、$C_{\text{eq}}(\boldsymbol{X})$ 是返回向量的函数；$f(\boldsymbol{X})$ 是目标函数，$f(\boldsymbol{X})$、$C(\boldsymbol{X})$、$C_{\text{eq}}(\boldsymbol{X})$ 可以是非线性函数。

10.5.2 有约束非线性规划函数

fmincon 函数为 MATLAB 优化工具箱中求解有约束非线性规划的函数，该函数用于求解多变量有约束非线性函数的最小值。

1. 调用语法和描述

1）x = fmincon(fun,x0,A,b)：给定初值 x0，求解 fun 函数的最小值 x。fun 函数的约束条件为 Ax≤b，x0 可以是标量、向量或矩阵。

2）x = fmincon(fun,x0,A,b,Aeq,beq)：最小化 fun 函数，约束条件为 AeqX = beq 和 Ax≤b。若没有不等式存在，则设置 A =[ ]、b =[ ]。

3）x = fmincon(fun,x0,A,b,Aeq,beq,lb,ub)：定义设计变量 x 的下界 lb 和上界 ub，使得总是有 lb≤x≤ub，若无等式存在，则令 Aeq =[ ]、beq =[ ]。

4）x = fmincon(fun,x0,A,b,Aeq,beq,lb,ub,nonlcon)：在上面的基础上，在 nonlcon 参

数中提供非线性不等式 $c(x) \leqslant 0$ 或等式 $ceq(x) = 0$。fmincon 函数要求 $c(x) \leqslant 0$ 且 $ceq(x) = 0$。当无边界存在时，令 lb = [ ] 和（或）ub = [ ]。

5）x = fmincon(fun, x0, A, b, Aeq, beq, lb, ub, nonlcon, options)：用 options 指定的参数进行最小化。

6）[x, fval] = fmincon(...)：增加返回解 x 处的目标函数值。

7）[x, fval, exitflag] = fmincon(...)：增加返回 exitflag 参数，描述函数计算的退出条件。

8）[x, fval, exitflag, output] = fmincon(...)：增加返回包含优化信息的输出参数 output。

9）[x, fval, exitflag, output, lambda] = fmincon(...)：增加返回解 x 处包含拉格朗日乘子的 lambda 参数。

10）[x, fval, exitflag, output, lambda, grad] = fmincon(...)：增加返回解 x 处 fun 函数的梯度。

11）[x, fval, exitflag, output, lambda, grad, hessian] = fmincon(...)：增加返回解 x 处 fun 函数的 Hessian 矩阵。

2. 参数

nonlcon 参数计算非线性不等式约束 $c(x) \leqslant 0$ 和非线性等式约束 $ceq(x) = 0$。它是一个包含函数名的字符串。该函数可以是 M 文件、内部文件或 MEX 文件。例如输入一个向量 nonlcon = 'mycon'，则 M 文件 mycon. m 要求具有的形式如下：

```
function [c,ceq] = mycon(x)
c =...          % 计算 x 处的线性不等式
ceq =...        % 计算 x 处的线性等式
```

若还计算了约束的梯度，即

```
options = optimset ('GradConstr','on')
```

则 nonlcon 函数必须在第 3 个和第 4 个输出变量中返回 $c(x)$ 的梯度 Gc 和 $ceq(x)$ 的梯度 Gceq。当被调用的 nonlcon 函数只需要两个输出变量（此时优化算法只需要 c 和 ceq 的值，不需要 Gc 和 Gceq 的值）时，可以通过查看 nargout 的值来避免计算 Gc 和 Gceq 的值。

```
function [c, ceq, Gc, Gceq] = mycon(x)
c =...          % 计算 x 处的线性不等式
ceq =...        % 计算 x 处的线性等式
if nargout >2   % 被调用的 nonlcon 函数,要求有 4 个输出变量
Gc = ...        % 不等式的梯度
Gceq = ...      % 等式的梯度
end
```

若 nonlcon 函数返回长度为 m 的向量 c 和长度为 n 的向量 x，则 $c(x)$ 的梯度 Gc 是一个 $n \times m$ 的矩阵，其中 Gc(i,j) 是 c(j) 对 x(i) 的偏导数。同样，若 ceq 是一个长度为 p 的向量，则 $ceq(x)$ 的梯度 Gceq 是一个 $n \times p$ 的矩阵，其中 Gceq(i,j) 是 ceq(j) 对 x(i) 的偏导数。

其他参数意义同前。

10.6 多目标优化

前面介绍的最优化方法只有一个目标，是单目标最优化方法。在许多实际工程问题中，往往希望多个指标都达到最优值，所以具有多个目标函数，这种问题称为多目标最优化问题。

MATLAB 优化工具箱中用于求解多目标优化问题的函数有 fgoalattain 和 fminimax 两个，其中使用 fgoalattain 函数需要知道各分目标的单个的最优值，且需要确定各分目标的加权系数；fminimax 函数要求目标函数的最大值逐次减小。

10.6.1 fgoalattain 函数

1. 数学模型表达式

使用 fgoalattain 函数的多目标优化问题的数学模型表达为：

目标函数 $\quad \min v$

$$\text{s. t.} \quad f_i(x) - w_i v \leqslant \text{goal}_i, i = 1, 2, \ldots$$

$$\boldsymbol{AX} \leqslant \boldsymbol{b} \qquad \text{（线性不等式约束条件）}$$

$$\boldsymbol{A}_{\text{eq}} \boldsymbol{X} = \boldsymbol{b}_{\text{eq}} \qquad \text{（线性等式约束条件）}$$

$$C(\boldsymbol{X}) \leqslant 0 \qquad \text{（非线性不等式约束条件）}$$

$$C_{\text{eq}}(\boldsymbol{X}) = 0 \qquad \text{（非线性等式约束条件）}$$

$$\boldsymbol{l}_{\text{b}} \leqslant \boldsymbol{X} \leqslant \boldsymbol{u}_{\text{b}} \qquad \text{（边界约束条件）}$$

式中，v 是标量变量；$f_i(x)$ 是各分目标函数；w_i 是各分目标函数的权重；goal_i 是各分目标函数的目标值；其他与前面各节提到的相同。

2. 函数调用格式

fgoalattain 函数用于求解多目标优化问题，适用于各分目标的单个最优值和各分目标的加权系数确定的多目标问题。其调用语法和描述如下：

1) x = fgoalattain(fun, x0, goal, weight)：试图通过变化 x 来使目标函数 fun 达到 goal 指定的目标，初值为 x0，weight 参数指定权重。

2) x = fgoalattain(fun, x0, goal, weight, A, b)：求解多目标优化问题，约束条件为线性不等式 AX ≤ b。

3) x = fgoalattain(fun, x0, goal, weight, A, b, Aeq, beq)：求解多目标优化问题，除提供上面的线性不等式以外，还提供线性等式 AeqX = beq。当没有不等式存在时，设 A = [ ]、b = [ ]。

4) x = fgoalattain(fun, x0, goal, weight, A, b, Aeq, beq, lb, ub)：为设计变量 x 定义下界 lb 和上界 ub 集合，这样始终有 lb ≤ x ≤ ub。

5) x = fgoalattain(fun, x0, goal, weight, A, b, Aeq, beq, lb, ub, nonlcon)：将多目标优化问题归结为 nonlcon 参数定义的非线性不等式 c(x) ≤ 0 或等式 ceq(x) = 0。fgoalattain 函数要求 c(x) ≤ 0 且 ceq(x) = 0。当无边界存在时，令 lb = [ ] 和（或）ub = [ ]。

6) x = fgoalattain(fun, x0, goal, weight, A, b, Aeq, beq, lb, ub, nonlcon, ... options)：用 options 中设置的优化参数进行最小化。

7）x = fgoalattain（fun, x0, goal, weight, A, b, Aeq, beq, lb, ub, nonlcon, ... options, P1, P2, ...）：将问题参数 P1、P2 等直接传递给函数 fun 和 nonlcon。如果不需要参数 A, b, Aeq, beq, lb, ub, nonlcon 和 options，则将它们设置为空矩阵。

8）[x, fval] = fgoalattain（...）：增加返回解 x 处的目标函数值。

9）[x, fval, attainfactor] = fgoalattain（...）：增加返回解 x 处的目标达到因子。

10）[x, fval, attainfactor, exitflag] = fgoalattain（...）：增加返回 exitflag 参数，描述计算的退出条件。

11）[x, fval, attainfactor, exitflag, output] = fgoalattain（...）：增加返回包含优化信息的输出参数 output。

12）[x, fval, attainfactor, exitflag, output, lambda] = fgoalattain（...）：增加返回包含拉格朗日子乘子的 lambda 参数。

3. 变量

1）goal 变量：目标希望达到的向量值。向量的长度与 fun 函数返回的目标数 F 相等。fgoalattain 函数试图通过最小化向量 F 中的值来达到 goal 参数给定的目标。

2）weight 变量：权重向量，可以控制低于或超过 fgoalattain 函数指定目标的相对程度。当 goal 的值都是非零值时，为了保证活动对象超过或低于的比例相当，将权重函数设置为 abs（goal）。

注意：当目标值中的任意一个为零时，设置 weight = abs（goal）将导致目标的约束看起来更像硬约束；当加权函数 weight 为正时，fgoalattain 函数试图使函数小于目标值。为了使目标函数大于目标值，将权重 weight 设置为负；为了使目标函数尽可能地接近目标值，使用 GoalsExactAchieve 参数，将 fun 函数返回的第一个元素作为目标。

3）attainfactor 变量：此变量数显示超过或低于目标的个数。若 attainfactor 为负，则该变量已超过优化目标值；若 attainfactor 为正，则该变量未超出优化目标值。

其他变量意义同前面一致。

4. 算法

多目标优化同时涉及一系列对象。fgoalattain 函数求解该问题的基本算法是目标达到法。该法为目标函数建立起目标值，将问题的求解转化为向目标值的逼近过程。

fgoalattain 函数使用序列二次规划法（SQP）实现该逼近。算法中对于搜索过程和 Hessian 矩阵进行了修改。MATLAB 同时采用了两种评价函数，当有一个发生改善时，行搜索终止。相应的，针对这一变化，MATLAB 也对 Hessian 矩阵进行了修改。attainfactor 参数包含解处的 γ 值，γ 取负值时表示目标溢出。

5. 局限性

目标函数必须是连续的。fgoalattain 函数将只给出局部最优解。

10.6.2 fminimax 函数

通常我们遇到的优化问题都是目标函数的最大化和最小化问题，但是在某些情况下，则要求多个目标值中的最大值最小化才有意义。例如，城市规划中需要确定急救中心或消防中心的位置，可取的目标函数应该是到所有地点最大距离的最小值，而不是到所有目的地的距离和为最小，这是两种完全不同的准则，在控制理论、逼近论、决策论中也使用最大最小化原则。

MATLAB 优化工具箱中采用 fminimax 函数求解最大最小化问题，采用的方法是序列二次规划法。

1. 数学模型表达式

当求解的问题具有多个目标，且求解的目的是将多个目标中的最大目标值最小化时，可使用 fminimax 函数进行求解，这类多目标优化问题的数学模型表达为：

目标函数　　　　$\min \max \{f_1, f_2, f_3, \cdots\}$

$$
\begin{aligned}
\text{s. t.} \quad & AX \leqslant b & \text{（线性不等式约束条件）}\\
& A_{eq}X = b_{eq} & \text{（线性等式约束条件）}\\
& C(X) \leqslant 0 & \text{（非线性不等式约束条件）}\\
& C_{eq}(X) = 0 & \text{（非线性等式约束条件）}\\
& l_b \leqslant X \leqslant u_b & \text{（边界约束条件）}
\end{aligned}
$$

式中，$f_1, f_2, f_3, \cdots$ 是各分目标函数；其他参数与前面各节提到的相同。

2. 函数调用格式

fminimax 函数多用于从给定初值出发使多目标函数中的最坏情况达到最小值，该问题通常要求服从一定的约束条件。其调用语法和描述如下：

1）x = fminimax(fun, x0)：初值为 x0，找到 fun 函数的最大最小化解 x。

2）x = fminimax(fun, x0, A, b)：给定线性不等式约束 AX ≤ b，求解最大最小化问题。

3）x = fminimax(fun, x0, A, b, Aeq, beq)：给定线性等式约束 AeqX = beq，求解最大最小化问题。如果没有不等式存在，则设置 A = [ ]、b = [ ]。

4）x = fminimax(fun, x0, A, b, Aeq, beq, lb, ub)：为设计变量 x 定义下界 lb 和上界 ub 集合，这样始终有 lb ≤ x ≤ ub。

5）x = fminimax(fun, x0, A, b, Aeq, beq, lb, ub, nonlcon)：在 nonlcon 参数中给定非线性不等式约束 c(x) ≤ 0 或等式约束 ceq(x) = 0，fminimax 函数要求 c(x) ≤ 0 且 ceq(x) = 0。当无边界存在时，令 lb = [ ] 和（或）ub = [ ]。

6）x = fminimax(fun, x0, A, b, Aeq, beq, lb, ub, nonlcon, options)：用 options 给定的参数进行优化。

7）x = fminimax(fun, x0, A, b, Aeq, beq, lb, ub, nonlcon, options, P1, P2, ...)：将问题参数 P1、P2 等直接传递给函数 fun 和 nonlcon。如果不需要 A、b、Aeq、beq、lb、ub、nonlcon 和 options，则将它们设置为空矩阵。

8）[x, fval] = fminimax(...)：增加返回解 x 处的目标函数值。

9）[x, fval, maxfval] = fminimax(...)：增加返回解 x 处的最大函数值。

10）[x, fval, maxfval, exitflag] = fminimax(...)：增加返回 exiting 参数，描述函数计算的退出条件。

11）[x, fval, maxfval, exitflag, output] = fminimax(...)：增加返回描述优化信息的结构输出 output 参数。

12）[x, fval, maxfval, exitflag, output, lambda] = fminimax(...)：增加返回包含解 x 处拉格朗日乘子的 lambda 参数。

3. 变量

maxfval 变量：该变量用于返回解 x 处函数值的最大值，即 $maxfval = \max \{fun(x)\}$。

其他变量与前面所述一致。

4. 算法

fminimax 函数也使用序列二次规划法（SQP）进行计算，对搜索过程和 Hessian 矩阵的计算进行了修改。同样，它也采用了两个评价函数，当有一个发生改善时，行搜索终止。因此，它也修改了 Hessian 矩阵的计算。

5. 局限性

目标函数必须连续，否则 fminimax 函数有可能给出局部最优解。

习　题

10-1　在区间 $(0,2\pi)$ 上，求解 $\sin x$ 的最小值。

10-2　求解无约束非线性函数 $f(x) = 3x_1^2 + 2x_1 x_2 + x_2^2$ 的最小值。

10-3　求解下列最小化问题。

$$\begin{cases} \min f(x) = -x_1 x_2 x_3 \\ \text{s. t.} \quad 0 \leqslant x_1 + 2x_2 + 2x_3 \leqslant 72 \end{cases}$$

10-4　设某城市有某种物品的 10 个需求点，第 i 个需求点 P_i 的坐标为 (a_i, b_i)，道路网与坐标轴平行，彼此正交。现打算建一个该物品的供应中心，且由于受到城市某些条件的限制，该供应中心只能设置界于 $[5,8]$ 的范围内，且要求它到最远需求点的距离尽可能小。使用 fminmax 函数求解该中心应建在何处？

10 个需求点 P_i 的坐标分别为：

a_i：2　1　5　9　3　12　6　20　18　11，

b_i：10　9　13　18　1　3　5　7　8　6。

第 11 章

智能优化算法

与上一章所述优化算法不同，智能优化算法是受人类智能、生物群体社会性或自然现象规律的启发，模拟人、生物、群体的某些特征而产生的一种优化算法。常见的智能优化算法包括：遗传算法、免疫算法、蚁群算法、粒子群算法、模拟退火算法、神经网络算法等。此类算法通常有良好的全局优化性能，通用性强且适合于并行处理。同时其中的多种算法已在理论上证明可以在一定前提下确保找到最优解或近似最优解。智能优化算法的兴起与计算复杂性理论的形成有密切的联系，当人们难以使用经典优化算法求解现实中的复杂问题时，现代智能优化算法开始体现出优势。现代智能优化算法自 20 世纪 80 年代初兴起，至今发展迅速，这些算法同人工智能、计算机科学和运筹学迅速融合，在各种复杂现实问题的解决过程中发挥出了重要作用。MATLAB 中提供了粒子群算法、蚁群算法、神经网络算法等智能优化算法工具箱，同时互联网上还有不少第三方开发的工具箱可供使用。本章主要介绍遗传算法与神经网络的原理及对应工具箱。

11.1 遗传算法简介

遗传算法是一种基于自然选择和群体遗传机理的智能优化算法，它模拟了自然选择和自然遗传过程中的繁殖、杂交和突变现象。在利用遗传算法求解问题时，问题的每一个可能解都需要被"编码"成一个"染色体"，即个体。若干数量个体构成了种群（或群体），而种群即代表了针对当前问题已得到的所有可能解。利用遗传算法的首要问题是将问题的可能解以何种"编码方式"表达成便于操作的"染色体"。图 11-1 所示为遗传算法的流程图，其中主要包含以下几个环节：

"初始化"，即随机生成初始种群，种群数大小作为参数预先设定。为避免过早陷入局部最优，无最优解先验知识时随机种群应尽可能覆盖整个解空间。

"适应度评估"，该步骤根据用户预先确定的适应度函数对每一个体进行评估，逐一给出适应度值。

"选择"，该环节基于个体适应度值，依据一定"选择方法"选择适应度高的"好"个体，以备进入下一环节产生下

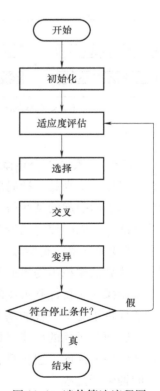

图 11-1 遗传算法流程图

267 ▶▶▶

一代，而"坏"的个体则更倾向于被淘汰。选择操作体现了"适者生存"的原理。图 11-2 所示为"选择方法"中常用的轮盘赌法的选择机制，其中不同颜色扇区对应不同个体，且扇区面积正比于个体适应度值。通过转动轮盘随机选择某扇区对应的个体，使个体选中概率正比于个体适应度值。

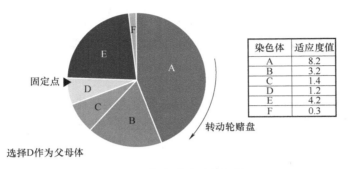

染色体	适应度值
A	8.2
B	3.2
C	1.4
D	1.2
E	4.2
F	0.3

图 11-2　轮盘赌法选择机制

"交叉"，对选中的所有个体两两配对形成父母个体，并以"交换点"为界，分别将父母个体中"交换点"两侧的部分进行交换产生新的下一代。图 11-3 所示为只有一个"交换点"的单点交叉与存在多个"交换点"的多点交叉的原理。图中黑线代表了"交换点"，"交换点"位置可以随机。交换操作是否进行取决于"交叉概率"，因此交叉概率一般取得很大，不小于 0.6。

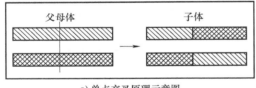
a) 单点交叉原理示意图

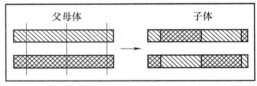
b) 多点交叉原理示意图

图 11-3　交叉图

"变异"，依据"变异概率"，在子代中随机选择个体，并对其进行随机位置的随机变化。变异操作本身是一种局部随机搜索，与选择、交叉算子结合在一起，能够避免由于选择和交叉算子而引起的某些信息永久性丢失，保证了遗传算法的有效性，使遗传算法具有了随机搜索能力，同时使得遗传算法能够保持群体的多样性，以防出现未成熟收敛。但在变异操作中，"变异概率"通常较小，不应超过 0.5。

遗传算法模拟生物界遗传过程中的基因操作，它本质上是根据个体适应度对通过个体的遗传复制操作实现优胜劣汰的进化过程。从优化搜索的角度来看，遗传算法中采用选择、交叉和变异算子对上一代的基因再组合生成新的一代。子代的个体由于继承了父代的一些优良性状，因而在子代的性能（即适应度）总体上要优于父代，这样可以使问题的解逐代优化，逼近最优解。因此，遗传算法可以看成是一个在问题的解空间中，利用群体的逐步进化实现解空间搜索的过程。

11.2 遗传算法工具箱简介

MATLAB 本身自带有遗传算法工具箱，已合并至优化算法工具箱中。同时还有第三方遗传算法（GA）工具箱，如美国北卡罗来纳大学开发的 GAOT、英国谢菲尔德大学开发的 GATBX，以及 GADS（Genetic Algorithm and Direct Search Toolbox，遗传算法与直接搜索）工具箱。本节主要介绍 MATLAB 软件自带的工具箱。

11.2.1 遗传算法工具箱界面操作与参数设置

在 MATLAB 命令行窗口输入 optimtool，可以打开遗传算法工具箱，其界面如图 11-4 所示。该界面中包含 Problem Setup and Results、Options、Quick Reference 三个子页。其中：Problem Setup and Results 子页用于设置求解器，定义优化问题与相应约束条件，观察运行结果；Options 子页用于为遗传算法设置各种算法参数；Quick Reference 子页显示了对前两个子页中各项目的解释与帮助。限于篇幅，本章仅介绍部分常用的设置内容。

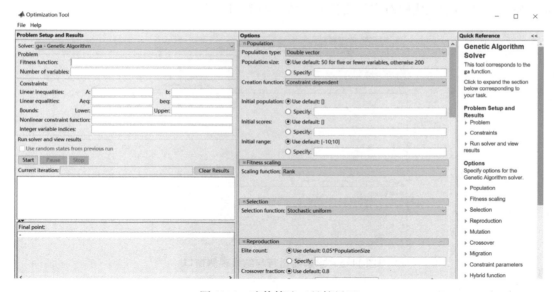

图 11-4　遗传算法工具箱界面

1. Problem Setup and Results 子页

1）Solver（求解器）：用于选择需要的算法，如图 11-4 所示，本章中需要选择 ga。

2）Problem：定义需要解决的问题。

① Fitness function：适应度函数，通常采用需要优化的目标函数。填写的格式为函数句柄：@ funname，其中 funname. m 是编写目标函数的 M 文件，该函数要求返回一个具体数值表示适应度值。注意，函数的输入为编码后的变量。

② Number of variables：优化变量 X 编码后的长度。同时也是适应度函数输入变量的长度。

3）Constraints（约束）：定义问题的约束条件。

① Linear inequalities：线性不等式约束，该约束表示为 AX≤b，此处填写矩阵 A 和向量 b 的信息，其中向量 X 为编码后的优化变量，以下均相同。

② Linear equalities：线性等式约束，该约束表示为 AeqX = beq，此处填写矩阵 Aeq 和向量 beq 的信息。

③ Bounds：填写独立变量的取值范围。在 Lower 中填写变量的取值下界，Upper 中填写变量的取值上界。由于 X 为向量形式，因此 Lower 与 Upper 中均应填写向量，使它满足 Lower≤X≤Upper。

④ Nonlinear constraint function：非线性约束函数，用户自行编写非线性约束函数的 M 文件 nonlcon. m，并在此处填写 "@ nonlcon"。该非线性约束函数可以定义两种约束关系：能表示为 c(X)≤0 的非线性不等式约束；能表示为 ceq(X) = 0 的非线性等式约束。因此 MATLAB 要求此处的非线性约束函数同时返回两个值：c(X)，ceq(X)，以判断输入的 X 是否符合该约束。

4）Run solver and view results：运行求解器并观察结果。

单击 Start 按钮即可开始运行遗传算法。Current iteration 中将显示当前进化到第几代。Final point 栏中显示最优解对应的变量的取值，如图 11-5 所示。

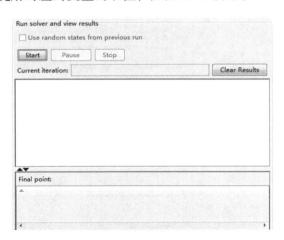

图 11-5　求解器运行与结果观测窗口

2. Options 子页

1）Population：种群参数设定。

① Population type：编码方式，即输入适应度函数的变量的类型。有浮点编码和二进制编码，默认为 Double vector（浮点编码）。

② Population size：种群大小，默认为 20，定义每一代种群的个体数量。种群规模越大，遗传算法的运行速度越慢。

③ Creation function：创建函数，创建初始种群所用函数。

④ Initial population：初始种群，如果不指定初始种群，则系统将运用创建函数创建初始种群。

⑤ Initial scores：初始种群的得分，如果此处没有定义初始得分，则系统应用适应度函数来计算初始得分。

⑥ Initial range：初始范围，用于指定初始种群中各变量的上、下限。初始范围用一个矩阵表示，该矩阵行数为 2，列数为变量的个数。其中，第一行描述初始种群中变量的取值下限，第二行描述初始种群中变量的取值上限。

2）Fitness scaling：对适应度函数值域进行变换的函数。

Scaling function 选项将允许用户选择函数用于将 Fitness function 所计算出的适应度值转化为可供选择函数使用的值域范围。

3）Selection：选择参数设定。

Selection function 选项允许用户选择用于进行随机选择操作的函数。例如，轮盘赌（Roulette）函数，实现轮盘赌法选择。所有选项都将实现依据各父代的适应度值随机选择个体进入繁殖阶段。

4）Reproduction：繁殖参数设定。

① Elite count：精英数，在上一代中指定一定数量的最优秀个体为精英，使之无须交叉而直接进入子代。

② Crossover fraction：交叉的比例，该参数为［0，1］间的小数，定义了选择操作后进行交叉生成子代的比例，剩余的部分将通过随机变异生成子代，因此该比例通常设置较大。

5）Mutation：变异参数设置。

Mutation functions 选项允许用户选择采用哪一种随机变异方式。例如，高斯（Gaussian）函数能够对需要变异的个体在随机生成的位置随机插入一个服从高斯分布的随机数。同时，该选项允许用户自定义变异函数。

6）Crossover：交叉参数设置。

Crossover function 选项允许用户选择采用哪一种交叉操作。例如，单点交叉、多点交叉等，并允许用户自行定义交叉操作函数。

7）Stopping criteria：优化结束条件。

① Generations：最大迭代次数。

② Time limit：最长优化时间。

③ Fitness limit：适应度阈值，最优个体的适应度小于等于该值时即停止优化。

④ Stall generation：无变化代数阈值，该阈值决定经历多少代最优的适应度值都没有出现变化时优化结束。

⑤ Stall time limit：无变化时间阈值，该阈值决定经历多久最优的适应度值都没有出现变化时优化结束。

8）Plot functions：显示优化过程的绘图设置，勾选其中的指标，将在遗传算法运行过程中打开一个过程显示窗口显示勾选的指标。

① Plot interval 指定每隔多少代画一次结果，默认为 1。

② 该栏提供多种选项供用户勾选需要在绘图中绘制的量。例如，Best fitness 代表每代个体获得的最优适应度值；Best invividual 代表每代中获得最优适应度值的最优个体。

11.2.2 遗传算法工具箱主要函数与编程

除前述的图形界面外，该工具箱同时提供函数调用方式，供用户编程应用遗传算法。函数中诸多参数的名称均与前述界面中参数的名称完全一致，因此此处仅做简单介绍。

1. ga 函数

ga 函数用于开始遗传算法迭代优化。该函数部分调用格式如下：

1）x = ga(fitnessfcn, nvars)，最基本调用格式，直接返回寻优结果 x，仅输入必要的问题参数。

2）[x, fval, exitflag, output, population, scores] = ga(fitnessfcn, nvars, A, b, Aeq, beq, LB, UB, nonlcon, options)，最完整调用格式，定义了所有关于问题的输入参数与关于结果的输出变量。

3）x = ga(problem)，最简单调用格式，直接返回寻优结果 x，而所有关于问题的输入参数均在结构体 "problem" 中通过其属性设定。

2. 参数描述

ga 函数相关输入、输出参数含义见表 11-1。

表 11-1　ga 函数参数描述表

参　数	描　述
fitnessfcn	适应度函数的句柄或名称。适应度函数要求接受的优化变量应是长度为 nvars 的向量
nvars	优化变量的长度，应为正整数值
A	线性不等式约束矩阵，定义约束为 Ax ≤ b
b	线性不等式向量，定义约束同上
Aeq	线性等式约束矩阵，定义约束为 Aeqx = beq
beq	线性等式约束向量，定义约束同上
LB	优化变量取值下界，含义同界面中的 Lower
UB	优化变量取值上界，含义同界面中的 Upper
nonlcon	自定义非线性约束函数句柄，含义同界面中 "Nonlinear constraint function" 项输入的函数句柄，定义了形如 [c, ceq] = nonlcon(x) 的约束
options	遗传算法参数结构体，包含了界面中 "Options" 子页除 "Plot functions" 外的大部分设置内容。该结构体通常利用 optimoptions 或 gaoptimset 函数生成
x	经遗传算法寻优所得最优结果
fval	最优结果对应的最优适应度值
exitflag	退出标志，描述了导致 ga 退出的原因。限于篇幅现简要归纳如下： >0：表示由于最优适应度值长期变化很小等原因判定寻优成功结束 =0：表示已经达允许的最大次数阈值 "MaxGenerations" 但仍未能判定寻优成功 <0：表示由于达到了时间限制等原因寻优未成功
output	运行状态结构体，包含了运行结束时遗传算法求解器的一些状态参数。包含以下属性： Problemtype：所求解问题的类型 rngstate：本函数运行前随机数生成器的状态 generations：遗传算法进化的代数 funccount：适应度函数值的个数 message：算法终止的原因 maxconstraint：运行过程中最大被违反的约束数
population	函数退出时的种群
scores	函数退出时的种群获得的适应度值列向量

【例 11-1】 求 $f(x) = x + 10\sin(5x) + 7\cos4x$ 的最大值，其中 $0 \leqslant x \leqslant 9$。

选择实数编码，设置种群中的个体数目为 100，编码长度为 1，交叉概率为 0.95，变异概率为默认值 0.08。

首先编写目标函数文件 fitness. m 如下：

```
function[eval] = fitness(x)
eval = -(x + 10 * sin(5 * x) + 7 * cos(4 * x));
%设置遗传算法选项如下：
options = gaoptimset('PopulationSize',100,'PopulationType','doubleVector','CrossoverFraction',0.95);
[x,fval,exitflag,output,population,scores] = ga(@fitness,1,[],[],[],[],0,9,[], [],options)
```

运行后最优结果为：

```
x = 7.8567, f(x) = 24.85536
```

【例 11-2】 某农场拟修建一批半球壳顶的圆筒形谷仓，计划每座谷仓容积为 200m³，圆筒半径不超过 3m，高度不超过 10m。其中，半球壳顶的造价为每平方米 150 元，圆筒仓壁的建筑造价为每平方米 120 元，地坪造价为每平方米 50 元。试求造价最小的谷仓尺寸。

设圆筒半径为 R，壁高为 H，则半球壳面积为 $2\pi R^2$；圆筒壁面积为 $2\pi RH$；地坪面积为 πR^2。

则可以得出总造价 c 为

$$c = 150(2\pi R^2) + 120(2\pi RH) + 50(\pi R^2)$$

同时有容积、尺寸约束如下：

$$2\pi R^3/3 + \pi R^2 H = 200$$
$$0 \leqslant R \leqslant 3$$
$$0 \leqslant H \leqslant 10$$

则采用实数编码方式，将个体 x 编码为

$$x(1) = R, \ x(2) = H$$

编写目标函数文件 fcost. m 如下：

```
function [c] = fcost(x)
    c = 10 * pi * x(1) * (35 * x(1) + 24 * x(2));
```

创建约束函数文件 conf. m 如下：

```
function [c,ceq] = conf(x)
    c = [];
    ceq = 2 * pi * x(1)^3 + 3 * pi * x(1)^2 * x(2)-600;
```

编写主函数 FindBestSize. m 如下：

```
lb = [0;0]; % x 的下界
ub = [3;10]; % x 的上限
options = optimoptions('ga');%设置求解器
options = optimoptions(options,'PopulationSize',200); % 群体大小
```

```
    options = optimoptions(options,'CrossoverFraction',0.8);%设置交叉比率
    options = optimoptions(options,'PlotFcn',{ @gaplotbestf @gaplotbestin-
div @gaplotscorediversity @gaplotscores });%打开过程显示窗口,显示若干指标
    [x,fval,exitflag,output,population,score] =ga(@fcost,2,[],[],[],[],lb,
ub,@conf,[],options);
```

最优结果为：$R=3\mathrm{m}$，$H=5.0735\mathrm{m}$，$c=21372$ 元。

运行后工作区的状态以及过程显示窗口如图 11-6 所示。

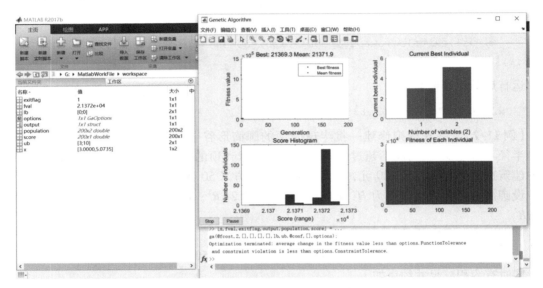

图 11-6　优化结束后的工作区与结果显示窗口

11.3　神经网络简介

　　人脑具有对世界事物认知、记忆、逻辑推理等功能。对这些功能的模拟与实现一直是人工智能领域的研究热点。人工神经网络（Artificial Neural Network，ANN），是 20 世纪 80 年代以来人工智能领域兴起的研究热点。它从信息处理角度对人脑神经元网络进行抽象，建立简单的数学模型描述单个神经元。此学派认为人脑各种复杂功能的实现事实上正是这种简单神经元通过复杂连接组成了不同的网络才得以实现，因此力图通过对人脑这种结构特点的模拟来实现认知、记忆、逻辑推理等。这种网络简称为神经网络。人工神经网络研究最早可追溯到麦卡洛克和皮茨于 1943 年提出一种叫作"似脑机器（Mindlike Machine）"的思想，他们构造了一个表示大脑基本组成部分的神经元模型，对逻辑操作系统表现出一定的通用性。神经网络的研究曾沉寂了相当长的时间。美国的物理学家 Hopfield 于 1982 年和 1984 年在美国科学院院刊上发表了两篇关于人工神经网络研究的论文，引起了巨大的反响。随即，一大批学者和研究人员围绕着 Hopfield 提出的方法展开了进一步的工作，形成了 20 世纪 80 年代中期以来人工神经网络的研究热潮。

1. 神经元

图 11-7 所示为单个生物神经元的结构，生物的神经元通过轴突输出自己的兴奋状态，通过树突接受其他神经元的输出作为自己的输入。这些输入共同决定了该神经元的兴奋状态，且不同输入对输出的决定作用大小各不相同。生物神经网络事实上就是由大量的生物神经元互相连接构成。本质是一种运算模型，由大量抽象的节点（或称神经元）之间相互连接构成。研究者模仿这一特性，建立了一种数学模型用于模仿神经元，如图 11-8 所示。该模型假设现有神经元 i，它的输出为 a_i，它同时接受 J 个神经元的输出作为加权输入。设其中神经元 j 的输出 a_j 作为 i 的输入，$W_{j,i}$ 为 a_j 输入的权值，则第 i 个神经元的输入 in_i，可以表示为 a_j 的加权求和。同时神经元 i 内部定义了激活函数 $g(in_i)$，该函数的输入为 in_i，给出神经元的兴奋水平也就是输出 a_i。特别地，为了模拟生物神经元的兴奋阈值特性，定义了一个偏置 $a_0 = -1$，$W_{0,i}a_0$ 作为神经元 i 的偏置阈值参与运算。常用的激活函数 $g(in_i)$ 有 Sigmoid、Tanh、ReLU 等（图 11-9），其数学公式分别为式（11-1）~ 式（11-3）。

Sigmoid 激活函数：
$$f(x) = \frac{1}{1 + e^{-x}} \tag{11-1}$$

Tanh 激活函数：
$$f(x) = \frac{e^x - e^{-x}}{e^x + e^{-x}} \tag{11-2}$$

ReLU 激活函数：
$$f(x) = \begin{cases} 0 & x \leqslant 0 \\ x & x > 0 \end{cases} \tag{11-3}$$

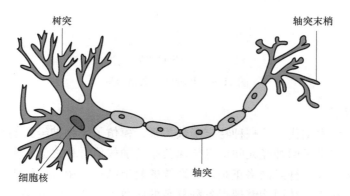

图 11-7　生物神经元结构

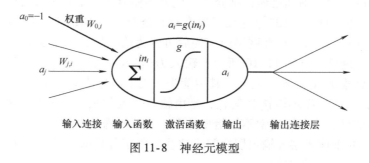

图 11-8　神经元模型

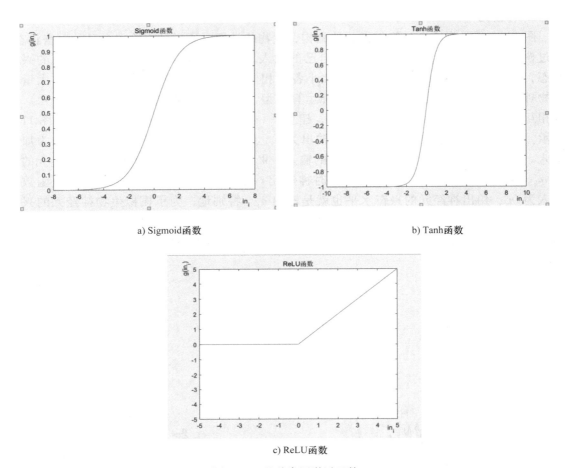

a) Sigmoid函数

b) Tanh函数

c) ReLU函数

图 11-9　几种常用激活函数

2. 人工神经网络

　　显然每个神经元模型代表了一种特定函数关系，模仿了生物神经元的兴奋状态。每两个神经元间的连接都定义了两神经元间信息传递关系的加权值，称之为权重，它代表了对两者间连接关系的记忆。人工神经网络正是依靠系统的复杂结构，依靠网络内部大量神经元之间相互连接的关系、权重，从而能够模拟各种复杂的函数关系或逻辑策略。因此，常见的人工神经网络多采用层级架构，它通常由神经元、层和网络三个部分组成。其中，神经元是人工神经网络最基本的单元，前面已做详细介绍，此处不做赘述。层是神经元的一种常见组织方式，每一层的神经元和相邻层的神经元间通常存在连接（非层级神经网络，如互联型神经网络，本书不做介绍）。通常神经网络由前到后可分为输入层、隐藏层和输出层，各层相互连接形成一个神经网络。如图 11-10 所示，输入为 $x_1, x_2, \cdots, x_n$，由左至右经过输入层、隐藏层和输出层得到输出量 $o_1, o_2, \cdots, o_m$，其中箭头代表了信号传递方向。

　　1）输入层，只从外部环境接收信息，是由输入单元组成，这些输入单元可接收输入，并为下一层传递信息。输入层通常不做信息处理，属于特殊的神经元。

　　2）隐藏层，介于输入层和输出层之间，这些层用于分析输入的特征并拟合目标函数关系，是神经网络功能的主要来源。

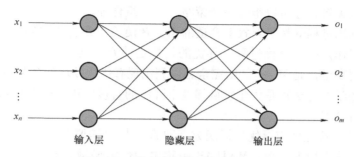

图 11-10　前向多层神经网络拓扑结构

3）输出层，生成最终结果，每个输出单元会对应到某一种特定的结果，为网络送给外部系统的结果值。输出层通常用于结果形式的变换，使之符合外部要求，也属于特殊神经元。

较有代表性的多层神经网络模型：前向网络模型（图 11-10）、带有跳层连接的多层神经网络模型（图 11-11）和带同层连接的神经网络模型（图 11-12）。

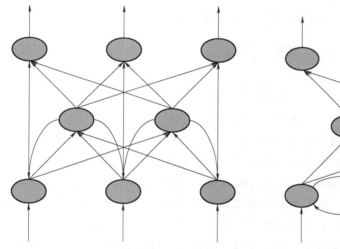

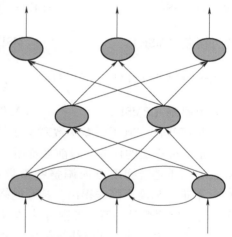

图 11-11　带有反馈的跳层连接　　　　　图 11-12　带有同层连接的多层神经网络

3. 神经网络的训练

不难发现，一个神经网络必须由三部分组成：权重集合 W、偏置集合 B 和网络结构。其中，网络结构包括神经元模型与神经元间的连接拓扑结构。设神经网络在输入与输出间形成的关系为 $O = f(X)$，其中 $X = \{x_n \mid n = 1, 2, \cdots, N\}$ 为输入量的集合，$O = \{o_m \mid m = 1, 2, \cdots, M\}$ 为输出量的集合。那么一旦网络结构确定，$f()$ 就由网络内的全部参数所共同决定。假设网络内有 I 个神经元，其中共有 J 个神经元与它们总共形成 $I \times J$ 个连接，则决定 $f()$ 的是：权重集合 $W = \{W_{j,i} \mid i = 1, 2, \cdots, I, j = 1, 2, \cdots J\}$；偏置集合 $B = \{b_i \mid i = 1, 2, \cdots, I\}$。对单个神经元同样如此，如图 11-8 中，网络中的神经元 i 所代表的函数关系由它所有的权重 $W_{j,i}$ 及偏置 a_0 决定。因此设计神经网络本质上是设计网络的结构。而一旦网络结构设计完成，则接下来寻找合适的参数集合 W、B 使代表神经网络的函数关系 $f()$ 符合需要就成为关键，这个过程就称为神经网络的"训练"过程。必须指出，函数关系 $f()$ 并不局限于数学意义上的函数关系，它可以指代一个策略、一个组合等。

神经网络的训练过程既然是寻找最合适的 W、B 使 $f(\ )$ 最符合"需要"，那么我们可以把这一训练过程当作是一个寻优过程。寻优的目标是使 $f(\ )$ 与"需要"之间的差距尽可能小，而寻优的控制变量正是 W、B，则完全可以利用现有优化领域的各种方法进行训练。目前常用的反向传播学习算法正是优化领域梯度下降法的直接应用。以下只做简单介绍，详细算法内容读者自行学习。

（1）误差函数　首先确定寻优目标函数，即 $f(\ )$ 与"需要"之间的差距。通常以误差函数 $L(W, B)$（也称为损失函数，MATLAB 中称之为性能函数）代表该差距，而误差函数的定义形式多种多样，常用误差函数包括和方差（SSE）、均方误差（MSE）、平均绝对误差（MAE）、均方根误差（RMSE）等，见式（11-4）~ 式（11-7）。误差函数的选择需要与激活函数匹配，不同类型误差函数各有优缺点，也与具体问题、具体用于训练的数据有关。例如，选择 Sigmoid 函数作为激活函数，MSE 作为误差函数时，可能会由于在训练开始时误差偏导过小而导致误差下降较慢，减慢训练速度。各误差函数中，o_k，o'_k 分别为第 k 个样本输入该神经网络后对应的神经网络输出值与样本标签值（即样本中给定的"正确值"）。

和方差（SSE）
$$SSE = \sum_{k=1}^{K} (o_k - o'_k)^2 \qquad (11\text{-}4)$$

均方误差（MSE）
$$MSE = \frac{1}{K} SSE \qquad (11\text{-}5)$$

平均绝对误差（MAE）
$$MAE = \frac{1}{K} \sum_{k=1}^{K} |o_k - o'_k| \qquad (11\text{-}6)$$

均方根误差（RMSE）
$$RMSE = \sqrt{MSE} \qquad (11\text{-}7)$$

（2）训练算法　有了误差函数就有了寻优目标，如何寻找最合适的 W、B 使误差函数值最小正是训练算法的任务。目前最常用的优化算法为梯度下降法及它的各种改进算法。梯度下降法的本质是沿梯度方向调整各参数以实现寻优。令 $\theta = \{W, B\}$，则计算梯度见式（11-8）。不难由梯度下降法得出，神经网络中的参数调整应如式（11-9）所示，其中上标 t 表示第 t 轮参数调整时的值，参数 η 为学习效率参数，它决定了每次沿梯度方向进行参数调整的步长。然而由于神经网络往往结构复杂，参数集合 θ 往往过于庞大。为减少运算量目前神经网络多采用反向传播（Back Propagation）学习算法，即由输出端反向逐层调整 W、B 以寻优。而具体如何调整每个单元的参数则取决于所采用的优化算法。

$$\nabla L(\theta) = \left[\frac{\partial L}{\partial w_{11}}, \frac{\partial L}{\partial w_{12}}, \cdots, \frac{\partial L}{\partial w_{i,j}}, \frac{\partial L}{\partial b_1}, \frac{\partial L}{\partial b_2}, \cdots, \frac{\partial L}{\partial b_i} \right], i = 1, 2, \cdots, I, j = 1, 2, \cdots, J \qquad (11\text{-}8)$$

$$\theta^t = \theta^{t-1} + \eta \nabla L(\theta^{t-1}) \qquad (11\text{-}9)$$

因此，神经网络的设计与训练过程如下：

1）确定输入和输出变量，分析输出与输入间"需要"的映射关系。

2）分析映射关系特点，选择网络拓扑结构，使之有能力模拟该映射关系。

3）制作训练、验证、测试数据集。

4）输入训练数据集进行训练，并利用验证数据集判断是否训练完成。

5）利用测试数据集检测神经网络表现是否满足要求。

6）满足要求则结束训练，否则返回2）调整网络结构并再次训练。

11.4　神经网络工具箱

　　MATLAB 提供了神经网络工具箱，可以方便地实现神经网络的设计、训练及运用工作。2016 版后的 MATLAB 发布了深度学习工具箱，提供了多种深度学习网络，如 AlexNet，CNN 等，以及多种最新的深度学习功能，如迁移学习等。2017 版后的深度学习工具箱与神经网络工具箱进行了整合。与遗传算法工具箱类似，神经网络工具箱同时提供了交互界面与直接操作命令。前者操作简单、直观，方便快速入门，但不便与用户已有的程序整合，后者则适合于在 MATLAB 脚本文件中编程使用，灵活方便，但需要用户自行编程实现所有功能，相对较为繁琐。由于从交互界面能够直接自动生成程序代码，因此更为方便，下面将从交互界面开始介绍。

　　神经网络工具箱安装后默认包含四个工具箱如图 11-13 中框示部分所示，对应解决四类基本问题。其中，Neural Net Clustering 工具箱用于解决聚类问题，即将输入的样本数据根据输入特征聚类分成若干类别，它在输入/输出单元间只包含一个隐层；Neural Net Fitting 工具箱用于解决回归问题，即在数值型的输入与输出之间拟合其函数关系，它包含一个隐层，一个输出层；Neural Net Pattern Recognition 工具箱用于解决分类问题，即将输入数据分类成若干类别，它同样包含一个隐层，一个输出层；Neural Net Time Series 工具箱用于解决时间相关问题，即输出由当前以及此前的输入共同决定的问题，它通常包含反馈机制。

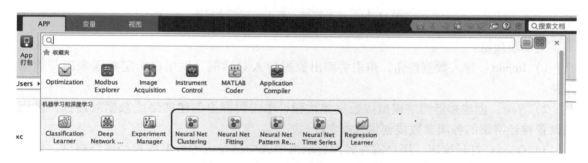

图 11-13　四个预置神经网络工具箱

　　除前述预置的四类神经网络工具箱以外，更通用的 GUI 工具为神经网络与数据管理器（Network/Data Manager）。它通过在命令行输入 nntool 命令打开。打开后的主界面如图 11-14 所示，其中包括显示框和底部的菜单项。

　　显示框包括：

　　1）Input Data：样本中输入数据，需指定。

　　2）Target Data：样本中输入数据对应的期望输出，需指定。

　　3）Output Data：神经网络的输出数据。

　　4）Error Data：网络的误差，即期望输出与系统的输出数据之间的误差。

　　5）Input Delay States：输入延迟参数，如果存在的话。

　　6）Layer Delay States：各层的延迟参数，如果存在的话。

　　7）Networks：已建立的神经网络。

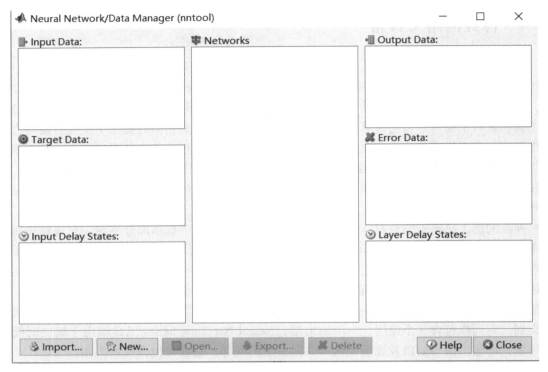

图 11-14　神经网络与数据管理器主界面

菜单项包括：

1）Import：导入数据按钮，单击将弹出数据导入对话框，供用户指定数据来源与数据用途。

2）New：创建神经网络模型或数据集按钮，单击将弹出创建网络或数据对话框，供用户设置神经网络的各项参数或创建数据集。

3）Open：打开按钮，用户需在界面显示框中选中已导入的数据或神经网络模型，该选项才可选。单击后将显示选中项的具体内容。

4）Export：输出按钮，单击后将弹出输出对话框供用户选择输出内容与输出目的地。

5）Delete：删除按钮，与 Open 按钮类似，用户需在界面显示框中选中已导入的数据或神经网络模型，该选项才可选。单击后将删除选中项。

6）Help：帮助按钮，单击后显示当前页面的帮助内容。

7）Close：关闭按钮，单击后关闭该对话框。后文有较多对话框均有本按钮，功能完全一致，将不再赘述。

为方便理解现结合例 11-3 进行神经网络与数据管理器使用讲解。

【例 11-3】　已知某地人口增长率与人口（百万）间存在对应关系，请依据现有统计数据，求出一逼近函数来描述这种对应关系。为方便用户生成该数据集，现在假设数据集符合如下函数关系：

$$y = \sin x \cos x + (\cos 2x)^2 + \varepsilon$$

式中，ε 是 $0 \sim 1$ 间平均分布的噪声。

该问题为典型的函数拟合、逼近问题，需要构造神经网络由现有数据拟合出真实关系，再进行逼近。

首先执行以下程序生成数据集：

```
x = 0:0.1:3;% 训练用的自变量
y = sin(x) * cos(x) + cos(2 * x)^2 + (rand(size(x))-0.5) * 0.01;%训练用的标签
y_real = sin(x) * cos(x) + cos(2 * x)^2;% 真值
xpred = 0.01:0.1:3.01;%测试数据范围
y_pred = sin(xpred) * cos(xpred) + cos(2 * xpred)^2;% 测试数据范围内的真值
```

显然，y_real 所代表的才是我们真正需要拟合的函数关系，而 y 所代表的的数据中被掺入了随机噪声，本章将以 x 作为输入样本集，y 作为输出样本集，利用 BP 神经网络拟合其中的关系。

1. 导入数据

设计神经网络前应首先导入数据，主要是输入数据与目标输出数据。这些数据代表了所需要模拟的函数。

单击主界面 Import 按钮，弹出导入数据对话框如图 11-15 所示。

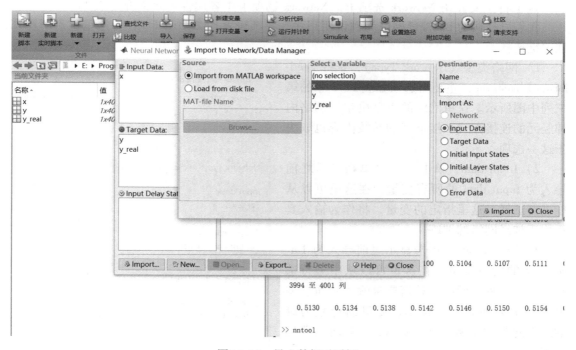

图 11-15　导入数据对话框

Source 栏，指定数据来源。此处包含两个来源单选项，从上至下依次为从工作区导入、从本机硬盘上的 MAT 文件导入。若选择从本机硬盘文件导入，则应单击该栏底部的 Browse 按钮指定目标文件路径。图 11-15 所示为选择了从工作区中导入数据单选项，这里工作区中已经有了对应变量。

Select a Variable 栏，选择一个目标变量。从选中的来源中选择一个变量导入。如

图 11-15 所示，当前工作区的所有变量名称将显示在此栏中，用户可直接在本栏单击选择。

Destination 栏，选择所导入数据的目的地。从 Select a Variable 栏选中的变量将被指定用作本网络的哪种数据。该栏下 Name 框指定该变量被导入后在神经网络中的变量名。Import As 选项将决定由用户选择导入的变量被用作哪种数据，具体选项与主界面中的各显示框的名称与含义都完全一致，这里不做赘述。需要注意的是，这里选定的内容，将一一在主界面对应的显示框中显示。

Import 按钮，执行导入按钮，当前述所有属性设定完成后，单击本按钮开始执行导入操作。

导入数据完成后返回主页面，这里已指定了输入数据为变量 x，目标数据为变量 y、y_real。

2. 创建神经网络模型

在完成数据导入后，可以按照以下步骤开始创建神经网络（以 BP 神经网络为例）。单击 New 按钮，弹出创建网络或数据对话框，如图 11-16 所示。它包括两个选项卡：Network 选项卡用于创建神经网络模型，Data 选项卡用于创建数据集。由于数据集均已导入，这里将主要介绍 Network 选项卡。Network 选项卡中各属性内容简介见表 11-2。

我们以经典的 BP 神经网络为例说明用法，各项设置均参照图 11-16。这里重点解释几项关键选择：

1）网络类型（Network Type），选择 Feed-forward backprop，主要可选项如表 11-2 中的第三列中图所示。这里网络的类型决定了网络内神经元的连接方式。接下来的参数内容也取决于这一选项。

2）Input data，单击下拉菜单则显示之前导入为 Input data 的所有变量，在这里可以从中进行选择。这里指定的变量，将作为输入真正用于神经网络的训练。

3）Target data，单击显示之前导入为 Target data 的所有变量，在这里可以从中进行选择。注意，神经网络工具箱要求输入变量、输出变量每 1 列为 1 个样本，变量的行数为维数。因此若样本数为 K，则 x、y 必须列数均为 K。

4）Transfer Function，激活函数。

5）Properties for，下拉菜单显示层号，该选项决定下方栏目内的各项设置是第几层的设置。因此它受 Number of layers 的约束，读者应逐层设置它下方的参数。

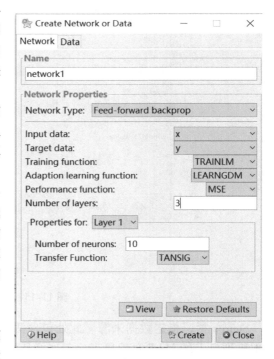

图 11-16　创建网络或数据对话框

表 11-2　创建神经网络页面属性表

属 性 名 称	属 性 功 能	支持的网络类型
Name	该神经网络模型的名称	
Network Type	选择神经网络的类型，可选多种网络类型见右图	
Input data	选择网络的输入数据	
Target data	确定网络的期望输出数据	Cascade-forward backprop Competitive Elman backprop **Feed-forward backprop** Feed-forward distributed time delay Feed-forward time-delay Generalized regression Hopfield
Training function	选择训练函数，即前文中所述的寻优算法	
Adaption learning function	自适应调整学习函数	
Performance function	性能函数，即前文所述的误差函数	
Number of layers	神经网络的层数	
Number of neurons	本层神经网络的神经元个数	
Transfer Function	本层神经元采用的传递函数，即前文所述的激活函数	

设置完成后单击 View 按钮即可查看当前所设置的神经网络结构图，图中 Input、Output 方框分别代表输入、输出变量，方框下方的数字代表了变量维度。中间每个方框标示的模块分别代表了一层神经网络，模块下方的数字代表了该层神经网络内部的神经元数。每个模块内部的长方形中以黑线显示了激活函数的大致形状，读者可以通过这里观察不同激活函数的形状。

单击 Create 按钮即可生成对应的网络模型。在主界面的 Networks 显示框中将显示刚才建立的网络模型（图 11-17）。

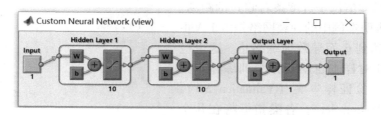

图 11-17　神经网络结构图

3. 训练、测试网络

回到主界面后，从 Networks 显示框中选中刚建立的神经网络模型，然后单击 Open 按钮，弹出网络对话框。该对话框中有一系列选项卡，这里限于篇幅只介绍最常用的几张选项卡。

1）View 选项卡：显示网络结构，其内容与图 11-17 中内容一致。

2）Train 选项卡：设置训练所需参数，并可开始训练。

3）Simulate 选项卡：直接应用训练好的网络，也可以给定测试集观测测试效果

4）View/Edit Weights 选项卡：观察或编辑训练好的神经网络中所有的参数值。

选中 Train 选项卡后按照图 11-18 所示进行设置。这里通常只需要再次设置 Inputs、Targets 两项即可。单击右下角的 Train Network 按钮即可弹出如图 11-19 所示的 Neural Network Training 对话框并开始训练。由于神经网络的固有特性，每次训练的结果并不一定相同，读者所得到的结果与文中给出的并不一定完全一致。训练产生的结果包括：

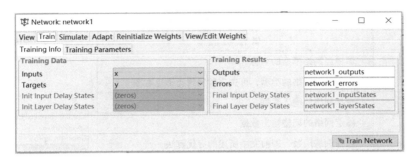

图 11-18　网络对话框

1）Outputs：训练好的网络对应 Inputs 的输出，用户在这里可以设置存放结果的变量名，该变量将出现在主界面的 Output Data 显示框中。

2）Errors：训练好的网络对应 Inputs 的输出与 Targets 的偏差。用户在这里可以设置存放该结果的变量名，该变量将出现在主界面的 Error Data 显示框中。

Neural Network Training 对话框中 Neural Network、Algorithms 栏均再次显示了神经网络的关键设置信息，而 Progress 栏则显示训练过程中的关键参数。其中，进度条表示对应指标距离训练终止阈值（具体值位于进度条右侧）的距离。图 11-19 所示表明本例中的神经网络是由于 Validation Checks 达到 6 而导致训练终止。这里应注意，MATLAB 对样本自动划分为训练样本集（Training Set）、验证样本集（Validation Set）、测试样本集（Testing Set），各类指标将在几个样本集上分别进行计算。

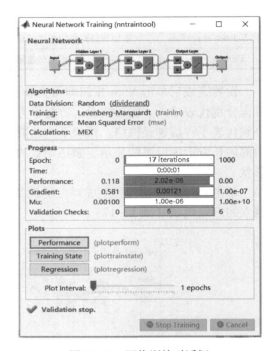

图 11-19　网络训练对话框

1）Epoch：终止时训练经过的次数。

2）Time：终止训练时的耗时。

3）Performance：终止训练时该网络的性能函数值。

4）Gradient：终止训练时该网络的梯度值。

5）Mu：训练精度，属于 trainlm 算法的参数，该值越大则训练越有可能很快停止。

6）Validation Checks：验证集中性能函数值连续不发生减少的次数。

Plots 栏则可以绘制一些参数图：

1）Performance：绘制训练过程中神经网络获得的性能函数值随训练次数的变化曲线。

2）Training State：绘制梯度、Mu 值、Validation Checks 在训练过程中的变化情况。

3）Regression：绘制训练好的神经网络输出与数据集样本标签值的相符情况。

训练结束后可以通过在主界面中选中 Output Data 显示框中的 network1_outputs 变量，再单击 Export 按钮，从而将它输出到 MATLAB 工作区中，输出后将在工作区生成同名变量供用户使用。其他输出变量也可以按类似操作进行。利用 network1_output，图 11-20 所示为该神经网络拟合出的关系与真实的函数关系。其中，红线（深色线）给出的是神经网络拟合出的关系 ypred，绿线（浅色线）给出的是数据集中隐含的真实函数关系 y_real。可见所得神经网络基本学习到了目标函数关系。用户可利用 network1_errors 变量观察神经网络在输入的变量 x 上相对 y 表现出的误差。

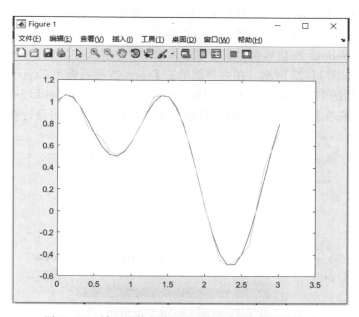

图 11-20 神经网络拟合出的关系与真实的函数关系

4. 应用网络与结果输出

对训练好的网络，若结果满意则可以打开 Simulate 选项卡对其进行应用与测试。Simulate 选项卡如图 11-21 所示。其中主要的输入项包括：

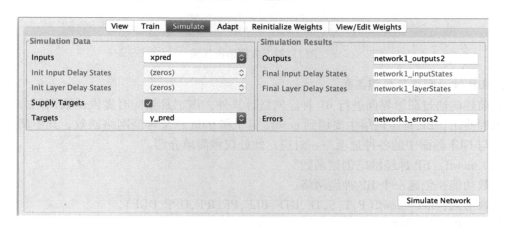

图 11-21 应用神经网络的 Simulate 界面

1）Inputs：输入变量，应用该网络时，输入网络的数据，所选变量要求已通过主界面导入为 Input Data。

2）Targets：网络的正确输出，与 Inputs 变量对应的正确输出，该选项仅当勾选 Supply Targets 时可用。

3）Outputs：网络对应 Inputs 的输出，用户在这里可以设置存放结果的变量名，该变量将出现在主界面的 Output Data 显示框中。为避免冲突，本例中更改变量名为 network1_outputs2。

4）Errors：网络对应 Inputs 的输出与 Targets 的偏差。用户在这里可以设置存放该结果的变量名，该变量将出现在主界面的 Error Data 显示框中。为避免冲突，本例中更改变量名为 network1_errors2。该选项仅当给定 Targets 时可用。

单击 Simulate Network 按钮后会生成应用结果数据，主界面中出现 network1_outputs2、network1_errors2 变量如图 11-22 所示。在主界面单击 Export 按钮后弹出 Export from Network/Data Manager 对话框，如图 11-22 所示，从中选择 network1_outputs2、network1_errors2，单击 Export 按钮后导出成功。若单击 Save 按钮则可以将数据导出为文件。用户可自行查看预测结果。

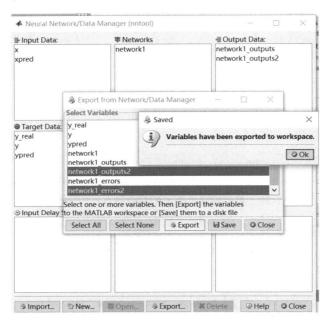

图 11-22　数据输出界面

5. BP 神经网络工具箱函数

除前述的通过图形界面进行 BP 神经网络计算外，该工具箱同时提供函数调用方式，供用户编程使用。BP 神经网络主要用到 newff、sim 和 train 三个神经网络函数，其中诸多参数实际上与 GUI 界面中的各种选项一一对应，此处仅做简单介绍。

（1）newff：BP 神经网络创建函数

函数功能：创建一个 BP 神经网络。

函数形式：net = newff(P,T,S,TF,BTF,BLF,PF,IPF,OPF,DDF)。

其中，P：输入数据。

T：输出数据。

S：隐含层数目。

TF：节点传递函数，包括线性传递函数 purelin、正切 S 型传递函数 tansig 和对数 S 型传递函数 logsig。

BTF：训练函数，默认值为 trainlm 函数。

BLF：自适应调整学习函数，默认值为 learngdm 函数。

PF：性能函数，包括均值绝对误差性能分析函数 mae 和均方差性能分析函数 mse。

IPF、OPF、DDF 依次为输入数据处理函数、输出数据处理函数，以及训练数据集划分为验证集、测试集所采用的函数。此三项一般采用默认值即可。

（2）train：BP 神经网络训练函数

函数功能：用训练数据训练 BP 神经网络。

函数形式：$[net, tr] = train(NET, X, T, Pi, Ai)$。

其中，NET：待训练的网络。

X：输入数据。

T：输出数据。

Pi：初始化输入条件。

Ai：初始化输出条件。

net：训练好的网络。

tr：训练过程记录。

（3）sim：神经网络应用函数

函数功能：将训练好的 BP 神经网络应用于给定数据集。

函数形式：$y = sim(net, x)$。

其中，net：训练好的神经网络。

x：输入数据。

y：网络在 x 上的输出。

习　题

11-1　求解函数 $f(x) = x + 10\sin 3x + 7\cos 4x$ 在区间 $[1, 10]$ 的最大值。

11-2　计算 $y = x_1^2 + x_2^2 - x_1 x_2 - 10x_1 - 4x_2 + 60$ 的最小值，其中自变量 x、y 的范围均为 $[-15, 15]$。

11-3　设有 9 个物流需求点，其中第 i 个到第 j 个需求点的距离如矩阵 $\boldsymbol{D}$ 所示。现送货员需要遍及所有需求点，且每个点仅经过一次。请编写程序求送货员的最优送货顺序，

$$\boldsymbol{D} = \begin{bmatrix} 0 & 2 & 1.4 \\ 2 & 0 & 3.3 \\ 1.4 & 3.3 & 0 \end{bmatrix}。$$

11-4　对题 11-3，在遗传算法工具箱界面中再次尝试求解，并尝试修改选择策略，观察对比两种方法的异同。

11-5　已知某数据集中数据符合 $y = \dfrac{1}{2}\mathrm{e}^{-x} + \varepsilon$ 关系，x 的范围为 $[0.1, 5]$，ε 为服从均值为 0、方差为 0.2 的高斯分布的噪声。试利用神经网络预测 $[5, 5.1]$ 范围内的取值。

▶ 第 12 章

Simulink 入门与实例演示

本章将简单介绍 Simulink 的基本功能与特点，同时简单介绍 Simulink 的建模过程及系统自带的几个实例演示。

12.1 Simulink 功能与特点简介

Simulink 是一种图形化仿真工具包，是 MATLAB 最重要的组件之一，它向用户提供一个动态系统建模、仿真和综合分析的交互式集成环境。在这个环境中，用户无须书写多少程序，只需通过简单直观的鼠标操作，就可构造出复杂的仿真模型。具体来讲，为了创建动态系统模型，Simulink 提供了一个建立模型框图的图形用户接口（GUI），这个创建过程只需要单击和拖动鼠标操作就能完成。利用这个接口，用户可以像用笔在纸上绘制模型一样，只要构建出系统的框图即可，这与以前的仿真软件包要求解算微分方程和编写算法语言程序不同，它提供了更快捷、更直接明了的方式，而且用户可以立即看到系统的仿真结果。

Simulink 中包括了许多实现不同功能的模块组，如 Sources（输入源模块组）、Sinks（输出模块组）、Math Operations（数学模块组）以及线性模块和非线性模块等各种组件模块组。用户也可以自定义和创建自己的模块，利用这些模块，用户可以创建层次化的系统模型，可以自上而下或自下而上地阅读模型，也就是说，用户可以查看最顶层的系统，然后通过双击模块进入下层的子系统查看模型。这不仅方便了工程人员的设计，而且可以使自己的模型框图功能更清晰，结构更合理。

创建了系统模型后，用户可以利用 Simulink 菜单或在 MATLAB 命令窗口中输入命令的方式，选择不同的数值积分方法来仿真系统模型。对于交互式的仿真过程，使用菜单是非常方便的，但如果要运行大量的仿真，使用命令行方法则更有效。例如，想要了解某个参数的值在某一范围内变化时对系统特性的影响，可以在命令行中输入可变参数值，观察参数值改变后的系统输出。此外，利用示波器模块或其他的显示模块，用户可以在仿真运行的同时观察仿真结果，而且还可以在仿真运行期间在线地改变仿真参数，并同时观察改变后的仿真结果，最后的结果数据也可以输出到 MATLAB 工作区进行后续处理，或利用命令在图形窗口中绘制仿真曲线。

Simulink 中的模型分析工具包括线性化工具和调整工具，这些都可用 MATLAB 的命令直接实现。MATLAB 及其工具箱内还有许多其他的适用于不同工程领域的分析工具，由于 MATLAB 和 Simulink 是集成在一起的，所以既可以在 MATLAB 命令窗口，也可以在 Simulink 平台下对模型进行仿真、分析和修正。MATLAB 主要是以键盘输入命令的形式调试运行模型，而 Simulink 则主要通过鼠标设置参数对话框来调试运行模型。

Simulink 的主要优点可以总结如下：

1）适应面广。可构造的系统包括：线性、非线性系统；连续、离散时间及混合系统；离散事件系统；单任务、多任务系统。

2）结构和流程清晰。它外表以框图形式呈现，采用分层结构，既适于自上而下的设计流程，又适于自下而上逆程设计。

3）结构体系开放，允许用户以多种方法自己开发各种功能模块，添加到 Simulink 环境中，以满足不同任务的具体要求。

4）支持多种采样速率。它能够在同一系统中采用多种采样速率，也就是系统中的不同部分可以采用不同的采样速率。

5）仿真更为精细。它提供的许多模块更接近实际，为用户摆脱理想化假设的无奈开辟了途径。

6）模型内码更容易向 DSP、FPGA 等硬件移植。

Simulink 功能强大但又非常实用，所以应用领域很广，可使用的领域包括航空航天、电气电子、控制、经济、金融、力学、数学、通信与影视等。因此，Simulink 已经被诸多领域的工程技术人员用来作为对实际问题建模、仿真、分析和优化设计的重要工具。

12.2 实例演示——房屋热力学系统模型

Simulink 帮助系统中提供了一些有趣而且实用的模型演示程序实例，这些演示模型分别介绍了利用 Simulink 模块搭建的不同功能的系统模型。本节以一个关于房屋热力学问题的系统模型为例，来介绍系统模型的组成及功能，让读者对 Simulink 有一个初步认识。

12.2.1 运行房屋热力学系统演示模型

要运行该演示模型，首先启动 MATLAB，然后在命令窗口输入命令：

```
sldemo_househeat
```

这个命令会启动 Simulink，直接打开演示程序模型窗口，打开的模型如图 12-1 所示。

图 12-1 所示是房屋热力学系统模型的全貌，在模型图的最右侧有一个标注为 PlotResults 的模块，它实现的就是示波器功能，双击该模块，可以打开示波器。在这个模型中，示波器中显示的是室内与室外温度（折线和波浪曲线）和加热费用共三条曲线。该模型的仿真结果如图 12-2 所示。

为了仿真这个模型系统，首先设置仿真参数，这里就用模型中已设置好的仿真参数进行仿真。选择 Simulation 菜单下的 Run 命令，或者单击 Simulink 工具栏上的 Run 按钮，系统开始按照模型中设置的参数进行仿真，仿真结果曲线显示在示波器中。当打开加热器时，系统会自动计算加热所需要的费用，并将加热费用（HeatCost）曲线在示波器中显示出来，而室内温度也同时显示在示波器中。若要停止仿真，可选择 Simulation 菜单下的 Stop 命令，或者单击 Simulink 工具栏上的 Stop 按钮。仿真结束后，选择 File 菜单下的 Close 命令关闭模型。

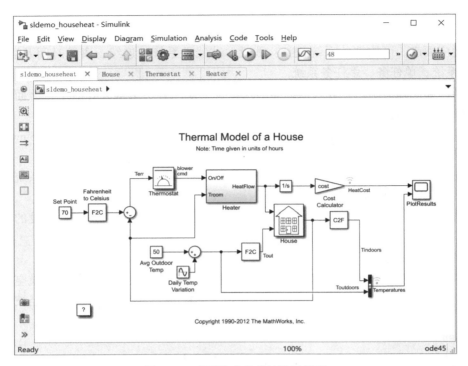

图 12-1　房屋热力学系统演示模型

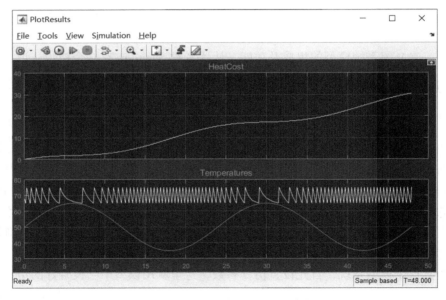

图 12-2　房屋热力学系统模型仿真结果

12.2.2　房屋热力学系统模型说明

演示程序使用简单的模型建立了房屋的热力学系统模型，该模型使用 Simulink 中子系统模型的概念来简化模型图，并创建了代码可重用的子系统。

　　Simulink 中的子系统是一组由 Subsystem（子系统）模块表示的模块组，房屋热力学系
模型包括六个子系统：Thermostat（恒温器）子系统、House（房屋）子系统和加热器
（Heater）子系统和三个温度转换子系统（其中两个子系统将华氏温度转换为摄氏温度，一
个子系统将摄氏温度转换为华氏温度）。

　　图 12-3 所示是房屋子系统模型，双击 House 模块可以打开该子系统，在这个子系统中
内部温度和外部温度均传送到该子系统，并由该子系统经过转换后更新和输出内部温度。

　　图 12-4 所示是恒温器子系统模型。模型中的恒温器（Thermostat）系统设置为 70°F，
这个温度受室外温度的影响，室外温度为 $\{50+15\sin[2\pi t/(24\times3600)]\}$ °F，仿真结果是房
屋内一天温度变化。这个模型模拟了每天的温度波动。双击 Thermostat 模块打开恒温器子系
统，该子系统由一个继电器模块组成，该模块将模块输入与阈值相比较，并输出指定的
"打开"值和"关闭"值，它实际上控制了加热器系统的打开和关闭时间。

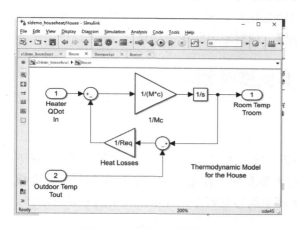

图 12-3　房屋子系统模型

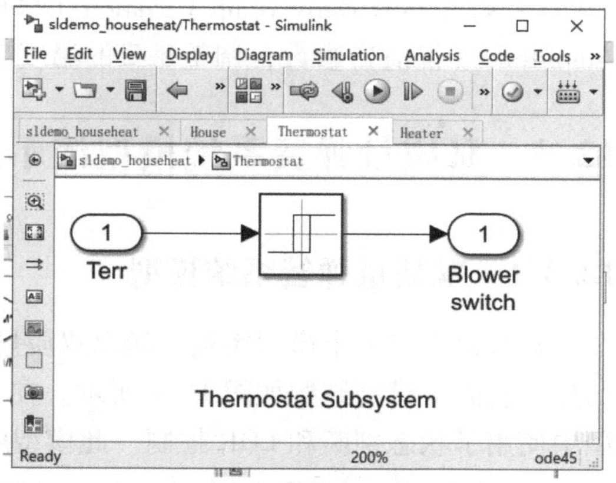

图 12-4　恒温器子系统模型

　　在图 12-1 中双击 Fahrenheit to Celsius 模块会弹出如图 12-5 所示的对话框。图 12-5 是被
精细封装而成的精装子系统"F2C"（F2C 是将华氏温度转换为摄氏温度模块的图标）。此子
系统详细构造如图 12-6 所示。

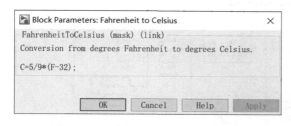

图 12-5　温度转换精装子系统对话框

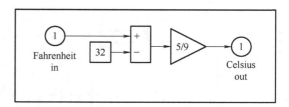

图 12-6　温度转换子系统构造

　　采用类似方法可以查看加热器（Heater）子系统的构成，请读者自行操作。

　　房屋热力学系统是一个很典型的系统，它包括了模型创建过程中通常需要完成的一些工
作，主要有：

　　1）运行模型仿真时需要指定仿真参数，并利用 Run 命令开始仿真。

　　2）用户可以把一组相关的模块组包含在一个模块中，这个模块称为子系统模块。

3）在该模型中，所有的子系统都利用封装特性创建了自定义图标，用户也可以利用封装特性为模块创建自定义的图标，并设计模块对话框。

4）Scope 模块与实际的示波器一样可以显示图形输出。

读者不妨试一试下面的几种方法，看看模型的不同参数是如何影响响应曲线的：

1）每个 Scope 模块包含一个或多个信号显示区域和控制，用户可以选择显示的信号范围，将信号区域放大，执行其他的任务，在显示区域内，水平轴是时间轴，竖直轴表示的是信号值。

2）位于模型最左侧并且图标为 "70" 的模块（其上方标注为 Set Point）用来设置所希望的温度值。打开该模块，并将温度值由原来的 70℉ 重新设置为 80℉，看看室内温度和加热费用是如何变化的，也可以调整室外温度（Avg Outdoor Temp 模块），看看它对仿真结果有何影响。

3）打开标有 Daily Temp Variation（每日温度变化）的 Sine Wave（正弦波）模块，改变 Amplitude（幅值）参数，调整每日的温度变化值，观察输出曲线的变化。

12.3 双质量弹簧系统模型演示及其他模型实例

12.3.1 双质量弹簧系统模型

本节再介绍一个模型实例，演示双质量弹簧系统在光滑平面上受一个周期作用力情况下的运动状态，模型结构如图 12-7 所示。在左边的质量块上作用一个周期激励信号，在此模型中使用了状态判断和 LQR 控制。此模型用 S 函数编写的程序来显示系统的运动动态图形。

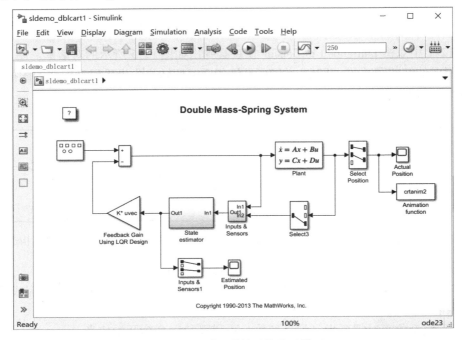

图 12-7　双质量弹簧系统演示模型

模型中包含了精装子系统，如图 12-7 中所示的 Animation function 模块，可以双击相应的模块，打开对话框或子系统窗口。再次双击模块 Animation function，可以看到如图 12-8 所示的参数设置对话框，此对话框将设置用动画来显示仿真结果，其中 crtanim2 就是显示动画的 S 函数名称。仿真结果的动画显示如图 12-9 所示。

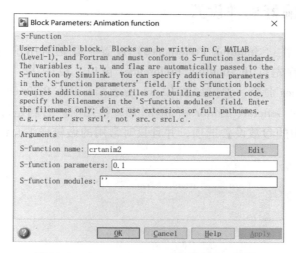

图 12-8　Animation function 参数设置对话框

双击 Actual Position 模块，可以得到质量块的时间-行程曲线图，如图 12-10 所示。Feedback Gain Using LQR Design 是一个状态反馈增益模块。

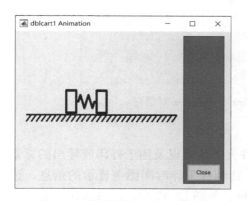

图 12-9　仿真结果动画显示窗口

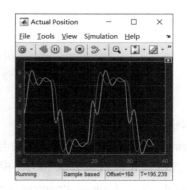

图 12-10　质量块时间-行程曲线

12.3.2　其他实例演示程序

Simulink 还提供了许多其他的演示程序，用以说明 Simulink 中的各种建模和仿真概念，用户可以从 Simulink 中的 Examples 里打开这些演示程序。首先打开 Simulink 界面，在菜单中选择 Examples 命令，单击这些示例就可以启动相应的演示程序。

从以上两个例子中可以看出，Simulink 在处理各种动态系统时不仅功能强大，而且十分简单、方便，是科研人员和工程设计人员十分理想的设计工具。

在此提供几个常用的 Simulink 模型实例运行命令：vdp（vdp 方法）、sldemo_bounce（弹力球）、simppend（单摆）、onecart（质量弹簧系统（单质点））、sldemo_dblcart1（质量弹簧系统（双质点））、dblpend1（双摆系统 1）、dblpend2（双摆系统 2）、penddemo（倒立摆系统）。

12.4 Simulink 偏好属性设置

Simulink 偏好项属性（Simulink Preferences）设置主要是对用户的个人偏好进行设置，改变一些默认参数。首先打开 Simulink Preferences 窗口，以图 12-7 所示界面为例，选择 File｜Simulink Preferences 命令，弹出如图 12-11 所示 Simulink Preferences 对话框，图中左侧列表框中的目录树包括 General、Editor 和 Model File 等几项。右侧是每一项所包含的参数设置选项。下面介绍其中的参数设置选项，并且只对常用的做较详细介绍，其余从略。

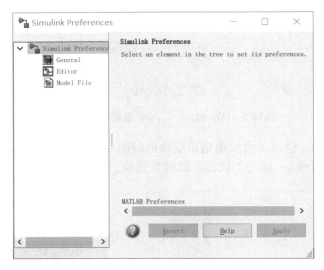

图 12-11　Simulink Preferences 对话框

1. General

General 选项设置指定生成的文件与文件夹的位置以及用于打印或导出的背景颜色。还可以设置这些预设以指定有关 Model 模块、回调和采样时间图例显示的信息。选择左侧的 General 选项，弹出 General Preferences 对话框，如图 12-12 所示，参数详细说明如下：

1）Folders for Generated Files：使用该预设项控制模型构建过程中过程文件的位置。默认情况下，当模型更新或代码生成开始时，生成的文件将放置在当前工作文件夹（Current Working Folder）中。该选项包含三个子选项，分别是 Simulatoin cache folder Code generation folder 以及 Code generation folder structure。其作用分别是：

① Simulatoin cache folder：指定仿真过程中用于放置产生的过程文件的根文件夹。

② Code generation folder：指定用于放置 Simulink Code 功能生成的代码文件的根文件夹。

③ Code generation folder structure：指定 Simulink Code 功能生成的代码的存储文件夹结构。默认设置为 Model specific，它将在模型对应文件夹中的子文件夹中放置生成的代码。

2）Background Color：使用这些预设项控制用于打印、导出到另一种格式以及复制到剪

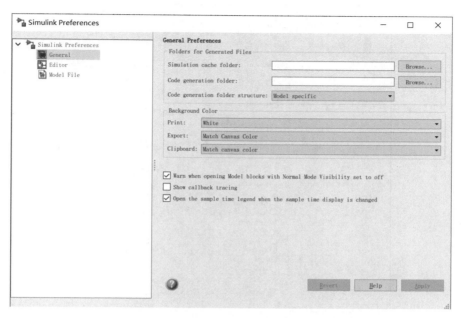

图 12-12　Simulink 的 General Preferences 对话框

贴板后的模型背景颜色。该选项包含三个子选项，分别是 Print、Export 以及 Clipboard。

3）Warn when opening Model blocks with Normal Mode Visibility set to off 复选框：当打开的模型 Normal Mode Visibility 属性设置为 off 时，即显示警告，默认勾选。

4）Show callback tracing 复选框：该复选框指定是否显示 Simulink 软件在对模型进行仿真时调用的模型回调，默认不勾选。

5）Open the sample time legend when the sample time display is changed 复选框：指定是否只要采样时间显示发生更改就显示采样时间图例，默认勾选。

2. Editor

Editor 选项配置影响所有 Simulink 模型的行为。这些选项涉及模型的外观主题、滚轮行为和工具栏配置。选择左侧的 Editor 选项，右侧即显示 Editor Preferences 对话框，如图 12-13 所示，参数详细说明如下：

1）Use classic diagram theme：选中该复选框将使 Simulink 图表使用 R2012b 之前的外观主题。使用经典主题时，Simulink 不会显示内容预览。

2）Line cross style：更改交叉信号线的默认显示方式。可以选择 Tunnel、Line Hop 和 None 三者之一（单选项），使用者可根据下方的样例图形直观感受不同选项的表现。

3）Scroll wheel controls zooming 复选框：使用鼠标上的滚轮（且不使用〈Ctrl〉修改键）进行缩放，默认勾选。

4）Enable smart editing features：显示智能编辑提示。例如，快速插入、拆解和选取框动作，默认勾选。该复选框还有一个子复选框"Edit key parameter when adding new blocks"，其功能是能够在添加新块后立即指定块参数值，同样默认勾选。

5）Toolbar Configuration：对工具栏的内容进行配置，指定工具栏上显示的按钮。勾选相应复选框会使相应菜单项显示在工具栏中。

图 12-13　Simulink 的 Editor Preferences 对话框

3. Model File

Model File 选项为文件更改、自动保存、版本通知以及与模型文件有关的其他行为设置偏好选项，其中包括图标主题选择、工具栏配置等选项。选择左侧的 Model File 选项，弹出 Model File Preferences 对话框，如图 12-14 所示，参数详细说明如下：

图 12-14　Simulink 的 Model File Preferences 对话框

1）File format for new models and libraries：指定新模型和库的默认文件格式，有 slx 和 mdl 两个选项。

2）Save a thumbnail image inside SLX files 复选框：指定是否保存要在当前文件夹浏览器预览窗格中显示的模型的小屏幕截图，默认勾选。

3）Change Notification：设置当 Simulink 中发生相应变化时是否进行通知。

① Updating or simulating the model 复选框：指定在更新或运行模型时，如果模型文件在磁盘上发生更改时是否给出通知，默认勾选。

② Action：选择当文件在加载后发生更改时要执行的操作，如发出警告、发出错误信息、发出提示等。

③ First editing the model 复选框：指定在编辑模型时，如果磁盘上的模型文件发生更改是否给出通知，默认勾选。

④ Saving the model 复选框：指定在保存模型时，如果模型文件在磁盘上发生更改是否给出通知，默认勾选。

4）Autosave Options：设定自动保存模型文件的相关选项

① Save before updating or simulating the model：指定在更新或运行之前是否自动保存模型文件，默认勾选。

② Save backup when overwriting a file created in an older version of Simulink 复选框：指定在覆盖旧版本 Simulink 文件时是否自动保存一个备份，默认勾选。

5）Notify when loading an old model 复选框：指定在加载旧版本 Simulink 模型时是否给出通知，默认不勾选。

6）Do not load models created with a newer version of Simulink 复选框：指定是否允许加载比当前版本新的 Simulink 软件中保存的模型。默认勾选，即不允许。

7）Do not load models that are shadowed on the MATLAB path 复选框：指定是否允许加载被 MATLAB 搜索路径中更高层的另一个同名文件隐藏的模型，默认不勾选，即允许。

习　　题

12-1　请在帮助文档中搜索"Spiral Galaxy Formation Simulation"并观察运行效果。

12-2　请通过 Simulink 的 Examples 菜单找到"Aircraft Longitudinal Flight Control"例子，观察其中结构，并观察运行结果。

12-3　请查找 Variant Subsystems 例子，并双击观察其中封装的子系统。

第 13 章

创建 Simulink 模型

本章将详细介绍整个模型创建的全过程，包括模块操作、连线操作、编辑信号线及标注模型。同时介绍打印模型，包括直接打印机打印和嵌入 Word 文件中打印。学习了本章内容以之后，读者就能够用 Simulink 建立一个简单的模型。

13.1　新建或打开模型

由于 Simulink 是基于 MATLAB 的图形化仿真环境，因此，启动 Simulink 之前必须先运行 MATLAB，然后才能启用 Simulink 并建立图形化的系统模型。MATLAB 有两种启动 Simulink 的方法：一种是在 MATLAB 命令窗口输入"Simulink"即可，另一种是用鼠标单击 MATLAB 工具栏的图标 📷。

欲新建一个 Simulink 模型，最好先启动 Simulink，启动后，只要单击 Simulink Start Page 主窗口 Simulink 目录下的 Blank Model，即可打开系统模型编辑器。打开它后，用户便可从 Simulink 模块库中选择合适的模块来建立系统模型。用户可以通过在 MATLAB 或 Simulink 窗口中选择打开命令或单击打开已有文件的图标，然后按照 Windows 的常规操作打开一个已有的 Simulink 模型文件（文件扩展名为 mdl）。

13.2　模块基本操作

本节将详细介绍常用的模块操作，包括调整模块大小、旋转模块、复制模块、删除模块以及对模块进行命名等，这些内容是建立 Simulink 模型时对模块进行的基本操作。因此，应该熟练掌握它们。

1. 调整模块大小

通过调整模块大小，能够直接清晰地看到模型的参数，提高模型可读性。有些模块如增益模块 Gain 等，当参数位数较少时，可以直接显示；当参数位数较多时，则以字母代替，此时可适当地扩大模块的大小，使之显示所设置的参数。下面举例说明调整模块大小的操作步骤。

1）新建一个模型窗口，并命名为 mdl1301. mdl。

2）在 Simulink 模块库里，选择信号源模块组 Sources 中的 Constant 模块，如图 13-1 所示，并将其拖动到模型窗口。双击此模块，并设置 Constant value 文本框中的值为 88. 88，如图 13-2 所示。由于参数 88. 88 位数较多，在图标中不能显示，只显示为"- C-"，如图 13-3 所示。

3）为了能够显示常数，可以扩大模块，单击 Constant 模块，然后将鼠标指针放在位于四个角的某一黑方块上，此时鼠标指针会改变形状，然后拖动鼠标，最后得到的模块形状如图 13-4 所示。

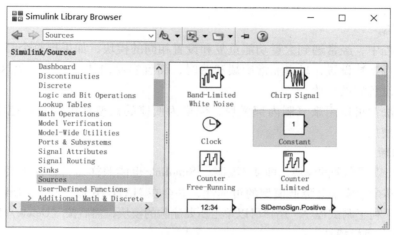

图 13-1　信号源模块组

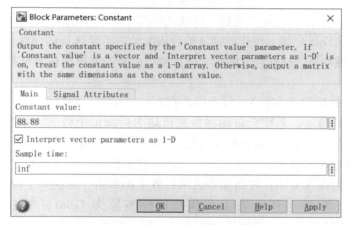

图 13-2　Constant 模块对话框

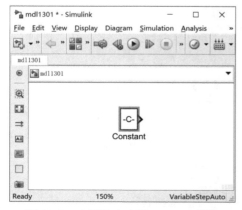

图 13-3　未调整大小的 Constant 模块

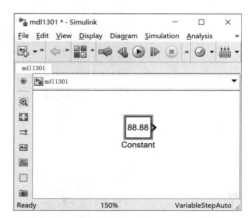

图 13-4　调整大小后的 Constant 模块

2. 模块旋转

下面用模型 mdl1301.mdl 来说明进行模块旋转操作的常用方法。右击该模块弹出快捷菜单，从快捷菜单中选择 Rotate&Flip 命令。Rotate block 是旋转 90°，而 Flip block 则是旋转 180°，用法同上。

3. 模块复制

在建模过程中，经常遇到大量功能重复和设置相同的模块，如果把每个都从模块库中拖过来，然后进行参数设置，显得非常麻烦和费时，而且容易出错。为了避免这种情况发生，可以直接复制设置好的模块。

有几种方法都可以用来复制内部模块，但最为便捷的是按住鼠标右键拖动要复制的模块，推荐读者使用。

4. 模块删除

当模型中出现了多余的模块，即使不删除，Simulink 也能照样运行，并不会因此而影响仿真结果。但是多余的模块会降低模型的可读性，并会在 MATLAB 命令窗口中出现大量的警告信息，这十分不利于调试程序。用户可以单击所要删除的模块，然后按〈Delete〉键实现删除。

5. 选择多个目标模块

在建模过程中，有时候往往需要对多个模块进行同样的操作，如复制、旋转、删除、移动等。在进行这些操作之前，可以通过一次性选择多个目标模块来加快操作的速度。

用户可以使用〈Shift〉键：按住此键，然后依次单击需要选择的模块。也可以使用框选：按住鼠标左键或右键均可，从任何方向画方框，使画出来的方框框住要选择的所有模块。

6. 标签设置

（1）修改模块的标签（名称）　每个模块都有一个标签，创建模块的同时系统会自动命名。如果有多个相同模块，系统会自动在原来模块名后面加上数字，依次为 Gain1、Gain2、Gain3 等。模块标签不可同名，这不同于连线标签。但很多情况下，如果希望修改这个系统特定标签，以提高系统或模块的可读性，可以通过修改模块标签来达到这个目的。

修改模块标签的操作方法：在所要修改的标签上面单击，标签则呈现可编辑状态，输入想要的标签即可。图 13-5 所示右上角模块的标签原为 Gain1，单击它后，在此输入"zengyi"，再在空白区域单击，便完成标签修改，保存模型文件为 mdl1304。

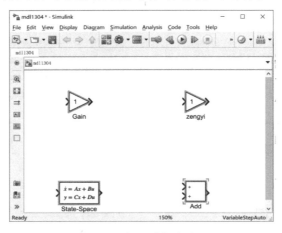

图 13-5　标签编辑完成后

（2）修改标签位置　修改标签位置需要右击所要编辑的模块，然后从弹出的快捷菜单中选择 Rotate&Flip | Flip Block Name 命令。

（3）隐藏标签　隐藏标签则需要右击所要编辑的模块，从弹出的快捷菜单中选择 Format | Show Block Name | Off 命令。

（4）显示标签　显示标签与隐藏标签作用相反，操作方式类似：右击所要编辑的模块，再从弹出的快捷菜单中选择 Format | Show Block Name | On 命令。

7. 增加模块阴影

为提高系统的可读性，或者突出模型中的重点模块等，可以通过为模块增加阴影来凸显模块，能够增强视觉效果，有助于理解系统模型。为模块增加阴影可以右击所要编辑模块，从弹出的快捷菜单中选择 Format | Shadow 命令。增加阴影后显示的结果如图 13-6 所示。

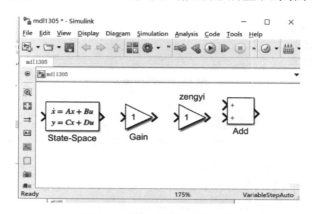

图 13-6　增加模块阴影的效果

13.3　模块连线操作

模型中不仅有模块，还必须用连线将模块联系起来才能够构成一个有机整体。模块和连线是模型的骨架，模块及其参数设置是模型的灵魂。下面介绍连线的几个基本操作。

1. 绘制连线

绘制连线的操作步骤如下：

1）新建模型窗口，保存文件名为 mdl1306。向窗口中添加相应的模块，在此不要求实现一个可运行的模型，只需任意拖动几个模块到模型窗口中（图 13-7）。

2）将鼠标指针移动到模块输出端，鼠标指针呈十字形，然后按住鼠标左键，拖动到所要连接模块的输入端后松开即可。在此依次连接 Sine Wave—Gain—Add—Scope 模块，Constant—Add 模块。

3）绘制两个模块间连线的便捷方法：以绘制从 Gain 输出端到 Add 模块一个输入端之间的连线为例，先用左键单击选中 Gain 模块，再按住〈Ctrl〉键，同时左键单击选中 Add 模块，则 Simulink 会自动绘出该连线。

4）绘制模块 Scope1 输入端的连线，将鼠标指针移动到 Constant—Add 连线的拐角上，按住鼠标右键，并拖动到 Scope1 输入端，如图 13-8 所示。

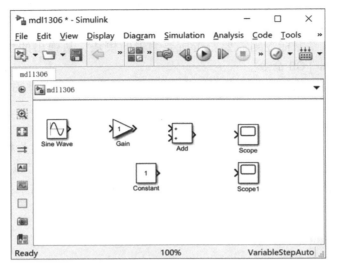

图 13-7　添加模块

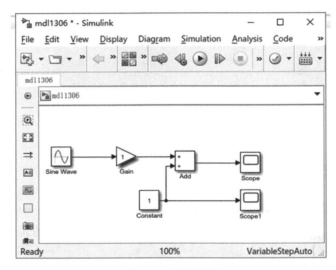

图 13-8　绘制连线

2. 连线移动

在复杂的模型中，由于有许多连线，而且连线之间往往容易交叉，这就降低了模型的可读性，因此有必要拖放连线。连线移动的操作步骤如下：

1）单击需要移动的连线。

2）将鼠标指针移到连线上，连线被选定显示淡蓝色阴影，按住鼠标左键并拖动鼠标到期望的位置后松开即可，如图 13-9 所示。

3. 节点移动

此操作类似于连线移动，只是将鼠标指针放在连线的转角处。此时鼠标指针的形状会变成圆形，再拖放节点到期望的地方后松开即可，如图 13-10 所示。

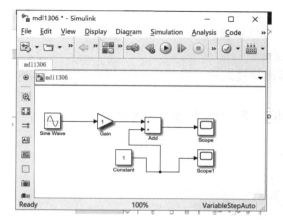

图 13-9　连线移动后

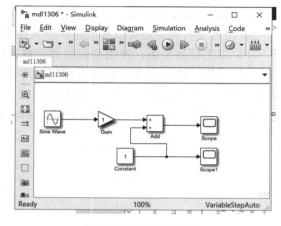

图 13-10　节点移动后

4. 连线删除

删除连线和删除模块一样，有三种方法：

1）单击所要删除的连线，然后按〈Delete〉键。

2）单击所要删除的连线，然后选择 Edit | Delete 命令。

3）右击所要删除的连线，然后在弹出的快捷菜单中选择 Delete 命令。

13.4　模型说明

在一个模型中写入文本形式的模型说明，说明该模型的功能和使用方法，可以让模型更加易懂，这对使用 Simulink 来说是颇有必要的。

1. 模型说明的添加方法

在模型窗口中的任何空白处双击，都会出现一个可编辑文本的文本框。在此框内输入需要添加的文本形式的模型说明内容，输入完文本后在此框外任何空白处单击一下即可完成模型说明的添加，图 13-11 所示就是在模型 mdl1308 中右下角空白处加了一个中文说明"这是模型 1308 号"。

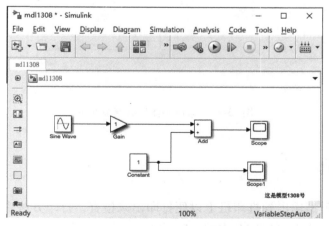

图 13-11　添加模型说明

2. 修改模型说明字体

添加完说明后，还可以修改字体及其大小，操作步骤如下：

1）单击模型说明，使模型说明处于被选状态。

2）在模型说明文本编辑框内用鼠标右击弹出快捷菜单，选择 Format｜Font Style for Se-lection 命令，弹出如图 13-12 所示对话框。

3）在对话框中进行适当设置之后，单击 OK 按钮，结果如图 13-13 所示。

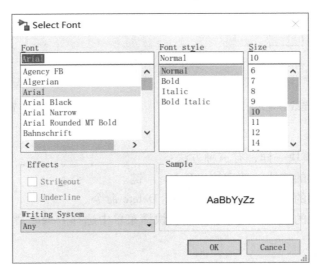

图 13-12　字体设置对话框

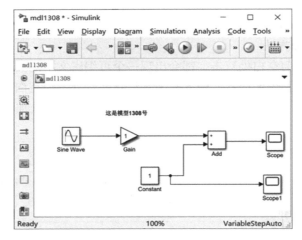

图 13-13　修改字体后的模型说明

13.5　模型打印

有时候需要将模型输出到打印机上以便打印出来检查，打印方法主要有三种：菜单打印、粘贴到文档中和使用 MATLAB 中的 print 命令。

1. 菜单打印

使用菜单打印的操作步骤如下：

1）选择 File｜Print｜Page Setup 命令，弹出如图 13-14 所示对话框，可设置各种打印属性，设置好以后单击"确定"按钮。

2）选择 File｜Print 命令，弹出如图 13-15 所示，然后单击 Print 按钮。

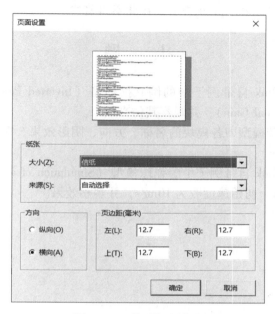

图 13-14　模型打印设置

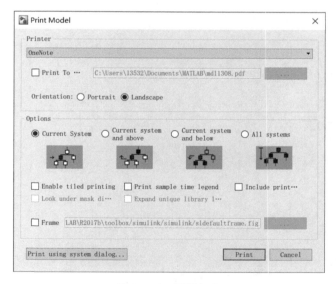

图 13-15　图形打印

2. 嵌入文档中打印

这主要是以图片形式嵌入文档（如 Word）中的打印，常用两种方法：一种是在模型窗

口中选择 Edit | Copy Current View To Clipboar 命令，这样模型就被复制到剪贴板中，然后粘贴到文档中就可以了；另一种是用抓图的方法，使用键盘〈Print Screen SysRq〉键，然后粘贴到图形处理程序中，进行适当的处理，或用其他抓图软件处理也可以，然后打印。

3. 使用 MATLAB 的 print 命令

使用 print 命令可以将图形输出到打印机、剪贴板或其他文档中。MATLAB 中 print 命令的具体语法和其他功能可用 doc print 查看，在此不再赘述。

习　题

13-1　请打开 Simulink 自带例子中的倒立摆模型（Inverted Pendulum with Animation），修改其中增益（Proportional Gain），并观察其仿真效果。

13-2　请修改倒立摆模型中各模块的名称、方向、阴影效果、字体大小，并打印出整个模型。

13-3　请打开 Simulink 自带例子中的弹球模型（Simulation of a Bouncing Ball），尝试修改弹球的起始高度为 5m，初始速度改为 10m/s，并观察效果。

第 14 章

Simulink 模块库

在打开一个新的系统模型文件后，用户便可从 Simulink 模块库中选择合适的系统模块来建立系统模型。因此，用户需先了解 Simulink 的各种系统模块。为了方便用户构建所需的系统仿真模型，Simulink 提供了大量的、以框图形式给出的内置系统模块。用户只有熟悉了模块库，才能够快速地建立模型，或者以最少的模块来建立模型，或者以最快仿真速度为目的来建立模型，快速方便地设计出特定的动态系统。

14.1 模块库简介

在 MATLAB 命令窗口输入 "slLibraryBrowser"，将会打开 Simulink 模块库浏览器窗口，如图 14-1 所示。

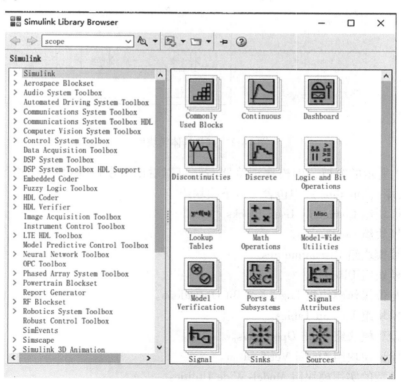

图 14-1 Simulink 模块库浏览器窗口

从图 14-1 可以看出，Simulink 内置模块库包含通用模块库（Simulink）和若干专业模块组：Control System Toolbox、Fuzzy Logic Toolbox、Real Time Workshop、SimMechanics、SimPowerSystem、Virtual Reality Toolbox 和 Stateflow 等（具体内容会因用户安装时所选的组件而异，也与 MATLAB/Simulink 的版本有关）。本章将简单介绍各个模块库，并详细介绍通用模块库中比较重要与常用的模块组。

Simulink 不仅能够与 MATLAB 完美结合，而且可以调用 MATLAB 中的许多工具箱。如果在 MATLAB 命令窗口中输入命令 **ver**，就会在 MATLAB 命令窗口输出 MATLAB/Simulink 所包含的所有工具箱。从中可以看出这些工具箱涵盖了诸多科技领域。

为了方便介绍浏览器中 Simulink 模块库的各个模块组，用户可以用下面这种方法去访问这些模块组，以便更好地显示模块组的全貌。现在以显示连续模块组的内容为例来介绍操作方法。

右击相应的模块组名，从弹出的菜单中选择 Open Continuous library 命令，如图 14-2 所示，这样就会弹出相应的模块组界面（弹出的连续模块组全貌如图 14-4 所示）。

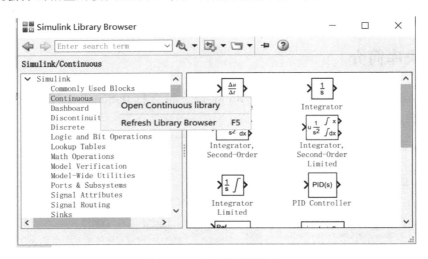

图 14-2　打开具体模块库

从图 14-1 所示的窗口，即模块浏览器左侧可以看出，模块库可以由多个模块组构成。整个通用模块库（Simulink）中包含了以下模块组：

1）常用模块组 Commonly Used Blocks。

2）连续模块组 Continuous。

3）非连续模块组 Discontinuities。

4）离散模块组 Discrete。

5）逻辑与位操作模块组 Logic and Bit Operations。

6）查表模块组 Lookup Tables。

7）数学运算模块组 Math Operations。

8）模型验证模块组 Model Verification。

9）针对模型的实用模块组 Model- Wide Utilities。

10）端口与子系统模块组 Ports & Subsystems。

11）信号特性模块组 Signal Attributes。

12）信号路由模块组 Signal Routing。

13）信号接收模块组 Sinks。

14）信号源模块组 Sources。

15）用户自定义函数模块组 User-Defined Functions。

16）附加的数学运算与离散模块组 Additional Math & Discrete。

此外，用户还可以自定义模块组。

14.2 常用模块组

常用模块组是从 Simulink6.0 起新增加的模块组，但是里面并没有增加新的模块，模块均为其他模块组中的模块。用户也可以将自己常用的模块复制到这个组中。增加该模块组的目的主要是为了方便用户能够在其中调用常用的模块，而不必到模块所属的模块组一个一个地寻找，有利于提高建模速度。按照 14.1 节中的显示方法，显示其内容如图 14-3 所示。本模块组中模块的具体使用方法将在其他模块组中进行介绍。

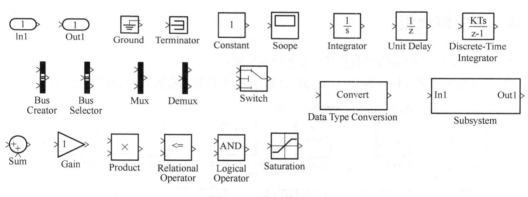

Commonly Used Blocks

图 14-3　常用模块组

14.3 连续模块组

连续模块组包括常用的连续模块，如图 14-4 所示，包含了连续模型中所涉及的模块。

1）积分模块（Integrator）：积分模块将输入信号经过数值积分，在输出端输出相应的结果。建立动力学方程时需用到此模块。

2）微分模块（Derivative）：微分模块将输入信号经过数值微分，在输出端输出相应的结果。应尽量避免使用此模块，因为它容易引起较大误差。

3）状态空间模块（State-Space）：线性连续系统的状态空间模型。

4）传递函数模块（Transfer Fcn）：线性连续系统的传递函数模型。

5）零极点模块（Zero-Pole）：线性连续系统的零极点增益模型。

Continuous-Time Linear Systems

$\frac{1}{s}$	du/dt	x' = Ax+Bu y = Cx+Du	$\frac{1}{s+1}$	$\frac{(s-1)}{s(s+1)}$
Integrator	Derivative	State-Space	Transfer Fcn	Zero-Pole

Continuous-Time Delays

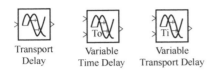

Transport Delay	Variable Time Delay	Variable Transport Delay

图 14-4　连续模块组

6）时间延迟模块（Transport Delay）：时间延迟模块将输入信号进行延迟，延迟时间由模块内部参数进行设置。

7）可变时间延迟模块（Variable Transport Delay）：可变时间延迟模块将输入信号进行延迟，延迟时间通过第二个端口进行设置。

14.4　离散模块组

离散模块组包括常用的离散模块，如图 14-5 所示。

1）单位延迟模块（Unit Delay）：对输入信号进行单位延迟变换，模块输出为单位延迟信号。

Discrete-Time Linear Systems

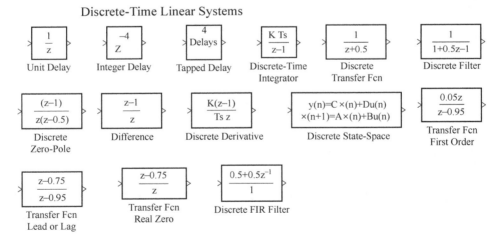

$\frac{1}{z}$	$\begin{array}{c}-4\\Z\end{array}$	$\begin{array}{c}4\\Delays\end{array}$	$\frac{K\,Ts}{z-1}$	$\frac{1}{z+0.5}$	$\frac{1}{1+0.5z-1}$
Unit Delay	Integer Delay	Tapped Delay	Discrete-Time Integrator	Discrete Transfer Fcn	Discrete Filter

$\frac{(z-1)}{z(z-0.5)}$	$\frac{z-1}{z}$	$\frac{K(z-1)}{Ts\,z}$	y(n)=C ×(n)+Du(n) ×(n+1)=A ×(n)+Bu(n)	$\frac{0.05z}{z-0.95}$
Discrete Zero-Pole	Difference	Discrete Derivative	Discrete State-Space	Transfer Fcn First Order

$\frac{z-0.75}{z-0.95}$	$\frac{z-0.75}{z}$	$\frac{0.5+0.5z^{-1}}{1}$
Transfer Fcn Lead or Lag	Transfer Fcn Real Zero	Discrete FIR Filter

Sample & Hold Delays

Memory	First-Order Hold	Zero-Order Hold

图 14-5　离散模块组

2）积分延迟模块（Integer Delay）：对输入信号进行 N 步信号延迟，输入信号可以是标量，也可以是向量。

3）多步抽头积分延迟模块（Tapped Delay）：对输入信号进行延迟，可以是多步或单步的，输入信号是标量。它与积分延迟的区别在于，如果同样延迟 4 步，多步抽头积分延迟则会出现 4 条延迟曲线，分别是延迟 1 步、2 步、3 步及 4 步，而积分延迟只有一条曲线，只延迟 4 步。

4）离散时间积分模块（Discrete- Time Integrator）：执行离散信号积分，或输出信号累计，可取代积分模块产生纯离散时间系统。

5）离散传递函数（Discrete Transfer Fcn）、离散滤波器（Discrete Filter）、离散零极点模块（Discrete Zero-Pole）、线性离散时间系统的状态方程（Discrete State-Space）：这四种离散模块描述都是线性离散时间系统的模型。

6）差分模块（Difference）：计算一步内信号的变化，就是用输入值减去上一时刻的输入值。

7）记忆模块（Memory）：输出前一时刻的输入值。

8）零阶保持器（Zero- Order Hold）：在一个采样周期内使输出值保持相同。

9）一阶保持器（First- Order Hold）：在一个采样周期内，按照一阶插值的方法进行插值，然后输出。

其他模块使用较少，一般都是前面介绍的模块的特殊形式，其作用可以使用帮助系统查询。

14.5 非连续模块组

非连续模块组包括的模块如图 14-6 所示。

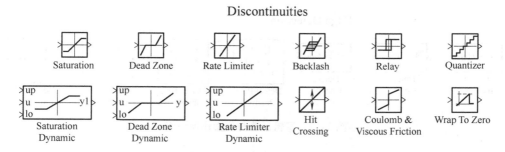

图 14-6 非连续模块组

1）饱和模块（Saturation）：可以设置模块输出信号的上下限。当信号超过上限时，用上限代替；当信号小于下限时，用下限代替。

2）死区模块（Dead Zone）：可以设置死区开始和结束的时间，在此时间段内其输出信号为零。

3）斜率限制模块（Rate Limiter）：限制输出信号变化的速率，变化的速率不能超过上限，也不能小于下限。

4）动态饱和模块（Saturation Dynamic）：类似于饱和模块，只是上下限可以由其他外部输入信号确定。

5）动态死区模块（Dead Zone Dynamic）：类似于死区模块，只是上下限可以由外部信号确定。

6）动态斜率限制模块（Rate Limiter Dynamic）：类似于斜率限制模块，只是上下限可以由外部信号确定。

其余 6 个模块分别是间隙特性（Backlash）、继电器特性（Relay）、量化器（Quantizer）、交叉特性（Hit Crossing）、库仑黏滞特性（Coulomb &Viscous Friction）和限制到零特性（Wrap To Zero），其作用可以使用帮助系统查询。

14.6 逻辑运算与位操作模块组

该模块组包括的模块如图 14-7 所示。

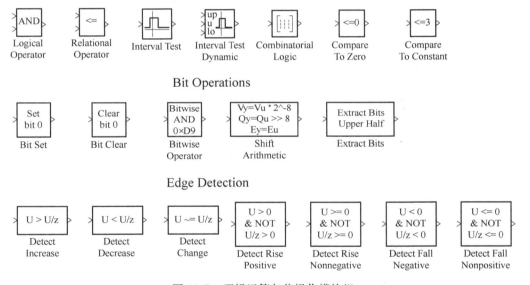

图 14-7 逻辑运算与位操作模块组

1）逻辑运算模块（Logical Operator）：进行各种逻辑运算，其功能见表 14-1。

表 14-1 逻辑运算及其功能

逻 辑 运 算	功　　能
AND	输入全部为真时输出为真
OR	输入有真时输出为真
NAND	输入有假时输出为真
NOR	输入全部为假时输出为真
XOR	输入中有奇数个输入为真时输出为真
NOT	输入为假时输出为真

2）关系运算模块（Relational Operator）：判断两个输入端的大小关系，见表 14-2。

表 14-2　关系运算符及其功能

关系运算符	功　能
==	第一个输入等于第二个输入时输出为真
~=	第一个输入不等于第二个输入时输出为真
<	第一个输入小于第二个输入时输出为真
<=	第一个输入小于或等于第二个输入时输出为真
>=	第一个输入大于或等于第二个输入时输出为真
>	第一个输入大于第二个输入时输出为真

3）区间测试模块（Interval Test）和动态区间测试模块（Interval Test Dynamic）：都是判断输入是否属于某个区间。如果是，则输出为真。不同的是，前者的上下界是固定的，后者则是动态输入的。

4）组合逻辑模块（Combinatorial Logic）、比较零模块（Compare to Zero）、比较常数模块（Compare to Constant）：都是前面几种情况的组合和特殊情况。

5）二进制置 1 模块（Bit Set）：将指定的二进制数设置为 1。

6）二进制清零模块（Bit Clear）：将指定的二进制数设置为 0。

7）二进制逻辑运算（Bitwise Operator）：将输入的二进制与给定的二进制数的对应位置进行逻辑运算，或设定输入端口数量，使得多个端口输入二进制数，与给定的二进制数对应位置进行逻辑运算。

8）移位运算（Shift Arithmetic）：将给定的二进制数进行移位，即向左移位或向右移位，或者是将二进制数中的小数点进行移位运算。

9）检测减小模块（Detect Decrease）、检测增加模块（Detect Increase）、检测变化模块（Detect Change）：将输入二进制数与前一个输入进行比较。三者分别对应为：当减小时输出为真，当增加时输出为真，当变化时输出为真。

10）Detect Rise Positive、Detect Rise Nonnegative、Detect Fall Negative、Detect Fall Non-positive，这些模块都可以从模块的图标上面看出具体的功能，此处不再赘述。

14.7　查表模块组

查表模块组包括的模块如图 14-8 所示。

1）一维查表模块（Lookup Table）：给出一组坐标参考值，则输入量经过查表和线性插值计算出输出值返回。

2）二维查表模块（Lookup Table(2-D)）：给出一组二维平面网格上的高度值，则输入的两个量经过查表和线性插值，计算输出值返回。n 维查表模块（LookupTable(n-D)）功能类似，只是维数更高。

3）动态查表模块（Lookup Table Dynamic）：功能类似于上面介绍的模块，只是查表的参考数据是动态输入的。

4）直接查表模块（Direct Lookup Table(n-D)）：该模块是通过输入元素所在的位置，也就是索引，来输出相应的结果，结果可以是标量，也可以是向量。

Lookup Tables

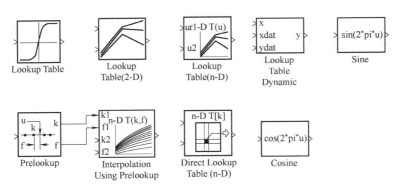

图 14-8　查表模块组

14.8　数学运算模块组

数学运算模块组实现各种各样的数学运算，它包括的模块如图 14-9 所示。

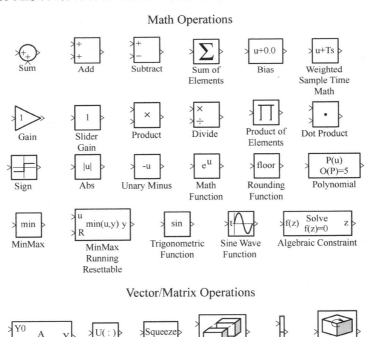

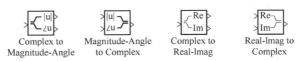

图 14-9　数学运算模块组

1）求和模块（Sum）、相加模块（Add）、相减模块（Subtract）、元素求和模块（Sum of Elements）：这 4 个模块功能类似，均可通过设置达到相同效果，可以改变输入端口数量，对输入进行相加或相减。模块外形形状均可在圆形和方形间相互转换。后三者为前者的执行形式，功能上相似有重复。

2）偏置模块（Bias）：在输入数据的基础上加上一个偏置常数，然后输出。此功能可通过求和模块和常数模块组合实现。

3）增益模块（Gain）与滑块增益模块（Slider Gain）：在输入信号基础上乘以一个设定的数据，然后输出。不同的是，后者是通过设置滑块，然后可移动滑块来设定增益，参数对话框如图 14-10 所示。

4）乘法模块（Product）和除法模块（Divide）：对输入进行乘法或除法运算。

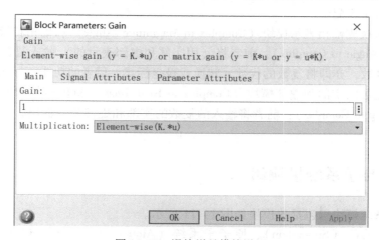

图 14-10　滑块增益模块设置

5）点乘模块（Dot Product）：求两个输入数据（向量）的内积，即进行点乘运算。

6）符号模块（Sign）、绝对值模块（Abs）和取反模块（Unary Minus）：分别求取输入信号的符号、绝对值和进行取反运算。

7）数学函数模块（Math Function）：对输入信号进行各种设定的输入运算，这些设定的数学运算包括 exp、log、10^u、log10、magnitude^2、square、sqrt、pow、conj、reciprocal、hypot、rem、mod、transpose、hermitian 模块等。

8）舍入取整模块（Rounding Function）：对输入数据进行舍入操作，包括 floor、ceil、round 和 fix。

9）多项式运算模块（Polynomial）：对输入数据进行多项式运算，其中参数为多项式按照降幂排列的系数。

10）求最值模块（MinMax）：对输入信号取最大值和最小值。

11）三角函数模块（Trigonometric Function）：进行各种三角函数运算。

12）正弦波函数模块（Sine Wave Function）：对输入信号或仿真时间进行正弦函数运算。可以设置幅值、初相角和频率。

13）代数约束模块（Algebraic Constraint）：对系统进行代数约束，可避免代数环的影响。

14）矩阵串联模块（Matrix Concatenate）：对输入数据进行串联，有两种方式，即水平串联和竖直串联。这两种运算方式见表14-3。注意表中的 n 是在模块参数对话框中设置的。

表 14-3　矩阵串联方式

矩阵串联方式	等价的 MATLAB 命令
水平方式（Horizontal）	$y = [\, u1\ u2\ u3 \dots un\,]$
竖直方式（Vertical）	$y = [\, u1\, ; u2\, ; u3\, ; \dots ; un\,]$

15）修改矩阵维数模块（Reshape）：修改输入矩阵的维数，输出分别为一维数组、列向量、行向量和矩阵。对于输出为矩阵的情况，矩阵的维数由用户指定，但矩阵的元素个数必须与输入数据相匹配。

16）复数转换成幅相表示模块（Complex to Magnitude-Angle）和幅相转换成复数表示模块（Magnitude-Angle to Complex）：前者将（用实部和虚部表示的）输入复数转换成用幅值和相角表示的复数，亦即将复数的代数式转换成极坐标式，后者的功能正好相反。

17）输出复数的实部和虚部模块（Complex to Real-Imag）和将实部和虚部转换成复数模块（Real-Imag to Complex）：前者将输入的复数的实部和虚部分开输出，后者将输入的数据组合成复数。

14.9　端口与子系统模块组

端口与子系统模块组包括的模块如图14-11所示。

1）通用子系统（Subsystem）、原子子系统（Atomic Subsystem）和代码重用子系统（Code Reuse Subsystem）：这三种空白子系统模块都可以由用户来搭建子系统，给出输入和输出端，允许用户在其间绘制所需的子系统模型。

2）触发子系统（Triggered Subsystem）、使能子系统（Enabled Subsystem）、触发和使能子系统（Enabled and Triggered Subsystem）：分别在触发信号发生时、使能信号发生时，以及使能和触发信号同时发生时，子系统可以工作，这些触发和使能信号都可以自定义。

3）函数调用子系统（Function-Call Subsystem）：它可以被别的模块像调用函数一样来调用。它使用 S 函数（参见第15章）的逻辑状态作为控制信号来控制其输出。其函数触发端口必须使用本模块组中的 Function Call Generator 模块作为输入。

4）For 循环子系统（For Iterator Subsystem）：其功能与 MATLAB 中的 for-end 语句类似。该子系统可以在一个仿真时间步长中循环执行子系统，用户可以指定在一个仿真时间步长内循环执行的次数。

5）While 循环子系统（While Iterator Subsystem）：与 For 循环子系统类似，它同样可以在一个仿真时间步长中循环执行子系统，但其执行必须满足一定的条件，当条件变得不满足时便停止执行，这种功能与 while-end 循环语句功能类似。

6）条件控制执行子系统（If Action Subsystem）：它的功能与 if-else-end 语句功能类似，其是否执行依赖于逻辑表达式的值。正如图14-11所示中该模块与 If 模块的连线所示，它必须同时使用本模块组中的 If 模块作为输入。

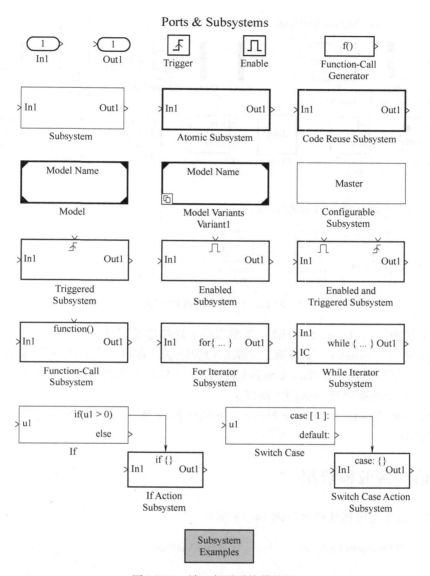

图 14-11　端口与子系统模块组

7）选择控制执行子系统（Switch Case Action Subsystem）：其功能与 switch case-end 语句功能类似。如图 14-11 所示中该模块与 Switch Case 模块的连线所示，它的执行必须同时使用本模块组的 Switch Case 模块。

14.10　信号通道模块组

信号通道模块组包括的模块如图 14-12 所示。

1）混路器（Mux）和分路器（Demux）：前者将多路信号依照向量的形式混合成一路信号。后者将前者混合成的一路信号依照原来的顺序分解成多路信号。

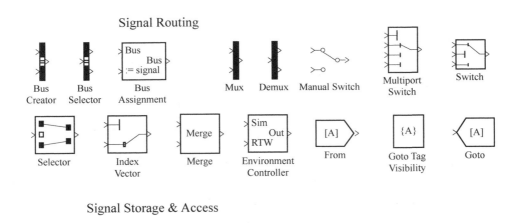

图 14-12　信号通道模块组

2）手工转换器（Manual Switch）：按要求手工转换连接通路。

3）切换模块（Switch）：通过第二个端口设置限制，在第一个和第三个端口间转换。

4）多端口切换模块（Multiport Switch）：第一个端口是控制端口，其余的是数据端口。通过第一个端口来选择要输出的输入端口。

5）Data Store Read、Data Store Memory 和 Data Store Write：是对数据进行读取、存储和写入到内存的模块。

14.11　信号接收模块组

信号接收模块组包括的模块如图 14-13 所示。

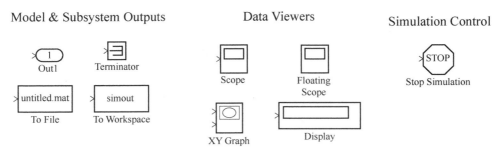

图 14-13　信号接收模块组

1）输出到工作区模块（Out1）：用来反映整个系统的输出端，这样的设置在模型线性化与命令行仿真时是必需的，在系统直接仿真时这样的输出将自动在 MATLAB 工作区中生成变量。

2）终结模块（Terminator）：用来终结输出信号，在仿真的时候可以避免由于某些模块的输出端无连接而导致的警告。

3）输出数据到文件模块（To File）：将模块输入的数据输出到 . mat 文件当中。

4）输出数据到工作区模块（To Workspace）：将模块输入的数据输出到工作区当中。

5）示波器模块（Scope）：将输入信号输入到示波器中显示出来。

6）X-Y 绘图仪模块（XY Graph）：将两路信号分别作为绘图仪的 X 与 Y 两个坐标轴的数据，绘制出 X-Y 关系曲线并显示出来。

7）数显式仪表模块（Display）：将输入信号以数字显示式仪表的形式显示出来。

8）终止仿真模块（Stop Simulation）：如果输入为非零，则强制终止仿真。

14.12 信号源模块组

信号源模块组包括的模块如图 14-14 所示。

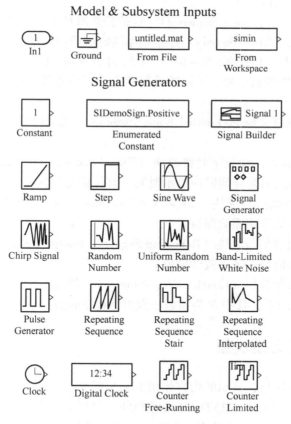

图 14-14 信号源模块组

1）输入端口模块（In1）：用来反映整个系统的输入端，在模型线性化与命令行仿真时，这个设置非常有用，可作为信号输入。

2）接地模块（Ground）：一般用于表示零输入模块，如果一个模块的输入端没有接任何其他模块，仿真时往往会出现警告，此时可以将该模块接入，功能类似于终结模块（Terminator）。

3）从文件中输入数据模块（From File）与从工作区输入数据模块（From Workshop）：这两个模块都是从外部输入数据，前者从 .mat 文件中输入数据，后者从 MATLAB 工作区中输入数据。

4）常数模块（Constant）：产生由用户设定的常数。

5）信号发生器模块（Signal Generator）：可产生正弦波、方波、锯齿波等信号，并可设置信号的幅值和频率等参数。

6）脉冲发生器模块（Pulse Generator）：产生矩形波脉冲信号，可以设置幅值、周期、宽度等参数。

7）信号构造模块（Signal Builder）：在模块窗口双击此模块，在弹出对话框中绘制信号。

8）斜坡信号模块（Ramp）、正弦波信号模块（Sine Wave）、阶跃信号模块（Step）：分别产生斜坡、正弦和阶跃信号。

9）重复信号模块（Repeating Sequence）：构造任意形状的周期信号。

10）调频信号模块（Chirp Signal）：产生频率随时间线性增加的正弦信号。

11）随机信号模块（Random Number）和均匀分布随机信号模块（Uniform Random Number）：二者都是产生随机信号，不同的是前者为正态分布随机信号，而后者为均匀分布随机信号。

12）带宽限制白噪声（Band-Limited White Noise）：一般用于连续或混合系统的白噪声信号输入。

13）时钟模块（Clock）和数字时钟模块（Digital Clock）：前者用于显示和提供仿真时间信号，后者则是在指定的采样间隔内显示时间，其他情况均保持时间不变。

14）重复梯级式离散信号模块（Repeating Sequence Stair）：构造可重复的输入离散信号，两次采样间的信号值采用零阶保持。

15）重复内插式离散信号模块（Repeating Sequence Interpolated）：构造可重复的输入离散信号，两次采样间的信号值采用线性插值。

16）自由振荡计数器模块（Counter Free-Running）：信号不断累加，当累加的信号大于 $2^N - 1$ 时，信号会自动回零，其中 N 为参数设置对话框 Number of Bits 所设置。

14.13 用户自定义模块组

打开用户自定义模块组，显示的内容如图 14-15 所示。

1）函数组合模块（Fcn）、MATLAB 函数模块（MATLAB Fcn）、S 函数模块（S-Function）和 M 文件 S 函数（Level-2 M-file S-Function）：将各种 MATLAB 函数进行组合，参数为模块输入、直接调用 MATLAB 函数、调用 S 函数和调用 M 文件形式的 S 函数。

2）嵌入式 MATLAB 函数模块（Embedded MATLAB Function）：调用自己编写的 M 文件，与 M 文件 S 函数模块不同的是，在模型窗口双击此模块会弹出 M 文件编辑框，然后就可以自行编写能够完成期望功能的代码。

3）S 函数构造模块（S-Function Builder）：按照用户所提供的 C 代码创建一个 S 函数。

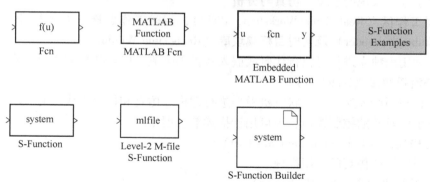

图 14-15　用户自定义模块组

14.14　专业模块库简介

除了上述的通用模块库外，Simulink 中还集成了许多面向不同专业的专业模块库与工具箱，相关领域的科技人员可以利用这些专业的系统模块，便捷地构建自己的系统模型，并在此基础上进行系统的仿真、分析与设计任务。本节仅简述几种常用的专业模块库的主要功能。

1. 航空航天模块库（Aerospace Blockset）

提供航空航天设计师常用的执行机构模块、空气动力学模型、动画模块、环境仿真模块、三自由度和六自由度运动方程模块、风场和大气重力等环境模块、各种控制器模块、涡扇发动机模块、坐标和单位转换模块等。

2. 控制系统工具箱（Control System Toolbox）

该工具箱为用户提供了许多控制领域的专用函数，通过使用这些专用函数，用户可以方便地实现控制系统的分析和设计，还可以方便地进行模型间的转换。该工具箱在控制领域的主要应用是：

1）连续系统和离散时间系统的设计。

2）传递函数、状态空间、零极点增益等形式的线性系统模型的建立。

3）各种线性系统模型间的相互转换。

4）求系统的时域响应和频域响应。

5）利用根轨迹和极点配置方法进行系统分析与设计。

3. 数字信号处理模块库（DSP Blockset）

面向数字信号处理系统的设计和分析，主要提供 DSP 输入/输出模块、信号预测与估计模块、滤波器模块、DSP 数学函数模块组、量化器模块、信号管理模块、信号操作模块、统计模块和信号变换模块等。

4. Simulink 附加模块库（Simulink Extras）

作为通用模块库的补充，提供附加的离散模块组、线性连续系统模块组、输出模块组、触发器模块组、线性化模块组和转换模块组。

5. 电气系统模块库（SimPowerSystems）

专门用于电气系统的建模、仿真与分析。

6. 实时工作区（Real-Time Workshop，RTW）、**实时工作区嵌入式编码器**（Real-Time Workshop Embedded coder）**及实时目标模块库**（Real-Time Windows Target）

提供各种用来独立进行可执行代码或嵌入式代码生成，以实现高效实时仿真的模块。

7. 状态流模块库（Stateflow）

对使用状态图所表达的有限状态机模型进行建模、仿真和代码生成，有限状态机用来描述基于离散事件驱动的控制逻辑，也可用于描述响应型系统。

8. 通信模块库（Communication Blockset）

专用于通信系统仿真的一组模块。

9. 机构系统模块库（SimMechanics）

专门用于机构系统的建模、仿真与分析。

10. 神经网络模块库（Neural Network Blockset）

用于神经网络的分析、设计和实现的一组模块。

11. 模糊控制工具箱（Fuzzy Logic Toolbox）

用于模糊控制系统的分析、设计和实现的一组模块。

12. 虚拟现实工具箱（Virtual Reality Toolbox）

提供进行虚拟现实仿真分析的各种工具，包括输入、输出、信号扩展器等。

13. xPC 模块库

提供一组用于 xPC 仿真的模型。xPC 是利用个人计算机（PC），使用服务器/客户机的模式进行实时仿真的一种经济仿真方案。它和 RTW 相结合，可以在 PC 上进行单任务的实时仿真。

习　题

14-1　请利用 Simulink 搭建一个标准的 PID 控制器，并观察其不同参数条件下单位阶跃响应曲线。

14-2　请利用用户自定义模块组定义一个 PID 控制器，并观察其不同参数条件下的单位斜坡响应曲线。

14-3　请同时搭建一个 PID 控制器、一个 PI 控制器，并通过一个 Scope 窗口实现对两路控制器单位阶跃响应的轮流观察。

第 15 章

Simulink 模型的仿真运行

创建好一个 Simulink 模型后，就可以通过运行它来进行仿真。运行 Simulink 模型的仿真模式主要有两种：Simulink 模型窗口运行模式和 MATLAB 命令窗口仿真模式。这两种方式的区别类似于 Windows 操作系统和 DOS 操作系统的区别，前者直接在 Simulink 窗口通过鼠标进行操作，后者在 MATLAB 命令窗口通过命令的形式对模型进行仿真。前者比后者直观，后者比前者容易进行批处理。本章只介绍在 Simulink 窗口运行仿真模式，其主要内容包括：在 Simulink 模型窗口运行仿真的基本操作，仿真参数设置，仿真性能与计算精度的设置等。为了更好地理解这些内容，首先简单介绍用 Simulink 模型仿真的基本步骤。

15.1 用 Simulink 模型仿真的基本步骤

建立一个 Simulink 模型并用它进行系统仿真，应该遵循一定的顺序，这样才不会遗漏某些步骤。下面给出一个创建 Simulink 模型并进行仿真的基本过程，当然这个过程并非唯一的，可根据个人的习惯而调整。其基本操作分可分为以下 9 个步骤：

1）根据具体的仿真问题，建立系统的数学仿真模型。

2）打开一个空白模型编辑窗口，如图 15-1 所示（其初始的文件名为 untitled，用户可修改）。

3）拖放或复制所需模块到空白模型中。

4）设置各个模块参数。

5）用连线连接各个模块。

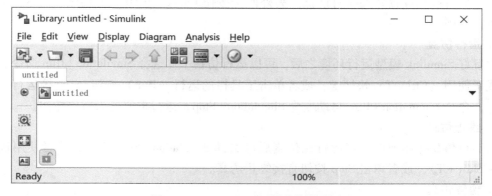

图 15-1　Simulink 工具栏功能说明图

6）设置仿真模型的系统参数。

7）运行仿真。

8）查看仿真结果。

9）保存文件后退出。

15.2 模型窗口的基本操作和参数设置

15.2.1 模型窗口仿真的基本操作

直接使用 Simulink 窗口方式进行仿真，交互性好，操作简单明了，不需了解这些操作所执行的具体命令及其语法。例如，最常用的简单的微分方程求解 ODE45 命令格式如下：

```
[T,Y]=ODE45(ODEFUN,TSPAN,Y0,OPTIONS,P1,P2...)
```

可以看出，要想记住命令中的参数是非常困难的，不利于初学者使用，而且在仿真过程中也不能修改参数。然而，采用 MATLAB 命令模式也并非一无是处，事实上，命令窗口仿真也有它的优点，即可以同时处理一批系统模型的仿真。

前面曾经提到过，Simulink 允许在仿真过程中修改其模型参数，但以下这些情况例外：

1）采样周期、模型的过零个数、模块中的参数维数、模型的状态、模型的输入/输出个数、内部模块工作向量的维数等不能在仿真运行过程中修改。

2）不能在模型的仿真运行过程中增加或删除模块、增加或删除信号线。如果必须进行这类修改，必须停止模型仿真，修改完成后再进行仿真。

利用 Simulink 窗口进行仿真，主要有以下几个操作：设置仿真参数、运行仿真、终止仿真或暂停仿真、仿真诊断。下面详细介绍这几个主要操作。

1. 设置仿真参数

在 Simulink 模型窗口中选择 Simulation｜Model Configuration Parameters 命令，弹出如图 15-2 所示的仿真参数设置对话框。图中左侧列表框中的目录树包括 Solver、Data Import/Export、Optimization、Diagnostics 等几项。右侧是目录树中选中项所包含的参数设置选项。

仿真参数设置好之后，单击 Apply 按钮或者单击 OK 按钮。前者应用设置，但是不关闭对话框，后者应用设置并关闭对话框。另外两个按钮 Cancel 与 Help 的用法与其在 Windows 中的用法相同。

2. 运行仿真

设置好 Simulink 模型运行环境之后，可以运行仿真了。选择 Simulation｜Run 命令运行仿真，或者使用〈Ctrl + T〉快捷键，或者单击工具栏的运行（Run）按钮 ⏵ 直接运行。模型运行时，命令 Simulation｜Run 自动变为 Simulation｜Stop，运行按钮变为暂停按钮。

3. 终止仿真

与运行仿真操作类似，当运行完仿真后可选择 Simulation｜Stop 命令，或者使用快捷键〈Ctrl + Shift + T〉，或者单击 Stop 按钮直接终止仿真。

4. 暂停仿真

与终止仿真操作类似，当运行仿真后可选择 Simulation｜Stop 命令，或者单击暂停按钮

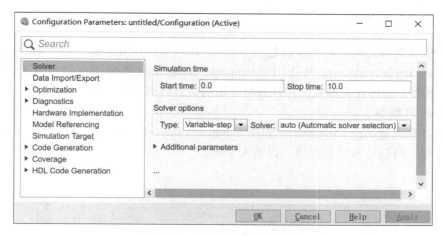

图 15-2　仿真参数设置对话框

直接暂停仿真。

5. 仿真诊断

在仿真过程中，如果模型中存在错误，运行会被终止，并弹出仿真诊断对话框，在对话框中显示错误信息，如图 15-3 所示。错误信息及其所表示的含义见表 15-1。

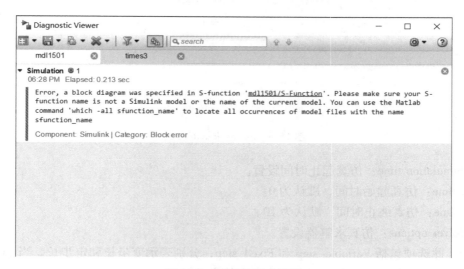

图 15-3　仿真诊断对话框

表 15-1　错误信息介绍

错 误 信 息	信 息 含 义
Message	信息类型，如错误模块、警告、日志
Source	信息来源，如 Simulink、Stateflow、Real-TimeWorkshop
Reported by	导致出错的元素名，如模块
Summary	出错信息摘要

15.2.2 仿真参数设置

仿真参数设置对话框中各类参数包括 Solver、Data Import/Export、Optimization、Diagnostics、Hardware Implementation、Model Referencing、Real-Time Workshop 和 HDL Coder Generation 八类。下面介绍前五类参数，并且只对常用的做较详细介绍，其余从略。

1. Solver 求解器

求解器参数设置如图 15-4 所示，包括 Simulation time 和 Solver options 两个选项组，用于设置仿真的起止时间、求解器类型、误差大小等。

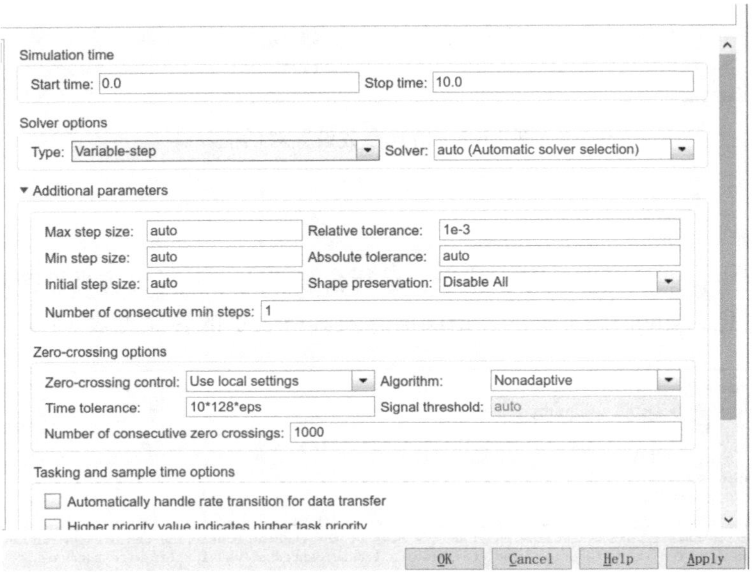

图 15-4　Solver 求解器参数

1）Simulation time：仿真起止时间设置。

Start time：仿真起始时间，默认为 0。

Stop time：仿真终止时间，默认为 10。

2）Solver options：仿真求解器设置。

Type：此选项包括 Variable-step 和 Fixed-step，分别表示变步长和定步长。当 Type 选项为 Variable-step（变步长）时，对话框中参数的意义如下：

Solver：表示求解方法，包括 ode45、ode23、ode113、ode15s、ode23s、ode23t 和 ode23tb，其中前三个为非刚性求解方法，其余为刚性求解方法。

Max step size：求解时的最大步长。

Min step size：求解时的最小步长。

Relative tolerance：求解时的相对误差。

Absolute tolerance：求解时的绝对误差。

Initial step size：求解时的初始步长。

Zero-crossing control：在变步长仿真中打开或者关闭过零检测功能。

当 Type 选项为 Fixed-step（定步长）时，对话框如图 15-5 所示，其中参数的意义如下：

Solver：此时求解方法包括 ode1、ode2、ode3、ode4、ode5 和 ode14x。

Periodic sample time constraint：允许指定模型采样周期限制，在模型仿真过程中，Simulink 会确保满足此要求，如果不满足要求，会出现错误信息。

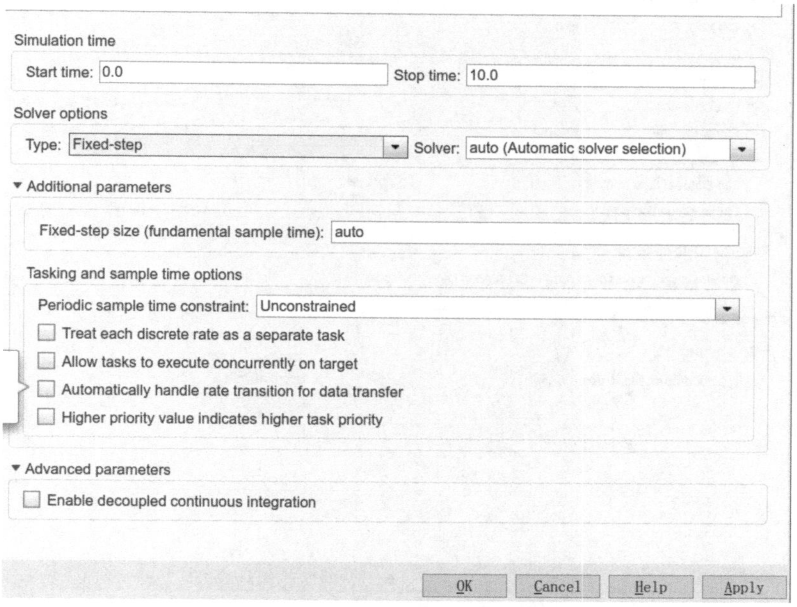

图 15-5　固定步长时的参数

2. Data Export/Import 数据输出/输入

单击仿真参数设置对话框左侧目录中的 Data Export/Import 选项后，右侧如图 15-6 所示。

1）Load from workspace 选项组：包含若干控制选项，可以设置如何从 MATLAB 工作区调入数据。

Input：格式为 MATLAB 表达式，确定从 MATLAB 工作区输入的数据。

Initial state：格式为 MATLAB 表达式，确定模型的初始状态。

2）Save to workspace or file 选项组：可以设置如何将数据保存到 MATLAB 工作区或文件中。

Time：设置将模型仿真中的时间导出时所使用的变量名。

States：设置将模型仿真中的状态导出时所使用的变量名。

Output：设置将模型仿真中的输出导出时所使用的变量名。

Final states：设置将模型仿真结束时的状态导出时所使用的变量名。

3）Save options 选项组：允许设置保存到工作区或者从工作区加载数据的各种选项。

Limit data points to last 选项组：限制导出到工作区的数据个数。如填写 N，则在仿真结束时，MATLAB 工作区只包含最后 N 个数据。

Decimation：如果指定为 M，Simulink 则会每隔 M 个数据（仿真所取得的输出数据）才向工作区输出一个；当 M = 1 时，仿真所得所有数据都会输出到工作区中。

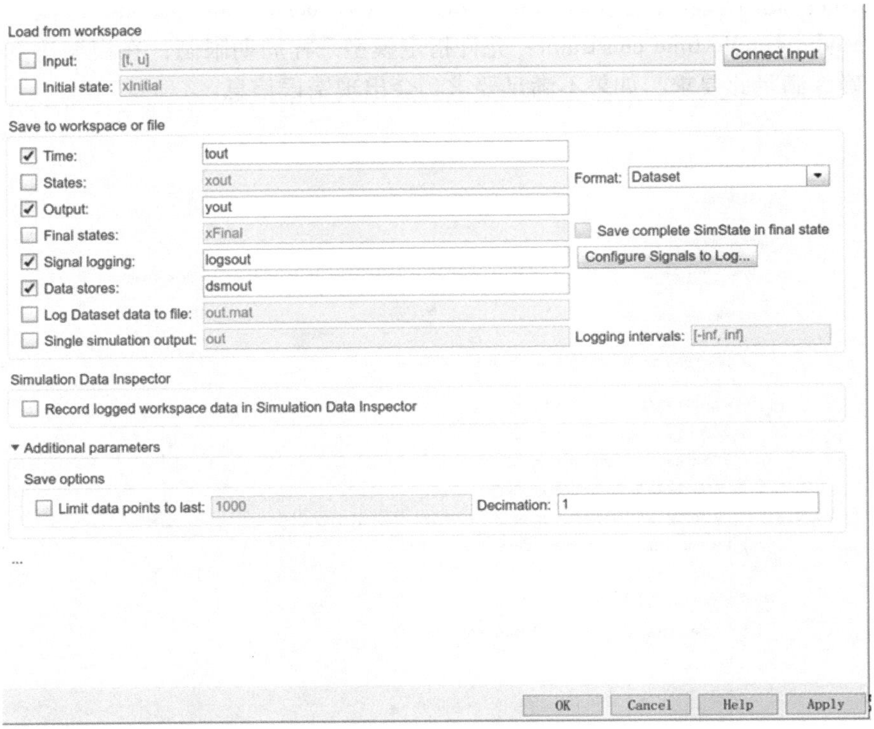

图 15-6　数据输出/输入参数

3. Optimization 优化选项

单击仿真参数设置对话框左侧目录中的 Optimization 项后，右侧如图 15-7 所示。在图中各个优化选项组中，用户可以选择不同的选项来提高仿真性能以及产生代码的性能。限于篇幅，对此选项的具体内容不再介绍，感兴趣的读者可参阅其帮助文档。

4. Diagnostics 诊断

Diagnostics 参数配置控制面板可以配置适当的参数，如图 15-8 所示，以便在仿真执行过程中遇到异常情况时诊断出错误，从而采取相应的措施。

1）Solver：当 Simulink 检测到与求解器相关的错误时，这个控制组可设置诊断措施。

Algebraic loop：在执行模型仿真时可以检测出代数环。共有三个参数可供选择：none、warning 和 error。如果选择 error，Simulink 将会显示错误信息并高亮显示构成代数环的模块，中断模型的仿真运行；选择 none 则不给出任何信息及提示；选择 warning 会给出相应的警告而不会中断模型的仿真。

Minimize algebraic loop：如果需要 Simulink 消除包含有子系统的代数环及这个子系统的直通输入端口，就可以设置此选项来采取相应的诊断措施。如果代数环中存在一个直通输入端口，仅当代数环所用的其他输入端口没有直通时，Simulink 才可以消除这个代数环。

Block priority violation：当仿真运行时，Simulink 检测模块优先级设置错误的选项。

Min step size violation：允许下一个仿真步长小于模型设置的最小时间步长。当设置的模型误差需要的步长小于设置的最小步长时，此选项起作用。

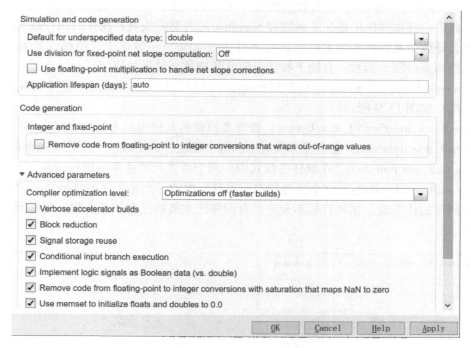

图 15-7　Optimization 参数

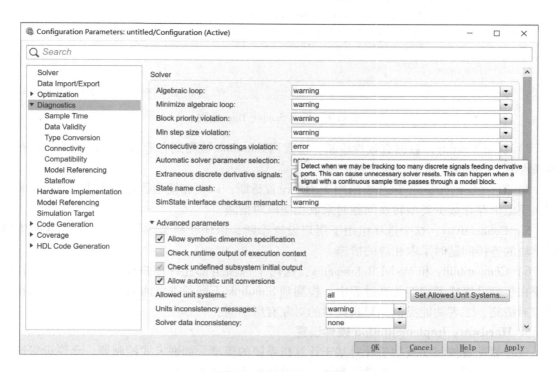

图 15-8　Diagnostics 参数

Solver data inconsistency：兼容性检测是一个调试工具，确保满足 Simulink 中 ODE 求解器的若干假设。其主要作用是让 S 函数和 Simulink 的内部模块具有同样的执行规则。由于兼容性检测会导致仿真性能的大大降低，甚至可达到 40%，一般这个选项都设置为 none。利用兼容性检测来检测 S 函数，有助于找到出现非预期仿真结果的原因。

2）Sample Time：当 Simulink 检测到与模型采样周期相关的错误时，这个控制组可以设置诊断措施，如图 15-9 所示。

Source block specifies -1 sample time：设置源模块的采样周期为 -1，如 Sine Wave 模块。

Multitask rate transition：在多任务模式中的两个模块，会出现两个模块间速率的转换。

Single task rate transition：在单任务模式中，两个模块间的速率会进行转换。

Tasks with equal priority：这个模型所表示的目标中的一个异步任务与另外一个目标异步任务具有同样的优先级。如果目标不允许具有同样优先级的任务相互支配，则必须将选项设置为 error。

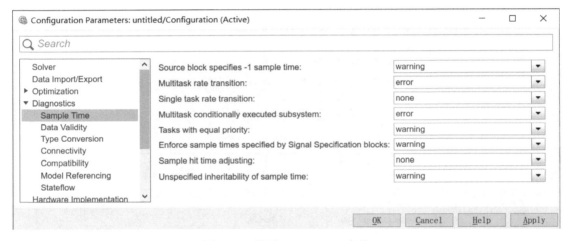

图 15-9　设置 Sample Time 参数

3）Data Validity：数据有效性诊断。设置当 Simulink 检测到有危害模型定义的数据有效性条件时，Simulink 所采取的诊断措施。

4）Type Conversion：该选项组用于用户设置诊断，以便在模型编译过程中，Simulink 检测到模型中存在数据类型转换问题时采取相应应对措施。

5）Connectivity：这个选项组用于用户设置诊断，以便在模型编译过程中 Simulink 检测到模块的连接问题时采取相应的措施。

6）Compatibility 和 Model Referencing：这两个选项组都允许用户设置相应的诊断措施，以便在模型升级或者模型仿真过程中，检测到 Simulink 不同版本之间的不兼容性时采取相应的应对措施，二者功能类似，只是针对的对象有所不同。

5. Hardware Implementation 硬件设置

该参数配置控制面板主要针对基于计算机系统的模型，如嵌入式控制器。允许设置这些用来执行模型所表示系统的硬件的参数。能够使模型仿真中可检测到目标硬件中存在的错误条件，如硬件的溢出。

15.3　影响仿真速度与精度的因素

系统模型的仿真速度和精度受到许多因素的影响，如参数的选择、模型本身的搭建结构。通过 15.2 节的介绍，可知参数设置对话框中的若干设置可以影响到 Simulink 仿真速度，如求解器的选择、时间步长的设置、是否检测模型中的匹配问题等。而且速度与精度往往相互矛盾，此消彼长，应该根据具体的仿真对象和环境以及用户的要求来权衡，并由此确定相关参数的设置。

15.3.1　求解器 Solver 及其正确设置

求解器 Solve 在 Simulink 仿真过程中起着很重要的作用，是 Simulink 进行仿真计算的核心。因此，要正确选择它的选项，必须进一步了解它。

在 Simulink 中所提供的求解器算法都是当今国际上数值计算研究的最新成果，采用的都是速度快、精度高的计算方法。即便如此，也没有一个万能的算法，能够非常理想地求解各类微分方程。不同的系统需要利用不同的求解器算法，所以了解系统的特性是非常重要的，如系统方程是否是刚性方程（Stiff Equation）等。本节介绍 Solver 中各种算法的特点。

1. 离散时间系统求解器算法

离散时间系统一般都是用差分方程描述的，其输入与输出仅在离散的采样时刻取值，系统的状态每隔一个采样周期才更新一次，而 Simulink 对离散时间系统仿真的核心，就是对离散时间系统的差分方程求解。因此，除了存在有限的数据截断误差外，Simulink 对离散时间系统仿真的结果可以认为是没有误差的。

用户欲仿真纯粹的离散时间系统，需要选用离散求解器。即在 Simulink 仿真参数设置对话框的求解器选项卡中选择 discrete（no continuous states）选项，便可对离散时间系统进行精确的求解和仿真。

2. 连续系统求解器算法

连续系统是用微分方程描述的。使用数字计算机只能求出其数值解（即近似解），不可能得到系统的精确解。Simulink 对连续系统进行仿真，实质上是求系统的常微分或者偏微分方程的数值解。微分方程的近似求解方法有多种，因此 Simulink 的连续求解器有多种不同的算法。在具体介绍这些算法之前，必须先了解关于用微分方程描述的系统的"刚性（Stiff）"的概念。

所谓刚性系统，是指该其系统方程特征值相差很大（有的很大，有的很小）的系统，其物理意义就是描述该动态系统惯性的一组时间常数值大小相差悬殊。因此，刚性系统中既包含变化很快的动态模式（分量），又包含变化很慢的动态模式。

连续系统求解器算法有以下几种：

（1）ode45 算法　采用 Runge-Kutta 方法，这是利用 Simulink 求解微分方程时最常用的一种方法。它利用有限项的 Taylor 级数来近似解函数，而误差的来源就是 Taylor 级数的截断项，误差就是截断误差。这种算法精度适中，一般情况下应该首先选用。

ode45 分别采用 4 阶与 5 阶 Taylor 级数计算每个积分步长终端的状态变量近似值，并把这两个阶次不同的级数的近似值相减，用得到的差值作为计算误差的判断标准。如果误差估计值大于该系统的设定值，那么就把该积分步长缩短，然后重新计算；如果误差远小于系统的设定值，那么就将积分步长加大。

（2）ode23 算法　这种求解器也采用 Runge-Kutta 方法，同样是利用有限项的 Taylor 级数来近似解函数。与 ode45 不同的是，它分别采用 2 阶与 3 阶 Taylor 级数计算每个积分步长终端的状态变量近似值，并利用这两个级数的值相减，以得到的差值作为计算误差的判断标准。如果误差估计值大于这个系统的设定值，那么就把该积分步长缩短，然后重新计算。如果误差远小于系统的设定值，那么就将积分步长加长。

为了能够达到与 ode45 同样的精度，ode23 的积分步长总要比 ode45 取得小。因此，ode23 处理"中度刚性"问题的能力优于 ode45。

上述 ode23 和 ode45 都属于变步长算法。

（3）ode113 算法　ode113 与 ode45、ode23 不同，它采用的变阶 Adams 法是一种多步预报校正算法。

使用 ode113 的步骤如下：

1）在预报阶段，用一个 $n-1$ 阶多项式近似导函数。该预报多项式的系数通过前面 $n-1$ 个节点及其导数值来确定。

2）用外推方法计算下一个节点。

3）在校正阶段，通过对前面 n 个节点和新的试探节点运用拟合技术获得校正多项式。

4）用该校正多项式重算试探解，即获得校正解。

5）用预报解和校正解之间的差值作为误差，与系统设定值比较，用来调整积分步长，调整方法与 ode45 和 ode23 方法类似。

ode113 在执行过程中还自动地调整近似多项式的阶数，以平衡其精确性和有效性。

ode45 和 ode23 采用的是 Taylor 级数方法，而 ode113 采用的是多项式方法，计算导数的次数也比前面两种方法少，所以在计算输出曲线比较光滑的系统时，ode113 的速度更快。

（4）ode15s 算法　它是专门用来求解刚性方程的变阶多步算法，包含一种对系统动态转换进行检测的机理。这种检测使这一算法对非刚性系统计算效率低下，尤其是对那种有快速变化模式的系统更是如此。

（5）ode23s 算法　它与 ode15s 一样都是用来求解刚性方程的，是基于 Rosenbrock 公式建立起来的定阶单步算法。由于计算阶数不变，所以计算效率要比 ode15s 效率高。

（6）ode23t 算法　此法用来求解中度刚性方程，也可以用来求解刚性方程。

需要说明的是，尽管采用不同的连续系统求解器算法会对系统的仿真结果与仿真速度造成不同的影响，但一般不会对系统的性能分析产生较大的影响，因为用户可以设置绝对误差限、相对误差限、最大步长、最小步长与初始步长等参数，从而对连续求解器的求解过程施加相应的控制。

15.3.2　影响 Simulink 仿真速度的若干因素

影响 Simulink 仿真速度的原因比较复杂，可能是由某一个原因造成的，也可能是由多个原因共同作用的结果，需要用户不断地调试。下面简述九个可能影响仿真速度的因素。

1）Simulink 模型可能为一个刚性方程。对于默认的 ode45 求解器来说，求解速度非常慢，有时候即使缩小仿真步长仍然得不到想要的结果，此时需要将求解器设置为刚性方程求解器, 如 ode15s 或者 ode23t 等。

2) 仿真步长太小。有时在仿真时不需要过小的步长就能够满足计算精度, 此时就可以适当扩大最小步长设置。在满足精度的情况下, 扩大步长能够显著地提高仿真速度。

3) 误差设置过小。有时在仿真时不需要过小的误差限制就能够满足计算精度, 此时应该适当扩大误差限制。在满足精度的情况下, 扩大误差限制也能够显著地提高仿真速度。

4) 在 Simulink 模型中调用了 MATLAB Fcn 模块。当 Simulink 进行仿真时, 每次 MATLAB Fcn 模块都要调用相应的 M 函数, 使得仿真速度大受影响。在能够利用 Simulink 模块搭建的情况下, 尽量使用模块组合来实现 MATLAB 函数的功能, 可大大加快仿真速度。

5) 在 Simulink 模型中调用了 M 文件的 S 函数。和调用 MATLAB Fcn 模块一样, 这个调用功能同样会导致 MATLAB 解释器的介入, 降低仿真速度。在能够利用 Simulink 模块搭建的情况下, 尽量使用模块组合来实现 S 函数的功能, 可显著加快仿真速度。

6) 模型中存在有代数环。代数环的存在会大大降低计算速度, 甚至可能导致仿真失败。

7) 模型中包含有 Memory 模块。当求解器为 ode15s 或者 ode113 等变阶方法时, 仿真速度会受到影响。

8) 模型中的积分模块的输入为一个随机信号。

9) 模型中有混合系统存在。在混合系统中, 不同的采样周期间不为整数倍时, 往往会导致计算速度下降。

15.3.3　提高 Simulink 仿真精度的若干措施

对于提高 Simulink 的仿真精度, 有一个比较笼统的方法就是缩小仿真步长, 或者设置较小的相对误差, 或者选择合理的求解器, 操作步骤如下:

1) 选择适当的求解器。判断系统是否是刚性的, 如果是就选择 ode15s 或者 ode23t 等求解器, 如果不是则选择 ode45 等。

2) 确定误差。首先设置一个相对误差值, 然后逐渐缩小相对误差, 看仿真结果是否有明显变化, 如果没有, 则说明相对误差设置接近理想范围。绝对误差设置过程与此大致类似。

3) 调整仿真步长, 方法类似于相对误差的调整。有时候需要将仿真步长与相对误差结合起来调整, 需要经过反复多次才能够得到理想的精度。

如果仿真结果不稳定, 可能的原因如下:

1) 系统本身不稳定, 可能出现异常现象。

2) 如果使用的求解器为 ode15s, 可以将最大阶数设定为 2, 或者将求解器调整为 ode23s 进行尝试。

3) 可能是相对误差或者绝对误差的设置不够理想。

Simulink 仿真和 MATLAB 计算是密不可分的, 由于 MATLAB 语言是一种解释性语言, 所以有时 MATLAB 程序的执行速度不够快, 也会影响到仿真速度的提高。建议读者采用以下方法来提高 MATLAB 程序的执行速度。

1) 尽量避免使用循环。循环语句及循环体经常被认为是 MATLAB 编程的瓶颈问题, 应当尽量用向量化的运算来代替循环操作。在必须使用多重循环的情况下, 如果这些循环执行的次数不同, 则应该将循环次数最少的循环放在最外一层, 循环次数越多的放到越深的层, 这可以明显提高仿真速度。

2）大型矩阵预先定维。尽管 MATLAB 并不要求必须在使用数组（矩阵）前先确定维数，但因为让系统程序自动给大型矩阵动态地定维是很费时间的。所以，在使用较大数组（矩阵）时，首先用 MATLAB 的特殊数组生成函数（如 zeros（）或 ones（））对其进行定维，然后再进行赋值处理，这样会显著减少执行用户程序所需的时间。

3）优先考虑内部函数。矩阵运算应该尽量采用 MATLAB 的内部函数，因为内部函数是由更底层的编程语言 C 语言构造的，其执行速度快于使用循环的矩阵运算。

另外，采用更加有效的算法，应用 MEX 技术，遵守 Performance Acceleration 的规则，也是加快 MATLAB 程序执行速度的有效措施。有关这些内容，此处从略，读者可参阅相关文献。

15.4　S 函数技术简介

在系统建模过程中，经常会产生很复杂的模型，对于这样的模型，常常难以直接用 Simulink 创建。在这种情况下，就应该用 S 函数技术来扩展 Simulink。其基本方法是用 MAT-LAB 语言、C 或 C++ 语言、Fortran 语言或者 Ada 语言来描述具体的过程，构成 S 函数模块，然后在 Simulink 模型中直接调用 S 函数模块，完成对含有复杂模块的系统的仿真。S 函数技术综合了 Simulink 框图简洁明快与语言编程灵活方便这两方面的优势，增强和扩展了 Simulink 的能力，同时它也是用 Real-Time Workshop 进行实时仿真的关键。

S 函数是 S-Functions 的直译，是 System-Functions 的简称。它使用一种比较特殊的调用格式，可以和 Simulink 求解器进行交互式操作，这种交互式操作和求解器与 Simulink 内置固有模块之间的交互式操作相同。S 函数既适用于连续系统，也适用于离散系统以及混合系统，功能非常全面。

在 S 函数内部采用文本方式输入描述系统的公式与方程，这种方式非常适合复杂动态系统的数学描述，而且能在仿真过程中对仿真进行精确的控制。

S 函数技术允许用户向模型中添加自己编写的模块。只要按照一些简单的规则，就可以在 S 函数模块中添加用户自行设计的算法。在编写好 S 函数之后可以在其模块中添加相应的函数名，也可以通过子系统封装技术来定制自己的交互界面。此外，还可以用 S 函数来实现以下几个方面的功能：

1）向 Simulink 模型中增加一个用户自建的具有通用目的的模块，这模块可以有不同的参数，因而在一个模型中可以多次使用。

2）使用 S 函数的模块来驱动硬件。

3）在仿真中嵌入已经存在的 C 代码。

4）将系统表示成一系列的数学方程。

5）在 Simulink 中使用动画。

15.4.1　S 函数的基本用法

用户欲将 S 函数加入 Simulink 仿真模型中，需要将用户自定义模型组中的 S-Function 模块拖进该模型里。S-Function 模块是一个单输入单输出模块，如果有多个输入与输出信号，用户需要使用 Mux 模块和 Demux 模块对信号进行组合或分离。S-Function 模块仅仅是以图形的方式提供给用户一个 S 函数的使用接口，在它的参数设置对话框中仅包含 S 函数的名称及函数所需的除变量 t、u、x 和 flag 以外的其他参数列表，而 S 函数所实现的功能则由 S 函数源文件描述，S 函数源文件必须由用户自行编写。S-Function 模块中 S 函数名称必须和用户建立的 S 函数源文件的名称及源文件中的函数名称完全相同，S-Function 模块中的 S 函数参数列表必须按照 S 函数源文件中的参数顺序赋值，且参数之间需要用逗号隔开。

使用 S 函数的基本步骤如下：

1）在系统的 Simulink 仿真框图中添加 S-Function 模块，并进行正确的设置。

2）创建 S 函数源文件。创建 S 函数源文件的方法有多种，但最快捷实用的方法是利用 S-Function Examples 模型组中为用户提供的很多 S 函数模板和例子来创建。用户只要根据自己的需要，修改相应的模板和例子即可完成 S 函数源文件的编写工作。如果用户按照 S 函数的语法格式自行编写代码，既麻烦又容易出错。

3）在系统的 Simulink 仿真框图中按照定义好的功能连接 S-Function 模块的输入/输出端口。

下面通过一个简单的例子来说明 S 函数的使用步骤。

【例 15-1】 使用 S 函数实现简单系统：$y = 3u$。

具体步骤如下：

1）在 Simulink 模型框图中添加 S-Function 模块，打开 S-Function 模块的参数设置对话框，把参数 S-function name 设置为 times3（参见图 15-10a，本例除变量 t、u、x 和 flag 以外无需其他参数，故 S-function parameters 一栏未填写数据）。单击 OK 按钮后，Simulink 模型框图中的 S-Function 模块的名称由原来的通用名 system 变成 times3。图 15-10c 所示是重新命名后的模型框图。

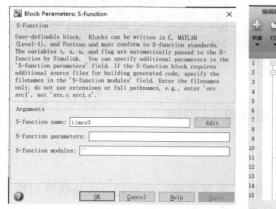

a) 参数设置对话框

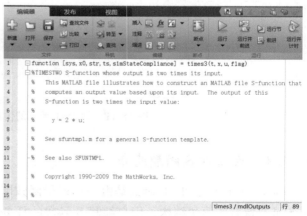

b) 源文件

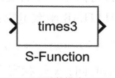

c) S 函数模块

图 15-10 例 15-1 的 S 函数模块及其参数设置对话框与源文件片段

2）创建 S- Function 模块的源文件。

① 在 MATLAB 命令窗口输入 "edit timestwo"，打开 Simulink 模型库中的 M 文件 S 函数模板文件 timestwo. m，并在即定目录下另存为 times3. m。

② 修改模板。先将已改名为 times3. m 的模板文件首行即 "function..." 一行的函数文件名由原来的 timestwo 改为 times3，即让函数名与文件名保持一致，再找出该函数文件中的子函数 mdlInitializeSizes，把以下两句代码中赋值号右边的-1 改成 1：

```
Sizes.NumOutputs = -1;
Sizes.NumIutputs = -1;
```

再找出子函数 mdlOutputs，将代码 sys = u * 2 改为 sys = u * 3。另外，对文件的注释文本中相关内容最好按照实现 y = u * 3 功能做相应修改，但这并非必须要做的。

最后，保存修改好的 times3. m 文件即完成了创建 S 函数源文件的工作。本例的源文件片段如图 15-10b 所示。

3）在 Simulink 模型框图中按要求添加并连接各个模块。本例最后的系统仿真模型如图 15-11a 所示。

4）运行仿真。从 Scope 模块中观察到的仿真结果如图 15-11b 所示。

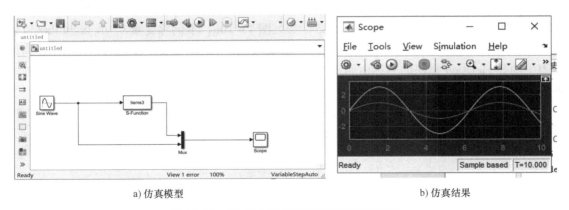

a)仿真模型　　　　　　　　　　　　　　b)仿真结果

图 15-11　　例 15-1 系统的仿真模型及其结果

15.4.2　M 文件 S 函数简介

从 15.4.1 节可知，S 函数是由一系列子函数即 "仿真过程" 组成的。这些仿真过程就是 S 函数特有的语法结构，用户编写 S 函数的任务就是在相应的仿真过程中填写适当的代码，供 Simulink 及 MATLAB 求解器调用。M 文件 S 函数结构清晰，书写方便，易于理解，能够调用丰富的 MATLAB 函数，所以可满足大多数实际应用的需求。

M 文件的 S 函数由以下形式的 MATLAB 函数组成：

```
[sys,x0,str,ts,simStateCompliance]=f(t,x,u,flag,p1,p2,...)
```

其中，f 是 S 函数的文件名；t 是当前时间；x 是状态向量；u 是模块的输入；flag 是所要执行的任务标志；p1,p2,.. 都是模块的参数。在模型仿真的过程中，Simulink 不断地调用函数 f，通过标志 flag 的值来说明所要完成的任务。每次 S 函数执行任务后，都将以特定结构返回结果。M 文件 S 函数利用标志 flag 控制调用仿真过程函数的顺序。各仿真阶段的仿真过程及对应的 flag 值见表 15-2。

表 15-2　各仿真阶段仿真过程及其 flag 值

仿真阶段	S 函数仿真过程	flag 值（M 文件 S 函数）
初始化	mdlInitializeSizes	0
计算下一个采样点	mdlGetTimeofNextVarHit	4
计算输出值	mdlOutputs	3
更新离散状态	mdlUpdate	2
计算导数	mdlDerivatives	1
结束仿真	mdlTerminate	9

　　M 文件 S 函数的仿真流程如图 15-12 所示。在初始化阶段，通过标志 0 调用 S 函数，并请求提供输入/输出个数、初始状态和采样周期等信息。然后，仿真开始。下一个标志为 4，请求 S 函数提供下一步的采样周期（只在变采样速率下才被调用）。接着标志为 3，计算模块的输出，然后标志为 2 更新离散状态，当需要计算连续状态导数时标志为 1。然后求解器使用积分过程计算状态的值。计算状态导数和更新离散状态之后通过标志 3 计算模块的输出。这样就完成了一个仿真步长的工作。当到达结束时间时，采用标志 9 完成结束前的处理工作。

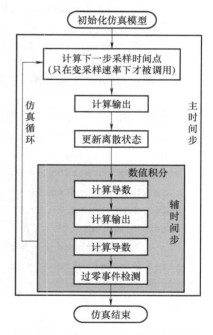

图 15-12　M 文件 S 函数的仿真流程

15.4.3　M 文件 S 函数模板

　　S 函数有固定的编写格式，在 MATLAB 中自带了默认的模板，用户只需要按实际要求填写或改写相关部分。直接利用 MATLAB 语言编写的 S 函数不需要编译就可以直接调用。在编写 M 文件 S 函数时，建议使用 S 函数模板文件 sfuntmpl. m。它位于 MATLAB 根目录下的 \toolbox \simulink \blocks 中，这个文件中包含了一个完整的 M 文件 S 函数。其中包括一个主函数和若干子函数，每一个子函数都对应一个 flag。主函数用来调用子函数，子函数就成为 S 函数回调函数。在主函数内有一个 switch- case 开关结构，根据变量 flag 之值将执行流程转到对应的子函数。用户在 MATLAB 命令窗口输入命令 "edit sfuntmpl" 即可打开 S 函数模板文件。下面给出 sfuntmpl. m 文件的代码，并配以必要的中文说明。要了解该文件的更详尽内容请参阅原始文件。

```
    % 主函数。
    function [sys,x0,str,ts,simStateCompliance] = sfuntmpl(t,x,u,flag)
switch flag,
    case 0,
        [sys,x0,str,ts,simStateCompliance]=mdlInitializeSizes;
    case 1,
        sys =mdlDerivatives(t,x,u);
    case 2,
        sys =mdlUpdate(t,x,u);
    case 3,
        sys =mdlOutputs(t,x,u);
    case 4,
        sys =mdlGetTimeOfNextVarHit(t,x,u);
    case 9,
        sys =mdlTerminate(t,x,u);
    otherwise
        DAStudio.error('Simulink:blocks:unhandledFlag', num2str(flag));
    end
```

% 主函数到此结束,下面是各个子函数("仿真过程")。

% "模块初始化"子函数:提供状态、输入/输出与采样时间数目和初始状态值。
```
function [sys,x0,str,ts,simStateCompliance]=mdlInitializeSizes
sizes = simsizes;                  % 生成 sizes 数据结构(这条命令不可修改)。
sizes.NumContStates   = 0;         % 连续状态个数,默认为 0。
sizes.NumDiscStates   = 0;         % 离散状态个数,默认为 0。
sizes.NumOutputs      = 0;         % 输出量个数,默认为 0。
sizes.NumInputs       = 0;         % 输入量个数,默认为 0。
sizes.DirFeedthrough  = 1;         % 有无直接馈通,有取 1,无取 0,默认为 1。
sizes.NumSampleTimes  = 1;         % 采样时间个数,至少取 1。
sys = simsizes(sizes);             % 返回结构数组 sizes 所包含的数据(这条命令不可修改)。
x0  = [];                          % 设置初始状态。
str = [];                          % 保留变量,值为空数组(这条命令不可修改)。
ts  = [0 0];                       % 采样时间:[采样周期 偏移量],采样时间取 0 表示是连续系统。
simStateCompliance = 'UnknownSimState';  % 设置仿真状态顺从度的取值。
```
% 其默认值为"UnknownSimState",还有 3 个取值分别为"DefaultSimState",
% "HasNoSimState"和"DisallowSimState"。

% 下面是"计算导数"子函数:计算连续状态的导数。该子函数可以不存在。
```
function sys =mdlDerivatives(t,x,u)
```
% 此处填写计算导数向量的命令,即填写连续状态方程。
```
sys = [];      % sys 表示连续状态导数。用户必须把算得的状态向量赋给 sys。
```

%下面是"状态更新"子函数:计算离散状态的更新。该子函数可以不存在。

```
function sys = mdlUpdate(t,x,u)
```

%此处填写计算离散状态向量的命令,即输入离散状态方程。

%还可以输入其他每个仿真步长都有必要执行的代码。

```
sys = [];        % sys 表示下一离散状态 x(k+1)。用户必须把算得的离散状态向量赋给 sys。
```

%下面是"计算输出"子函数:计算模块输出。该子函数不可缺少。

```
function sys = mdlOutputs(t,x,u)
```

%此处填写计算模块输出向量的命令,即填写系统的输出方程。

```
sys = [];        % sys 表示下一输出 y(k+1)。用户必须把算得的输出向量赋给 sys。
```

%下面是"计算下一采样时刻"子函数,只有变采样速率系统才调用此子函数。

```
function sys = mdlGetTimeOfNextVarHit(t,x,u)
sampleTime = 1;          % 默认下一采样时刻是 1s 以后。用户可根据需要另外赋值。
sys = t + sampleTime;    % sys 表示下一采样时刻,切勿修改此句。
```

%"结束仿真"子函数,用户需在此输入结束仿真所必须要做的工作。

```
function sys = mdlTerminate(t,x,u)
sys = [];                       % sys 默认值为空数组,一般情况下勿改其值。
```

关于 M 文件 S 函数模板文件的几点补充说明:

1)主函数的 4 个输入参数含义如下:t 为从仿真模型开始运行时刻算起的当前时间值; x 为模块的状态向量,包括连续状态向量和离散状态向量;u 为模块的输入向量;flag 为执行不同操作的标志变量。这 4 个参数的名称和排列顺序不能改动,用户可以根据自己的要求在这 4 个参数之后添加额外的参数,位置依次为第 5,6,7,8,9 等。

2)主函数包含 4 个输出参数:sys 数组返回某个子函数,它的含义随着调用子函数的不同而不同;x0 为所有状态的初始化向量;str 是保留参数,其值总是空数组;ts 返回系统采样时间。用户切勿改动输出参数的顺序、名称与个数。

3)模板文件中的 case 并非都是必要的,在有些情况下可以进行裁剪。例如,当模块不采用变采样速率时,case4 和相应的子函数 mdlGetTimeOfNextVarHit 就可以删除。

4)在 Simulink 模型库里还有其他一些 M 文件 S 函数模板文件可供用户选用。在 Simulink 浏览器窗口寻找和打开它们的方法如下:

先从用户自定义模块组里找到 S-Function Examples 模型组,其中包含各种语言编写的 S 函数例子和模板;再双击 M-file S-Functions 就可以看到两个 M 文件 S 函数模板文件组:Level-1M-files 与 Leve2-1M-files。双击其中某个文件组,再双击该文件组中用户自己所需的 M 文件 S 函数模块,最后双击该模块窗口里的 M 文件 S 函数模板文件即可。

15.4.4 Simulink 仿真应用举例

【例 15-2】 假设某离散时间系统的状态方程为

$$\begin{cases} x_1(k+1) = x_1(k) + 0.1x_2(k) \\ x_2(k+1) = -0.05\sin[x_1(k)] + 0.094x_2(k) + u(k) \end{cases}$$

式中，$u(k)$ 是输入，$u(k) = 0.75 - x_1(k)$。该过程的采样周期是 0.1s，控制器采样周期为 0.25s，显示系统的更新周期为 0.5s。

1）创建系统模型。如图 15-13a 所示，需用的模块有：Math Operations 中的 Gain 和 Sum；Source 中的 Constant 模块；Discrete 中的 Unit Delay 和 Zero-Order Hold 模块；Sink 中的 Scope 和 Display 模块；User-Defined Function 中的 Fcn 模块。

2）系统模块参数及仿真参数设置。

① 系统模块参数设置。

Unit Delay 和 Unit Delay1 模块设置：双击模块，打开模块参数窗口，将这两个模块的采样周期均设置为 0.1s。

Zero-Order Hold 和 Zero-Order Hold1 模块设置：双击模块，打开模块参数窗口，将 Zero-Order Hold 和 Zero-Order Hold1 模块的采样周期分别设置为 0.25s 和 0.5s。

Fcn 模块设置：双击 Fcn 模块，将其表达式设置为 $0.05 * \sin(u(1))$。

Gain2 模块设置：双击模块，将参数设置为 0.094。

其他模块设置如图 15-13a 所示。

② 仿真参数设置。

选择 Simulation | Model Configuration Parameters，在 Configuration Parameters 对话框中的 Solver 选项卡设置参数。求解器设置为离散求解器，其余均用 Simulink 的默认值，如图 15-14 所示。

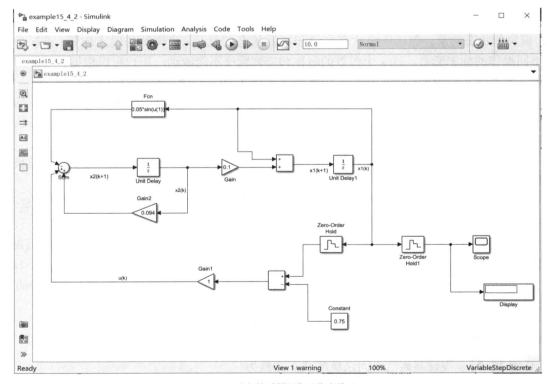

a）未加注采样周期的仿真模型

图 15-13　例 15-2 离散时间系统仿真模型

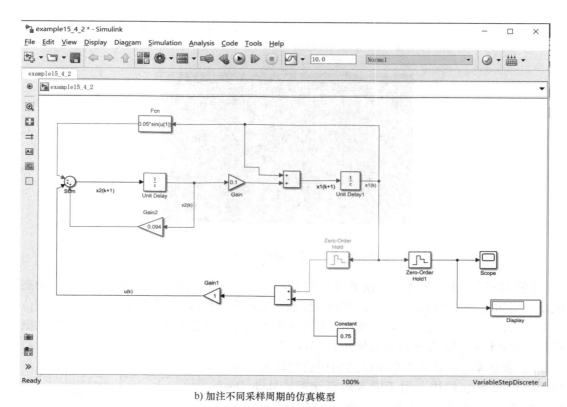

b) 加注不同采样周期的仿真模型

图 15-13　例 15-2 离散时间系统仿真模型（续）

　　在多采样周期的复杂系统中，为了分清各部分信号的采样周期，可用不同的颜色标记不同采样周期的信号。具体的方法是左键单击选中该模块，然后右键单击，在 Format 菜单下，单击 Foreground Color 即可，如图 15-13b 所示（黑白印刷显示不明显）。

　　3）仿真。将系统模块参数与系统仿真参数设置之后，单击模型文件工具栏的 Run 图标 ▶ 启动仿真。在仿真过程中，Display 模块实时显示 $x_1(k)$ 的数值，$x_1(k)$ 的历史记录，可以由 Scope 模块观察，如图 15-15 所示。

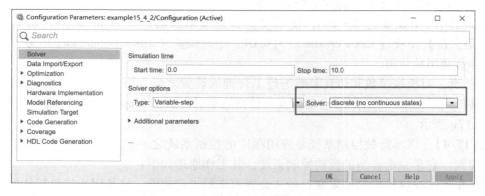

图 15-14　离散时间系统仿真参数设置

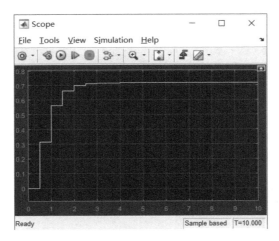

图 15-15　例 15-2 离散时间系统仿真结果

【例 15-3】　单位反馈的二阶系统如图 15-16 所示。因为该系统的阻尼比较小，动态性能差，实际使用时须加入调节器以改善其性能。采用比例加微分控制，可以在系统出现位置误差之前，提前对系统产生修正作用，最终达到改善系统动态性能的目的。加入比例加微分控制后的系统模型图及其仿真结果如图 15-17 所示。

1）创建模型。建立本系统模型需用的模块有：Source
模型库中的 Step 模块，用于输入阶跃信号；Math Opera-
tions 中的 Gain 和 Sum 模块；Continuous 中的 Derivative 和
Zero-Pole 模块；Sinks 中的 Scope 模块。

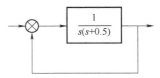

2）模型参数及系统仿真参数设置。

图 15-16　单位反馈的二阶系统

① 系统模块参数设置。

Zero-Pole 模块设置：将 Zeros、Poles 和 Gain 分别设置为 []，[0 −0.5] 和 1。

Step 模块设置：使用系统的默认取值，即起始时间为 1s 的单位阶跃信号。

其他模块设置如图 15-17a 所示。

② 系统仿真参数设置。选择 Simulation | Model Configuration Parameters，在 Configuration
Parameters 对话框中的 Solver 选项卡设置参数。

仿真时间范围设置为 0 ~ 20s；使用变步长连续求解器（variable-step），仿真算法为
ode45；最大仿真步长（Max step size）为 0.01；绝对误差（Absolute tolerance）为 1e-6；其
余仿真参数使用默认值。

3）仿真。对模块参数和仿真参数进行了合理的设置之后，可以进行系统的仿真，单击
模型文件工具栏的 Run 图标 ⊙ 启动仿真。仿真结束后，双击 Scope 模块可以显示仿真结果，
如图 15-17b 所示。

【例 15-4】　汽车行驶控制系统是应用很广的控制系统之一，其目的是对汽车速度进行
合理的控制。它是一个典型的反馈控制系统，其工作原理如下：

用汽车速度操纵机构的位置变化量来设置汽车的指定速度，这是因为操纵机构的不同位
置对应着不同的速度；测量汽车的当前速度，求取它与指定速度的差值；由差值信号产生控
制信号驱动汽车产生相应的牵引力以改变并控制汽车速度直到达到指定速度。在对这个系统

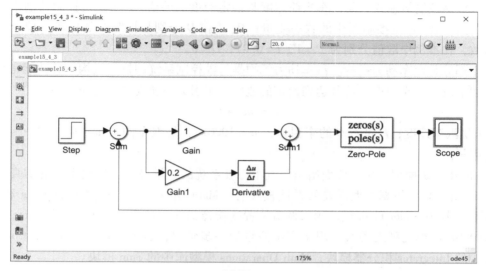

a) 系统模型

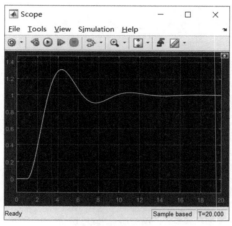

b) 仿真结果

图 15-17　例 15-3 比例加微分控制系统模型及其仿真结果

进行建模与仿真前，需要先对此系统做简单的介绍。

汽车行驶控制系统包含三部分机构。第一部分是速度操纵机构的位置变换器。位置变换器是汽车行驶控制系统的输入，其作用是将速度操纵机构的位置转换为相应的速度。速度操纵机构的位置和设定速度间的关系为

$$v = 50x + 45 \qquad x \in [0, 1]$$

式中，x 是速度操纵机构的位置；v 是计算所得的设定速度。

第二部分是离散 PID 控制器。离散 PID 控制器是汽车行驶控制系统的核心部分。其作用是根据汽车当前速度与设定速度的差值，产生相应的牵引力。其数学模型为：

积分环节　　　　　　　　$x(n) = x(n-1) + u(n)$

微分环节　　　　　　　　$d(n) = u(n) - u(n-1)$

系统输出　　　　　　　　$y(n) = Pu(n) + Ix(n) + Dd(n)$

式中 $u(n)$ 是控制器输入，是汽车当前速度与设定速度的差值；$y(n)$ 是控制器输出，即汽车的牵引力；$x(n)$ 是控制器中的状态变量；P、I 和 D 分别是控制器的比例、积分与微分控制参数，在本例中取值分别为 $P = 1$，$I = 0.01$，$D = 0$。

第三部分是汽车动力机构。汽车动力机构是行驶控制系统的执行机构。其功能是在牵引力的作用下改变汽车速度，使其达到设定的速度。牵引力与速度之间的关系为

$$F = mv' + bv$$

式中，v 是汽车速度；F 是汽车的牵引力；$m = 1000\text{kg}$，是汽车的质量；$b = 20\text{N} \cdot \text{s} \cdot \text{m}^{-1}$，是阻力因子。

1）创建系统模型。按照前面给出的汽车行驶系统的数学模型，构建系统的仿真模型如图 15-18a 所示。此仿真模型需要的系统模块有：Math Operations 模块库中的 Gain 和 Slider Gain 模块，其中 Slider Gain 模块用来调节位置变换器的输入信号 x 的取值；Discrete 模型库中的 Unit Delay 单位延迟模块，用于产生信号的一步延迟，实现 PID 控制算法；Continuous 模型库中的 Integrator 积分器模块；Math Operations 模型库中的 Sum 模块。

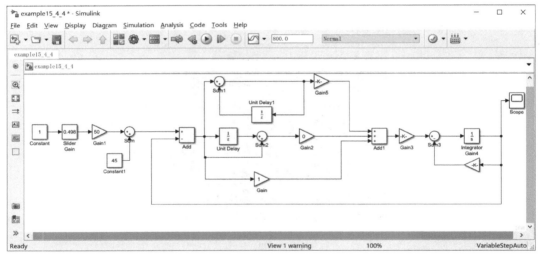

a) 仿真模型

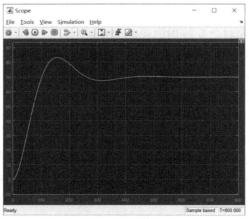

b) 仿真结果

图 15-18　汽车行驶控制系统仿真模型及其仿真结果

2）系统模块参数及仿真参数设置。

① 系统模块参数设置。

Slider Gain 模块：最小值 Low 为 0，最大值 High 是 1，可取 0 ~ 1 之间的任意值。

Unit Delay 模块：初始状态为 0，采样周期为 0.02s。

Intergrator 模块：初始状态为 0。

Gain3、Gain4 和 Gain5：参数分别设置为 0.001、0.002 和 0.01。

其余模块的参数设置参见系统仿真模型图 15-18a 或使用默认取值。

② 系统仿真参数设置。

仿真时间范围：0 ~ 800s。

求解器：使用变步长连续求解器。

3）系统仿真与分析。将系统模块参数与系统仿真参数设置之后，对系统进行仿真，系统的仿真结果如图 15-18b 所示。

习　题

15-1　利用 Simulink 计算 Van der Pol 方程：

$$\begin{cases} \dot{x}_1 = x_2 \\ \dot{x}_2 = -m(x_1^2 - 1)x_2 - x_1 \end{cases}$$

并用示波器（Scope）显示状态量 x_1 和 x_2。

15-2　图 15-19 所示的二阶 *RLC* 电路中，已知 $L = 0.3\text{H}$，$C = 0.3\text{F}$，$R_1 = 2\Omega$，$R_2 = 0.01\Omega$，$R_3 = 5\Omega$，$V_C(0^-) = -1\text{V}$，$i_L(0^-) = 1\text{A}$，$V_S = 10\text{V}$，开关 S 在 $t = 0$ 时闭合。试用 SimPowerSystems 模块库的器件进行电路仿真，求出 i_L 和 V_C 的暂态响应。

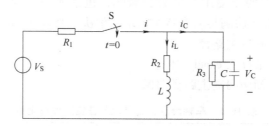

图 15-19　习题 15-2 电路图

第16章

应用案例

本章将结合四个综合性的实际案例，分析解决问题的思路，并应用本书所介绍的知识利用 MATLAB 软件进行分析、仿真以解决实际问题。

16.1 车货匹配问题

公路货物运输业一直是国民经济发展中的一个基础性和先导性产业。传统线下物流数量多、规模小、分布散，为此，可利用智能优化算法解决车货匹配问题，缓解信息不对称，从而减少经济损失和社会资源浪费。现有某地车辆起点、终点以及各货主位置坐标见表 16-1，所有车辆必须从起点出发，最终到达终点。车辆相关信息见表 16-2，货主处货物质量见表 16-3。其数据文件 Coordinate. xlsx 的格式如图 16-1 所示。请编写一个车货匹配程序，并实现以下功能：

1）创建、编写存储数据的 excel 表格，通过读取 excel 表格中的数据，获得车辆、货主相关信息。

2）以表中 5 辆车、10 个货主为例，以车辆行驶成本（主要受所有车辆行驶路线长度总和影响）及使用成本（主要受使用车辆数目影响，包括人力、折旧、维护、保险等费用）最小为目标，利用粒子群算法满足所有货主需求，解决车货匹配问题。

3）自动显示车辆访问货主路径。

4）将粒子群迭代结果存入 excel 文件。

5）存储所绘制的车辆访问货主路径图像。

表 16-1 车辆起点、终点以及各货主位置坐标

货主序号	起点	1	2	3	4	5
横坐标	0	400	200	320	760	240
纵坐标	0	340	480	880	600	440
货主序号	6	7	8	9	10	终点
横坐标	540	660	940	400	880	1000
纵坐标	200	780	320	800	400	1000

表 16-2 车辆相关信息

车辆序号	1	2	3	4	5
最大载质量/t	33	33	33	33	33
行驶成本/（元/km）	1.75				
使用成本（人力、折旧、维护、保险等费用）/[元/（天·辆）]	200				

表 16-3　货主处货物质量

货主序号	起点	1	2	3	4	5
货物质量/t	0	10	13	5	8	4
货主序号	6	7	8	9	10	终点
货物质量/t	6	9	6	11	5	0

	A	B	C	D
1	货主货物质量/t	货主位置横坐标	货主位置纵坐标	车辆最大载质量/t
2	0	0	0	33
3	10	400	340	33
4	13	200	480	33
5	5	320	880	33
6	8	760	600	33
7	4	240	440	
8	6	540	200	
9	9	660	780	
10	6	940	320	
11	11	400	800	
12	5	880	400	
13	0	1000	1000	
14				
15				
16				
17				
18				

Sheet1 ╱ Sheet2 ╱ Sheet3

图 16-1　待读入数据存储文件格式

1. 问题分析

本案例为一个典型的车货匹配问题，核心是基于粒子群优化算法的车货匹配，优化目标为车辆行驶成本、车辆使用成本最小，优化变量为每辆车行驶的路线，受到的约束包括起、终点约束，车辆最大载质量约束。同时要求编制的程序应具备数据的自动读入以及结果显示、存储功能。因此编制以下脚本、函数文件：

1）main.m：函数入口，读取、存储数据并实现算法迭代、绘制结果图像。

2）UPDATE.m：更新粒子群粒子结构及其他参数。

3）VALUE.m：计算每个粒子的适应度函数值。

2. 问题求解

（1）main.m 文件　代码及说明等内容如下（脚本文件的使用方法见 7.1 节）：

```
% 本文件用于读取、存储数据并实现算法迭代、绘制结果图像
% m,计划期内可使用的车辆数
% p,计划期内需要匹配的货主数
% mm,计划期内需要匹配的货主处待装载的货物质量
% XX,起点、终点及所有货主位置的横坐标值数组
% YY,起点、终点及所有货主位置的纵坐标值数组
% D,起点、终点及所有货主间距离数组
```

```
% M,计划期内可使用的车辆的最大载质量数组
% E,车辆行驶成本(元/km)
% F,车辆使用成本(人力、折旧、维护、保险等费用)[元/(天·辆)]
% Candidates,粒子群规模
% StopL,最大迭代次数
% [wmin,wmax],惯性权重取值范围
% c1,c2,学习因子
% A,初始粒子群数组
% EE,全局最优粒子的适应度函数值
% BSF,全局最优粒子结构
% ee,每个粒子的历代最优粒子对应的适应度函数值
% BSC,每个粒子的历代最优粒子
% BestCandidate,存储粒子群中粒子结构与粒子适应度函数值
% ArrBestL = zeros(1,StopL),存储每一代的全局最优粒子适应度函数值
% ArrBSF,存储粒子群中所有粒子与粒子适应度值的数组
% vvv,粒子迭代速度
% z,当前迭代代数
clear;      % 清除 MATLAB 工作区中保存的变量
clc;        % 清除命令行窗口中显示内容,见 2.2.1 节
t_start = tic;       % 与代码末"t_end = toc(t_start);"语句组合用以记录程序运行时间
```

1）生成车辆、货主信息。

```
m = 5;
p = 10;
mm = xlsread('C:\Users\win10\Desktop\Coordinate.xlsx','A2:A13');
```
% 读取存储路径为"C:\Users\win10\Desktop",文件名为"Coordinate.xlsx"的 excel 文件中 A2:A13 单元格存储的货主处需要装载的货物质量

注意： 上面的注释语句在 MATLAB 的 M 文件中是一行，所以并未在因书稿排版导致的"换行"开头加"%"，若是在 MATLAB 中对注释语句换行，需在行首加"%"。后文不再赘述。

```
XX = xlsread('C:\Users\win10\Desktop\Coordinate.xlsx','B2:B13');
```
% 读取存储路径为"C:\Users\win10\Desktop",文件名为"Coordinate.xlsx"的 excel 文件中 B2:B13 单元格存储的起点、终点及所有货主的横坐标值
```
YY = xlsread('C:\Users\win10\Desktop\Coordinate.xlsx','C2:C13');
```
% 读取存储路径为"C:\Users\win10\Desktop",文件名为"Coordinate.xlsx"的 excel 文件中 C2:C13 单元格存储的起点、终点及所有货主的纵坐标值
```
D = zeros(p +2,p +2);       % 初始化起点、终点及所有货主间距离的数组
for i = 1:p +2      % for 循环的使用方法见 7.3.3 节
    for j = 1:p +2
        D(i,j) = sqrt((XX(i)-XX(j))^2 + (YY(i)-YY(j))^2);       % sqrt 求平方根函数见 3.3.1 节
    end
end       % 计算起点、终点及所有货主间的距离值
```

```
M = xlsread('C:\Users\win10\Desktop\Coordinate.xlsx','D2:D6');
```
    % 读取存储路径为"C:\Users\win10\Desktop",文件名为"Coordinate.xlsx"的 excel 文
件中 D2:D6 单元格存储的车辆最大载质量
```
    E = 1.75;
    F = 200;
```

2）初始化粒子群算法参数。

```
Candidates = 150;
StopL = 500;
wmax = 1;
wmin = 0.8;
c1 = 1.5;
c2 = 1.5;
```

3）生成初始粒子群。

```
A = zeros(Candidates,p);        % 存储粒子群粒子结构,zeros 函数用法见 3.3.2 节
EE = Inf;
BSF = zeros(1,p);
ee = Inf * ones(1,Candidates);     % ones 函数用法见 3.3.2 节
BSC = zeros(Candidates,p);
for j = 1:Candidates        % 生成初始粒子群各个粒子各个位置的值
    A(j,1) = 1 + m * rand();      % 生成[1,m+1]的随机数作为第 j 个粒子第一个位置值
    while A(j,1) < 1      % while 循环的使用方法见 7.3.3 节
        A(j,1) = A(j,1) + 1;
    end
    while A(j,1) >= m + 1
        A(j,1) = A(j,1)-1;
    end
    for i = 2:p
        kk = 1 + m * rand();
        while(any(A(j,i-1) == kk))       % 检验同一粒子的不同位置值是否重复
            kk = 1 + m * rand();
        end
        while kk < 1
            kk = kk + 1;
        end
        while kk >= m + 1
            kk = kk-1;
        end
        A(j,i) = kk;
    end
    [EEE, ~] = VALUE(m,p,mm,A(j,:),E,F,D,M);       % 调用文件名为"VALUE"的函数文件,
调用函数文件的具体方法见 7.2.2 节,函数文件的内容见代码末
```

```
    ee(j)=EEE;
    BSC(j,:)=A(j,:);%将A数组的第j行数据赋给BSC数组的第j行,相关的数组赋值方法见
3.3.1节
    if EEE<EE % if-else if/else-end条件分支控制的使用方法见7.3.1节
        EE=EEE;
        BSF=A(j,:);
        BSFF=BSF;
    end
end
```

4）初始化候选解集。

```
G=A;
BestCandidate=Inf*ones(Candidates,p+1);
ArrBestL=zeros(1,StopL);
ArrBSF=zeros(StopL,p);
vvv=0;
z=1;
```

5）开始迭代。

```
while z<StopL
[BSF,BSC,EE,ee,BestCandidate,G,vvv]=UPDATE(m,p,mm,G,E,F,D,M,...
Candidates,BestCandidate,BSF,BSC,z,StopL,vvv,ee,EE,wmax,...
wmin,c1,c2);  %调用文件名为"UPDATE"的函数文件,函数文件的内容见代码末,"…"表示换
行操作
```

注意：程序语句在 MATLAB 中换行在行尾加 "...", 因书稿排版导致的换行（实际在 MATLAB 中为一行）未加 "..."。后文不再赘述。

```
    ArrBestL(1,z)=EE;
    ArrBSF(z,:)=BSF;
    z=z+1;
    end
    xlswrite('C:\Users\win10\Desktop\test.xlsx',EE,'A1');    %将最优粒子适应度
函数值存入路径为"C:\Users\win10\Desktop"、文件名为"test"的 excel 文件 A1 子表中的 A1
单元格里
    xlswrite('C:\Users\win10\Desktop\test.xlsx',BSF,'A2');    %将最优粒子结构
存入路径为"C:\Users\win10\Desktop"、文件名为"test"的 excel 文件 A2 子表中
    xlswrite('C:\Users\win10\Desktop\test.xlsx',ArrBestL,'A3');    %将每一代
最优粒子适应度函数值存入路径为"C:\Users\win10\Desktop"、文件名为"test"的 excel 文件
A3 子表中
    xlswrite('C:\Users\win10\Desktop\test.xlsx',ArrBSF,'A4');    %将每一
代最优粒子结构存入路径为"C:\Users\win10\Desktop"、文件名为"test"的 excel 文件
A4 子表中
```

6）绘结果图。

```
    [~,Z] = VALUE(m,p,mm,BSF,E,F,D,M);        %调用"VALUE"函数文件,计算 BSF(全局最优
粒子结构)对应的所有车辆访问货主的顺序
    figure(1);       %指定当前绘图窗为1,具体操作见 5.1.3 节
    plot(XX(1),YY(1),'kd');      %将起点画为黑色菱形符号,其他相关操作见 5.1.2 节
    hold on;      %后续绘制操作在前序绘制结果上进行,具体操作见 5.1.3 节
    plot(XX(2:p+1),YY(2:p+1),'ko');       %将货主位置画为黑色 o 形符号
    plot(XX(p+2),YY(p+2),'kp');       %将终点画为黑色五角星形符号
    for i = 1:m
        c1 = rand();
        for j = 1:p+2
            for k = 1:p+2
                if Z(i,j,k) == 1
                    plot([XX(j),XX(k)],[YY(j),YY(k)],'-','Color',[c1 c1 c1],...
'LineWidth',1.5);      %绘制每辆车的行驶轨迹,每辆车的轨迹为实线,颜色为数组"[c1 c1
c1]"表示的灰度,线宽为1.5
                    hold on
                end
            end
        end
    end
    t_end = toc(t_start);
```

（2）VALUE. m 文件　代码及说明等内容如下（函数文件的使用方法见 7.1 节）：

```
%本函数文件用于计算粒子适应度函数值
%MIN,粒子适应度函数值
%X,存储车辆货主匹配结果的数组
%I,存储车辆是否使用(是为1,否为0)
%Z,存储车辆访问货主顺序的数组
%kk,记录车辆当前所匹配货主数量的数组
%XX,存储车辆所匹配的货主对应粒子位置的值
%XXX,存储车辆所匹配的货主的序号
%S,存储每辆车的行驶距离
function [MIN,Z] = VALUE(m,p,mm,AA,E,F,D,Mmax)
MIN = 0;      %初始化 AA 粒子适应度函数值
X = zeros(p,m);
I = zeros(1,m);
Z = zeros(m,p+2,p+2);
kk = zeros(m);
XX = zeros(p,m);
XXX = zeros(p,m);
for k = 1:p
```

```
        aa = floor(AA(k));
        X(k,aa) = 1;
        kk(aa) = kk(aa) + 1;
        XX(kk(aa),aa) = AA(k);
        XXX(kk(aa),aa) = k;
        I(aa) = 1;
    end
    [~,b] = sort(XX,'descend');      % 对 XX 数组的每列进行降序排序,排序后的角标存储于
数组 b 中
    S = zeros(m);
    for i = 1:m
        xx = 1;
        ii = 0;
        for j = 1:p
            if XXX(b(j,i),i) ~= 0    % "XXX(b(j,i),i) ~= 0"表示有货主和 i 车匹配,且
"XXX(b(j,i),i)"为第一个和 i 车匹配的货主序号
                if ii == 0
                    S(i) = S(i) + D(1,XXX(b(j,i),i) + 1);
                    Z(i,1,XXX(b(j,i),i) + 1) = 1;   % i 车访问起点后访问"XXX(b(j,i),i)"
                    xx = XXX(b(j,i),i);   % xx 为 i 车访问下一个货主前访问的货主序号
                else
                    S(i) = S(i) + D(xx + 1,XXX(b(j,i),i) + 1);
                    Z(i,xx + 1,XXX(b(j,i),i) + 1) = 1;   % i 车访问 xx 后访问"XXX(b(j,
i),i)"
                    xx = XXX(b(j,i),i);
                end
                ii = 1;
            else
                if ii == 1    % i 车已匹配到最后一个货主
                    Z(i,xx + 1,p + 2) = 1;    % i 车访问 xx 后访问终点
                    S(i) = S(i) + D(xx + 1,p + 2);
                    break;    % i 车匹配完毕,跳出 for 循环
                end
            end
        end
    end    % 计算每辆车的行驶距离和车辆访问货主顺序
    for i = 1:m
        M = 0;
        for j = 1:p
            M = M + mm(j) * X(j,i);
        end
        if M > Mmax(i)
```

```
                MIN = 100000000000;
        end
        MIN = MIN + S(i);
    end      % 计算所有车的总行驶里程,若匹配货主的货物质量和超过该车最大载质量,则将此粒子
的适应度函数值置为 100000000000,防止其被选为最优粒子
    MIN = E * MIN + E * sum(I);
```

（3）UPDATE. m 文件　代码及说明等内容如下（函数文件的使用方法见 7. 1 节）：

```
% 本函数文件用于更新粒子群中粒子的结构及其他参数
% ww,当前迭代代数对应的惯性权重
function [BSF,BSC,EE,ee,BestCandidate,G,vvv] = UPDATE(m,...
p,mm,G,E,F,D,M,Candidates,BestCandidate,BSF,BSC,z,StopL,vvv,...
ee,EE,wmax,wmin,c1,c2)
ww = wmax-(wmax-wmin) * z/StopL;      % 根据当前迭代代数以及惯性权重的极大极小值计算
当前惯性权重,以促进粒子群后期收敛
for i =1:Candidates
    for k =1:p
        if z ==1
            vvv(i,k) =-0.5 + rand();      % 第一代将进化速度设为[-0.5,0.5]的随机数
        else
        vvv(i,k) = vvv(i,k) * ww + (c1 * rand). * (BSF(k)-G(i,k)) + (c2 *...
rand). * (BSC(i,k)-G(i,k));      % 更新进化速度
        end
    end
    G(i,:) = G(i,:) + vvv(i,:);      % 更新粒子群中粒子的结构
    for k =1:p
        while G(i,k) <1
            G(i,k) = G(i,k) +1;
        end
        while G(i,k) >=m +1
            G(i,k) = G(i,k)-1;
        end
    end      % 修正粒子结构
    BestCandidate(i,2:p +1) = G(i,:);
    EEE = VALUE(m,p,mm,BestCandidate(i,2:p +1),E,F,D,M);      % 调用 VALUE 函数
计算第 i 个粒子的适应度函数值
    BestCandidate(i,1) = EEE;
    if EEE < ee(i)      % 判断当前代第 i 个粒子适应度函数值优于历代最优粒子
        ee(i) = EEE;
        BSC(i,:) = BestCandidate(i,2:p +1);      % 替换
    end
    if EEE < EE      % 当前代第 i 个粒子适应值优于最优粒子
```

```
            EE = EEE;
            BSF = BestCandidate(i,2:p+1);       % 替换
        end
    end
end
```

3. 运行结果

运行 main. m 文件代码，得到车辆访问货主路径如图 16-2 所示，最优车货匹配结果在满足车辆装载货物不超过最大载质量的前提下行驶路径最短，且仅使用三辆车。图中菱形标记为起点，五角星标记为终点，三条不同灰度的折线为三辆被使用车辆的行驶路径。存储运行结果的文件如图 16-3 所示（仅截取了部分数据）。

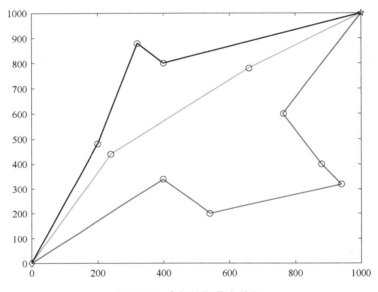

图 16-2　车辆访问货主路径

a) A1 子表：全局最优粒子适应度函数值

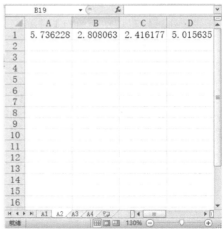

b) A2 子表：全局最优粒子结构

图 16-3　存储运行结果的"test. xlsx"文件

	A	B	C	D
1	11746.69	10816.83	10816.83	10816.83
2				
3				
4				
5				
6				
7				
8				
9				
10				
11				
12				
13				
14				
15				
16				

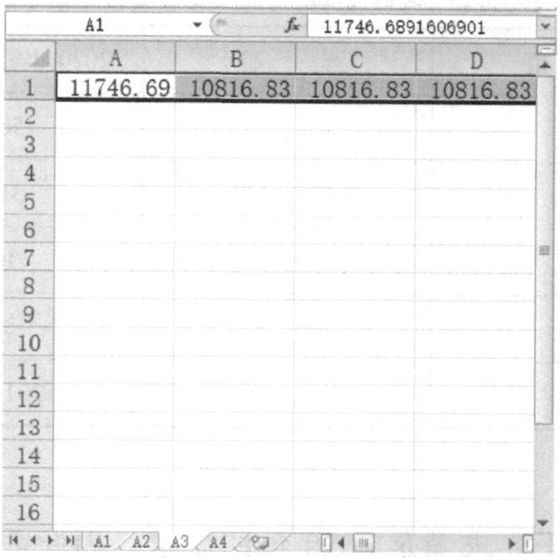

c) A3子表：历代最优粒子适应度函数值

	A	B	C	D
1	3.958461	4.837222	1.638076	4.240044
2	3.718039	4.84654	1.468779	4.032159
3	3.718039	4.84654	1.468779	4.032159
4	3.718039	4.84654	1.468779	4.032159
5	3.718039	4.84654	1.468779	4.032159
6	3.718039	4.84654	1.468779	4.032159
7	3.718039	4.84654	1.468779	4.032159
8	3.719597	3.79671	1.645464	4.14762
9	3.719597	3.79671	1.645464	4.14762
10	3.719597	3.79671	1.645464	4.14762
11	3.719597	3.79671	1.645464	4.14762
12	3.719597	3.79671	1.645464	4.14762
13	3.719597	3.79671	1.645464	4.14762
14	3.719597	3.79671	1.645464	4.14762
15	3.719597	3.79671	1.645464	4.14762
16	3.719597	3.79671	1.645464	4.14762

d) A4子表：历代最优粒子结构

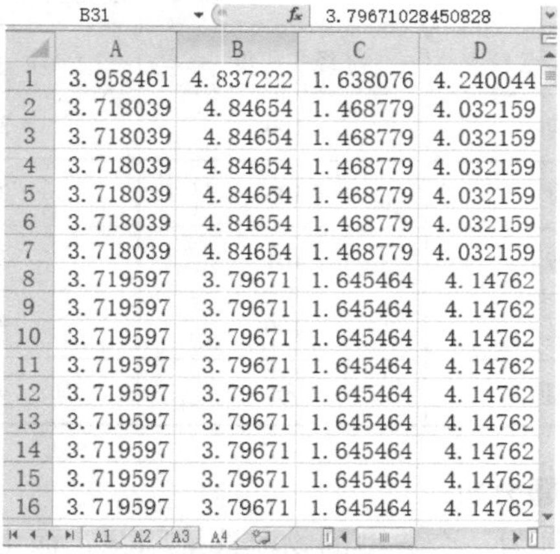

图 16-3　存储运行结果的“test. xlsx”文件（续）

16.2　选址问题

西北五省是我国重要农产品地区，2011～2015 年各省生鲜农产品产量见表 16-4，现需要在西北地区设置一个农产品物流中心，统一存储、发运各地运来的农产品。假设以点坐标指代各省，其经纬度坐标见表 16-5，同时需求点仍然同样为西北五省，各地产量 1% 进入该物流中心后发运给各需求点。预计该物流中心应满足西北各地到 2020 年 1% 的业务需求。忽略其他运营费用，忽略经纬度坐标系与直角坐标系的差异，已知运输成本为每 1t 货物跨越 1 经纬度花费 1000 元，请编写一个选址软件，并实现以下功能：

1）通过读取 excel 格式的数据文件（文件数据内容与格式均与表格相同），能够实现自动读取地名、数据。

2）采用遗传算法实现选址。

3）自动显示选址结果，产量变化曲线等。

表 16-4　2011～2015 年西北五省生鲜农产品产量区域分布表　（单位：万 t）

年份	2011	2012	2013	2014	2015
序号	1	2	3	4	5
陕　西	3242. 31	3453. 17	3682. 00	3858. 09	4049. 83
甘　肃	1994. 82	2116. 42	2286. 00	2462. 75	2612. 44
青　海	203. 70	222. 56	224. 50	224. 99	236. 80
宁　夏	793. 97	847. 47	885. 30	958. 60	1054. 80
新　疆	3184. 02	2982. 38	3188. 00	3541. 64	3767. 44

表 16-5　各省坐标（经纬度）及需求量

地　　点	经　　度	纬　　度	坐　　标	2020 年需求量/万 t
陕西	109	35	（109，35）	5600
甘肃	103	36	（103，36）	3121
青海	101	37	（101，37）	104
宁夏	106	38	（106，38）	300
新疆	88	44	（88，44）	2313.82

1. 问题分析

本案例为一个典型的物流选址问题，而由于要求满足 2020 年的需求，因此需要基于表 16-4 对 2020 年的产量进行预测。可见案例的核心将包括一个选址问题与一个预测问题。选址问题可以转化为一个优化问题，优化目标为总的运输成本最小，选址范围不应超出我国的经纬度范围，优化变量为物流中心坐标。案例要求编制的选址软件应具备数据的自动读入、结果显示以及与用户交互的功能，因此还应在软件中设计相应的功能模块。编制以下脚本、函数文件：

1）MainProcedure. m：函数入口，运行所有模块并与用户进行简单交互。

2）DataImport. m：读入各种数据的名称，并将数据存入工作区。

3）DataCheck. m：对读入工作区的数据进行有效性检验，并提取所需产量数据。

4）AmountPrediction. m：依据给定的数据对给定年限的产量数值进行预测。

5）LocationOptimization. m：进行选址优化。

6）DrawPrediction. m：显示预测结果。

7）EvaluateLoc. m：计算目标点的运输成本，也是优化的目标函数。

2. 问题求解

（1）DataImport. m 文件　代码及说明如下：

```
% 本文件用于读取目标 excel 文件
% Name,目标文件名,字符串型变量
% Path,目标文件路径,字符串型变量
% num,从文件读出来的所有数值型数组
% txt,从文件读出来的所有文字型数组
% raw,从文件读出来的所有原始数据构成的单元数组
function [num,txt,raw] = DataImport(Name,Path)
if nargin >1
    FullName = strcat(Path,'\',Name);      % 拼接文件完全路径,函数说明见 4.2.2 节
    [num,txt,raw] = xlsread(FullName);
else
    [num,txt,raw] =xlsread(Name);
end
```

（2）DataCheck. m 文件　代码及说明如下：

```matlab
% 本函数用于检查输入的产量数据的有效性,并明确所需的数据内容
% numData 为 excel 数据源文件中读出的数值部分
% txtData 为 excel 数据源文件中读出的文字部分
% rawData 为 excel 数据源文件中读出的所有内容
% bValidated 所有数据是否符合要求,符合则返回真
% Data 读出来的城市产量数据
% Time 读出来的时间数据,与城市数据一一对应
% Name 读出来的城市名称
function[bValidated,Data,Time,Name]=DataCheck(numData,txtData,rawData)
szNum=size(numData);
if max(szNum==1) % 数据部分各维度尺寸都应大于1,否则即不符合要求
    bValidated=0;
    return;
end
szTxt=size(txtData)
if szTxt(1)<4     % 至少应有时间与两个城市的数据
    bValidated=0;
    return;
end
IndexTime=find(cellfun(@isempty,strfind(txtData,'年'))==0);     % 查找字
符"年"以寻找时间,相关函数介绍见 7.4.3、4.3.2 节内容
if IndexTime     % 获得时间数据
    Time=numData(IndexTime,1:end);     % 在文字数组 txtData 中找到"年"所在行,
在数值数组 numData 中取出该行所有的年份作为时间
else
    Time=[];
    bValidated=0;
    return;
end
Index=find(cellfun(@isempty,strfind(txtData,'序号'))==0); 查找字符"序号"
以寻找城市名
if Index
    Name=txtData(Index+1:end);     % 序号下一行开始为城市名
else
    Name=[];
    bValidated=0;
    return;
end
Data=numData(3:end,:);
bValidated=1;
```

（3）AmountPrediction. m 文件　代码及说明如下：

```
% 本文件为预测函数,用于对给定时间的产量进行预测
% CityData,城市产量的已有数据,数值型数组,一个城市的数据是一行,至少 1 行 3 列
% Time,与产量数据对应的时间,必须与产量数据个数一致,一维向量
% PredTime,需要进行产量预测的时间点
% order,预测模型的阶次
% PredictedValue,预测的产量值
% PredictModel,预测模型
function [PredictedValue, PredictModel] = AmountPrediction (CityData, Time,
PredTime, order)
    if nargin < 4     % 输入参数不能少于 4 个
        disp('参数不足,无法预测');     % 函数说明见 7.2.1 节
        PredictModel = [];
        return;
    end
    SIZE = size(CityData);
    if SIZE(2) < 3
        disp('训练数据过少,无法预测');
        PredictModel = [];
        return;
    end
    if ~isreal(order)     % 函数说明见 7.4.3 节
        if ~rem(order,1)
            disp('模型阶次必须为正整数,否则无法预测');
            PredictModel = [];
            return;
        end
    end
    PredictModel = polyfit (Time, CityData, order);     % 拟合获得模型,函数说明见
6.2.4 节
    PredictedValue = polyval(PredictModel, PredTime);     % 根据模型预测产量,函数说
明见 6.2.3 节
```

（4）DrawPrediction. m 文件　代码及说明如下：

```
% 本函数用于进行产量预测,并绘制各城市产量预测曲线图
% CityData,各城市的产量数据,列向量,顺序与数据文件中的排列顺序一致
% Time,产量数据对应的时间
% PredictYear,需要进行产量预测的年份
% PredictedValue,预测得到的所有产量预测值,它是列数为 3 的数组。行号 i 代表第 i 个城
市的预测数据,列号 j 代表所用预测模型的阶次
% PredictModel,单元数组,每个元素存储了一个预测模型。行号 i 代表第 i 个城市的预测模
型,列号 j 代表预测模型阶次
```

```
% CityName,城市的名称,单元数组,每个单元有一个城市名,顺序与 CityData 中的城市顺序一
致,仅有 1 列
function [PredictedValue,PredictModel] = DrawPrediction(CityData,Time,Pre-
dictYear,CityName)
NumOfCity = size(CityData,1);
PredictedValue(NumOfCity,3) = 0;
PredictModel{NumOfCity,3} = 0;        % 单元数组用法见 4.3 节
DisYear = min([Time,PredictYear]):0.1:max([Time,PredictYear]);
% 对所有城市同时进行 1 ~ 3 阶的预测,记录下所有的预测模型与预测值
for i = 1:NumOfCity
    figure(i);
    [PredictedValue(i,1),PredictModel{i,1}] = AmountPrediction(CityData
(i,:),Time,PredictYear,1);        % 对单个城市采用 1 阶模型预测
    if isempty(PredictModel{i,1})
        disp('模型预测不成功');
        continue
    end
    plot(DisYear,polyval(PredictModel{i,1},DisYear),'--k');        % 绘制预
测图
    hold on;
    [PredictedValue(i,2),PredictModel{i,2}] = AmountPrediction(CityData
(i,:),Time,PredictYear,2);  % 对单个城市采用 2 阶模型预测
    plot(DisYear,polyval(PredictModel{i,2},DisYear),'-b');
    hold on;
    [PredictedValue(i,3),PredictModel{i,3}] = AmountPrediction(CityData
(i,:),Time,PredictYear,3);  % 对单个城市采用 3 阶模型预测
    plot(DisYear,polyval(PredictModel{i,3},DisYear),'-g');
    hold on;
    plot(Time,CityData(i,:),'*r');
    hold off;
% 开始设置图窗标注,函数介绍见 5.3.1 节
    AxisLimit = [min([Time,PredictYear],[],2),max([Time,PredictYear],[],
2),min([CityData(i,:),min(PredictedValue(i,:),[],2)],[],2),...
        max([CityData(i,:),max(PredictedValue(i,:),[],2)],[],2)];
    axis(AxisLimit);
    legend('1 阶模型曲线','2 阶模型曲线','3 阶模型曲线','已有城市产量数据');
    xlabel('时间');
    ylabel('产量');
    title(CityName{i})
end
```

（5）LocationOptimization. m 文件　代码及说明如下：

```
% 本函数使用遗传算法进行选址寻优
% LocOfR,需求点坐标,行号为地点序号,第一列为经度,第二列为维度
% LocOfProd,生产点坐标,行号为地点序号,第一列为经度,第二列为维度
% ReqD,各点需求量,列向量,顺序与 LocOfR 一一对应
% ProducD,产量数据,列向量,顺序与 LocOfProd 一一对应
% TransCost,运输成本,每万吨货物跨越 1 经/纬度
% BestLoc,最优选址的坐标,(经度,维度)
% fval,最优选址的总成本值,含义同遗传算法工具箱中的同名返回变量。
% exitflag,遗传算法退出标志位,含义同遗传算法工具箱中的同名返回变量。
function [BestLoc, fval, exitflag] = GAOptimizeLoc(LocOfR, LocOfProd, ReqD,
ProducD, TransCost)
% 定义全局变量以便向遗传算法中用到的目标函数传递参数
global LocOfReq;
global LocOfProduc;
global ReqData;
global ProducData;
global Cost;
LocOfReq = LocOfR;
LocOfProduc = LocOfProd;
ReqData = ReqD;
ProducData = ProducD;
Cost = TransCost;
if size(LocOfReq,1) ~= size(ReqData,1)
    disp('需求数据与需求点数应一致')
    return;
end
if size(LocOfProduc,1) ~= size(ProducData,1)
    disp('产量数据与产量点数应一致')
    return;
end
LongtitudeRange = [73;135];% 我国大致的经度范围⊖
AltitudeRange = [3;53];% 我国大致的纬度范围⊖
options = optimoptions('ga','PopulationSize',50,'PopulationType','dou-
bleVector','MaxGenerations',100,'MaxStallGenerations',15,'CrossoverFraction',
0.8,'Display','iter');    % 设置遗传算法参数,相关说明见 11.2 节
[BestLoc,fval,exitflag] = ga(@ EvaluateLoc,2,[],[],[],[],[Longtitud-
eRange(1),AltitudeRange(1)],[LongtitudeRange(2),AltitudeRange(2)],[],op-
tions);% 开始寻优,相关说明见 11.2 节
```

　　(6) EvaluateLoc.m 文件　代码及说明如下:

　　⊖　具体数据以国家相关部门公布为准,此处数据并不精确。

```
% 本函数用于计算目标定位点的运输成本
% TarLoc,目标点的坐标,第一列为经度,第二列为维度
% Eval,对目标点计算出的总成本值
function Eval = EvaluateLoc(TarLoc)
% 定义全局变量以接收外部传递的参数
global LocOfReq;        % 需求点坐标
global LocOfProduc;     % 生产点坐标
global ReqData;         % 需求量
global ProducData;      % 产量
global Cost;            % 运输成本
NumofReqLoc = size(LocOfReq,1);
NumofProdLoc = size(LocOfProduc,1);
Eval = 0;
for i = 1:NumofReqLoc      % 计算到各需求点的总运输成本
    DisReq = sqrt((TarLoc(1)-LocOfReq(i,1))^2 + (TarLoc(2)-LocOfReq(i,2))^
2);      % 到各需求点距离
    Eval = Eval + DisReq * Cost * ReqData(i) * 0.01;      % 运输成本累加
end
for j = 1:NumofProdLoc      % 计算到各生产点的总运输成本
    DisProd = sqrt((TarLoc(1)-LocOfProduc(j,1))^2 + (TarLoc(2)-LocOfProduc
(j,2))^2);      % 到各生产点距离
    Eval = Eval + DisProd * Cost * ProducData(i) * 0.01;
End
```

（7）MainProcedure. m 文件   代码及说明如下:

```
% MainProcedure 为主程序

disp('请输入输入文件名称,并确保文件已与本文件放于统一文件夹:')
ProdName = input('产地与产量文件名:','s');
ReqName = input('需求点信息文件名:','s');
while isempty(ProdName)        % 文件名必须要有,否则不予通过
    ProdName = input('产地与产量文件名:','s');
    while isempty(ReqName)
        ReqName = input('需求点信息文件名:','s');
    end
end
PredictYear = input('请输入要预测的年份:');
% 读取数据
[Prodnum,Prodtxt,Prodraw] = DataImport(ProdName);
[Reqnum,Reqtxt,Reqraw] = DataImport(ReqName);
[bValidated,CityData,Time,CityName] = DataCheck(Prodnum,Prodtxt,Prodraw);
% 检查产地数据有效性并提取内容
```

```
if ~bValidated
    disp('生产相关数据不符合要求');
    quit;
end
[PredictedValue,PredictModel] = DrawPrediction(CityData,Time,PredictYear,
CityName);    % 进行产量预测并画出预测结果图
Order = input('请输入要选择的优化模型阶数,请直接输入数字1~3中一个:');
while ~isnumeric(Order)
    disp('请输入阶次数值');
end
if Order < 0 ‖ Order > 3
    disp('阶次输入有误')
    return;
end
LocOfProduc = [Reqnum(:,1),Reqnum(:,1)];    % 获得产地坐标
LocOfReq = LocOfProduc;    % 获得需求地坐标
ReqData = Reqnum(:,4);    % 获得各地需求量
Cost = e7;    % 运输成本,单位转换为每万吨货物跨越1经/纬度
ProducData = PredictedValue(:,Order);    % 预测的产量值
[BestLoc,fval,exitflag] = GAOptimizeLoc(LocOfReq,LocOfProduc,ReqData,Pro-
ducData,Cost);    % 开始寻优
if exitflag < 0
    disp('优化不成功')
    quit;
else
    disp('优化成功!');
    Res = ['最优选址结果为:',num2str(BestLoc(1)),',   ',num2str(BestLoc
(2))];
    disp(Res);
    Res = ['最优的成本为:',num2str(fval)];
    disp(Res);
end
```

3. 运行结果

运行 MainProcedure. m 文件，并正确输入数据文件名后预测结果及运行结果如图 16-4 和图 16-5 所示。

图 16-4 给出了程序运行后五个省份采用 1~3 阶模型进行拟合的预测产量图，选择 2 阶模型作为预测模型后，图 16-5 给出了程序的输出，可见选址优化的结果为坐标（103.0209，36.0551），最低总成本为 30343044153.7404 元。由于遗传算法具有一定的随机性，每次寻优的最优结果可能会略有不同。

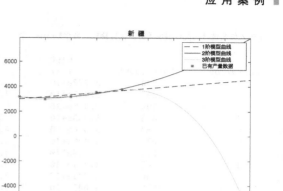

a) 甘肃产量预测   b) 新疆产量预测

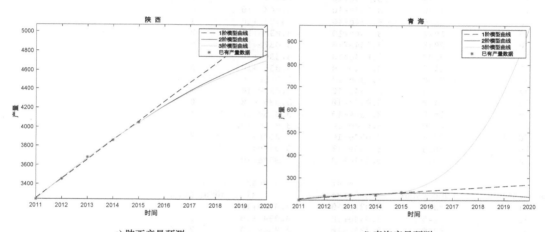

c) 陕西产量预测   d) 青海产量预测

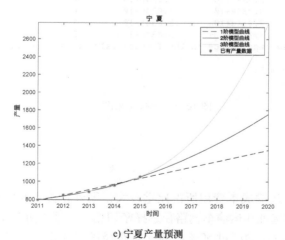

e) 宁夏产量预测

图 16-4　产量预测结果图

请输入你要选择的优化模型阶数，请直接输入数字1-3中一个：2

Generation	Func-count	Best f(x)	Mean f(x)	Stall Generations
1	200	3.722e+10	1.005e+11	0
2	295	3.412e+10	7.786e+10	0
3	390	3.355e+10	6.257e+10	0
4	485	3.263e+10	5.41e+10	0
5	580	3.086e+10	4.412e+10	0
6	675	3.086e+10	3.703e+10	1
7	770	3.049e+10	3.491e+10	0
8	865	3.041e+10	3.326e+10	0
9	960	3.041e+10	3.257e+10	1
10	1055	3.041e+10	3.162e+10	2
11	1150	3.036e+10	3.09e+10	0
12	1245	3.036e+10	3.076e+10	1
13	1340	3.036e+10	3.064e+10	2
14	1435	3.035e+10	3.049e+10	0
15	1530	3.035e+10	3.048e+10	1
16	1625	3.035e+10	3.044e+10	2
17	1720	3.034e+10	3.043e+10	0
18	1815	3.034e+10	3.04e+10	1
19	1910	3.034e+10	3.038e+10	2
20	2005	3.034e+10	3.037e+10	0
21	2100	3.034e+10	3.036e+10	1
22	2195	3.034e+10	3.035e+10	0
23	2290	3.034e+10	3.035e+10	1
24	2385	3.034e+10	3.035e+10	2
25	2480	3.034e+10	3.035e+10	0
26	2575	3.034e+10	3.035e+10	1
27	2670	3.034e+10	3.035e+10	2
28	2765	3.034e+10	3.034e+10	3
29	2860	3.034e+10	3.034e+10	4
30	2955	3.034e+10	3.034e+10	5

Generation	Func-count	Best f(x)	Mean f(x)	Stall Generations
31	3050	3.034e+10	3.034e+10	0
32	3145	3.034e+10	3.034e+10	1
33	3240	3.034e+10	3.034e+10	2
34	3335	3.034e+10	3.034e+10	0
35	3430	3.034e+10	3.034e+10	0
36	3525	3.034e+10	3.034e+10	1
37	3620	3.034e+10	3.034e+10	2

Optimization terminated: average change in the fitness value less than options.FunctionTolerance.
优化成功！
最优选址结果为：103.0209, 36.0551
最优的成本为：30343044153.7404

图 16-5 运行结果图

16.3 旅行商问题

在物流成本费用中，运输成本费用所占比重较大，国外相关研究资料表明，物流成本与物流网络规划中物流设施选址和运输车辆路径选择密切相关。根据近年的物流运行情况报告，运输成本在物流总费用中占比均超过50%，因此对路径进行优化，可以降低路径上的运输成本，加快对各节点需求的响应速度，提升效率，对降低物流总成本起非常重要的作用。

旅行商问题（Travel Salesman Problem，TSP）是最早提出的一个典型的路径优化问题，旅行商问题一般可以描述为：一个旅行商从某一个城市 1 出发，需要到城市 2、3、……等一定数量的其他城市去推销货物,最后返回城市 1。其中已知各城市之间的距离为欧几里得距离,为了节约旅行成本,旅行商应如何规划其旅行线路才能使总的旅行距离最短?随机选用 solomon VRP 测试算例中 25 个需求点为例,选取 R101 算例节点,数据见表 16-6,算例数据以 txt 格式存储,请编写一个路径安排的程序,并实现以下功能:

1)读取 txt 格式的文件,自动读取节点坐标和需求信息。
2)基于以总行驶距离最小为目标的 TSP 优化问题,采用蚁群算法解决该问题。
3)分别以数组和图像两种方式输出车辆行驶路径方案,蚁群算法输出迭代收敛图。
4)存储绘制的图像。

表 16-6　R101 节点坐标

节点	1	2	3	4	5	6	7	8	9	10	11	12	13
X 坐标	35	41	35	55	55	15	25	20	10	55	30	20	50
Y 坐标	35	49	17	45	20	30	30	50	43	60	60	65	35
节点	14	15	16	17	18	19	20	21	22	23	24	25	26
X 坐标	30	15	30	10	5	20	15	45	45	45	55	65	65
Y 坐标	25	10	5	20	30	40	60	65	20	10	35	35	20

1. 问题分析

这是一个典型的路径优化问题,首先分析最优化的目标,本案例中优化目标为最小化总的旅行距离;旅行商需一次访问所有的节点,然后回到出发节点,形成一个闭环路径。优化变量为路径经过的节点与顺序,题目中节点数固定,因此可以把优化变量编码为一个定长的向量。案例要求编制的程序应具备数据的自动读入、用户交互以及结果的显示、存储功能。为了代码的可读性,可设计相应的功能模块,编写函数 m 文件。本案例采用蚁群算法求解,设计不同的功能模块编写 m 文件,编制以下脚本、函数文件:

1)readfun. m:读入数据,读入各种数据的名称,并将数据存入工作区。
2)euclideanDis. m:输入节点坐标,并计算节点间的欧几里得距离。
3)ACATSP. m:函数入口,与用户进行简单交互,运行所有模块,输出和存储结果。
4)DrawTSPRoute. m:绘制可视化路径图。

2. 问题求解

(1) readfun. m 文件　代码及说明如下:

```
function data = readfun(filename)
%% 读取数据和设定全部固定参数,统一设置
% 读取数据(包括 1 个车场、25 个客户在内所有节点的编号和坐标),通过直接对域赋值法创建构
架数组,构架名为 data,将数据存储在构架数组中,方便调用
a0001 = load(filename);         % 载入数据文件,函数介绍见 2.2.4 节
nodeNo = a0001(2:end,1);        % 读取节点的编号,该例中读取的结果是一个 1×26 的列向量
data. nodeNo = nodeNo;          % 将节点编号通过直接对域赋值法创建构架数组,其中构架名为
data,域名为 nodeNo
data. Coord = a0001(2:end,2:3); % 读取节点的 X、Y 坐标,该例中坐标为 26×2 的数组,
并将其赋给构架数组中的域 Coord
```

```
Coord = data. Coord;
%% 预处理数据
distance = euclideanDis(Coord);      % 通过调用 euclideanDis. m,求节点间的距离
data. distance = distance;        % 将其赋给构架数组中的域 distance
```

（2）euclideanDis. m 文件　代码及说明如下：

```
function distance = euclideanDis(Coord)
% 计算节点间的欧几里得距离,26×26 的数组
% 输入所有节点的坐标,输出两两节点间的距离
nodenumber = length(Coord);
distance = zeros(nodenumber,nodenumber);
for i =1:nodenumber
    for j =1:nodenumber
        if i ~= j
            distance(i,j) = sqrt((Coord(i,1)-Coord(j,1))^2 + (Coord(i,2)-Co-
ord(j,2))^2);     % 函数见 3.3.1 节
        else
            distance(i,j) = eps;     % i =j 时,表示两点重合,距离应该为 0,由于后面蚁
群算法计算过程中要取该值的倒数作为启发因子,而该值为 0 将影响程序的正常运行,因此此时该值
用 eps(浮点相对精度)表示
        end
            distance(j,i) = distance(i,j);     % 距离矩阵为对称矩阵
    end
end
end
```

（3）ACATSP. m 函数文件　代码及说明如下：

```
function ACATSP
%% 函数入口,无直接输入值,输入值通过函数主体写入
%% 重要输出值包括
% R_best 每次迭代产生的最佳路线
% L_best 每次迭代最佳路线的长度
% L_ave  每次迭代获得的所有路线的平均长度
% Shortest_Route 迭代结束后获得的最佳路径
% Shortest_Length 迭代结束后获得的最佳路径的长度
%% 读入数据,设置算法参数
filename = 'R101. txt';
data = readfun(filename);     % 通过 readfun. m 读入数据,并存储在名为 data 的构架数
组中
C = data. Coord;     % 从构架数组 data 中获取城市的坐标,26×2 的矩阵
nodeNo = data. nodeNo;
NodeNumber = length(nodeNo);     % 从 data 中获取节点个数
```

```
    D = data. distance;

maxIter = 200;       % 最大迭代次数
m = 31;        % 蚂蚁个数
Alpha = 1;       % 信息素重要程度参数
Beta = 5;       % 启发式因子重要程度参数
Rho = 0.1;        % 信息素蒸发系数
Q = 100;        % 信息素增加强度系数

%% 第一步:变量初始化
Eta = 1./D;          % Eta 为启发因子,这里设为距离的倒数
Tau = ones(NodeNumber,NodeNumber);      % Tau 为信息素矩阵
Tabu = zeros(m,NodeNumber);      % 禁忌表用于依次存储蚂蚁走过的城市,从而记录路径的
生成
Iter = 1;              % 迭代计数器,记录迭代次数
R_best = zeros(maxIter,NodeNumber);
L_best = inf. * ones(maxIter,1);
L_ave = zeros(maxIter,1);

tic;            % 开始计时
wait_hand = waitbar(0,'running...', 'tag', 'TMWWaitbar');       % 进度条,函数见
9.6.1 节

%% 迭代开始
while Iter <= maxIter            % 停止条件之一:达到最大迭代次数,停止
%% 第二步:将 m 只蚂蚁放到 n 个城市上
    Randpos = [];      % 设置空向量用来随机存取
    for i = 1:(ceil(m/NodeNumber))      % 求取放蚂蚁的次数
        Randpos = [Randpos,randperm(NodeNumber)];      % 随着 for 循环扩充 Rand-
pos,Randpos 为行向量
    end
Tabu(:,1) = (Randpos(1,1:m))';      % 求取每只蚂蚁的禁忌表

%% 第三步:m 只蚂蚁按概率函数选择下一座城市,完成各自的周游
    for j = 2:NodeNumber      % 当前所在城市不计算
        for i = 1:m
            visited = Tabu(i,1:(j-1));      % 记录已访问的城市,避免重复访问
            J = zeros(1,(NodeNumber-j+1));          % 待访问的城市
            P = J;              % 待访问城市的选择概率分布
            Jc = 1;              % 初始化已访问的城市个数
            for k = 1:NodeNumber
```

```
                            if length(find(visited == k)) == 0      % 开始时置 0, find 函数见
7.4.3 节
                        J(Jc) = k;
                        Jc = Jc + 1;                    % 访问的城市个数自加 1
                    end
                end
            % 下面计算待选城市的概率分布
                for k = 1:length(J)
    P(k) = (Tau(visited(end), J(k))^Alpha) * (Eta(visited(end), J(k))^Beta);
                end
                P = P/(sum(P));
            % 按概率原则选取下一个城市
                Pcum = cumsum(P);        % cumsum 元素依次累加, 依次获得累加概率
                Select = find(Pcum >= rand);      % 给定一个 (0, 1) 的随机值, 并找到累积概
率大于该随机值的所有元素位置
                to_visit = J(Select(1));        % 选择累积概率大于该随机值的所有元素中的
第一个元素位置对应的城市作为下一个访问城市
                Tabu(i, j) = to_visit;
            end
        end
        if Iter >= 2
        Tabu(1, :) = R_best(Iter-1, :);
        end


%% 第四步: 记录本次迭代最佳路线
    L = zeros(m, 1);         % 开始距离为 0, m * 1 的列向量分别表示 m 只蚂蚁走过的路径长度
    for i = 1:m
        R = Tabu(i, :);
        for j = 1:(NodeNumber-1)
            L(i) = L(i) + D(R(j), R(j+1));        % 原距离加上第 j 个城市到第 j+1 个城
市的距离
        end
        L(i) = L(i) + D(R(1), R(NodeNumber));        % 加上从最后一个访问的城市回到第
一个访问的城市的距离, 即为整个巡回走过的距离
    end
    L_best(Iter) = min(L);        % m 只蚂蚁走过的路径中最短的为本次迭代最佳路线长度
    pos = find(L == L_best(Iter));        % 找到最短路径的位置
    R_best(Iter, :) = Tabu(pos(1), :);        % 将最短路径记录为此轮迭代后的最佳路线
    L_ave(Iter) = mean(L);        % 此轮迭代后的平均距离
    Iter = Iter + 1;        % 迭代继续
```

```
%%第五步:更新信息素
Delta_Tau = zeros(NodeNumber,NodeNumber);      %开始时信息素为 n*n 的 0 矩阵
for i =1:m
    for j =1:(NodeNumber-1)
    Delta_Tau(Tabu(i,j),Tabu(i,j+1)) = Delta_Tau(Tabu(i,j),Tabu(i,j+1))
+Q/L(i);
    %此次循环在城市(i,j)间的信息素增量
    end
    Delta_Tau(Tabu(i,NodeNumber),Tabu(i,1)) = Delta_Tau(Tabu(i,NodeNum-
ber),Tabu(i,1))+Q/L(i);
    %此次循环在整个路径上的信息素增量
end
Tau = (1-Rho).*Tau+Delta_Tau;      %考虑信息素挥发,更新后的信息素

%%第六步:禁忌表清零
Tabu = zeros(m,NodeNumber);            %当前迭代结束,清零禁忌表
waitbar(Iter/maxIter,wait_hand);      %每循环一次更新一次进度条
end            %end while 循环
delete(wait_hand);      %执行完后删除该进度条
runtime =toc;            %计时器停止

%%第七步:输出结果
Pos = find(L_best ==min(L_best)); %找到最佳路径(非 0 为真)
Shortest_Route = R_best(Pos(1),:)      %最大迭代次数后最佳路径
Shortest_Length = L_best(Pos(1))      %最大迭代次数后最短距离
disp(['Prcedure running time: ',num2str(runtime),' sec']);

subplot(1,2,1)            %绘制第一个子图形
DrawTSPRoute(C,Shortest_Route)      %画路线图的子函数
subplot(1,2,2)            %绘制第二个子图形
plot(L_best)
hold on            %保持图形
plot(L_ave,'r')
title('平均距离和最短距离')      %命名图形标题

%%存储结果到文件
    %存储图形
ouputname = strrep(filename,'.txt','');      %函数见 4.2.2 节
s1 =[ouputname,'-TSP 路径及迭代结果图'];
filenamefig =['RESULTS FIGURE\',s1,'.jpg'];      %设定保存路径,保存到结果图文
件夹,注意要先新建一个结果图文件夹
```

```
    saveas(gcf,filenamefig,'jpeg');        %保存图片为jpeg格式,也可保存为其他格式,读
者可参考saveas的用法
    filename = [ouputname,'-TSP最优路径.xlsx'];

        %存储数据结果到excel
    sheet1 = ['Shortest_Route'];
    xlswrite(filename,Shortest_Route',sheet1);              %输出最短路径顺序编号到ex-
cel子表sheet1中
    sheet2 = ['Shortest_Length'];
    A = {'Shortest_Route_length'; Shortest_Length};
    xlswrite(filename,A,sheet2);        %输出最短路径的路径长度到excel子表sheet2中
```

（4）DrawTSPRoute.m 函数绘制旅行商路径图   代码及说明如下：

```
function DrawTSPRoute(Coor,Route)
%%画路线图的子函数
% Coor 节点坐标,由一个N×2的矩阵存储
% Route 路线
N = length(Route);
scatter(Coor(:,1),Coor(:,2));
hold on
plot(Coor(1,1),Coor(1,2),'.','Color','r','MarkerSize',35);        %标记出发点
hold on
plot([Coor(Route(1),1),Coor(Route(N),1)],[Coor(Route(1),2),Coor(Route
(N),2)],'g')
hold on
for ii = 2:N        %依次画出路径中城市的节点并连线
plot([Coor(Route(ii-1),1),Coor(Route(ii),1)],[Coor(Route(ii-1),2),Coor
(Route(ii),2)],'g')
hold on
end
title('旅行商问题优化结果')
```

3. 运行结果

运行 ACATSP.m 文件，在命令窗输出如图 16-6 所示的结果。从图中可以看到旅行商最短路径中访问各节点的顺序为 3→14→7→1→22→23→24→5→26→25→13→4→10→21→2→11→12→20→8→9→19→6→18→17→15→16。要注意的是，旅行商问题实际上是一个闭环的巡回路径，本题所编制的蚁群算法中也是通过加上最后一个城市与第一个城市之间的距离，以闭环巡回的距离最短为目标获得最短路径。由于闭环路径的起终点对获取闭环巡回的最短路径没有影响，因此在编程过程中蚂蚁随机选择起点，从而算法输出路径的第一个点可能并不是节点 1，图 16-6 中第一个点为节点 3。实际上旅行商在进行决策时当前所在的城市为城市 1，因此旅行商的实际路径是从当前城市（即节点 1）出发，根据计算结果为旅行商提供决策依据，旅行商的实际路径为 1→22→23→24→5→26→25→13→4→10→21→2→11→

12→20→8→9→19→6→18→17→15→16→3→14→7→1。图 16-6 中输出的结果包括：最短路径包含的路径点、最短路径对应的路径长度、程序运行的时间。

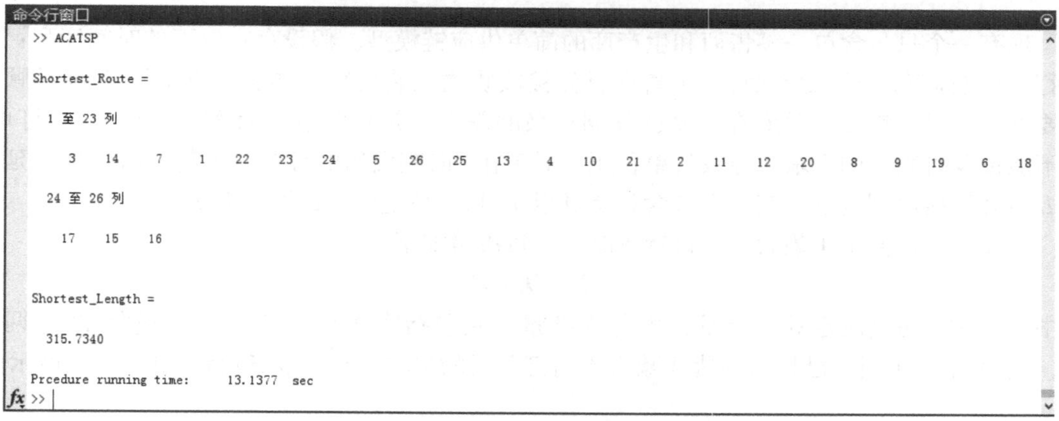

命令行窗口
>> ACATSP
Shortest_Route =
1 至 23 列
3 14 7 1 22 23 24 5 26 25 13 4 10 21 2 11 12 20 8 9 19 6 18
24 至 26 列
17 15 16
Shortest_Length =
315.7340
Prcedure running time: 13.1377 sec
fx >>

图 16-6　命令窗输出结果

输出的可视化图形，如图 16-7 所示，左侧为路径图，图中心的实心节点为起点，依次访问所有节点之后回到出发节点；右侧为迭代收敛图，上方折线为每次迭代所有蚂蚁经过线路的平均长度，下方直线为每次迭代最优线路的长度，显然，最优路径的长度随着迭代次数增加，较快地收敛到最优值。

存储输出结果到文件时需注意，保存结果图的文件夹“RESULTS FIGURE”需提前创建在程序的当前路径文件夹中，图片还可以以其他多种格式输出，详情可参考函数 saveas；输出的 excel 文档也保存在当前路径下。

Figure 1
文件(F) 编辑(E) 查看(V) 插入(I) 工具(T) 桌面(D) 窗口(W) 帮助(H)
旅行商问题优化结果
平均距离和最短距离
0
10
20
30
40
50
60
70
80
300
320
340
360
380
400
420
440
100
150
200

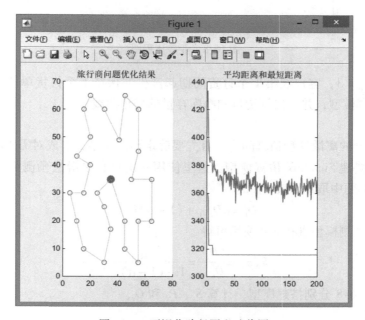

图 16-7　可视化路径图和迭代图

16.4　供应链牛鞭效应仿真

现有一个只包含单一零售商和生产商的简单供应链模型。假设存在以下的时间序列：在 t 时刻（或称第 t 个订货周期），零售商首先接收货物，然后得到顾客需求 D_t，并满足顾客的要求。同时零售商查看库存水平，预测未来的需求，并且向生产商发出一个 O_t 的订单，而不能被及时满足的需求会导致订单积压。对于在 t 时刻发出的订单，零售商将在经过延迟期 L 后开始接收到货物，其中 L 包含订货延迟 T_s 和商品生产与运输延迟 T_p。

假设该零售商采用最大库存订货策略，订货决策如下：

$$O_t = D_t - P_t$$

式中，O_t 是 t 时刻决定的订货量；P_t 是库存量，它包括净库存量 S_t 与在途进货量 Q_t 两部分，其中 S_t 等于当前已接收的货物减去当前订单后的累积。整体业务流程如图 16-8 所示。

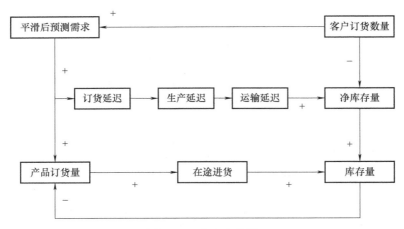

图 16-8　业务流程图

设 $T_s = 1$，$T_p = 3$，客户在第 1 个订货周期起产生并保持 1 个订货单位的订货。请使用 Simulink 搭建仿真模型，并给出订货量和净库存量的变化曲线。

1. 问题分析

本问题是典型的离散模型仿真问题，首先要确定预测模型，形成对需求的预测，再建立数学模型，最后搭建 Simulink 仿真模型。这里使用一次指数平滑法预测需求。其公式如式（16-1）所示，本题中取系数 $\alpha = 0.5$。

$$\hat{D}_t = \alpha D_{t-1} + (1 - \alpha)\hat{D}_{t-1} \tag{16-1}$$

对指数平滑预测模型进行 z 变换后可得

$$F(z) = \frac{\hat{D}_t}{D_{t-1}} = \frac{\alpha}{1 - (1 - \alpha)z^{-1}} \tag{16-2}$$

然后按照图 16-8 分别搭建模型，计算 S_t、P_t 和 O_t。

2. 问题求解

在 Simulink 中搭建模型如图 16-9 所示。

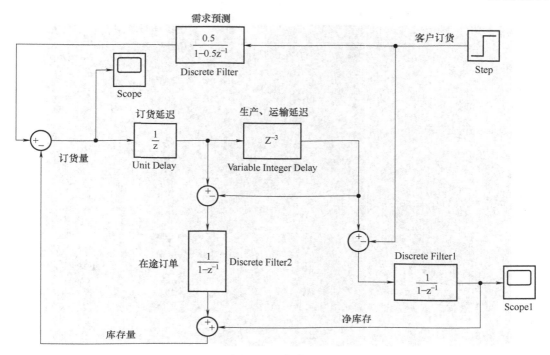

图 16-9　仿真图

3. 运行结果

在需求端加入单位阶跃响应，分别得到订货量和净库存的曲线，结果如图 16-10 和图 16-11 所示，不难看出客户端订货的轻微变化在库存端得到了放大。

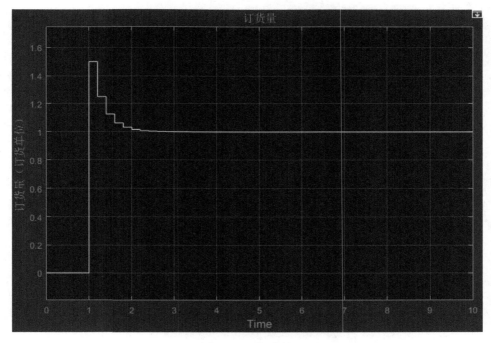

图 16-10　订货量

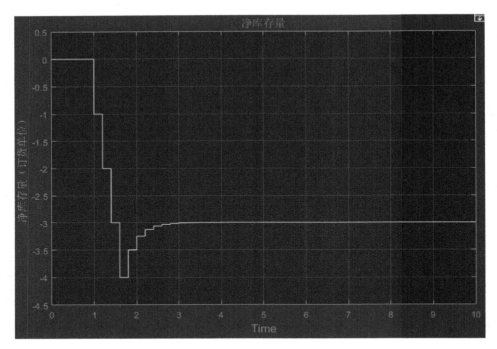

图 16-11 净库存量

参 考 文 献

[1] 卢健康. 计算机仿真实用教程：基于 MATLAB/Simulik 7. x［M］. 西安：西北工业大学出版社，2013.

[2] MATLAB 中文论坛. MATLAB 神经网络 30 个案例分析［M］. 北京：北京航空航天大学出版社，2010.

[3] 恰布罗. MATLAB 机器学习［M］. 张雅仁，李洋，译. 北京：人民邮电出版社，2020.

[4] 薛山. MATLAB 基础教程［M］. 2 版. 北京：清华大学出版社，2015.

[5] 刘雁. 系统建模与仿真［M］. 西安：西北工业大学出版社，2020.

[6] 胡晓冬，董辰辉. MATLAB 从入门到精通［M］. 2 版. 北京：人民邮电出版社，2018.

[7] 吴鹏. MATLAB 高效编程技巧与应用：25 个案例分析［M］. 北京：北京航空航天大学出版社，2010.

[8] 刘浩，韩晶. MATLAB R2016a 完全自学一本通［M］. 北京：电子工业出版社，2016.